高级大数据人才培养丛书

Python 程序设计

丛书主编：刘　鹏　张　燕

主　　编：张雪萍

副 主 编：唐万梅　景雪琴

電子工業出版社

Publishing House of Electronics Industry

北京•BEIJING

内 容 简 介

本书是中国信息协会大数据分会副会长刘鹏教授组织编撰的“高级大数据人才培养丛书”之一。本书是一本全面的、从入门到实践的Python编程教程，从带领读者快速掌握基本的Python编程知识开始，循序渐进、层层深入地引导读者利用新学到的知识开发功能丰富的项目。本书首先介绍了Python基础；接着介绍了数据类型、文件、程序调试、面向对象程序设计、连接数据源等基本知识；然后结合网络爬虫、数据挖掘、自然语言处理、数据可视化、Web和移动应用等工具，以案例为依托进行项目实战；最后介绍了国内各种云服务平台，以及如何运用 Python 实现访问。本书的全部实验均可在大数据实验平台（http://bd.cstor.cn）上远程开展，也可在高校部署的BDRack大数据实验一体机上本地开展。

本书系统全面、通俗易懂、结构合理，每章均有习题，可作为高等院校计算机及相关专业的本科和研究生教材，部分内容也可作为高职高专院校的教学内容。本书也适合作为编程人员的自学书籍。

图书在版编目（CIP）数据

Python 程序设计 / 张雪萍主编. —北京：电子工业出版社，2019.4
（高级大数据人才培养丛书 / 刘鹏，张燕主编）

ISBN 978-7-121-36073-2

Ⅰ. ①P… Ⅱ. ①张… Ⅲ. ①软件工具—程序设计　Ⅳ. ①TP311.561

中国版本图书馆 CIP 数据核字（2019）第 035760 号

策划编辑：董亚峰
责任编辑：米俊萍　　特约编辑：顾慧芳
印　　刷：北京虎彩文化传播有限公司
装　　订：北京虎彩文化传播有限公司
出版发行：电子工业出版社
　　　　　北京市海淀区万寿路 173 信箱　邮编：100036
开　　本：787×1092　1/16　印张：25　字数：600 千字
版　　次：2019 年 4 月第 1 版
印　　次：2024 年 7 月第 6 次印刷
定　　价：88.00 元

凡所购买电子工业出版社图书有缺损问题，请向购买书店调换。若书店售缺，请与本社发行部联系，联系及邮购电话：（010）88254888，88258888。

质量投诉请发邮件至zlts@phei.com.cn，盗版侵权举报请发邮件至dbqq@phei.com.cn。

本书咨询联系方式：mijp@phei.com.cn。

总　序

短短几年间，大数据就以一日千里的发展速度，快速实现了从概念到落地，直接带动了相关产业井喷式发展。全球多家研究机构统计数据显示，大数据产业将迎来发展黄金期：IDC 预计，大数据和分析市场将从 2016 年的 1300 亿美元增长到 2020 年的 2030 亿美元以上；中国报告大厅发布的大数据行业报告数据也说明，自 2017 年起，我国大数据产业迎来发展黄金期，未来 2～3 年的市场规模增长率将保持在 35%左右。

数据采集、数据存储、数据挖掘、数据分析等大数据技术在越来越多的行业中得到应用，随之而来的就是大数据人才问题的凸显。麦肯锡预测，每年数据科学专业的应届毕业生将增加 7%，然而仅高质量项目对于专业数据科学家的需求每年就会增加 12%，完全供不应求。根据《人民日报》的报道，未来 3～5 年，中国需要 180 万数据人才，但目前只有约 30 万人，人才缺口近 150 万人。

以贵州大学为例，其首届大数据专业研究生就业率就达到 100%，可以说被“一抢而空”。急切的人才需求直接催热了大数据专业，教育部正式设立“数据科学与大数据技术”本科专业。目前已经有三批共计 283 所大学获批，包括北京大学、中南大学、对外经济贸易大学、中国人民大学、北京邮电大学、复旦大学等。

不过，就目前而言，在大数据人才培养和大数据课程建设方面，大部分高校仍然处于起步阶段，需要探索的问题还有很多。首先，大数据是个新生事物，懂大数据的老师少之又少，院校缺“人”；其次，尚未形成完善的大数据人才培养和课程体系，院校缺“机制”；再次，开展大数据实验需要为每位学生提供集群计算机，院校缺“机器”；最后，院校没有海量数据，开展大数据教学科研工作缺少“原材料”。

其实，早在网格计算和云计算兴起时，我国科技工作者就曾遇到过类似的挑战，我有幸参与了这些问题的解决过程。为了解决网格计算问题，我在清华大学读博期间，于 2001 年创办了中国网格信息中转站网站，每天花几个小时收集和分享有价值的资料给学术界，此后我也多次筹办和主持全国性的网格计算学术会议，进行信息传递与知识分享。2002 年，我与其他专家合作完成的《网格计算》教材也正式面世。

2008 年，当云计算开始萌芽之时，我创办了中国云计算网站（chinacloud.cn）（在各大搜索引擎“云计算”关键词搜索结果中排名前列），2010 年出版了《云计算》（第 1 版）、2011 年出版了《云计算》（第 2 版）、2015 年出版了《云计算》（第 3 版），每一版都花费了大量成本制作并免费分享对应的几十个教学 PPT。目前，这些 PPT 的下载总量达到了几百万次。同时，《云计算》一书也成为国内高校的首选教材。在 CNKI 公布的高被引图书名单中，《云计算》（第 1 版）在自动化和计算机领域排名全国第一（统计了 2010 年后出版的所有图书）。除了资料分享，2010 年我也在南京组织了全国高校云计算师资培训班，培养了国内第一批云计算老师，并通过与华为、中兴、360 等知名企业合作，输出云计算技术，培养云计算研发人才。这些工作获得了大家的认可与好评，此后我接连担任了工信部云计算研究中心专家、中国云计算专家委员会云存储组组长等职务。

近几年，面对日益突出的大数据发展难题，我也在尝试使用此前类似的办法去应对这些挑战。为了解决大数据技术资料缺乏和交流不够通透的问题，我于 2013 年创办了中国大数据网站（thebigdata.cn），投入大量的人力进行日常维护；为了解决大数据师资匮乏的问题，我面向全国院校陆续举办多期大数据师资培训班。从 2016 年年底起，我在南京多次举办全国高校/高职/中职大数据免费培训班，基于《大数据》《大数据实验手册》及云创大数据提供的大数据实验平台，帮助到场老师们跑通了 Hadoop、Spark 等多个大数据实验，使他们跨过了“从理论到实践，从知道到用过”的门槛。2017 年 5 月，我还举办了全国千所高校大数据师资免费讲习班，盛况空前。

其中，为了解决大数据实验难的问题而开发的大数据实验平台，正在为越来越多高校的教学科研带去方便：我带领云创大数据（www.cstor.cn，股票代码：835305）的科研人员，应用 Docker 容器技术，成功开发了 BDRack 大数据实验一体机，打破了虚拟化技术的性能瓶颈，可以为每位参加实验的人员虚拟出 Hadoop 集群、Spark 集群、Storm 集群等，自带实验所需数据，并准备了详细的实验手册（包含 42 个大数据实验）、PPT 和实验过程视频，可以开展大数据管理、大数据挖掘等各类实验，并可以进行精确营销、信用分析等多种实战演练。目前，大数据实验平台已经在郑州大学、成都理工大学、金陵科技学院、天津农学院、西京学院、郑州升达经贸管理学院、信阳师范学院、镇江高等职业技术学校等多所院校成功应用，并广受校方好评。该平台也可在线使用（http://bd.cstor.cn），帮助师生通过自学，用一个月左右成为大数据实验动手的高手。此外，面对席卷而来的人工智能浪潮，我所在团队推出的 AIRack 人工智能实验平台、DeepRack 深度学习一体机及 dServer 人工智能服务器等系列应用，一举解决了人工智能实验环境搭建困难、缺乏实验指导与实验数据等问题，目前已经在清华大学、南京大学、南京农业大学、西安科技大学等高校投入使用。

同时，为了解决缺乏权威大数据教材的问题，我所负责的南京大数据研究院，联合金陵科技学院、河南大学、云创大数据、中国地震局等多家单位，历时两年，编著出版了适合本科教学的《大数据》《大数据库》《大数据实验手册》《数据挖掘》《大数据可视化》《深度学习》等教材。在大数据教学中，本科院校的实践教学应更具系统性，偏向新技术的应用，且对工程实践能力要求更高；而高职高专院校则更偏向于技术性和技能训练，理论以够用为主，学生将主要从事数据清洗和运维方面的工作。基于此，我还联合多家高职院校专家准备了《云计算导论》《大数据导论》《数据挖掘基础》《R 语言》《数据清洗》《大数据系统运维》《大数据实践》系列教材。

此外，这些图书的配套 PPT 和其他资料也继续在中国大数据（thebigdata.cn）和中国云计算（chinacloud.cn）等网站免费提供。同时，大数据实验平台（http://bd.cstor.cn）、免费的物联网大数据托管平台万物云（wanwuyun.com）和环境大数据免费分享平台环境云（envicloud.cn）将持续开放，使资源与数据随手可得，让大数据学习变得更加轻松。

在此，特别感谢我的硕士生导师谢希仁教授和博士导师李三立院士。谢希仁教授所著的《计算机网络》已经更新到第 7 版，与时俱进且日臻完善，时时提醒学生要以这样的标准来写书。李三立院士是留苏博士，为我国计算机事业做出了杰出贡献，曾任国家攀登计划项目首席科学家。他严谨治学，带出了一大批杰出的学生。

本丛书是集体智慧的结晶，在此谨向付出辛勤劳动的各位作者致敬！书中难免会有不当之处，请读者不吝赐教。我的邮箱：gloud@126.com，微信公众号：刘鹏看未来（lpoutlook）。

刘　鹏

于南京大数据研究院

前　言

随着机器学习的兴起和数据科学的应用发展，Python 逐步成了最受欢迎的语言之一。它简单易用、逻辑明确并拥有海量的扩展包，因此不仅成为机器学习与数据科学的首选语言，同时在网页、数据爬取和科学研究等方面也成为不二选择。

《Python 程序设计》是中国信息协会大数据分会副会长刘鹏教授组织编撰的“高级大数据人才培养丛书”之一。一是考虑程序设计要注重实际应用开发，二是由于所在丛书中《数据挖掘》《大数据》《云计算》等对关联规则、神经网络、推荐系统、云计算算法有详细的介绍，故本书没有再介绍有关这几部分的理论及技术。另外，本书的全部实验均可在大数据实验平台（http://bd.cstor.cn）上远程开展，也可在高校部署的 BDRack 大数据实验一体机上本地开展。

全书分为 12 章，其主要内容如下：

第 1 章“Python 基础”。主要介绍 Python 的特点，Python 的安装与运行、程序控制等。

第 2 章“数据类型”。学习 Python 提供的基本数据类型：整型、浮点型、列表、元组、字典、字符串等。

第 3 章“文件”。学习如何使用 Python 程序对文件进行操作，主要包括如何读写文件、如何处理 Word 文件、如何处理.pdf 文件及压缩文件等。

第 4 章“程序调试”。主要学习程序运行时发生错误或异常的各种处理方法，以及修复程序 bug 的各种调试手段等。

第 5 章“面向对象程序设计”。结合 Python 学习面向对象程序设计，主要包括面向对象程序技术的基本概念、类的定义和对象、类属性、类的方法、类的继承性与多态性等。

第 6 章“连接数据源”。主要学习如何基于 Python 第三方库 pandas 处理 CSV 数据源、Excel 数据源、JSON 数据源，以及数据库的操作。

第 7 章“网络爬虫”。主要学习如何使用 Python 网络爬虫为特定用户准备数据资源，并以热门电影搜索、大数据相关论文文章标题采集、全国空气质量数据爬取为案例进行爬虫项目实战。

第 8 章“数据挖掘”。学习如何用 Python 数据分析工具进行数据挖掘，主要包括数据预处理、分类与预测、聚类分析，并以信用评估、影片推荐系统等进行数据挖掘项目实战。

第 9 章“自然语言处理”。学习 Python 在自然语言处理方面的应用，主要包括如何应用 NLTK、jieba 完成分词、词性标注、命名实体识别及语法分析等，并以搜索引擎为例进行自然语言处理项目实战。

第 10 章“数据可视化”。学习如何使用 Python 图形库进行绘图操作，实现数据的可视化，主要包括 Pillow、Matplotlib、Echarts 的使用等。

第 11 章“Web 和移动应用”。结合案例学习如何基于 Django 进行 Python Web 开发，以及如何基于 Python Kivy 开发 Python 移动应用。

第 12 章“与云结合”。主要介绍国内各种云服务平台，以及如何运用 Python API、Python SDK 实现访问。

本书框架和内容主要由刘鹏教授规划，第 1～4 章由唐万梅编写，第 5～7、10 章由景雪琴编写，第 8、9、11、12 章由张雪萍编写，全书由张雪萍统稿润色。

本书非常适合作为高校教材使用。自 2012 年始，本人所在学院引进的外方课程——计算机程序设计就是用的 Python 语言，2016 年本人到美国访学期间了解到，美国几乎所有大学非计算机专业都设有 Python 程序设计课程。因此，建议高校为计算机及其相关专业开设 Python 程序设计课程。

本书力求系统全面、通俗易懂，且每章均有习题，可作为高等院校计算机及相关专业的本科和研究生教材。高职高专院校也可以选用本书部分内容开展教学。课程教学建议为 60 学时，其中，上机实验设 16～24 学时为宜。

感谢丛书主编刘鹏教授和金陵科技学院张燕副校长的大力支持和帮助，感谢云创大数据武郑浩老师的辛勤付出，感谢云创大数据沈大伟、保磊老师的技术支持，感谢诸位审稿专家的不吝赐教，感谢诸位编委的鼎力相助。

感谢我的研究生王军峰，第 8、9、11、12 章的实验项目由他完成实际上机验证，这为在大数据实验平台上开展教学实践奠定了基础。

由于编写时间仓促，水平所限，书中难免会出现一些错误或不准确的地方，恳请读者批评指正。如果您有宝贵意见，可通过微信号 zz67789875 或邮箱 zhang_xpcn@aliyun.com 联系我。期待在技术之路上与您互勉共进。

张雪萍

于河南工业大学

目　录

第1章　Python 基础

Python 是"一种解释型的、面向对象的、带有动态语义的高级程序设计语言"[1,2]。它能够实现真正的跨平台（可以运行在 Linux、MacOS 和 Windows 上），它的强制缩进的语法使得它的代码简洁易读。对比其他编程语言，Python 更加容易上手。由于 Python 拥有大量第三方库的支持，所以，应用 Python 来进行应用项目的开发更加高效快捷。Python 广泛应用于系统管理工作，Industrial Light & Magic（工业光魔）公司在高预算影片中使用 Python 制作影片的特效，Yahoo！使用它（包括其他技术）管理讨论组，Google 用它实现网络爬虫和搜索引擎中的很多组件。Python 也被用于计算机游戏和生物信息等各种领域[2]。随着人工智能的快速发展，Python 的应用得到了更好的普及。

1.1　Python 简介

Python 的创始人是荷兰的吉多·范罗苏姆（Guido van Rossum）。1989 年感恩节期间，吉多为了打发圣诞节的无趣，决心开发一个新的脚本解释程序，作为 ABC 语言的一种继承。之所以选中 Python 作为这门语言的名字，是因为他是 BBC 电视剧《"蒙提·派森"飞行马戏团》（*Monty Python's Flying Circus*）的爱好者。他想营造一种编程语言的神秘感，所以把它命名为 Python。

Python 语言诞生于 1989 年，但第 1 个公开发行版本发行于 1991 年，2000 年 10 月 Python2.0 正式发布，2008 年 12 月 Python3.0 正式发布，目前的最新版本是 Python3.6.5。

Python 是一种面向对象、直译式计算机程序设计语言，也是一种功能强大的通用程序设计语言。它包含了一组完善且容易理解的标准库，并且还有大量第三方库的支持，能够轻松完成很多常见的任务。它的语法非常简捷、清晰，与其他大多数计算机程序设计语言不一样，它采用强制缩进来定义语句块[1]。

Python 的设计风格：Python 在设计上坚持清晰划一的风格，这使得 Python 成为一门易读、易维护，并且被大量用户所喜欢的、用途广泛的语言。设计者开发时总的指导思想是，对于一个特定的问题，只要有一种最好的方法来解决就好了。

Python 的设计定位：Python 的设计哲学是"优雅、明确、简单、可读性强"。

Python 的面向对象：Python 是完全面向对象的语言。函数、模块、数字、字符串都是对象，并且完全支持继承、重载、派生、多继承，有益于增强源代码的复用性。Python 支持重载运算符和动态类型。

Python 开发者的哲学是"用一种方法，最好是只有一种方法来做一件事"。这一点跟其他大多数的编程语言不太一样，当你使用 Python 语言写程序面临很多种选择时，

Python 的开发者通常会拒绝那些比较花哨的方法，而选择明确的、很少或没有歧义的语法，这些准则就是我们平时所说的 Python 的格言[3]。

执行命令“import this”后，你可以看到一篇由 Tim Peters 撰写的文章。它介绍了编写优美的 Python 程序所需要关注的一些重要原则，以此了解 Python 的设计哲学。另外，也可以参考相关网站了解 Python 的设计哲学[4]。

```
> import  this
```

执行“import this”命令后的显示结果如图 1-1 所示。

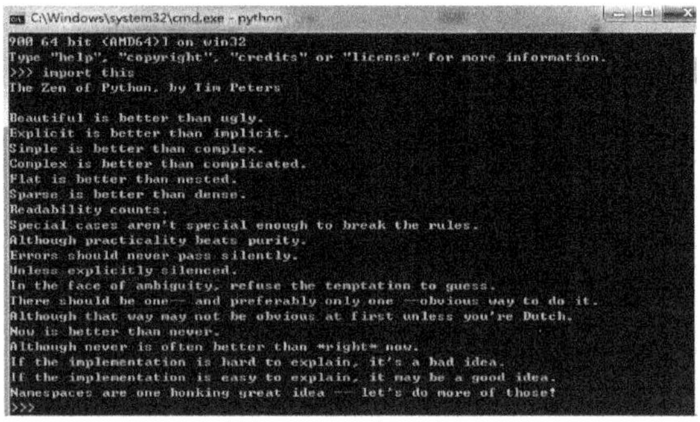

```
C:\Windows\system32\cmd.exe - python
900 64 bit (AMD64)] on win32
Type "help", "copyright", "credits" or "license" for more information.
>>> import this
The Zen of Python, by Tim Peters

Beautiful is better than ugly.
Explicit is better than implicit.
Simple is better than complex.
Complex is better than complicated.
Flat is better than nested.
Sparse is better than dense.
Readability counts.
Special cases aren't special enough to break the rules.
Although practicality beats purity.
Errors should never pass silently.
Unless explicitly silenced.
In the face of ambiguity, refuse the temptation to guess.
There should be one-- and preferably only one --obvious way to do it.
Although that way may not be obvious at first unless you're Dutch.
Now is better than never.
Although never is often better than *right* now.
If the implementation is hard to explain, it's a bad idea.
If the implementation is easy to explain, it may be a good idea.
Namespaces are one honking great idea -- let's do more of those!
>>>
```

图 1-1　执行“import this”命令后的显示结果

Python 是一种解释型、面向对象、动态数据类型的高级程序设计语言。自从 20 世纪 90 年代初 Python 语言诞生至今，它逐渐被广泛应用于处理系统管理任务和 Web 编程，尤其是随着人工智能领域发展的持续升温，Python 已经成为最受欢迎的程序设计语言之一。Python 语言相较于其他编程语言，有以下主要的优势：

（1）语法简洁而清晰，代码的可读性高。Python 的语法要求强制缩进，用这种强制缩进来体现语句间的逻辑关系，显著提高了程序的可读性。

（2）开发效率高。由于它简单明确，所以它也是开发效率比较高的一种编程语言。

（3）跨平台特性。Python 可以真正做到跨平台，比如我们开发的程序可以运行在 Windows、Linux、MacOS 系统下。这是它的可移植性优势。

（4）大量丰富的库或扩展。Python 常常被昵称为胶水语言，它能够很轻松地把用其他语言编写的各种模块（尤其是 C/C++）轻松地联结在一起。利用这些大量丰富的第三方库，可以很方便地开发我们自己的应用程序。

（5）代码量少，一定程度上提高了软件质量。由于使用 Python 语言编写的代码量相比别的语言来说小很多，所以说，它出错的概率也要小很多，这在一定程度上也提高了编写的软件的质量。

Python 的用途非常广泛，它可以用在以下方面：

（1）网页开发；

（2）可视化（GUI）界面开发；

（3）网络（可用于网络方面的编程）；

（4）系统编程；

（5）数据分析；

（6）机器学习（Python 有各种各样的库来支持）；

（7）网络爬虫（如谷歌使用的网络爬虫）；

（8）科学计算（很多方面的科学计算都用到了 Python）。

比如谷歌的很多服务里面都用到了 Python；YouTube 网站也是用 Python 来实现的；国内的豆瓣网的基本构架也是用 Python 实现的。

1.2　Python 的安装与运行

由于 Python 具有跨平台特性，因此，Windows、Linux、MacOS 系统都支持 Python 的运行。

1. 下载 Python

这里我们介绍 Windows 环境下 Python 的安装与运行。由于在 Windows 操作系统内并没有内置 Python 的环境，因此，需要独立进行安装。安装包可以到 Python 的官方网站（www.Python.org）去下载，打开官网之后，导航栏有一个“Downloads”按钮，如图 1-2 所示。

网站默认推荐了一个链接，因为它已经识别了我们的系统是 Windows 系统，推荐的是 Python 3.x 的最新版本 3.6.5。进入相应版本的下载页面后，里面有对于环境的基本介绍，几个不同的版本主要针对不同的操作系统平台。可以根据自己的系统是 32 位还是 64 位来选择不同的文件进行下载。

我们也可以单击图 1-2 方框所示的按钮进行下载。单击此按钮，默认下载 Windows 32 位 3.6.5 版本的安装包。值得注意的是，如果你的操作系统是 Windows 7 以下的版本，它不支持 3.6 版本，你可能需要单独下载 3.4 或 3.4 以下的版本。如果要下载其他的版本，可以单击“Windows”，如图 1-3 所示。

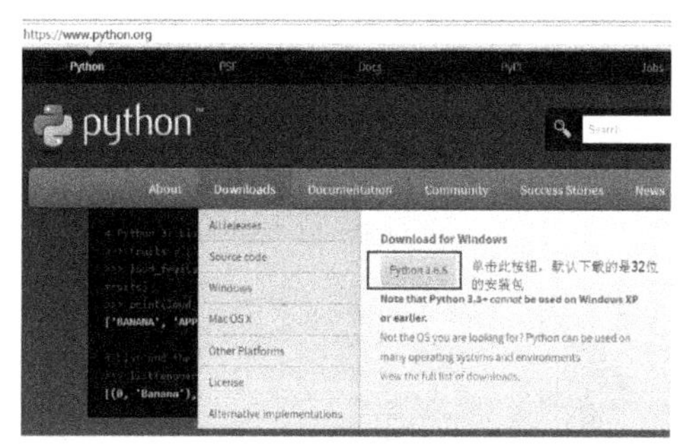

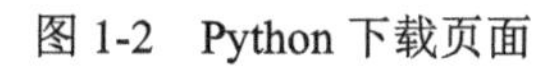
图 1-2　Python 下载页面

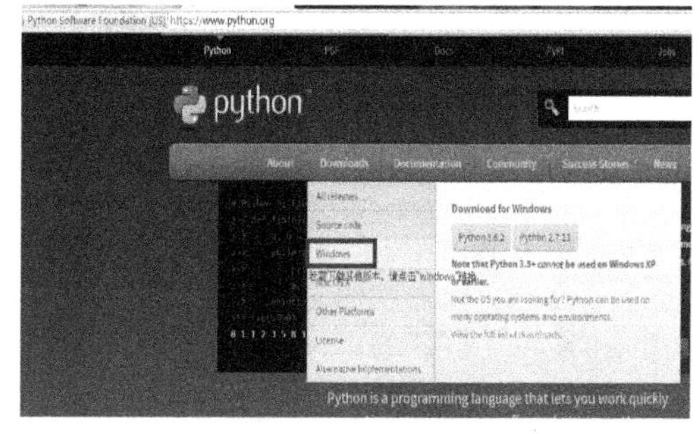

图 1-3　通过 Windows 按钮进入下载页面

在打开的新页面中我们可以找到其他的版本，包括最新的测试版本，以及需要的 3.4 版本。如果你想安装一个 64 位的 3.6.5 版本，此时可单击当前页面上加框的链接，如图 1-4、图 1-5 所示。

在新打开页面的下方，我们可以找到其他几个链接，开头是 Windows x86-64 的文件表示 Windows 64 位的版本，不含 64 的是 32 位的版本。

图 1-4　Python 更多版本的下载页面

图 1-5　Python 各种安装包

图 1-5 显示有压缩安装包（Windows x86-64 embeddable zip file）、可执行的安装文件（Windows x86-64 executable installer）、基于 Web 的安装文件（Windows x86-64 Web-based installer），最方便的是下载可执行的安装包。注意：64 位的版本不能安装在 32 位的系统上，但 32 位的版本既可以安装在 32 位的系统上，也可以安装在 64 位的系统上。

2. 安装 Python

Windows 可执行的安装包安装起来比较方便，就如同安装其他的 Windows 应用程序一样，我们只需要选择合适的选项，一直单击“Next”就可完成安装。

当安装出现如图 1-6 所示的选项时，不要急于进行下一步（这里示范的系统本身是 64 位的）。

一定要注意：勾选“Add Python 3.6 to PATH”，添加 Python3.6 到环境变量之后，以后在 Windows 命令提示符下也可以方便、快速地启动 Python 的交互式提示符或直接运行 Python 的命令。

选中“Add Python 3.6 to PATH”之后，选中自定义安装，如图 1-7 所示。当然选择第一项进行安装也可以，表示把 Python 安装在 C 盘的用户目录下。但此时你最好清楚用户目录即所安装的目录是什么，以便今后有需要时能够找到所安装的 Python.exe 文件。

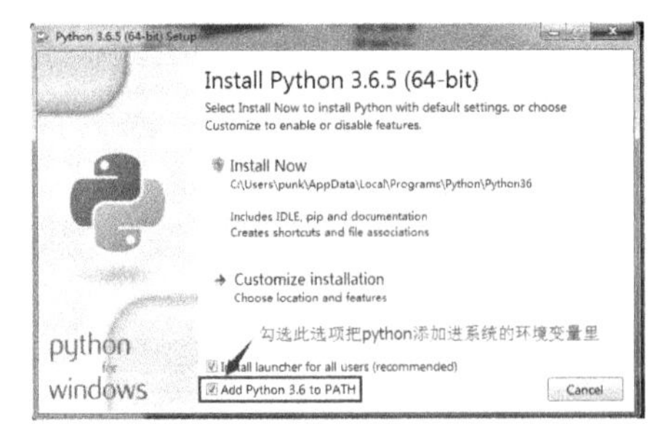

图 1-6　Python 安装界面（1）

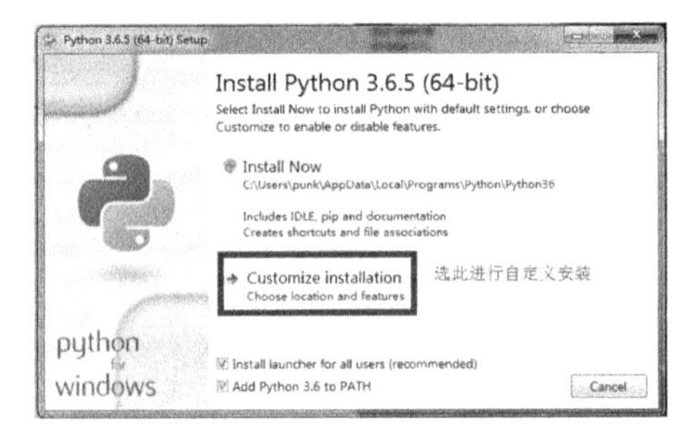

图 1-7　Python 安装界面（2）

这里以自定义安装为例：在接下来的安装界面里，默认我们把所有的选项都选中。如图 1-8 所示。pip 是安装第三方扩展包的工具，因此，是必不可少的，请一定要勾选。其他选项的含义请见图 1-8 的标注。如果没有特殊需求的话，建议把它们都选中。

图 1-9 所示的安装页面有些高级选项，注意，目前它只针对当前的 Windows 用户，安装的目录非常深，安装在用户的个人目录下，当我们选中第一个选项时，安装目录就变了。请见图 1-9 的标注。

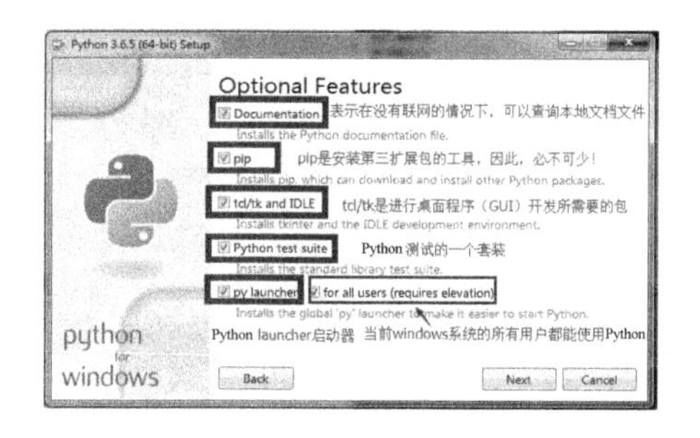

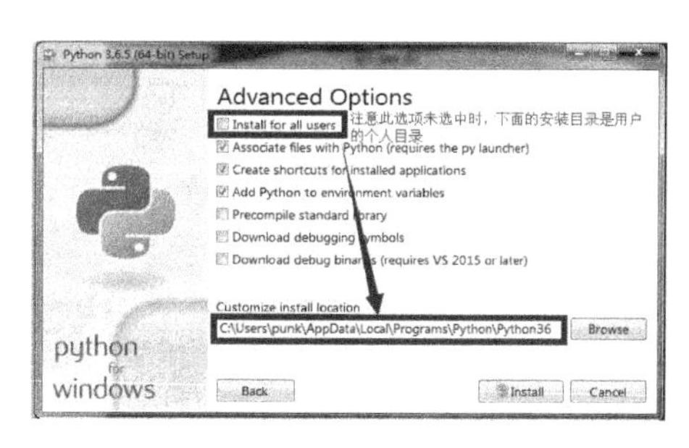

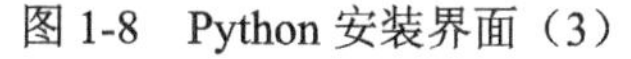

图 1-8 Python 安装界面（3）

图 1-9 Python 安装界面（4）

当针对所有用户进行安装时，安装目录就变成了标准的 Windows 安装目录，即 32 位的系统安装在“C:\Program Files(x86)\Python36-32”这个目录下，64 位的系统则会安装在“C:\Program Files\Python36”这个目录下（注意不带“(x86)”，后面也没有“-32”），如图 1-10 所示。图 1-10 中后面两个选项可以不选中。此时，单击“Install”按钮后等待安装即可。安装过程如图 1-11 所示。

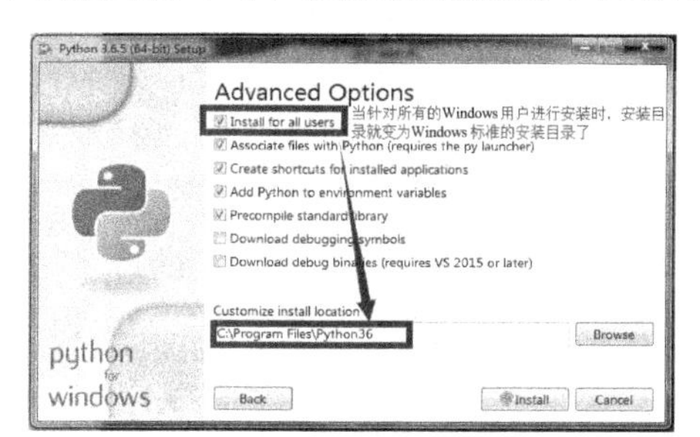

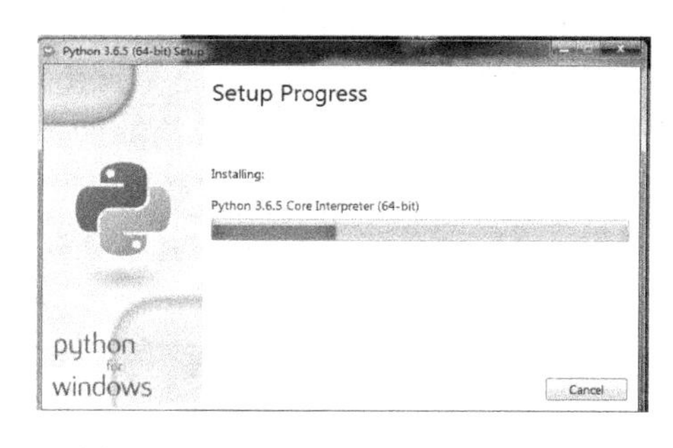

图 1-10 Python 安装界面（5）

图 1-11 Python 安装界面（6）

出现图 1-12 这个界面表示 Python 已经安装完成了。

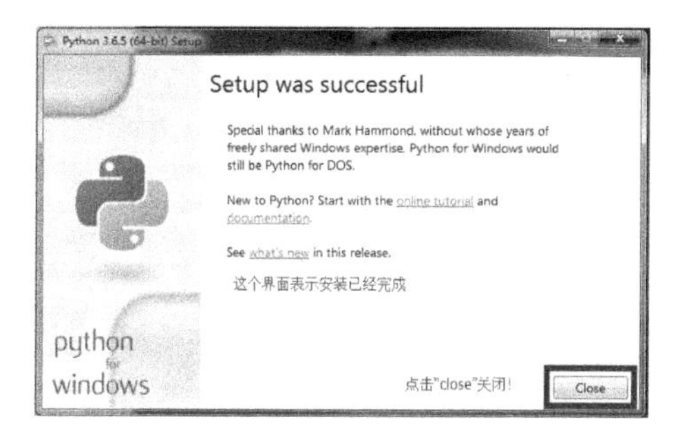

图 1-12 Python 安装界面（7）

单击“Close”按钮关闭！安装完成之后，可以到刚才的安装目录进行查看，如果查看到 Python 的可执行文件“python.exe”，则表明 Python 的安装是成功的。

3. 启动 Python

可以通过以下两种方式来启动 Python。

1）*启动 Python 自带的 IDLE*

如果要运行 Python，可以在 Windows 桌面单击“开始”按钮，在出现的搜索框中输入“IDLE”来启动 Python 的一个桌面应用程序，以快速提供一个“REPL”（Read-Evaluate-Print-Loop）的提示符。

如图 1-13 展示了在 IDLE 环境中输出“Hello python!”的效果。

```
Python 3.6.5 Shell
File  Edit  Shell  Debug  Options  Window  Help
Python 3.6.5 (v3.6.5:f59c0932b4, Mar 28 2018, 17:00:18) [MSC v.1900 64 bit (AMD6
4)] on win32
Type "copyright", "credits" or "license()" for more information.
>>> print("Hello python!")
Hello python!
>>>
```

图 1-13　执行 Python 命令

IDLE 是 Python 自带的一个简易的 IDE（Integrated Development Environment），它是 Python 的一种图形界面编辑器。可以把 IDLE 看成一个简易版的集成开发环境，其功能看起来比较简陋，但有利于初学者学习 Python 语言本身。在这里提供了一个 REPL 环境，即它先读取用户的输入（“Read”），回车后进行评估计算（“Evaluate”），然后打印结果（“Print”），接下来又出现一个提示符“Loop”，如此循环。图 1-13 的界面就遵循了 REPL 思想，是最简单的一种运行方式。

2）*在 Windows 提示符下启动 Python*

另一种启动 Python 的方式是通过 Windows 命令提示符来运行 Python 程序，在 Windows 搜索框里（或按“Win+R”键打开运行提示框，注意是键盘上的“Win”键）输入“cmd”，如图 1-14 所示，或者单击开始按钮在弹出的搜索框中输入“cmd”后回车来启动 Windows 命令行窗口，如图 1-15 所示。

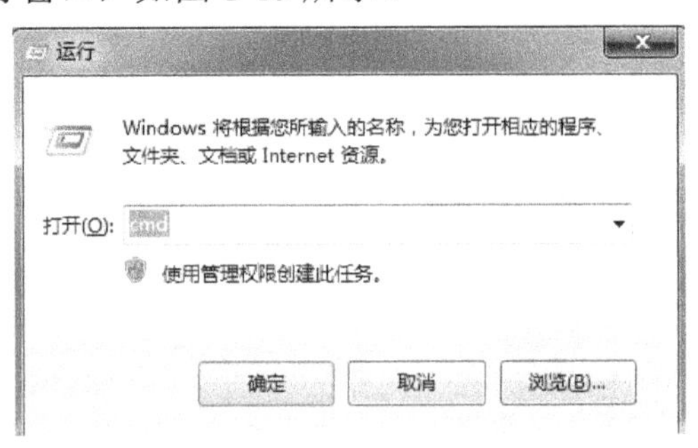

图 1-14　打开 Windows 搜索框

注意：这里看到的“>”后的闪烁光标是 Windows 自带的命令提示符，即图 1-15 展示的窗口是 Windows 命令行窗口。

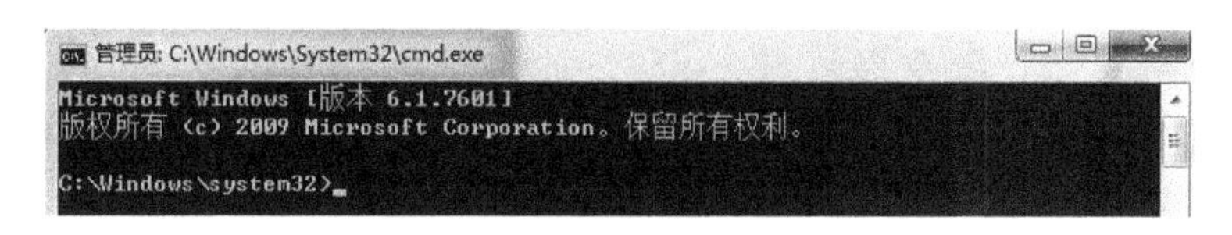

图 1-15　Windows 命令行窗口

在安装 Python 的时候，由于勾选了“Add Python 3.6 to PATH”选项，把安装的 Python 添加到 Windows 的环境变量中，因此，在提示符“>”后输入“python”回车就能顺利启动 Python，如图 1-16 所示。

```
管理员: C:\Windows\System32\cmd.exe - python
Microsoft Windows [版本 6.1.7601]
版权所有 (c) 2009 Microsoft Corporation。保留所有权利。

C:\Windows\system32>python
Python 3.6.1 |Anaconda 4.4.0 (64-bit)| (default, May 11 2017, 13:25:24) [MSC v.1
900 64 bit (AMD64)] on win32
Type "help", "copyright", "credits" or "license" for more information.
>>>
```

图 1-16　在 Windows 命令行窗口运行 Python

出现提示符“>>>”说明 Python 的安装是成功的，同时也表明已经启动了 Python。提示符“>>>”是 Python 特有的提示符。

接下来无论在第一种（见图 1-13）还是第二种（见图 1-16）启动方式里执行“print("Hello Python !")”，得到的输出结果都是一样的（见图 1-17）。

```
管理员: C:\Windows\System32\cmd.exe - python
Microsoft Windows [版本 6.1.7601]
版权所有 (c) 2009 Microsoft Corporation。保留所有权利。

C:\Windows\system32>python
Python 3.6.1 |Anaconda 4.4.0 (64-bit)| (default, May 11 2017, 13:25:24) [MSC v.1
900 64 bit (AMD64)] on win32
Type "help", "copyright", "credits" or "license" for more information.
>>> print("Hello Python!")
Hello Python!
>>>
```

图 1-17　在 Python 提示符下执行命令

如果要返回 Windows 命令提示符下，则可以通过按下快捷键“Ctrl+Z”来达成目标。

以上两种方式都是 REPL 形式，适用于编写比较简短的程序或命令，具有简单灵活的优点。如果程序功能较多，调用的模块或包比较多，REPL 形式维护起来就不太方便。

3）运行脚本文件

如果是一个比较大的程序，可以先把代码写到一个文件中，然后再去启动 Python 的脚本文件来运行，这种形式称为“运行脚本”。

可以使用 Python 自带的 IDLE 来完成代码的编写。打开一个新的代码编辑窗口（见图 1-18），可以在此窗口中编写代码，并以文件的方式保存，文件的扩展名为“.py”。

可以在 Windows 命令提示符下运行刚才的文件“D:\Python\PythonEXample\jiaocai\hello.py”，考虑到今后不会遇到有关权限的问题，可以在运行“cmd.exe”时，选择“以管理员身份运行”来启动 Windows 命令行窗口。

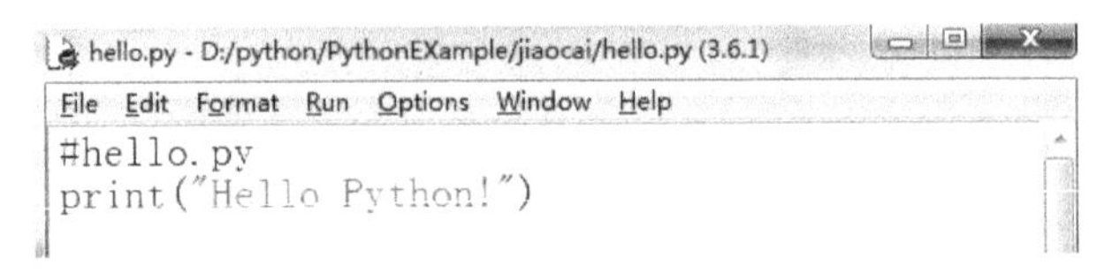

图 1-18 代码编辑窗口

如果想要调用本机安装好的 Python 来运行刚才编写好的代码，假设代码文件路径为“D:\Python\PythonEXample\jiaocai\hello.py”，在 Windows 命令行窗口中通过调用 Python 来执行“hello.py”脚本文件，则运行结果如图 1-19 所示。

图 1-19 Python 提示符下运行 hello.py 文件的结果

图 1-18 的代码编辑窗口是 IDLE 自带的编辑器，实际上，使用 Windows 自带的记事本也可以完成代码的编写。

对于代码编辑器的选择，当在做大型项目开发的时候可以选择集成开发环境，比如 PyCharm（强烈推荐），但在目前初学阶段，为了避免混淆，建议还是使用最原始的编辑工具，这样既可以用刚才提到的 IDLE 里“文件”下的“New File”来启动编辑器，也可以使用 Windows 自带的记事本来完成代码的编写。

注意：在代码编写过程中，除必须在中文状态下输入的汉字和标点符号外，其他字符都必须在英文状态下输入，包括字符串的定界符（单引号、双引号、三引号）。

除了 Windows 记事本，大家也可以选择“Notepad++”或比较流行的“SublimeText3”，当然还有其他的一些编辑工具都是可以用来完成代码编写的。

1.3 Python 版本的选择

1. 选择 Python3.x 版本

有关 Python 版本的选择问题，大家可能已经有所了解。Python 有 2 个版本，一个版本是 Python2.x，另一个版本是 Python3.x。由于 Python 的发展是由社区支持的，在它的发展过程中出现了一个断层现象，Python3.x 并不向下兼容 Python2.x，所以它是两个版本。对于初学者，建议直接学习 Python3.x，除非有些项目有特殊的需求，需要去学习 Python2.x，否则建议大家从 Python3.x 开始。本书也是按 Python3.x 来编写的。

2. 使用 Python 开发程序的 easy 模式

传统的开发模式就是在网上下载一个 Python 安装包，在需要使用相应模块或者包的时候再一个一个地进行安装。但是我们要记住，当进行程序开发时，永远选择 easy 模式，不要在搭建环境的过程中浪费时间。因此，这里我们选择安装 Anaconda。

3. 安装 Anaconda

Anaconda 是一个集成式的 Python 科学计算开发环境，它是由 Python 之父吉多·范罗苏姆作为核心成员之一进行开发的，涵盖了 Python2.x 和 Python3.x 版本，并且它覆盖了 Windows、Linux、MacOS 系统，也就是说，它同时支持 Python2.x 和 Python3.x 两个版本，并且同时支持 3 个操作系统，这样就一共有 6 个版本，其中包含了大量的科学计算扩展包，它内置的科学计算包版本都比较新。

Anaconda 是专注于数据分析的 Python 发行版本，其中包含了 conda、Python 等 180 多个科学计算扩展包及其依赖项[5]。Anaconda 提供了强大而方便的包管理与环境管理功能，可以很方便地解决多版本 Python 并存、切换及各种第三方包安装问题。使用 Python 之所以能进行高效的程序开发，原因就在于其有大量的第三方库的支持。在使用 Python 进行开发的过程中，经常需要安装第三方库，而 Anaconda 作为 Python 的一个发行版，已经包含了这些库，因此，使用 Anaconda 就可以省掉部分安装第三方库的操作。当然，它也非常便于安装第三方的扩展包。

Anaconda 是一款完全免费的软件，可以随意到官网（https://www.anaconda.com/）下载使用，根据自己的需求下载 Windows 64 位或者 32 位的版本。本书就以这款软件作为默认的 Python 解释器。

Anconda 的安装很简单，在安装时只要一直单击“Next”就可以了，不需要做任何的改动。

最后需要特别说明的是：在安装 Anconda 之前需要卸载之前已经安装的任何 Python 解释器，包括 Python2.x 和 Python3.x 版本等，只用 Anconda 作为默认的 Python 解释器，即安装 Anconda 并且将它作为默认解释器。

4. 安装第三方库

Python 拥有一个强大的标准库，Python 社区提供了大量的第三方库，使用方式与标准库类似。如果说强大的标准库奠定了 Python 发展的基石，那么丰富的第三方库则是 Python 不断发展的保证。随着 Python 的发展，一些稳定的第三方库被加入了标准库中 。

在安装 Anaconda 的时候，Python 的标准库和一些常用的第三方库已经随 Python 解释器进行了安装，可以在 Windows 提示符下输入“pip list”查看已经安装的库。如图 1-20 所示为部分已经安装的包。

如果要使用没有安装的第三方库，必须使用下面介绍的安装方法进行安装。初学者可以先跳过这部分，等真正需要安装第三方库的时候，再回过头来按照教程安装第三方库。

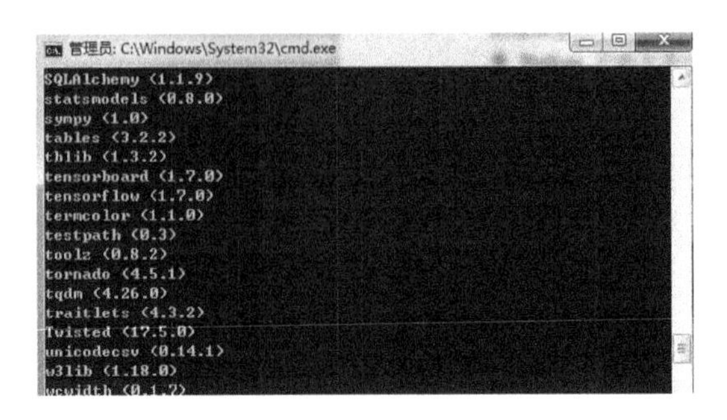

图 1-20　部分已经安装的包

1）源码安装

很多第三方库都是开源的，几乎都可以在 GitHub 或 PyPI 上找到源码。找到的源码大多是 zip、tar.zip、tar.bz2 格式的压缩包。解压这些压缩包后，通常会看见一个 setup.py 文件。打开 Windows 命令行窗口，进入该文件夹。运行如下命令进行安装：

```
:\> Python setup.py install
```

2）包管理器

现在很多编程语言都带有包管理器，如 Ruby 的 gem、nodejs 的 npm。Python 当然也不例外，可以使用 pip、conda 进行第三方库的安装。

（1）pip 对 Python 库的管理。

大家应该还记得，前面在介绍 Python 安装的时候，其中有一个选项“pip”就是安装 pip 包管理器的（见图 1-8）。当然，如果选择安装的是 Anconda，则包管理器已经自动进行了安装。如果已经安装了 pip 包管理器，则在命令行中输入 pip 后回车，就可看到如图 1-21 所示的结果。

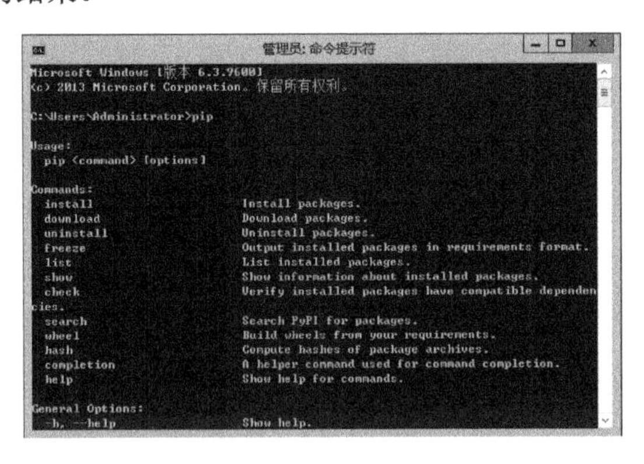

图 1-21　pip 的相关参数

使用 pip 安装模块安装第三方库时，系统会自动下载安装。例如，安装 flask 框架，命令如下：

```
:\> pip install flask
```

卸载已经安装的第三方库的命令：

```
:\> pip uninstall flask
```

若查看已经安装的库，包括系统自带的和手动安装的，只需要执行命令：

```
:\> pip list
```

更多 pip 的参数和功能，可以通过在命令行中输入“pip”来查看。

（2）conda 对 Python 库的管理。

conda 可以通过安装 Minconda 或 Anaconda 来进行安装，前者是简化版本，只包含 conda 及其依赖。在本书中，我们使用 Anaconda 来安装 Python，conda 会自动安装。conda 对 Python 库的管理与 pip 大同小异，目前能用到的主要是安装、卸载、查看已安装的库几个命令，分别如下（这里仍用 flask 框架举例）：

```
:\> conda install flask
:\> conda uninstall flask
:\> conda list
```

更多有关 conda 的使用，有兴趣的同学可以在网上查阅相关资料进行学习。

1.4　程序控制

当声明一个变量时，用表达式来创建与处理对象，如果再添加一些逻辑控制，就形成了语句。也可以说，语句包含了表达式，所以，语句是 Python 程序构成最基本的一个基础设施。

1.4.1　Python 赋值语句

学会 Python 中的赋值语句，其他语句的学习就变得容易了。学习 Python 赋值语句主要是掌握和理解它的赋值逻辑。

1. 赋值语句

Python 中赋值语句的本质是创建一个对象的引用。主要有以下几种赋值方式。

1）基本赋值方式

```
>a = 5  # 赋值语句
```

“a = 5”：就相当于创建了一个变量 a，指向内存中存储的 5 这个对象。“a = 5”就是一个赋值语句，执行赋值操作后，可以随意打印或者显示 a 的值。

2）理解赋值逻辑

通过一个图来演示变量 a、对象 5 在内存中存储的情况。

这里以简单的数值数据为例，以后可能会遇到结果更为复杂的数据，它的存储机制可能会有所区别。

声明变量的时候，最起码有两个部分，一个是用来存储变量名称的变量表，另一个是内存存储区域[4,6]。

当声明“a=5”时，首先系统在内存区域开辟了一块存储空间，将数值 5 存储起来，然后将变量 a 指向内存里存储的对象 5，相当于在内存存储区域里先有对象 5，然后再在变量表里出现一个“a”，并且指向 5，这个指向也可以称为“引用”。赋值逻辑的理解如图 1-22 所示。

图 1-22 理解赋值逻辑

图 1-22 显示了变量的类型与变量的名称无关，即变量本身没有类型约束，在声明变量时不需要声明变量名称的类型，原因在于它的类型取决于它所关联的对象。Python 的变量本身没有类型，即 a 是没有类型的，它的类型是跟 5 依附在一起的。

赋值语句的语法虽然简单，但请仔细理解 Python 中的赋值逻辑。这种赋值逻辑影响着 Python 的方方面面，理解了赋值逻辑，就能更好地理解和编写 Python 程序。如果你有 C 语言的编程经验，便知道在 C 程序中变量是保存了一个值，而在 Python 中的变量是指向一个值。变量只作为一种引用关系存在，而不再拥有存储功能。在 Python 中，每个数据都会占用一个内存空间，数据在 Python 中被称为对象（Object）。

一个整数 5 是一个 int 型对象，一个'hello'是一个字符串对象，一个[1, 2, 3]是一个列表对象。

下面来更进一步理解赋值语句。

看下面的例子：

```
>a = 5
>a = a + 5
```

第一个赋值语句表示“a”指向 5 这个对象，第二个语句表示“a”指向“a+5”这个新的数据对象。可以理解为：

a → 5

a → a + 5

Python 把一切数据都看成“对象”。它为每个对象分配一个内存空间。一个对象被创建后，它的 id（identity，意为“身份、标识”）就不再发生变化了。

在 Python 中，可以使用全局内置函数 id(obj)来获得一个对象的 id，将其看作该对象在内存中的存储地址。全局内置函数直接使用，不需要引用任何的包。

```
> a = 5
> print(a)
5
> id(a)
1420290640
> id(5)   #注意：此时 5 和 a 的存储地址相同
1420290640
> a = a + 5
> print(a)
10
> id(10)
```

```
1420290800
> id(a)    #此时 a 和 10 的地址相同
1420290800
> id(5)  #注意：此时对象 5 依然存在！
1420290640
```

说明：变量 a 前后地址的变化说明变量是指向对象的！

一个对象被创建后，它不能被直接销毁。因此，在上面的例子中，变量 a 首先指向了对象 5，然后继续执行“a=a+5”，a+5 产生了一个新的对象 10。由于对象 5 不能被销毁，则令 a 指向新的对象 10，而不是用对象 10 去覆盖对象 5。在代码执行完成后，内存中依然有对象 5，也有对象 10，只是此时变量 a 指向了新的对象 10。

请大家通过上机测试来理解和掌握赋值逻辑。

如果没有变量指向对象 5（无法引用它），Python 会使用垃圾回收机制来决定是否回收它（这是自动的，不需要程序编写者操心）。

在 Python 内部有一个垃圾回收机制，垃圾回收机制检测到如果在特定时间内没有变量引用某一个对象，这个对象将被回收，释放它所占用的资源。在 Python 内部有一个引用计数器，垃圾回收机制根据引用计数器来判断对象是否有引用，以此来决定是否自动释放该对象所占用的资源。垃圾回收机制的目标是 Python 中未被引用的对象，它是根据引用计数器得到的一个结果来进行推断的。

这一点的理解也很重要，在今后讲到列表等数据类型的时候，我们会再次看到正确理解变量指向对象的重要性。

一个旧的对象不会被覆盖，因旧的对象交互而新产生的数据会放在新的对象中。也就是说每个对象是一个独立的个体，每个对象都有自己的“主权”。因此，两个对象的交互可以产生一个新的对象，而不会对原对象产生影响。在大型程序中，各个对象之间的交互错综复杂，这种独立性使得这些交互足够安全。

接下来考虑另外一个情况——“共享引用”。“共享引用”跟存储有关。先来了解 Python 的动态特性。

```
> x = 20
> x = 'Jerry'
```

以上两行代码说明了 Python 的动态特性。接下来介绍 Python 的“共享引用”。

```
> y = 'Tom'
> z = 'Tom'
> id('Tom')
51365008
> id (y)
51365008
> id(z)
51365008
```

以上测试结果证明了 y 和 z 都指向了内存中的同一个对象'Tom'，可以通过图 1-23 来理解“共享引用”。

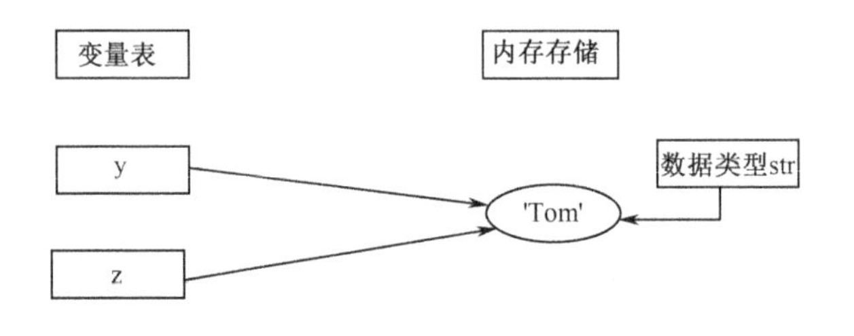

图 1-23　共享引用

所谓“共享引用”指的是多个变量引用同一对象，同一对象通过 id 检查的内存地址相同。接下来再看一个例子。

```
> a = 50
> b = 50
> a == b
True
```

注意：判断相等其实有两种意义，一是通过表达式“a == b”判断 a 和 b 存储的字面值是否相等，即它们是否都是 50；二是通过调用函数 id 来检查 a 和 b 是否指向了同一对象。

在实际开发过程中，判断两个变量是否指向同一对象，即判断它们的地址是否相同时，除了用函数 id 来检测，也可以用操作符“is”来判断。如：

```
> a is b
True
```

“==”判断的是字面值是否相等，而操作符“is”判断的是地址是否相同。请注意加以区分。

3）序列赋值

```
> a,b,c = 1,2,3
```

等价于：

```
> a = 1
> b = 2
> c = 3
```

以上以逗号隔开完成了对多个变量的赋值操作，它其实就是一个 tuple 元组。后面在学习元组时再来详细介绍它的原理。

4）多目标赋值

多目标赋值是将同一个值赋给多个变量的一种赋值方式。

```
> a = b = c = 1
```

5）增强赋值或参数化赋值

有时候希望将某个变量的值在它本身原有值的基础上做一个操作之后再重新赋值给它，以替换它原有的值。

```
> x += 1
```

等价于：

```
> x = x + 1
```

【例 1-1】 交换两个变量的值。

```
> a, b = 5, 10
> a, b = b, a
> print(a,b)
10 5
```

在其他语言里，比如 Java、C、C++等都至少需要 3 行以上的代码才能完成两个变量值的交换，而在 Python 中只需要一行代码即可将两个变量的值交换。

在介绍 Python 的其他语句之前，先看一下 Python 流程控制中的顺序执行及基本的输入输出。

顺序执行是流程控制中默认的代码执行方式，比较简单。其基本原理是：代码的执行顺序和程序代码的编写顺序是一致的。

【例 1-2】 编程输出一个学生数学、英语、物理 3 门课程的成绩。

```
score_m = 89
score_e = 95
score_y = 78
print("数学成绩：" + str(score_m))
print("英语成绩：" + str(score_e))
print("物理成绩：" + str(score_y))
数学成绩：89
英语成绩：95
物理成绩：78
```

程序执行顺序与编写顺序一致。

以上程序中的数据是在程序中固定的，但有时候可能需要在程序的运行过程中，由编程人员或软件使用人员向程序输入一些数据，这就要用到输入函数。

2. input()函数

控制台上的输入是通过全局函数 input()来实现的，input()函数接收用户从控制台上输入的信息，默认类型为 str 字符类型，根据需要可以把它转换为特定的数据类型。第 2 章会详细介绍各种数据类型。

如果想在用户输入数据的时候给用户一些提示，可以在 input()函数中传入一个含提示信息的参数！

【例 1-3】 假设希望在程序运行过程中输入学生的成绩，即将写死的数据改为由控制台操作人员动态输入，则相应的程序可以修改为：

```
score_m = input("请输入数学成绩：")
score_e = input("请输入英语成绩：")
score_p = input("请输入物理成绩：")
print("数学成绩：" + str(score_m))
print("英语成绩：" + str(score_e))
print("物理成绩：" + str(score_p))
```

```
请输入数学成绩：89
请输入英语成绩：95
请输入物理成绩：78
数学成绩：89
英语成绩：95
物理成绩：78
```

说明：89、95、78 三个数值是运行程序后用户从键盘输入的数据。

3. eval()函数

eval()函数将 str 字符型数据当作有效的表达式来求值并返回计算结果。简单来说，就是将字符串左右两端的引号去除。

```
> s = 123
> eval("s + 1")
124
> s1 = "[1,2,3]"
> ls = eval(s1)    #将由列表构成的字符串还原为列表。第 2 章将介绍列表的知识
> ls
[1, 2, 3]
```

【例 1-4】 在上例的基础上计算 3 门课程的平均分。

```
score_m = input("请输入数学成绩：")
score_e = input("请输入英语成绩：")
score_p = input("请输入物理成绩：")
average = (eval(score_m) + eval(score_e) + eval(score_p)) / 3
print("三门课的平均成绩 = ", average)
```

```
请输入数学成绩：89
请输入英语成绩：98
请输入物理成绩：78
三门课的平均成绩 =  88.33333333333333
```

说明：89、98、78 三个数值是运行程序后用户从键盘输入的数据。

平均成绩的输出是通过 print()函数来完成的。

4. print()函数

这里 print()函数只是简单地输出一个对象或变量的值，事实上 print()函数还有一些常用的参数，在实际开发工作中使用起来非常灵活。

如果希望用一行特殊的字符来对前后行的输出内容进行分隔，如用 20 个“=”来分

隔前后两行输出的内容，可以用“print（"="*20）”的方式来达成目标。

```
score_m = 89
score_e = 95
score_p = 78
print("数学成绩：" + str(score_m))
print("="*20)
print("英语成绩：" + str(score_e))
print("="*20)
print("物理成绩：" + str(score_p))
```

```
数学成绩：89
====================
英语成绩：95
====================
物理成绩：78
```

1）多个变量在一行输出，默认用空格进行分隔

```
> print(score_m, score_e, score_p)
```

```
89 95 78
```

将逗号分隔的多个内容输出在一行上，分隔符是空格。

2）多个变量在一行输出，改变它们之间的分隔符

如果希望输出的内容之间用其他的分隔符进行分隔，则可以写为

```
> print(score_m, score_e, score_p, sep="|") # sep：separator；竖线作为分隔符
```

```
89|95|78
```

其实这里可以用任意字符作为分隔符，即 print()函数可以手动指定分隔符。

3）多行 print()函数输出在一行上

在 print()函数的参数表中，有一个指定终止符号的参数“end”，默认情况下是换行符，即“end='\n'”。因此，可以通过指定终止符把多个 print 语句的输出内容输出到一行上。

```
print(score_m, end=',')  #指定终止符为“,”，即输出 score_m 之后会输出一个逗号
print(score_e, end=',')
print(score_p)  #默认终止符为换行符“'\n'”，即输出 score_p 之后光标换到下一行
```

```
89,95,78
```

print()函数默认的分隔符是一个空格，终止符号是一个换行符“'\n'”。了解以上内容后，在实际开发中会大大提高输出的灵活性。

5. 数字的格式化输出

通过格式化字符串来指定输出数字的格式或位数。

1）输出指定位数的小数

```
> salary = 8500.3353
> print("薪资：{:.2f}".format(salary))
```

在格式化输出中，花括号里的“:”表示对在当前位置出现的值进行格式化处理，“.2f”表示对后面的值以浮点型来输出，但只保留 2 位小数，第三位进行四舍五入。

```
薪资：8500.34
```

2）输出千位分隔符

如果想让输出的值加上“,”千位分隔符，可以使用如下的形式：

```
> print("薪资：{:,.2f}".format(salary))
```

```
薪资：8,500.34
```

3）输出固定宽度的数值

若想指定整体数字输出的宽度，则形式如下：

```
> print("薪资：{:12,.2f}".format(salary))
```

```
薪资：    8,500.34
```

说明：“{:12,.2f}”中的“12”表示总的宽度，默认右对齐，不够位数，前面补空格；“,”表示千分位分隔符；“.2f”表示保留 2 位小数。

```
> x = 568.25766
> print("{:8.2f}".format(x))    #宽度 8 位，不足 8 位前面补空格
```

```
  568.26
```

```
> print("{:08.2f}".format(x))    #宽度 8 位，不足 8 位前面补 0
```

```
00568.26
```

因为有时需要在控制台上输出多行内容，每行又有多列，但每行有长有短，若希望排版更整齐一些，此时就可以使用这种方式。

print()函数更多的使用方式，请通过 help(print)命令进行查阅。

```
> help(print)
```

1.4.2 顺序结构

顺序结构是一个程序中最为简单也最为基本的结构，其执行顺序按照代码的排列顺序自上而下地执行。如交换两个变量的值：

```
a,b = 3,5
print("a = ", a,"b = ",b)
a,b = b,a
print("a = ", a,"b = ",b)
```

```
a =  3 b =  5
a =  5 b =  3
```

这里，要正确理解语句“a, b = b, a”。系统实际上是把右边的两个变量当作元组(b,a)来进行赋值，具体来说，就相当于执行了以下三步操作：

（1）temp = (b,a)，即把元组(b,a)赋值给一个临时变量 temp；

（2）a = temp[0]，即把 temp 的第 1 个元素即 b 的值取出来赋值给变量 a；

（3）b = temp[1]，即把 temp 的第 2 个元素即 a 的值取出来赋值给变量 b。

以上操作步骤的执行可以在第 2 章学习了元组数据类型后再来理解。

1.4.3　选择结构

有时候我们希望能根据条件有所选择地执行程序。

选择结构的基本结构可以抽象为：

```
if <条件表达式>:
    <语句块 1>
else:
    <语句块 2>
```

如果条件成立，则执行语句块 1 的操作，然后执行 if 语句之后的操作；如果条件不成立，则执行语句块 2 的操作，然后再执行 if 语句之后的操作。

【例 1-5】　根据输入的数是否大于 0 输出不同的提示信息。

```
x = input("请输入一个数值：")
y = eval(x)
if y >= 0:
    print("你输入的是一个正数！")
else:
    print("你输入的是一个负数！")
```

运行程序后，如果输入的是数值 3，则得到以下的输出结果：

```
请输入一个数值：3
你输入的是一个正数!
```

运行程序后，如果输入的是数值-6，则得到的输出结果如下：

```
请输入一个数值：-6
你输入的是一个负数!
```

1. 条件表达式

条件表达式是指由运算符（算术运算符请见表 1-1、关系运算符请见表 1-2、逻辑运算符请见表 1-3）将常量、变量和函数联系起来的有意义的式子。

表 1-1　常用的算术运算符

运　算　符	描　　述
+	加法。两个数进行加法运算
-	减法。两个数进行减法运算
*	乘法。两个数进行乘法运算
/	除法。两个数进行除法运算
%	取模。得到两个数整除之后的余数
**	幂。符号左边为底数，右边为指数，进行幂运算
//	取整。得到两个数相除之后的整数部分

表 1-2　关系运算符

运 算 符	描　　述
==	相等。3 == 3，返回 True；3 == 4，返回 False
!=	不等。3 != 4，返回 True；3 != 3，返回 False
>	大于，4 > 3，返回 True；4 > 4，返回 False
<	小于，3 < 4，返回 True；4 < 3，返回 False
>=	大于等于，4 >= 3，返回 True；3 >= 4，返回 False
<=	小于等于，3 <= 3，返回 True；3 <= 2，返回 False

表 1-3　逻辑运算符

运 算 符	描　　述
and	布尔“与”。如果符号左边数为 0（False）则值为左边数，否则为右边数
or	布尔“或”。如果符号左边数非 0（True）则值为左边数，否则为右边数
not	布尔“非”。值为 True 则转换为 False，值为 False 则转换为 True

条件表达式只有 True 或 False 两个值，因此，条件表达式的值应该为布尔类型。所有值为布尔类型的数据都可以作为条件表达式出现在选择结构中。布尔类型在第 2 章数据类型中会详细介绍。

在此处，大家只需要记住：True 的值为 1，False 的值为 0。但是当作为条件来进行判断时，非 0 即为真（True），0 即为假（False）。

```
> 1 + True   #参与运算时，True 为 1，False 为 0
2
> 1 + False
1
> if 3:
    print("非 0 即为真！")
非 0 即为真！
> if 0:
>   print("若不输出此内容，说明 0 表示假！")
```

说明：0 表示假，条件不成立，因此，不执行 print()函数，没有信息输出！

2. 单分支结构

单分支结构是选择结构中最为简单的一种形式，其中，用冒号（:）表示语句块的开始。其语法格式为：

```
if <条件表达式>:
    <语句块 1>
```

当条件表达式为真时，则执行语句块 1，否则不执行。

```
> x = 3
```

```
> y = 4
> if x < y:
>     print(x)
3
```

3. 二分支结构

二分支结构是在单分支结构上，补充当条件表达式不成立时的情况，其语法格式为：

```
if <条件表达式>:
    <语句块 1>
else:
    <语句块 2>
```

当条件表达式值为 True 时，执行语句块 1；否则，执行语句块 2。

```
> x = 3
> y = 4
> if x > y:
>     print(x)
> else:
>     print(y)
4
```

由此可见，语句 1 不会执行，而只会执行条件表达式不成立所对应的语句。

Python 中二分支结构还有一种更为简洁的语法格式：

```
<表达式 1> if <条件> else <表达式 2>
```

作用：如果条件成立，结果为表达式 1 的值，否则为表达式 2 的值。

4. 多分支结构

当处理多个选择情况时，通过多个 if else 语句嵌套太过麻烦，Python 提供了多分支情况下的处理方式，其基本语法格式为：

```
if <条件表达式 1>:
    <语句块 1>
elif <条件表达式 2>:
    <语句块 2>
elif <条件表达式 3>:
    <语句块 3>
      …
else:
    <语句块 n>
```

其中，elif 是 else if 的缩写。

【例 1-6】 某淘宝店的商品在进行打折促销，购买 1 件商品不打折，购买 5 件及以上时打 8 折，购买 8 件及以上时打 7 折，购买 10 件及以上时打 5 折，购买 15 件及以上时打 3 折。每件商品单价 3 元，假设顾客购买的商品数量通过 input()函数输入，编程计算该顾客所需支付的总价。

```
number = input("请输入你要购买的商品数量：")
#由于 input()函数得到的是字符型数据，通过 eval()函数还原为数值性数据
number = eval(number)
price = 3
if number < 5:
    total = number * price
elif number < 8:
    total = number * price * 0.8
elif number < 10:
    total = number * price * 0.7
elif number < 15:
    total = number * price * 0.5
else:
    total = number * price * 0.3
print("支付总价 = " + str(total) + "元")
```

```
请输入你要购买的商品数量：3
支付总价 =9 元
请输入你要购买的商品数量：13
支付总价 =19.5 元
```

运行以上程序后，根据输入数据的不同会得到不同的结果，如上。更多情况请自行测试。

1.4.4 循环结构

顺序结构和选择结构已经可以解决大多数问题，但是当需要对一大堆数据进行同样的操作时，此时就要用到循环结构来解决这个问题。

1. 遍历循环（迭代语句）

Python 中最典型的迭代语句是 for-in 遍历循环，也称为遍历语句。

Python 中的 for-in 遍历循环可以遍历任何序列的项目，如一个列表或一个字符串。第 2 章会介绍序列类型（包含可变序列和不可变序列）。

遍历循环的语法格式为：

```
for <变量> in <迭代对象>:
    <循环体>
```

该遍历循环不是计数循环，循环变量依次从迭代对象（遍历结构）中获取元素，对象（结构）中的元素获取完了，循环就结束了。循环的次数由迭代对象中元素的个数来

决定。对获取的每个元素都要执行循环体里的操作，除非遇到 break 或 continue 语句。可以在第 2 章介绍序列后再来看它的更多应用。

【例 1-7】 输出 1～5 的值，代码如下。

```
> for i in range(1,6):
>     print(i)
```

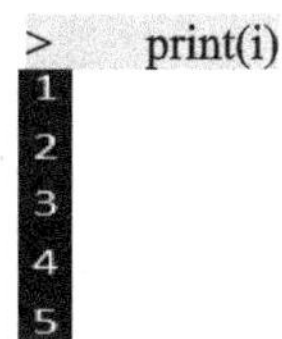

代码中，range()函数返回一个 range 的可迭代对象。第 2 章将会介绍 range()函数。

【例 1-8】 理解不是计数循环的含义。对比上一个例子中输出的结果。

```
for i in range(1,6):
    print(i)
    i = i + 3
```

```
1
2
3
4
5
```

上面的程序虽然在循环体中改变了变量 i 的值，但输出结果并没有变化。原因是：该遍历循环执行时变量依次从迭代对象“range(1,6)”中取出元素，第 1 次取第 1 个元素，第 2 次循环时取第 2 个元素，……虽然在第 1 次循环时，循环体中执行“i=i+3”使得 i 的值为 4，其实，是 i 指向对象 4（请参考 1.3.1 节的内容认真理解这句话）；进入第 2 次循环时，变量 i 重新获得迭代对象“range(1,6)”的第 2 个元素 2，即变量 i 指向对象 2，所以第 2 次循环输出的 i 值还是 2，如此继续，直到迭代对象“range(1,6)”中的元素被遍历完，结束循环。关于迭代对象“range(1,6)”更详细的理解请学习第 2 章。

如果刚从其他编程语言转到 Python，这是最容易出错的地方。请注意理解 Python 中的 for-in 循环叫遍历循环或叫迭代语句的含义，所以，通常称 for-in 遍历循环或 for-in 迭代语句，一般不简单地称为 for-in 循环，以避免引起理解上的混淆。第 2 章序列类型学习之后，我们会看到 for-in 遍历循环的更多用处。

2. while 循环

for-in 遍历循环是当遍历完迭代对象后就结束循环，对于它的循环次数实际上是已知的，如：

```
> print(len(range(1,6)))    #len()：求序列的元素个数
5
```

虽然已知它的循环次数，但此时不能这样来使用：

```
for i in len(range(1,6)):    #len()的结果是一个整数
    print(i)
```

```
Traceback (most recent call last):
  File "<pyshell#49>", line 1, in <module>
    for i in len(range(1,6)):   #len()的结果是一个整数
TypeError: 'int' object is not iterable
```

出错信息表明“len(range(1,6))”是一个整数而不是一个可迭代序列，“for-in”关键字“in”后一定要跟一个可迭代对象。

所以，当循环次数可以确定时，通常会采用 for-in 遍历循环，利用 range 函数来控制循环的次数。当循环次数不确定时，通常采用 while 循环，通过 while 语句的条件表达式来确定循环是否还要继续。

while 循环的语法格式如下：

```
while <条件表达式>:
    <循环体>
```

只要条件表达式的值为真，就要执行循环体里的操作，直到条件为假退出循环为止。

【例 1-9】 求和。计算 sum = 1 + 2 +3 +…+ 10。

```
sum=1
i=1
while i <= 10:
    sum += i
    i += 1
print("sum = ", sum)
print("i = ", i)    #测试循环结束时变量 i 的值
```

```
sum =  56
i =  11
```

由于最后一次执行循环体里的操作使得 i 的值大于 10，导致条件不成立，退出了循环，因此，退出循环后输出的 i 值为 11。

3. continue 语句与 break 语句

continue 语句与 break 语句可以用在 for-in 遍历循环和 while 循环中，一般与选择结构配合使用，二者的区别在于 continue 语句仅结束本次循环，即跳过本次循环中循环体里尚未执行的操作，但不跳出循环本身。break 语句则是结束整个循环（如果是嵌套的循环，它只跳出最内层的循环）。以下用实例说明二者的区别。

【例 1-10】 计算 1～5 的偶数之和。

```
sum=0
i=1
while i < 5:
    i += 1
    if i%2 != 0:
        continue
```

```
    sum += i
print("sum = ",sum)
```

```
sum =  6
```

以上程序完成了 1～5 偶数相加的操作。当 i 的值为奇数时，条件“i%2 != 0”成立，执行 continue 语句，跳过语句“sum += i”。因为 continue 语句的作用是当流程执行到 continue 语句时就结束本次循环，即不执行“sum += i”，而直接进入下一次循环。所以，最终求得的是 2+4 的结果。

将以上程序中的 continue 语句修改为 break 语句，其他代码行都不变，观察输出的结果。

```
sum=0
i=1
while i < 5:
    i += 1
    if  i%2 != 0:
        break
    sum += i
print("sum = ",sum)
```

```
sum =  2
```

程序执行到 i 为 3 时，条件表达式“i%2 != 0”的值为真，执行 if 中的 break 语句，而 break 语句的作用是结束整个循环，即退出循环直接执行循环外的 print(sum)语句。所以，此时只加了一个数 2，得到“sum = 2”的结果。

4. for-in-else 和 while-else 结构

for-in 遍历循环和 while 循环语句都存在一个带 else 分支的扩展用法，语法格式为：

```
for <变量> in <迭代对象>:
    <循环体>
else:
    <语句块>
```

```
while <条件表达式>:
    <循环体>
else:
    <语句块>
```

else 分支中的语句块只在循环正常退出的情况下执行，即 for-in 遍历循环中的变量遍历完迭代对象中的所有元素，才执行 else 分支中的语句块。while 循环是由于条件不成立而退出循环的，不是因为 break 或 return（函数返回中用到的保留字）提前退出循环才执行 else 分支中的语句块。continue 语句对 else 没有影响。

【例 1-11】 对比下面的程序，理解带 else 分支的 for-in 遍历循环的执行情况。

```
for i in range(6):
    if i%2 == 0:
        print(i)
else:
    print("的确输出了[0, 6)范围的所有偶数！")
```

```
0
2
4
的确输出了[0, 6)范围的所有偶数!
```

不论循环体里执行了什么操作，只要循环体里没有执行 break 或 return，退出循环之后都要执行 else 分支中的语句，所以最后的输出结果如上所示。

【例 1-12】 for-in-else 结构中，循环体里包含 continue 语句的执行情况分析。

```
for i in range(6):
    if i%2 == 1:
        continue
    print(i)
else:
    print("虽然有 continue，但还是输出了[0, 6)范围的所有偶数！")
```

```
0
2
4
虽然有 continue，但还是输出了[0, 6)范围的所有偶数!
```

说明：循环体里虽然有 continue 语句，但不影响 else 分支的执行。

【例 1-13】 for-in-else 结构中，循环体里包含 break 语句的执行情况分析。

```
for i in range(6):
    if i%2 == 1:
        break
    print(i)
else:
    print("循环体里有 break 语句，因此，不会执行此 else 分支！")
```

```
0
```

说明：循环体中的 break 语句将会影响 else 分支的执行，只要执行了这个 break 语句，程序的流程就不会执行 else 分支！

以上实例说明循环语句中 else 分支的语句块只在正常结束循环后才执行，而如果是因为 break 或 return 退出的循环，都不会执行 else 分支中的语句，这可以理解为 else 分支是对正常结束循环的一种奖励。

5. 嵌套循环

无论是 for-in 遍历循环还是 while 循环，其循环体内的语句本身又可以是一个循环语句，这样就构成了嵌套循环。具体的例子在第 2 章介绍序列数据类型后我们再来分析。

6. Python 语法

Python 的语法相较于常见的编程语言有一些特殊，因为它是强制缩进的。

语法：强制缩进要求必须是 4 个空格，这在上面的代码中已经看到了。如果有嵌套的代码块，也是通过继续缩进 4 个空格来实现的。

【例 1-14】　理解代码缩进体现代码的逻辑。

```
score = eval(input("请输入学生的成绩："))
if score >= 90:
    print("优秀")
else:
    if score >= 80:
        print("良好")
    else:
        if score >= 70:
            print("中等")
        else:
            if score >= 60:
                print("及格")
            else:
                print("不及格")
```

注意：代码行的缩进是必需的！

对于初学者，如果想详尽了解 Python 编程规范，可以搜索“Python 增强标准协定 PEP8 标准[7]”，它针对代码的编排、文档的编辑及空格的使用，包括注释等都做了非常详细的说明。有些是强制的，有些是非强制的。请大家通过搜索引擎进行搜索。

1.5　绘图

在 Python 中有很多编写图形程序的方法，一个简单的启动图形化程序设计的方法是使用 Python 内置的 turtle 库。turtle 库是 Python 内置的绘制线、圆及其他形状（包括文本）的图形库。

turtle 库是 Python 的标准库之一。turtle 库是一个简单但很流行的绘制图形的函数库，它提供了一个小海龟（一支画笔），你可以把它理解为一个海龟机器人，根据指令在绘图窗口中爬行。小海龟初始位于横轴为 x、纵轴为 y 的坐标系原点，小海龟最初所在的这个原点（0,0）在绘图窗口的正中间（注意：不是计算机屏幕窗口左上角的原点），小海龟面向 x 轴的正方向（向右）。在一组函数指令的控制下，小海龟可以在这个平面坐标系中爬行，爬行所经过的轨迹形成了绘制的图形。

1.5.1　创建 turtle 对象

在导入 turtle 库时，实际上就创建了一个 turtle 对象，然后，可以调用 turtle 对象的各种方法来完成不同的图形绘制。

1. 理解 Turtle 类创建的 turtle 对象

当通过调用 turtle 库的 Turtle 类来创建一个 turtle 对象时，它的位置被设定在原点（0,0）处——绘图窗口的正中心，而且它的方向被设置为向右，即小海龟面向 x 轴的正方向。

```
> import turtle   #导入 turtle 模块
> tl = turtle.Turtle()
```

执行以上命令后，弹出了绘图窗口，并且小海龟（画笔）位于窗口的正中心，画笔笔尖向右，如图 1-24 所示。

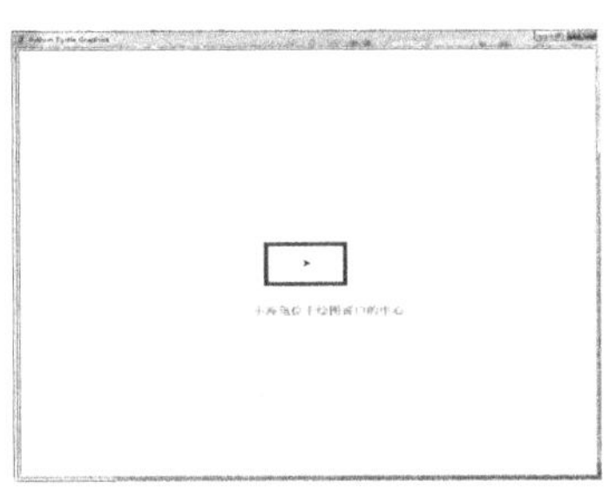

图 1-24　小海龟位于窗口的中心

```
> tl.color('red')
```

执行以上命令，可将小海龟（画笔笔尖）的颜色变成红色。

turtle 模块用画笔（想象成一只小海龟）来绘制图形。默认情况下，画笔的笔尖是向下的（就像真实的笔尖触碰一张纸一样）。由于笔尖是向下的，当移动画笔的时候，它就会绘制出一条从当前位置到新位置的线，理解为小海龟从当前位置爬行到新位置，爬行经过的路径所留下的痕迹就形成了绘制的图形。

```
> print(tl.pos())    #输出海龟初始位置值
(0.00, 0.00)
> tl.forward(100)
> print(tl.pos())
(100.00, 0.00)
```

以上输出结果表明，海龟的前进方向是向右的。

tl.forward(100)：小海龟从当前的原点（0,0）向右爬行了 100（单位是像素），到达坐标位置（100,0）处，爬行所经过的路径形成了一条直线。

【例 1-15】 绘制正方形，其中，两边是红色，两边是绿色。

通过调用 turtle 库里的 Turtle 类创建一个绘图窗口的实例，接下来的图形绘制都是在这个图形窗口中进行的。初始化海龟在原点（0,0）处，即绘图窗口的正中心，并且注意海龟的行进方向（或者说画笔笔尖的方向）设置为向右。

```
import turtle   # 导入 turtle 库
tl = turtle.Turtle()
tl.color("red")  # 设置画笔颜色为红色
tl.forward(100)   # 海龟向正前方爬行 100
```

```
tl.left(90)        #小海龟的方向或者画笔笔尖的方向向左转 90 度
tl.forward(100)  # 海龟向正前方爬行 100
tl.left(90)        # 让海龟左转 90 度
tl.color("green") # 重新设置画笔颜色为绿色
tl.forward(100)  # 海龟向正前方爬行 100
tl.left(90)        # 让海龟左转 90 度
tl.forward(100)  # 海龟向正前方爬行 100
```

请运行以上程序，注意观察海龟的运动轨迹。

说明：方向控制方法（left()、right()）指的是在海龟当前行进方向上进行左转或右转，因此，弄清楚海龟（画笔笔尖）当前的行进方向很重要。

2. 不使用 Turtle 类完成图形的绘制

上面是通过调用 turtle 库里的 Turtle 类来创建一个绘图窗口的实例，但是也可以不通过这种方法来完成图形的绘制，请看下面的代码。

【例 1-16】 绘制正方形，其中两边是红色，两边是绿色。

```
import turtle as tl   #导入库 turtle，并取别名为 tl
tl.color("red")  # 设置画笔的颜色
tl.forward(100)  # 海龟向正前方爬行 100
tl.left(90)        # 左转 90 度
tl.forward(100)  # 海龟向正前方爬行 100
tl.left(90)        # 让海龟左转 90 度
tl.color("green") # 重新设置画笔的颜色
tl.forward(100)  # 海龟向正前方爬行 100
tl.left(90)        # 让海龟左转 90 度
tl.forward(100)  # 海龟向正前方爬行 100
```

1.5.2　turtle 绘图的基础知识

1. 设置绘图窗体大小

画布是 turtle 中用于绘图的区域，即 turtle 的绘图窗口，可以设置它的大小和初始位置。turtle 的画布空间中的最小单位是像素。

1）screensize 方法

```
turtle.screensize(canvwidth=None, canvheight=None, bg=None)
```

参数分别为画布的宽（单位像素）、高及背景颜色，如果省略参数，则将绘制一个大小为 400×300 的窗口，并返回当前窗口的宽度和高度。

canvwidth——正整数；

canvheight——正整数；

bg——表示绘图窗口的背景颜色，可用颜色字符串表示，或者用 RGB 元组表示。

【例 1-17】 绘制一个大小为 400×300 的窗口，背景颜色为默认色白色。

```
> turtle.screensize(canvwidth=None, canvheight=None, bg=None)
```

【例 1-18】 绘制一个大小为 2000×1500 的窗口，背景颜色为白色，此时窗口会显示水平和垂直滚动条。

```
> turtle.screensize(2000,1500)
```

绘图窗口的绘制也可以用以下方法来完成。

2）setup 方法

turtle.setup(width, height, startx=None, starty=None)

设置绘图窗口的大小及位置，这里的位置（startx, starty）指的是绘图窗口左上角相较于计算机屏幕窗口（计算机屏幕窗口原点在屏幕窗口的左上角）的坐标位置（见图 1-25）[8]。

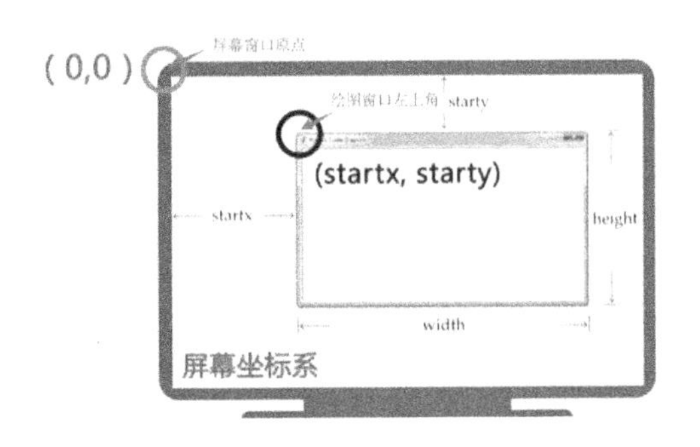

图 1-25　绘图窗口和计算机屏幕的相对位置

当 width、height 的值为整数时，表示像素；当为小数时，表示占据计算机屏幕的比例；默认 width=0.5，height=0.75。

（startx, starty）这一坐标表示绘图窗口左上角顶点的位置，如果为空，则绘图窗口位于计算机屏幕中心。

当 startx 的值为正数时，指的是窗口左边距离计算机屏幕左边的距离；当为负数时，则表示窗口右边距离计算机屏幕右边的距离。

当 starty 的值为正数时，指的是窗口顶部距离计算机屏幕顶部的距离；当为负数时，则表示窗口底部距离计算机屏幕底部的距离。

【例 1-19】 设置绘图窗口大小为 200×200 像素，位于计算机屏幕左上方（窗口左上角与计算机屏幕原点重合）。

```
> turtle.setup(width=200, height=200, startx=0, starty=0)
```

【例 1-20】 设置绘图窗口的宽度和高度分别是计算机屏幕的 75%和 50%，位于计算机屏幕正中心。

```
> turtle.setup(width=0.75, height=0.5, startx=None, starty=None)
```

通过改变 startx 和 starty 的值来观察窗口的变化情况。

2. screensize 方法和 setup 方法的异同点

虽然 turtle.screensize()和 turtle.setup()都能绘制窗口，但它们有不同之处。

（1）turtle.screensize()可以设置绘图窗口的背景颜色，而 turtle.setup()不能。

（2）turtle.screensize()绘制窗口时，无论给出的宽度和高度是多少，所绘制的窗口在屏幕上显示的都为 400×300。超过这个大小，窗口会显示水平和垂直滚动条。而 turtle.setup()会根据给定的宽度、高度值来绘制窗口。

（3）turtle.screensize()所绘制的窗口位于计算机屏幕上固定的位置，而 turtle.setup()可以指定它在计算机屏幕上的位置。

其实，以上两个方法在图形绘制过程中并不是必需的，请参考 1.5.1 节绘制正方形的第 2 种方法。

1.5.3　利用 turtle 库提供的方法绘制图形

turtle 库提供了很多方法，通过这些方法可以让海龟（画笔）在绘图窗口中游走，从而完成图形的绘制。这里主要介绍 3 类方法：画笔控制方法、运动控制方法及全局控制方法。更多的方法及使用方式可用“help(turtle)”进行查阅，如图 1-26 所示。

```
Python 3.6.1 Shell
File  Edit  Shell  Debug  Options  Window  Help
>>> help(turtle)
Help on module turtle:

NAME
    turtle

DESCRIPTION
    Turtle graphics is a popular way for introducing programming
to
    kids. It was part of the original Logo programming language d
eveloped
    by Wally Feurzig and Seymour Papert in 1966.

    Imagine a robotic turtle starting at (0, 0) in the x-y plane.
After an ``import turtle``, give it
    the command turtle.forward(15), and it moves (on-screen!) 15
pixels in
```

图 1-26　如何使用 help 命令

在图 1-26 界面中，还可以通过按下“Ctrl+F”快捷键弹出搜索框进行关键字的查阅（见图 1-27）。

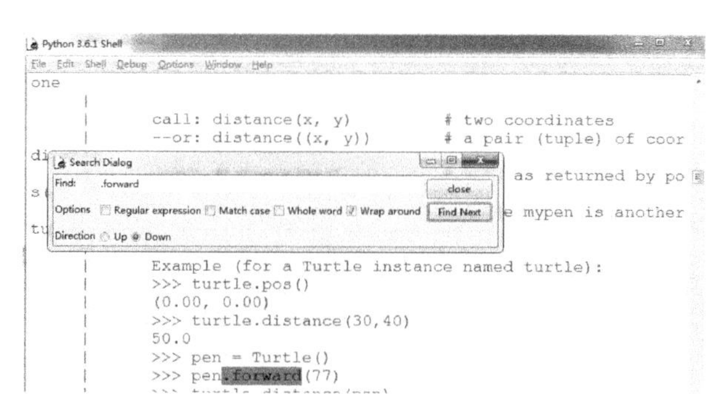

图 1-27　按 Ctrl+F 快捷键弹出搜索框

1. turtle 画笔控制方法

通过画笔控制方法可以设置画笔的粗细和颜色、画笔笔尖抬起（此时走过的路径就不会形成图形）、画笔笔尖放下等，配合运动控制方法就能画出我们想要的图形。turtle 画笔控制方法如表 1-4 所示。

表 1-4　turtle 画笔控制方法

方法名称	作　用
turtle.speed(speed)	设置画笔绘制的速度，为[0,10]的整数。 'fastest'　：0； 'fast'　　：10； 'normal'　：6； 'slow'　　：3； 'slowest'　：1。 取 1～10 的值，画笔绘制的速度不断增加
turtle.pensize(width)	设置画笔线条的粗细，画笔设置后一直有效，直至下次重新设置
turtle.pencolor(color)	设置画笔的颜色，color 为颜色字符串或 RGB 值，其中，RGB 值有两种呈现形式。如： r,g,b 值形式：turtle.pencolor(0.65, 0.15, 0.95)； （r,g,b）元组值形式：turtle.pencolor((0.65, 0.15, 0.95))
turtle.colormode(mode)	设置 mode=1.0：RGB 小数值模式； 设置 mode=255：RGB 整数值模式
turtle.penup() 或者 turtle.pu()	抬起画笔，海龟在飞行，此时海龟飞行经过的路径不会绘制出图形，通过此方法可以使得画笔移动到指定位置绘制图形，与 turtle.pendown( )配对使用
turtle.pendown() 或者 turtle.pd()	落下画笔，海龟在爬行，海龟爬行的轨迹形成图形
turtle.setheading(angle)或者 turtle.seth(angle)	将画笔（海龟）笔尖的行进方向变为 angle，这里的 angle 为绝对角度，即始终相对于 *x* 轴正方向来设置画笔笔尖方向的角度。angle 为正，正方向角度，逆时针方向；angle 为负，负方向角度，顺时针方向
Turtle.right(angle)	向右转，angle 是海龟（画笔笔尖）在当前行进方向上向右旋转的角度
Turtle.left(angle)	向左转，angle 是海龟（画笔笔尖）在当前行进方向上向左旋转的角度
turtle.fillcolor(color)	设置封闭图形的填充颜色
turtle.color(pencolor, fillcolor)	同时设置画笔颜色 pencolor 和填充色 fillcolor
turtle.begin_fill()	准备开始填充图形，需要在画封闭图形前调用该方法
turtle.end_fill()	填充图形结束
turtle.hideturtle()	隐藏画笔的箭头
turtle.showturtle()	显示画笔的箭头，与 hideturtle()对应
turtle.tracer(False)	直接画完，不显示过程，只显示结果

可以通过设置 turtle.color(pencolor, fillcolor)来设置画笔颜色和封闭图形的填充色，第 1 个参数 pencolor 代表画笔颜色，第 2 个参数 fillcolor 代表填充色。如果只有 1 个参数，那就意味着画笔颜色和填充色都用同一种颜色。

turtle.color(pencolor, fillcolor)更为详细的用法可通过 help(turtle.color)进行查阅。

【例 1-21】　绘制一个红色三角形及一个×。

```
import turtle
turtle.title("绘制三角形和一个×") #设置绘图窗口的标题信息
#绘制一个红色填充的三边形
turtle.pensize(3) #设置画笔的粗细
turtle.penup()      #抬起画笔，接下来画笔的移动不会留下痕迹
turtle.goto(-400, 300)   #画笔移动到坐标位置(-400, 300)
turtle.pendown()   #落下画笔，接下来画笔的移动就会产生图形
#设置填充封闭图形的颜色，放在此位置
#或者放在 turtle.begin_fill()之后都可以！
#turtle.color("red")
turtle.begin_fill()   #为填充封闭图形做好准备
turtle.color("red")   #设置填充色为红色
turtle.circle(40, steps=3)   #以 40 为半径，绘制一个被圆括住的三角形
turtle.end_fill()   #填充结束
#绘制一条紫色的直线
turtle.penup()
turtle.goto(-300,300) #画笔定位到坐标位置(-300,300)处
turtle.pendown()
turtle.color(0.63,0.13,0.94)   #设置画笔颜色，默认采用 RGB 小数值模式
turtle.seth(45) #设置画笔笔尖的方向，抬起 45 度
turtle.fd(100)
#绘制一条蓝色的直线
turtle.penup()
turtle.goto(-290,370) #画笔定位到坐标位置(-290,370)处
turtle.pendown()
turtle.color((0,0,1))   #用元组表示 RGB 颜色值
turtle.right(90) #画笔笔尖右转 90 度，面向行进方向右转
turtle.fd(100)
turtle.hideturtle() #隐藏画笔箭头
```

运行结果如图 1-28 所示。

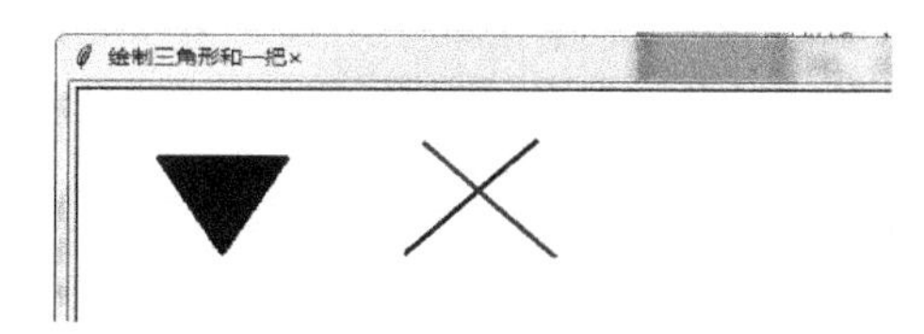

图 1-28　运行结果（一）

turtle 库默认采用 RGB 的小数值来表示颜色，但可通过 turtle.colormode(mode)进行

模式设置，即切换使用整数值来表示颜色。由红、绿、蓝 3 种颜色可构成我们所看到的任意颜色，RGB 指红、绿、蓝 3 种颜色通道的组合。常用的 RGB 颜色值如表 1-5 所示[8]。

表 1-5　常用 RGB 颜色值

英文名称	RGB 整数值	RGB 小数值	中文名称
White	255, 255, 255	1, 1, 1	白色
Yellow	255, 255, 0	1, 1, 0	黄色
Magenta	255, 0, 255	1, 0, 1	洋红色
Cyan	0, 255, 255	0, 1, 1	青色
Blue	0, 0, 255	0, 0, 1	蓝色
Black	0, 0, 0	0, 0, 0	黑色
Seshell	255, 245, 238	1, 0.96, 0.93	海贝色
Gold	255, 215, 0	1, 0.84, 0	金色
Pink	255, 192, 203	1, 0.75, 0.80	粉红色
Brown	165, 42, 42	0.65, 0.16, 0.16	棕色
Purple	160, 32, 240	0.63, 0.13, 0.94	紫色
Tomato	255, 99, 71	1, 0.39, 0.28	番茄色

2. turtle 运动控制方法

通过操纵海龟在绘图窗口中的行进，可以完成图形的绘制。控制海龟行进的时候，海龟可以走直线，也可以走曲线。完成这些操作的方法可参见表 1-6。

注意：（1）凡是在没有抬起画笔笔尖的情况下移动画笔都会形成图形。

（2）海龟（画笔笔尖）后退时，画笔笔尖方向并不改变（这一点尤其要注意）。

表 1-6　画笔运动方法

方法名称	作　用
turtle.forward(distance) 或 turtle.fd(distance)	distance 为正，沿着当前行进方向前进 distance 像素单位； distance 为负，沿着当前行进方向后退 distance 像素单位，注意笔尖方向没有改变
turtle.backward(distance) 或 turtle.back(distance) 或 turtle.bk(distance)	distance 为正，沿着当前行进方向后退 distance 像素单位； distance 为负，沿着当前行进方向前进 distance 像素单位
turtle.goto(x,y)	将画笔移动到坐标为（*x*,*y*）的位置
turtle.setx()	沿着 *x* 轴将画笔从当前位置移动到指定位置
turtle.sety()	沿着 *y* 轴将画笔从当前位置移动到指定位置
turtle.home()	将画笔从当前位置移动到原点，同时设置画笔方向为 *x* 轴向右
turtle.circle(radius[,extent[, step]])	绘制一个圆形，其中 radius 为半径；extent 为绘制的度数，其默认值是 360 度，画一个整圆。如果 radius 为正，则圆心在行进方向的左边；如果 radius 为负，则圆心在行进方向的右边； extent 是一个角度，它决定绘制圆的哪一部分。step 决定使用的阶数。如果 step 是 3/4/5/6…，那么 circle 方法将绘制一个里面包含被圆括住的三角形、四边形、五边形、六边形或更多边形（正三角形、正方形、五边形、六边形等）。如果不指定阶数，那么 circle 方法就只画一个圆
turtle.dot(size=None, *color)	绘制一个实心圆点，圆的直径为 size（None 未提供时取 pensize+4 和 2pensize 中的最大值或 None ≥ 1 的整数），color 给出画圆点的颜色，可以是一个颜色字符串或一个 RGB 三元组

3. turtle 全局控制方法

turtle 全局控制方法可参见表 1-7。

表 1-7　turtle 全局控制方法

方法名称	作　用
turtle.title(s)	设置 turtle 绘图窗口标题信息，s 为标题字符串
turtle.clear()	清空 turtle 窗口，但不改变当前画笔的位置
turtle.reset()	清空 turtle 窗口，并重置画笔位置为原点（0, 0）
turtle.undo()	撤销上一个 turtle 动作
turtle.isvisible()	返回当前 turtle 是否可见
turtle.write(s[, move=False/True[, align='left'/'right'/center'[, font=(fontname, fontsize, fonttype)]]])	将文本内容输出到当前画笔位置，可设置文本的字体格式。例如，turtle.write(s, move=False, align='left', font=('Arial', 8, 'normal'))

“turtle.write()”方法的作用是将文本写在当前画笔（海龟）所在位置，同时可以通过“move”选项来确定文本写入后画笔（海龟）是否移动位置。每个参数的具体含义如下：

s——输出文本内容，也可以输出多行内容，用“'\n'”进行换行处理。

move——有两个取值，True 和 False。

move=False 为默认值。

move=True，则在写入文本内容后，画笔（海龟）会移动到文本内容的右下角处。

move=False，则在写入文本内容后，画笔（海龟）不会移动位置。

只要带有 move 参数，输出的文本内容就会有画笔走过留下的痕迹，所以，通常不设置该参数。

align——有 3 个取值，'left'、'right'和'center'。

align='left'为默认值。

align='left'，文本从画笔的当前位置开始写，写完文本内容后，画笔会移动到文本内容右下角的最后一个字后。

align='right'，此时有两点要注意：①文本最后一个字的位置为当前画笔所在位置，即系统自动根据文本内容多少选择从何处开始写，但写完后的位置为当前画笔所在位置；②无论 move 的值设定为 True 还是 False，画笔都不会移动，但还是有画笔走过留下的痕迹。

align='center'，文本输出在当前画笔的中心位置，写完文本内容后，画笔会移动到文本内容右下角的最后一个字后。

对于 font=(fontname, fontsize, fonttype)，fontname 和 fonttype 均为字符串，分别表示输出字体的名称和类型，fontsize 为字体大小。

fonttype 可取'normal', 'bold', 'italic', 'underline'，还可以自由组合，如'bold italic'。

fontname 可取'Arial'、'Times New Roman'、'宋体'、'楷体'、'黑体'、'微软雅黑'等。

关于该方法的更多细节也可以通过 help(turtle.write)进行查阅。

4. 示例

【例 1-22】 绘制图文。

```
#绘制图形和在绘图窗口输出文字
import turtle
turtle.title("你也来一个？ ") #设置绘图窗口的标题信息
#绘制一个红色填充的三角形
turtle.pensize(3) #设置画笔的粗细
turtle.penup()     #抬起画笔，接下来画笔的移动不会留下痕迹
turtle.goto(-400, 300)  #画笔移动到坐标位置(-400, 300)
turtle.pendown()  #落下画笔，接下来画笔的移动就会产生图形
turtle.begin_fill()  #为填充封闭图形做好准备
turtle.color("red")  #设置填充色为红色
turtle.circle(40, steps=3)  #以 40 为半径，绘制一个被圆括住的的三角形
turtle.end_fill()  #填充结束
#绘制一个没有颜色填充的圆
turtle.penup()
turtle.goto(-300,300) #画笔定位到坐标位置(-300,300)处
turtle.pendown()
turtle.color("purple")
turtle.circle(40)  #绘制以 40 为半径的圆
#绘制一个蓝色填充的五边形
turtle.penup()
turtle.goto(-300,300) #画笔定位到坐标位置(-300,300)处
turtle.pendown()
turtle.begin_fill()  #为填充封闭图形做好准备
turtle.color("blue")  #设置填充色为红色
turtle.circle(40, steps=5)  #以 40 为半径，绘制一个被圆括住的五边形
turtle.end_fill()  #填充结束
#输出文字
turtle.penup()
turtle.goto(-340,260) #画笔定位到坐标位置(-340,260)处
turtle.pendown()
turtle.color("Magenta")  #设置输出的字体颜色
turtle.write("你觉得好看吗？ ",align='center',font=("微软雅黑",18,"bold"))
turtle.hideturtle() #隐藏画笔箭头
```

运行结果如图 1-29 所示。

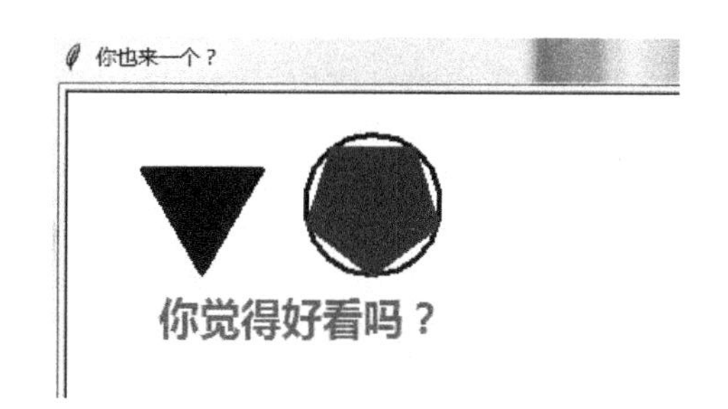

图 1-29　运行结果（二）

1.6　函数

函数是程序中可重复使用的代码段，用来实现单一的或相关联的功能。

可以给一段程序起一个名字，用这个名字来执行一个操作，反复使用（调用函数），这就是函数的基本含义。

基本上所有的高级语言都支持函数，Python 也不例外。Python 不但能非常灵活地定义函数，而且本身内置了很多有用的函数，可以直接调用，如用于输入输出的函数 input()、print()等。除此之外，我们也可以创建函数，即用户自定义函数。

Python 中的函数分 3 类。

（1）自定义函数：由程序员自己编写的函数。

（2）标准库函数：通过 import 指令调用标准库，然后使用其函数。

（3）内置函数：如前面介绍的 input()、print()、eval()等函数。

下面主要介绍自定义函数和函数参数传递等相关知识。

1.6.1　函数的定义

1. 自定义函数的语法格式

```
def 函数名([参数列表]):
    <函数体>
```

说明：

（1）函数使用关键字（保留字）def 声明。注意："def" 只能是小写字母！

（2）函数名必须使用有效的标识符（以字母或下划线开头的字母数字串，只能以字母或下划线开头）。

（3）参数列表中的参数为形式参数，多个参数之间用逗号隔开（可以没有参数，此时称为无参函数，即使没有参数，小括号也不能省略）。

（4）函数可以使用 return 返回值，若函数体中包含 return 语句，则返回值，可以返回一个值，也可以返回多个值（实际上返回的是元组）；如果没有 return 或者 return 后无返回表达式，则都返回 "None"。

（5）通常使用三个单引号 '''…''' 来注释说明函数的作用。函数体里的内容不可为空，如果想定义一个什么都不做的空函数，可用 pass 语句。空语句 pass 起占位的作用，经常会在刚开始定义函数的时候用它来占位，今后进行具体操作的时候再来进行修改。

```
def nop():
    pass
```

上述代码中，缺少 pass 空语句会出错。

2. 自定义函数的示例

【例 1-23】 没有参数和返回值的函数。

```
def say_hi():
    '''这是一个无参函数，也没有返回值！''' #注意：注释内容也要缩进，否则会出错
    print("hi!")
say_hi()
say_hi()
```

```
hi !
hi !
```

当调用 help(say_hi)时，可以查看自定义函数中用三引号注释的内容（用#注释的内容无法查看）。

【例 1-24】 用 help(say_hi)查看自定义函数的注释内容。

```
def say_hi():
    '''这是一个无参函数，也没有返回值！''' #注意：注释内容也要缩进，否则出错
    print("hi!")
say_hi()
say_hi()
help(say_hi)
```

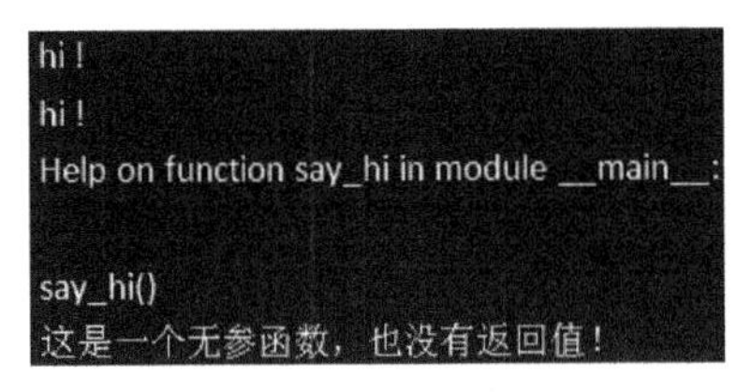

注意：Python 是一门完全依赖于缩进的语言！它不用分号等作为每个语句的结束。

【例 1-25】 请写出一个自定义函数，用来求一个数的平方。

```
def fun(n):
    s = n * n
    return s
n = 4
print(fun(n))    #这是调用函数 fun()
```

```
16
```

输出语句不要放在自定义函数中，每个模块只实现一个功能就好。

如果在上面的例子中，把自定义函数体中的 return 语句进行如下修改，请观察得到的结果。

```
def fun(n):
    return n*n, n*n  #多个值，返回的是元组
n = 4
print(fun(n))   #这是调用函数 fun()
print(type(fun(4)))  #观察返回值的类型
```

```
(16,  16)
<class 'tuple'>
```

如果 return 后无表达式，则返回的是“None”空类型。

```
def fun(n):
    s = n * n
    return    #return 后无表达式，返回的是“None”
n = 4
print(fun(n))   #这是调用函数 fun()
print(type(fun(4)))  #观察返回值的类型
```

```
None
<class 'NoneType'>
```

如果自定义函数中无 return 语句，则返回的还是“None”空类型。

```
def fun(n):
    s = n * n
n = 4
print(fun(n))   #这是调用函数 fun()
print(type(fun(4)))  #观察返回值的类型
```

```
None
<class 'NoneType'>
```

3. Python 中函数和方法的异同点

函数可以看成一个数学上的概念，比如说完成加、减、乘、除的函数。它其实有一个内在的约束，就是如果参数相同，对一个函数的每次调用返回的结果应该始终是一样的。

方法是与某个对象相互关联的，也就是说它的实现与某个对象有关联关系。方法的定义方式和函数是一样的，在 Class 中定义的函数就是方法。

1.6.2　函数的调用

1. 函数调用的语法格式

```
函数名([实参列表])
```

说明：

（1）函数名是已经定义好的函数名称，即遵循先定义后使用的原则。

（2）调用函数的实参列表必须与定义函数时的形参列表一一对应，包括参数的个数、类型等，否则程序会报错。

2. 参数传递

1）默认参数

如果在定义函数的时候，指定了参数的值，而在调用函数时不指明所有参数的值，则没有指明的参数就使用它的默认值。

【例 1-26】 默认参数示例。

```
def repeat_str(s, times = 1):   #times 为默认参数
    repeat_strs = s * times   #将字符串 str 重复 times 遍
    return repeat_strs
repeat_strings = repeat_str("Happy Birthday!") #此处调用函数时 times 使用的是默认值
print(repeat_strings)
repeat_strings_2 = repeat_str("Happy Birthday!", 3)
print(repeat_strings_2)
```

```
Happy Birthday!
Happy Birthday!Happy Birthday!Happy Birthday!
```

说明：默认参数后不能再出现非默认参数。示例如下：

（1）f(a, b = 2) 这样定义合法!

（2）f(b = 2, a) 这样定义非法！因为在默认参数后又出现了非默认参数 a。

默认参数指的是在定义函数时指定了值的参数。如上例中，在定义函数 repeat_str(s, times = 1)时，指定了参数 times 的值为 1，这时就称参数 times 为默认参数。在参数 times 后不能再出现非默认参数了！

2）关键字参数

关键字参数，在调用函数时有时希望只给部分参数传值，这时就要用到关键字参数。示例如下：

```
> def func(a, b = 4, c = 8): #此处 b 和 c 是默认参数
>       print("a is ",a, "and b is ", b, "and c is ",c)
>
> func(13,17)   #13 传给 a，17 传给 b，c 使用默认参数值
```

在上面的示例中，只给参数 a、b 传值是可以的，此时参数 c 使用默认值 8；但如果要给 a、c 传值，b 使用默认值 4，这时就必须使用关键字参数。

```
> func(125, c = 24) #此处的参数 c 即为关键字参数
```

关键字参数指的是在调用函数时，明确指明其值的参数，如上面调用函数“func(125, c=24)”时指明了参数 c 的值为 24，这里的参数 c 就称为关键字参数。由于关键字参数指明了它的值为多少，因此，它的位置就没有那么重要了。

```
> func(c = 40, a = 80) #使用关键字参数传值，a、c 的位置就无所谓了！
```

请注意区分这两个概念：默认参数是定义函数时出现在参数表中的参数（形参），而关键字参数是在调用函数时出现在参数表中的参数（实参）。

3. 变量作用域

在 Python 程序中创建、查找变量名时，都是在一个保存变量名的空间中进行的，我们称之为命名空间，也称为作用域。Python 变量的作用域是静态的，在源代码中变量名被赋值的位置决定了该变量能被访问的范围（Python 中的变量不需要定义，在被赋值的时候就创建了一个变量指向值对象）。变量声明的位置不同则被访问的范围不同。变量的作用域分为三种：全局变量、局部变量和类成员变量。这里，我们主要介绍两种最基本的变量作用域，全局变量和局部变量[9]。

1）全局变量和局部变量

定义在函数内部的变量（注意：这里说的是“定义”，而不是一般的“使用”，见下面的示例），只能在其被声明的函数内部被访问。全局变量可以在整个程序范围内被访问，而局部变量只能在某个局部区域范围内被访问。

2）示例

【例 1-27】 理解全局变量和局部变量。

```
def func(x):
    print('x is ', x)  #此处的 x 为全局变量，因为此处是使用 x 而非定义
   x=2  #此处的 x 为局部变量，因为此处是定义 x，并且是在函数 func()中定义的，
        #同时屏蔽外层作用域中的同名变量
    print('Change local x to', x)   #此处的 x 为局部变量
x = 50   #此处的 x 是全局变量，因为它的定义没有在某个函数中
func(x)  #此处的 x 是全局变量，此处使用 x 的值
print('x is still', x)   #此处的 x 是全局变量，同样此处使用 x 的值
```

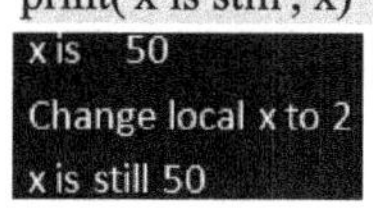

在函数内部声明的变量，除非特别声明为全局变量，否则均默认为局部变量。有些情况需要在函数内部定义全局变量，这时可以使用关键字 global 来声明变量的作用域为全局范围。

【例 1-28】 利用关键字 global 在函数内部声明全局变量。

```
# global 在函数内部声明全局变量
def func(): #定义一个无参函数
    global x    #定义全局变量，说明 x 是全局变量
    print("x is ",x)  #此处的 x 是全局变量，因为此处是使用而非定义
    #此处的 x 也为全局变量，因为在此函数中刚才通过关键字 global 定义了 x
    #此处只是让变量 x 重新指向了一个新的对象 20，理解前面讲的赋值逻辑
    x = 20
    #此处 x 的值为 20，因为上一个语句让 x 重新指向了一个新的对象 20
    print("Changed local x to ",x)
x = 50 #此处的 x 是全局变量，因为它没有定义在某个函数中
func()
```

```
print("Now x is ", x)  #此处的 x 是全局变量，同样此处是使用而非定义
```

```
x is  50
Change local x to 2
Now x is  20
```

1.6.3 lambda 函数

Python 中用户自定义函数有两种方法，第一种是 1.5.1 节介绍的用 def 来定义，这种定义方式要明确指出函数的名字。第二种是通过保留字 lambda 来定义，这种定义方式不需要指定函数名，叫作匿名函数，也称为 lambda 函数。其语法格式为：

[<函数名> =]lambda <参数列表>: <表达式>

说明：冒号“：”前面是逗号分隔的参数列表，之后的表达式的值是所定义的函数的返回值，由于 lambda 函数只能返回一个值，所以不用写 return。

lambda 函数主要适用于定义简单的、能够在一行内表示的函数，用在函数式编程中时通常省略<函数名>，即支持函数作为参数。请看下面的例子。

【例 1-29】 将列表中的元素按照绝对值大小进行排序。

```
> ls = [3,5,-4,-1,0,2,-6,8]
> sorted(ls)
[-6,-4,-1,0,2,3,5,8]
> sorted(ls,key=lambda x:abs(x))
[0,-1,2,3,-4,5,-6,8]
> ls    #注意：ls 的值并未改变！
[3,5,-4,-1,0,2,-6,8]
```

【例 1-30】 含单个参数的 lambda 函数。

```
> f = lambda x : abs(x)
> f(3)
3
```

【例 1-31】 含多个参数的 lambda 函数。

```
> f = lambda x,y : x % y
> f(4,2)
0
> f(3,2)
1
```

习题

1. 请根据自己的计算机系统（是 32 位还是 64 位）到官网下载安装 Python3 版本。
2. 卸载已经安装的 Python3 版本，下载安装 Anconda。
3. 利用 IDLE 编写程序，求 s = 1+2+…+100。
4. 编写程序求 s = n!，要求 n 从键盘输入。

5．编程判断任意输入的一个数是否为素数。

6．利用 turtle 绘制一个三角形，三角形的边框颜色为红色，填充色为蓝色。

7．利用 turtle 绘制空心六边形，在六边形的中心写上“六边形”三个字，字体、字号、颜色自定，但要注意整个图形的美观和协调。

8．利用 turtle 绘制一条不同于一般文献上的蟒蛇。

9．请发挥你的想象，为你们班或者小组设计一个 Logo 并通过编程来实现。

10．请先将第 5 题判断素数定义为一个函数 prime(n)，然后设计通过调用函数 prime()求出 100 以内的所有素数。

11．理解全局变量、局部变量、默认参数和关键字参数。

参考文献

[1] https://docs.Python.org/3/reference/introduction.html.

[2] Magnus L H. Python 基础教程[M]. 2 版. 司维，曾军崴，谭颖华，译. 北京：人民邮电出版社，2017.

[3] https://ke.qq.com/webcourse/index.html#course_id=112539&term_id=100158403&taid=663529497671579&vid=w14111hac02.

[4] http://www.codingpy.com/article/zen-of-Python-illustrated/?utm_source=tuicool&utm_medium=referral.

[5] https://www.anaconda.com/.

[6] https://www.cnblogs.com/andywenzhi/p/7453374.html.

[7] https://www.Python.org/dev/peps/pep-0008/.

[8] 嵩天，礼欣，黄天羽. Python 语言程序设计基础[M]. 2 版. 北京：高等教育出版社，2017.

[9] https://www.cnblogs.com/fireporsche/p/7813961.html.

第 2 章　数据类型

数据类型是一个值的集合及定义在这个值集合上的一组操作的总称，它描述了在内存中存储的数据所具有的形态及它所支持的操作。但 Python 语言具有动态语言的特点，其他的如 C、Java、C#等称为静态语言。动态类型和静态类型的一个典型区别是静态类型在声明变量的时候就确定好了该变量的数据类型是什么，并且在存储数据的时候是不能超出它的数据类型的，而具有动态类型的语言中的变量本身没有类型的约束，变量的类型取决于它所关联的对象的类型。本章主要学习 Python 提供的基本数据类型：布尔型、整型、浮点型、字符串、列表、元组、字典等。

2.1　核心内置数据类型概述

一个对象支持的操作及它的描述是由数据类型来决定的。所以，数据类型非常重要。

Python 语言提供了大量内置的、功能比较丰富的数据类型。我们建议在 Python 程序开发的过程中，尽量使用 Python 内置的数据类型，这主要基于以下几个理由[1]：

（1）使用 Python 内置的数据类型可以让我们的程序编写变得更为容易。

（2）很多扩展的程序组件都是基于内置的数据类型来开发或实现的。

（3）使用内置数据类型开发程序比使用自定义的数据结构的效率更高。

（4）内置的数据类型是 Python 语言的一个标准组成部分，这也是最基本的理由。

Python 的数据类型分为数值类型（包括整型、浮点型等）、序列类型（包括列表、元组、字符串，字符串本质上也是一个序列类型）、集合类型、字典（是一种比较特殊的映射类型）及其他类型。

在具体讲解每个数据类型及它所支持的操作之前，经常会检查一个对象的类型是什么，Python 提供了一个特定的内置函数 type()来实现这类操作。它返回的是一个叫作类型对象的特殊类型，可以把它归类到其他类型中。

由于 Python 具有动态类型，在声明变量的时候，我们不用明确指明它的数据类型是什么，但是我们在学习数据类型的过程中，必须要了解它到底属于什么类型，以便知道它究竟能进行哪些操作。

1. 类型检测函数 type()

使用 type()函数可快速检查某一个变量或常量的类型，以便确定它们所能进行操作的种类。

```
> type(8)
<class 'int'>
```

说明“8”属于 int 型，即整型。但目前我们并没有把它放到变量中。

“<class'int'>”是一个类型对象，是用来描述数据类型的一个类型对象。

```
> type(3.14)
<class 'float'>
```

检测的结果表明，小数“3.14”是 float 型，即浮点型。

当然也可以检测变量的类型，例如：

```
> name = "Tom"
> type(name)
<class 'str'>
```

type()函数非常简单，不管是通过变量名称还是值都能快速帮我们检测出某一个对象的实际类型是什么。

2. 空对象（None）

Python 中还有一个特殊的类型称为空对象。

空对象（None）：一个特殊的常量，表示什么都没有。

3. 布尔（bool）型的本质

Python 中的 bool 型，表示事物的两种状态，真（True）或假（False），注意，没有第三种状态。通常它用来测试一个结果是“真”或“假”。看下面的示例：

```
> 5 > 3
True
> 5 < 3
False
> type(5 < 3)
<class 'bool'>
```

注意：“5 > 3”或者“5 < 3”其实是一个表达式，表达式是用于创建处理对象的。如“5 > 3”创建一个对象，“5 > 3”这个对象是有类型的，可以用 type()函数测试所创建的这个对象的类型。

简单地讲，bool 型中的 True 和 False 对应着 int 型中的 1 和 0。在有些编程语言里，bool 型的 True 和 False 与 int 型的 1 和 0 是可以互换的，而有的编程语言中 bool 型是单独定义的，比如在 C#中，它的 bool 型和 int 型的 1 和 0 没有任何关系。在 C 语言里当作为条件判断时，非 0 即为真，0 即为假，这是有差别的。而 Python 里 bool 型就有两个独立的常量，True 和 False。另外，它和 int 型的 1 和 0 又有着千丝万缕的关系。

```
> True == 1
True
> False == 0
True
```

以上示例说明 bool 型的 True 本质和 int 型的 1 是一致的，False 的本质也和 0 一致。在某些编程语言中，只要大于 0 都算是 True，在 Python 中也是这样的吗？

```
> True == 1
```

```
True
> True == 3
False
> False == 0
True
> False == -3
False
```

以上结果表明，bool 型的 True 和 False 只和 int 型的 1 和 0 对应。可以直接把 bool 型的 True 和 False 当作一个 1 和 0 来使用。

```
> x == 3 + True
> print(x)
4
> y == 4 + False
> print(y)
4
```

另外，bool 型也有一个内置函数“bool”，它可以将某个值转换成 bool 型的结果。

bool(obj)：将对象“obj”转换成 bool 型。

```
> bool(1)
True
> bool(0)
False
> bool(4)
True
> bool(-5)
True
```

注意：本质上“True”等同于 1，“False”等同于 0，但转换时就不限于 1 和 0 了。转换的原则是，把各种不同类型的特殊数据当作“False”来处理，非特殊数据当作“True”来处理。

```
> bool('abc')
True
> bool('')  #空字符串
False
```

前面介绍了一个特殊的对象“None”，即空对象，空对象是什么都没有，也把它当作“False”来处理。

```
> bool(None)
False
```

各种数据类型的特殊值：数值 0 和 0.0、空字符串''、空列表[]、空元组()、空字典{}、空集合 set()等也都当作“False”。

2.2　数字类型声明及基本运算

Python 语言提供了整型、浮点型、复数类型 3 种数字类型。可以通俗地理解为，整型是不带小数点的整数，而浮点型是带小数点的小数。

2.2.1　整型

整型共有 4 种进制表示：十进制、二进制、八进制、十六进制。

（1）十进制整数。为默认情况，由 0～9 的数字组成，如 12、23。

（2）二进制整数。由 0 和 1 组成。在 Python 中表示该数为二进制时需要在数字前面加 0b 或 0B，如 0b0、0b10 等。

（3）八进制整数。由 0～7 的数字组成。在 Python 中表示该数为八进制时需要在数字前面加 0o 或 0O（第 1 个是数字 0，第 2 个是字母 o，大写或小写均可。以下均相同），如 0o1、0O11 等。

（4）十六进制整数。由 0～9 的数字、a～f 的字母组成。在 Python 中表示该数为十六进制时需要在数字前面加 0x 或 0X，如 0xbb、0x3d 等。

在 Python 中的整型数据的精度并不像其他编程语言一样有一个明确的范围限制，从理论上来讲，它能存储多大的整型数据是由硬件结构来决定的，即由内存大小或者 CPU 的运算范围来决定整数的范围。

因此，我们可以处理非常非常大的数字，这在其他的编程语言是无法想象的。这也是 Python 具有的一个特性。

2.2.2　浮点型

Python 中的浮点型有 2 种表示形式：十进制表示和科学计数法表示。十进制表示法与数学中的实数表示法一致。如.1、1.1、0.1、1.0 等都是合法的表示方法。1.1×10^{-2} 的科学计数法为 1.1e-2 或 1.1E-2，e 或 E 表示以 10 为底，后跟 10 的幂次方，其值为 0.011。

2.2.3　复数类型

Python 中的复数类型表示数学中的复数。复数分为实部和虚部，其中，虚部通过 j 或 J 来表示，如 12.5+5j 或 12.5+5J。复数的实部和虚部都是浮点型。

对于复数 z，可以用 z.real 和 z.imag 来分别获得它的实数部分和虚数部分。例如：

```
> z = 3.4 + 5.2J
> type(z)
<class 'complex'>
> z.real
3.4
> z.imag
5.2
```

2.2.4 数字运算符

变量被赋值为数字类型后，可以进行数学中的加、减、乘、除等各种运算。

Python 提供大部分常用的算术运算符，如加、减、乘、除等。表 2-1 给出了常用的算术运算符。

表 2-1 常用的算术运算符

运 算 符	描 述
+	加法。对符号左右两个数进行加法运算
-	减法。对符号左右两个数进行减法运算
*	乘法。对符号左右两个数进行乘法运算
/	除法。对符号左右两个数进行除法运算
%	取模。取符号左边数除以右边数的余数，注意：是整除后的余数
**	幂。以符号左边为底数、右边为指数进行幂运算
//	取整。取符号左边数除以右边数的整数部分

运算符运算的结果可能会改变数字类型，3 种数字类型之间存在一种逐渐扩展的关系，具体如下：

整型→浮点型→复数类型

例如：

```
> 5 + 3.0
8.0
> 5/3
1.6666666666666667
> 5//3
```

```
> 4.52 + (3.15 + 2.36j)
(7.67+2.36j)
```

表 2-1 中所有运算符都有与之对应的增强赋值运算符。如果用 op 表示表 2-1 的运算符，则以下赋值操作等价。注意：运算符 op 和赋值号之间没有空格。

x op= y　等价于　x = x op y

使用增强赋值运算符简化了代码的表达。

```
> x = 5
> x *= 2
> x
10
```

2.2.5　数字类型的常用函数及 math 库

1．内置的数字运算函数

Python 提供了一些内置函数来完成特定的操作，与数字类型相关的内置数字运算函数如表 2-2 所示。

表 2-2　与数字类型相关的内置数字运算函数

函　数	描　述
abs(x)	绝对值函数。返回 x 的绝对值
divmod(x,y)	商余函数。返回元组类型数据（x//y, x%y）
pow(x,y[,z])	幂次方函数。如果省略第三参数，则返回 x**y（x 的 y 次幂），否则，返回(x**y)%z
round(x[,n])	四舍五入函数。对 x 进行四舍五入，保留 n 为小数
max(x1,x2,…,xn)	最大值函数。返回给定参数中值最大者
min(x1,x2,…,xn)	最小值函数。返回给定参数中值最小者

商余函数 divmod(x,y)返回的是参数 x 和 y 整除及进行模运算之后得到的值组合形成的元组类型数据。

```
> z = divmod(5,3)
> z
(1, 2)
> type(z)
<class 'tuple'>
```

2．math 库

下面来看一下浮点型数值的常见处理方式。

```
> 22 / 7
3.142857142857143
```

但如果我们想按照自己的方式来处理后面的小数，即希望把后面的小数部分去掉，就算是 3.99 也直接去掉后面的小数部分，该怎么办？这时可以使用一个模块，叫作“math”，它里面有些函数可以帮我们完成想要的操作。但它不是全局函数，需要加载相应的模块才能使用。导入 math 库的 3 种方法如下。

1）import math

采用这种形式导入 math 库后，对 math 库中函数的调用方式为：math.<函数名>()。

```
> import math
> math. ceil(3.15)
4
```

2）import math as <别名>

math 库中函数的调用方式为：math.<别名>()。

```
> import math as mt
```

```
> mt.floor(3.15)
3
```

3) from math import *

math 库中函数的调用方式为：<函数名>()。

```
> from math import *
> floor(3.15)
3
```

在 math 库中有很多写好的函数，或称为方法，可以用它来执行一些常见操作。

math 库包括数学常数（见表 2-3）、数值函数（见表 2-4）、幂对数函数（见表 2-5）等，更多内容请查阅相关文献。

表 2-3 math 库的数学常数

函　数	描　述
math.pi	圆周率，值为 3.141592653589793
math.e	自然对数，值为 2.718281828459045
math.inf	正无穷大，负无穷大为-math.inf
math.nan	非浮点数标记，NaN（Not a Number）

表 2-4 math 库的数值函数

函　数	描　述
math.fab(x)	绝对值函数。返回 x 的绝对值
math.fmod(x,y)	模函数。返回 x 与 y 的模，即余数
math.ceil(x)	向上取整函数。返回不小于 x 的最小整数
math.floor(x)	向下取整函数。返回不大于 x 的最大整数
math.trunc(x)	取整函数。返回 x 的整数部分
math.gcd(x,y)	最大公约数函数。返回 x 与 y 的最大公约数

表 2-5 math 库的幂对数函数

函　数	描　述
math.pow(x,y)	返回 x 的 y 次幂
math.exp(x)	返回 e 的 x 次幂，e 是自然对数
math.expml(x)	返回 e 的 x 次幂减 1 后的值
math.log(x,a)	返回以 a 为底的 x 的对数
math.log1p(x)	返回以 e 为底的 x+1 的对数
math.log2(x)	返回以 2 为底的 x 的对数
math.log10(x)	返回以 10 为底的 x 的对数
math.log(x)	返回以 e 为底的 x 的对数

说明：Python 解释器的内部表示存在一个小数点后若干位的精度尾数，当进行浮点数的运算时，这个精度尾数可能会影响输出结果。因此，在进行浮点数运算及结果比较

时，建议采用 math 库提供的函数而不是直接使用 Python 提供的运算符。

floor()和 trunc()方法的区别如下。

floor()：总是往左边取值，往小的方向取值。

trunc()：总是往 0 方向取值。

与 floor()方法取值相反的还有 ceil()，其总是往上、往大的方向取值。

关于更多“math”模块下的函数，大家可以查询一些相关的文档，也可以通过 help 命令进行查阅。

```
> import math
> help(math)
```

2.2.6 数字类型转换函数

Python 是一个强类型的语言，类型很重要。当两个不同类型的数据相加时，需要转换其中一个的类型，比如将带引号的"3"变成一个真正的十进制的整型数字，可以写成：

```
> 5 + int("3")
8
```

转换的工作由一个内置函数“int”来完成，内置函数是 Python 中已经内置好的，不需要额外地引入一些对象或模块、包就可以使用的函数。Python 中内置的数字转换函数如表 2-6 所示。

表 2-6　内置的数字转换函数

函　数	描　述
int(x)	将 x 转换为整数，x 可以是浮点数或字符串
float(x)	将 x 转换为浮点数，x 可以是整数或字符串
complex(re[,im])	生成一个复数，实部为 re，虚部为 im，re 可以是整数、浮点数或字符串，im 可以是整数或浮点数，但不能为字符串

```
> 5 + int("1011", 2)   #参数 2 表示前面的数值是一个二进制数
16
```

之前在声明的时候通过加一个前缀来区分数的进制，现在转换的时候可以再加一个参数来告诉系统前面这个字符串的值是基于二进制的。依次类推，我们也可以转换八进制数、十六进制数。

```
> int("177", 8)   #参数 8 表示前面的数值是一个八进制数
127
> int("9ff", 16)   #参数 16 表示前面的数值是一个十六进制数
2559
```

有关 complex()函数的示例：

```
> complex(3.14)
(3.14+0j)
> complex(3.14,5.2)
```

```
(3.14+5.2j)
> a = 3.14
> b = 5.12
> complex(a,b)
(3.14+5.12j)
```

函数 complex 更详细的用法请通过“help(complex)”命令进行查阅。

2.2.7 浮点型精度处理

之前在计算浮点数时，大多数情况下都能得到所期望的结果，但接下来我们看一个特殊情况。下面是一个有关浮点型数字计算的简单表达式。

```
> 0.1 + 0.1 + 0.1 - 0.3
5.551115123125783e-17
```

尽管结果非常接近 0，但它不是 0。这在精度要求非常高的金融或财务领域是不能容忍的，因为这些领域一点点误差都不能有。

造成这个问题的根本原因在于，计算机内部的二进制存储机制本身就没办法存储某些特定的数值，但是在精度要求非常高的科学计算或金融财务领域，又不允许出现丝毫的误差，那该如何解决这个问题呢？

Python 提供了一个专门的模块“decimal”来解决有关浮点数的精度问题。通过 decimal 模块下的类 Decimal（第一个字母大写），提供了一种精度更高的处理浮点型数字的机制。

```
> import decimal   #导入模块 decimal
>decimal.Decimal('0.1') + decimal.Decimal('0.1') + decimal.Decimal('0.1') -decimal.Decimal('0.3')
#调用 decimal 模块的类 Decimal 来处理浮点型数字
Decimal('0.0')
```

注意：这里是将字符串'0.1'作为参数传递给 decimal 模块的类 Decimal 来构造函数，实际使用时经常会犯错，漏掉了'0.1'两边的引号。

如果想要以字符串的形式显示在页面或控制台上，可以通过将它赋值给一个变量，然后通过格式化的方式（后面将介绍格式化输出）或通过“str”转换一下再输出。

```
> import decimal
> x = decimal.Decimal('0.1') + decimal.Decimal('0.1') + decimal.Decimal('0.1') -decimal.Decimal('0.3')
> type(x)
<class 'decimal.Decimal'>
> print(x)
0.0
> z = str(x)
> type(z)
<class 'str'>
> print(z)
```

```
0.0
```

“import decimal”导入模块的方式，在使用 decimal 模块的每个类时都要带上前缀“decimal.”，这种方式有点烦琐，可以用如下方式来导入，从而可以有一种简化的表示方式：

```
> from decimal import Decimal
> x = Decimal('0.1') + Decimal('0.3')
> print(x)
0.4
```

其中，from decimal import decimal 表示从 Decimal 模块导入 Decimal 类。其语法为：

from 模块名 import 模块里的类

注意：浮点型的存储是有缺陷的，所以在精度要求更高的场合，可以使用 decimal 模块的类 Decimal 来实现。但使用 decimal 模块的类 Decimal 传参数时一定要以字符串的形式进行传参。否则，如果直接传一个浮点型，它不会报错，但得不到我们想要的结果。

```
> Decimal(0.1) + Decimal(0.3)
Decimal('0.3999999999999999944488848769')
> Decimal(0.1) + Decimal(0.1) + Decimal(0.1) - Decimal(0.3)
Decimal('2.775557561565156540423631668E-17')
```

2.3 列表

2.3.1 列表基本特征

前面已经介绍完数字类型，其通常只处理单个元素对象，而在实际开发过程中经常会将一系列对象并列放在一起形成一个集合来进行操作，或者形成数据结构，这就是接下来要讲的序列。

序列描述了数据类型的一种形态，具体的数据类型有很多，包括列表、元组、字符串，这些都属于序列类型。

从特性上来讲它可以分为两类，一类是可变序列，另一类是不可变序列。

可变序列：序列中的某个元素支持在原位置被改变。

不可变序列：不允许在原位置改变某个元素或对象的值。

首先来看可变序列中使用频率最高的列表。列表可以说是 Python 语言中使用频率最高的一个有序序列（这里的有序指的是先后顺序而不是大小顺序）。

1. 列表的定义

列表（list）：可以包含任意对象的有序集合（可以包含类型统一的整数，也可以包含不同类型的如串、元组、字典、自己定义的类等，并且它是有序的，顺序是可以自定义的）。

2. 列表的声明

来看处理学生成绩的例子，当处理一个学生一门课程的成绩时，可以通过定义一个变量来保存成绩。如果要处理很多门课程的成绩，当然也可以定义多个变量来保存成绩，但它们是一个有机的整体或在逻辑上有一定的关系，此时可以把它们组织到一个数据结构里，这就是列表。

```
>score = 80   #定义一个变量来表示一个学生一门课程的成绩
>scores = [80,90,88,90.3]   #定义一个列表来表示一个学生多门课程的成绩
> type(scores)     #列表的类型是“list”
<class 'list'>
> print(scores)
[80, 90, 88, 90.3]
```

列表的声明：列表用一对中括号来声明，中括号里写上多个元素，中间以逗号隔开，逗号是默认的分隔符，这些元素可以是任意类型的数据。

3. 列表的特性

列表具有以下特性：

（1）可以包含任意对象的有序集合，如 x = [89, 90.3,'tom']。

（2）可以通过下标索引来访问 list 中的某个元素。下标索引从左边开始时总是从 0 开始，而从右边开始时，就从-1 开始。序列类型的索引体系如图 2-1 所示。

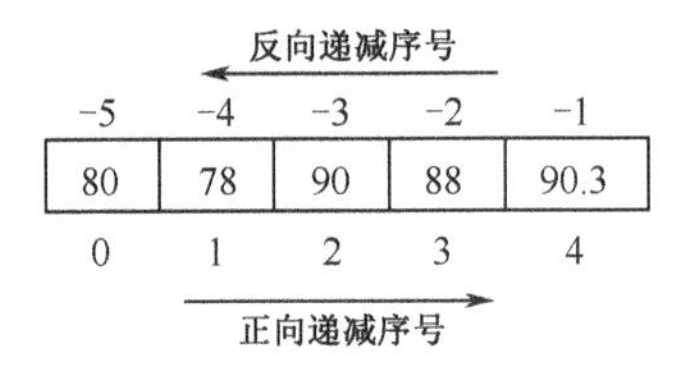

图 2-1 序列类型的索引体系

（3）可变长度（可任意增减元素）；异质（可包含任意类型的元素）；可任意嵌套（列表的元素也可以是一个列表）。

（4）支持原位改变，如 x = [89, 90.3,'tom']，支持 x[0] = 99 这样的操作。

```
> x = [188,90.3,'Tom',[56,89,89]]
> print(x)
[188, 90.3, 'Tom', [56, 89, 89]]
> x[0] = 77
> x
[77, 90.3, 'Tom', [56, 89, 89]]
> x[3]   #元素 x[3]是一个列表
[56, 89, 89]
> x[3][0]
```

```
56
```

注意：上例中，对列表中的元素又是一个列表的情况，可以通过 x[3]获得列表[56,89,89]，接下来想对值 56 进行访问，那就按照下标索引的方式对其进行访问操作，因此获取值 56 的表达式为 x[3][0]。

4. 列表转换函数 list()

通过列表转换函数 list()可以将某个特定的可迭代序列转换为列表。

```
> ls = list(range(1,6))   #将序列转换为列表
> ls
[1, 2, 3, 4, 5]
> lt = list("python")
> lt
['p', 'y', 't', 'h', 'o', 'n']
```

2.3.2 序列通用操作

列表属于可变序列，也是 Python 中使用频率最高、最通用的数据类型。序列类型有很多，除了列表，后面还会介绍元组及字符串。下面先介绍序列通用操作，还是以 list 为例。

在讲序列的通用操作之前，先介绍列表的初始化。列表的初始化可以通过中括号来直接设定元素列表。

1. 列表的初始化

列表用中括号将若干元素括起来，中间用逗号分隔。

```
> ls= [1,2,3]
```

2. 序列的通用操作——以列表为例

序列的通用操作包括判断元素是否在序列之内、序列连接、重复序列元素等，详细说明如表 2-7 所示。

表 2-7 序列通用操作

操作符和函数	描 述
x in ls	如果 x 是 ls 的元素，则返回 True，否则返回 False
x not in ls	如果 x 不是 ls 的元素，则返回 True，否则返回 False
ls + lt	连接序列 ls 和 lt，“+”连接操作不会改变两个操作对象 ls 和 lt 本身的值
ls * n 或 n * ls	将序列 ls 中的元素重复 n 次形成一个新的序列，原序列 ls 并没有改变
ls[i]	通过下标索引的方式来获取序列元素 ls[i]
ls[i:j]	获取[i, j-1]中的元素。ls[:j]获取[0, j-1]中的元素；ls[i:]获取从 i 开始的所有元素；ls[:]获取所有的元素。注意：当获取列表元素的值时，下标不能越界
ls[i:j:k]	按一定的步长来访问指定索引范围，其中 i、j 分别是起始位置、终止位置，k 是步长

续表

操作符和函数	描　述
len(ls)	获取序列长度，即序列中元素个数
min(ls)	获取序列最小值，但要求序列 ls 中的元素必须是可以比较大小的
max(ls)	获取序列最大值，但要求序列 ls 中的元素必须是可以比较大小的
sum(ls)	统计序列元素的总和，如果元素中有非数值类型的数据，则不能求和
ls.index(x[,i[,j]])	返回元素 x 在序列 ls 中[i, j-1]内第一次出现的下标索引位置，如果不在序列中则出错
ls.count(x)	统计元素 x 出现在序列 s 中的次数

关于通用操作的几点说明。

1）切片操作

```
> x = [1,2,3,4,5,6]
> x[2:5:2]
[3, 5]
> x[::2]
[1, 3, 5]
> x[::-1]   #得到置逆的结果，但注意：x 的值并未改变！
[6, 5, 4, 3, 2, 1]
> x
[1, 2, 3, 4, 5, 6]
> x[-5:-1:2]
[2, 4]
```

观察上面的结果，当步长是一个负数时，是从后向前按步长的绝对值取出元素的，如果步长是-1，则得到的是一个置逆的结果。同样要注意的是，这里是对列表中的元素进行访问，访问操作本身并不改变列表的值。上面最后一行代码输出的结果是 2 和 4，并没有因为 x[::-1]操作得到一个置逆的结果并改变原列表，所以，输出的并不是 5 和 3。

下面用一个示例来解释列表的两个下标索引 [2]。

'Tom'	'Peter'	'Jerry'	'Mike'

0　　1　　2　　3

索引可以理解为是放在两个元素中间的缝隙中的，读取它的值时是读取它之后的值。这样对于范围如[0:2]，表示的是 0～2（包括 0 但不包括 2）的那些元素值。

```
> names = ['Tom', 'Peter', 'Jerry', 'Mike']
> names[0:2]
['Tom', 'Peter']
> names[0:4]
['Tom', 'Peter', 'Jerry', 'Mike']
> names[4]
```

```
Traceback (most recent call last):
  File "<pyshell#108>", line 1, in <module>
    names(4)
IndexError: list index out of range
```

注意：获取列表元素的值时，下标不能越界！

只有当后面右侧有内容的时候，前面的索引才会起作用。

下标索引的使用也可以从后往前即从-1 开始，但当有两个下标索引时，同样最后一个索引对象的值不包含在内。例如：

'Tom'	'Peter'	'Jerry'	'Mike'
1	1	2	3
−4	−3	−2	−1

```
> names = ['Tom', 'Peter', 'Jerry', 'Mike']
> names[-1]
'Mike'
> names[-4:-1]
['Tom', 'Peter', 'Jerry']
> names[-4:]   #省略第 2 下标，截取后面所有的，但请注意，这里是从右往左进行截取的
['Tom', 'Peter', 'Jerry', 'Mike']
```

2）获取所有元素

```
> x = [1,2,3,4,5,6]
> y = x[:]
> id(y)
49136584
> id(x)
49564680
```

以上结果表明，列表 x 和 y 并未指向同一个对象，它们不属于共享引用。

3）求和操作 sum(ls)

如果想统计序列中元素的总和，可以用全局函数“sum”来实现，注意 sum 求和操作只针对序列元素是数字类型的情况。

```
> x = [1,7,3,0,3,9]
> sum(x)
23
> ls = [1,4,9,'Tom', [4,7,5]]   #元素有非数字类型的数据，不能求和！
> sum(ls)
Traceback (most recent call last):
  File "<pyshell#96>", line 1, in <module>
    sum(ls)
TypeError: unsupported operand type(s) for +: 'int' and 'str'
```

```
> ts = ['Tom', 'Peter']      #元素是字符串，不能求和！
> sum(ts)
Traceback (most recent call last):
  File "<pyshell#98>", line 1, in <module>
    sum(ts)
TypeError: unsupported operand type(s) for +: 'int' and 'str'
```

由于列表是序列的一种，而序列除了列表还有其他的一些类型，在介绍其他的类型及列表的操作之前，应先了解所有序列通用的操作，这些操作使用都很方便。但是我们要分辨一下这些操作哪些是通过函数来完成的，哪些是通过方法来完成的。方法是与某个对象相互关联的，它的调用方式是对象名.方法名()。函数的调用方式是函数名（参数表），函数分为全局函数和来自某个模块的特定的函数[3]。

2.3.3 可变序列及列表通用操作（一）

虽然列表是可变序列，但前面以列表为例介绍的通用操作同样适用于不可变序列。

下面将继续以列表为例来介绍可变序列的通用操作。这些操作既可以作用到列表上，也可以作用到其他可变序列的数据结构上。表 2-8 列出了可变序列及列表的通用操作。

表 2-8 可变序列及列表的通用操作（一）

操作符或方法	描述
ls[i] = x	原位修改。将 ls 中指定下标索引对应元素的值为修改 x
ls[i:j] = lt	用可迭代序列 lt 中的元素替换 ls 中[i, j−1]范围内的元素。lt 中元素个数可以多于也可以少于 ls 中要被替换掉的元素个数，此时原列表的长度会发生变化
ls[i:j:k] = lt	用可迭代序列 lt 中的元素替换 ls 中[i, j−1]范围内的元素。注意：这里要求 lt 的大小和 ls 中被置换的元素个数要保持一致。ls[i:j] = lt 和 ls[i:j:k] = lt 的操作是有差异的
del ls[i]	删除列表 ls 中指定的元素
del ls[i:j]	删除列表 ls 中[i, j−1]范围的元素，等价于 ls[i:j] = [ ]
del ls[i:j:k]	按步长 k 来删除列表 ls 中[i, j−1]范围的元素
ls += lt 或 ls.extend(lt)	将可迭代序列 lt 中的元素逐个追加到列表 ls 的末尾处
ls *= n	更新列表 ls，将列表 ls 中的元素重复 n 次
ls.remove(x)	移除列表中指定的元素，当列表中有多个值相同的元素时，remove 方法删除的是值相同的第 1 个元素。必须指明要移除的元素，该方法无返回值
ls.clear()	清空列表，即删除列表中所有的元素。实施该操作后，列表 ls 为空，等价于 ls = [ ]
ls.append(x)	在列表 ls 末尾追加一个元素 x。说明：x 作为一个对象进行追加。一次只能追加一个元素，即便 x 是一个列表，也只能作为一个整体进行追加
ls.insert(i, x)	在指定下标位置处插入元素 x

```
> s = [99,2,3,4,5,6,7,8,9,10]
> s[:3] = 100   #原本希望将列表 s 的前 3 个元素替换成 100，但这种使用方法是错误的！
Traceback (most recent call last):
  File "<pyshell#110>", line 1, in <module>
    s[:3] = 100
TypeError: can only assign an iterable
```

```
> s[:3] = [98,97,96]   #用一个新的列表替换列表 s 中的前 3 个元素
> s
```

s[:3] = 100 是不被允许的。因为这里有歧义，究竟是希望把前 3 个值删掉，然后插入一个 100 呢？还是要把前 3 个值每个都换成 100 呢？不能确定，因此，系统拒绝这样的操作。

```
> l= [1,2,3,4,5,6,7,8,9,10]
> l[::2] = 99   #要求右边必须是可迭代序列，因此会报错
Traceback (most recent call last):
  File "<pyshell#36>", line 1, in <module>
    l[::2] = 99
TypeError: must assign iterable to extended slice
> l[::2] = [99]    #试图指定一个大小为 1 的序列，但要求的大小必须为 5
Traceback (most recent call last):
  File "<pyshell#113>", line 1, in <module>
    l[::2] = [99]
ValueError: attempt to assign sequence of size 1 to extended slice of size 5
> l[::2] = [99,99,99,99,99]
> l
[99, 2, 99, 4, 99, 6, 99, 8, 99, 10]
```

此时需要注意：如果使用开始加终止索引，并且指定了步长值，那么在给它赋值的时候，除了必须要给它一个可迭代的对象，还必须清楚它共有几个值会被替换。在上面的例子中，从第一个到最后一个，隔一个被选择的话，一共应该有 5 个值会被替换，那么在给它赋值的时候，必须给它赋 5 个值才能替换。其实在报错的消息中已经告诉我们了，报错是“值的错误”。

注意：s[i:j] = t 和 s[i:j:k] = t 的操作是有差异的，后者要求迭代序列 t 的大小和 s 中被置换的元素个数要保持一致。

熟练掌握序列的基本操作，我们可以通过不同的手段和方式来达到同样的目的。

2.3.4　可变序列及列表通用操作（二）

本小节继续以列表为例介绍序列的通用操作（见表 2-9）。

说明：复制序列 copy()是一个非常重要的操作。

表 2-9　可变序列及列表的通用操作（二）

方　法	描　述
ls.pop([i])	pop()操作有返回值。检索并删除特定元素，pop 操作会弹出一个值并删除该值。如果省略 i，则返回并删除最后一个元素值
ls.reverse()	反转序列。反转操作只影响序列 ls，它并不返回新值
ls.copy()	复制序列。复制序列将产生一个真实的副本

将一个列表赋值给另一个列表不会产生新的列表对象。例如：

```
>l = [0,1,2,3,4,5,6,7,8,9,10]
>s = l  #将列表 l 复制给 s
>s[0] = -99  #改变列表 s 中元素的值
>s
[-99, 1, 2, 3, 4, 5, 6, 7, 8, 9, 10]
>l  #发现原列表 l 中对应元素的值也被修改了
[-99, 1, 2, 3, 4, 5, 6, 7, 8, 9, 10]
```

当我们把列表 l 赋给一个新的变量 s 后，改变 s 中元素的值，结果发现原列表 l 中的值也被改变了，说明 s 和 l 关联的是同一个对象，这其实就是共享引用。

```
>s is l
True
```

说明：全局函数 id()也能检测两个对象是否是共享引用。

但这个结果可能并不是我们想要的。因为开始列表 l，是一个独立的列表，以后要单独对它进行操作。产生一个新的列表 s，只不过要求列表 s 的值与 l 相同，但并不希望它们指向同一个对象。有两种解决这个问题的方法：

方法一：利用切片操作取出列表的所有元素赋值给新的变量。

```
>l = [0,1,2,3,4,5,6,7,8,9,10]
>s = l[:]  #把 l 的所有值取出来赋值给 s
>s
[0, 1, 2, 3, 4, 5, 6, 7, 8, 9, 10]
>s[0] = -99
>s
[-99, 1, 2, 3, 4, 5, 6, 7, 8, 9, 10]
>l
[0, 1, 2, 3, 4, 5, 6, 7, 8, 9, 10]
```

“s = l[:]”这种方式虽然使得 s 和 l 的值相同，但它们并没有指向同一个对象。这就是前面讲到的，l[:]和 l 看似结果相同（获取所有元素的值），但实际上它们的作用是不一样的。

对于“s = l[:]”这样的操作方式，l 和 s 不属于共享引用，当改变一个列表中某个元素的值时，另一个列表中相应位置的元素不会改变。

方法二：利用列表的方法“copy()”将列表的所有元素复制到新的变量中。

```
>l = [0,1,2,3,4,5,6,7,8,9,10]
>x = l.copy()
>x
[0, 1, 2, 3, 4, 5, 6, 7, 8, 9, 10]
>x[-1] = 101
>x
[0, 1, 2, 3, 4, 5, 6, 7, 8, 9, 101]
```

```
>1
[0, 1, 2, 3, 4, 5, 6, 7, 8, 9, 10]
```

注意：关于这一点很容易出错，请一定弄清楚。要正确理解第 2 章介绍的赋值逻辑，今后在介绍函数参数传递时经常会遇到这种情景。

以上介绍的这些操作属于可变序列中的操作，由于列表是使用频率最高的一个可变序列，所以，目前以列表为例进行讲解，后面用到其他的可变序列时，这些通用操作也是支持的。接下来看有关列表所特有的一个操作。

列表中元素的顺序与赋值时元素的顺序是一致的，尽管可以通过“reverse()”方法进行反转，但有时可能需要按照给定的条件进行排序，这时可以使用列表自带的一个方法“sort()”来实现（见表 2-10）。

表 2-10　列表特有的操作

函数或方法	描　述
ls.sort(reverse=False)	排序操作。默认按照从小到大进行排序，但设置 reverse=True 得到降序排列
sorted(ls)	全局排序函数。默认返回升序，但并不改变原列表 ls

关于列表持有操作的几点说明如下：

1）要求列表中的元素必须具有相同的类型

```
ls = [1,3,'gh', '66', 8,9]
> ls.sort()    #必须是相同类型的数据才能进行排序
Traceback (most recent call last):
  File "<pyshell#7>", line 1, in <module>
    ls.sort()
TypeError: '<' not supported between instances of 'str' and 'int'
> sorted(ls)    #要求序列中的元素具有相同的数据类型才能排序
Traceback (most recent call last):
  File "<pyshell#7>", line 1, in <module>
    sorted(ls)
TypeError: '<' not supported between instances of 'str' and 'int'
```

若一个列表含有数值、字符串等混合类型，则不能进行排序操作。

2）方法“sort()”和全局函数“sorted()”的区别

```
> lst = [11,3,18,9]
> lst.sort()    #没有结果返回，但对 lst 进行了排序
> lst
[3, 9, 11, 18]
> lst = [11,3,18,9]
> sorted(lst)    #全局函数，有结果返回，但请注意：lst 本身没有被改变！
[3, 9, 11, 18]
> lst
[11, 3, 18, 9]
```

“sort()”方法没有结果返回，只是改变原列表的排列顺序。sorted()是全局函数，有结果返回，但原序列本身未改变。同时，全局函数不依附于任何的对象，因此，必须把序列以参数的形式传递给它。

3）方法“sort()”和全局函数 sorted()的使用示例（学习了 lambda 函数后再来看下面的例子）

```
> people = ['Mike', 'Tom', 'John', 'Peter', 'Jerry']
> sorted(people, key=lambda n:n[1])   #按第二个字母进行排序
['Peter', 'Jerry', 'Mike', 'Tom', 'John']
> people = ['Mike', 'Tom', 'John', 'Peter', 'Jerry']
> people.sort(key=lambda x:x[0])
> people
['John', 'Jerry', 'Mike', 'Peter', 'Tom']
```

在调用每个函数的时候，尽量要做到心中有数，究竟是属于整个序列的通用操作，还是属于可变序列的通用操作，或者是某一个特定的类型所带来的函数或方法，这样才能灵活使用。

2.4 元组

Python 中另外一个比较常用的数据结构是元组，又称为 tuple，它属于序列中的不可变序列。

1. 元组的基本特性

元组是序列中的不可变序列，它与列表有很多相同点。列表是一个可以包含任意对象的有序集合，这一点同样适用于元组。所以说，元组也是“可以包含任意对象的有序集合”。当然，元组也有与列表不同的特点。以下是元组所具有的特性：

（1）元组是包含任意对象的有序集合。

（2）通过下标索引（位置偏移）访问元素。

（3）固定长度（列表是可变长度）、异质、可任意嵌套。

（4）对象引用数组。

2. 元组的声明

列表通过一个中括号来声明，元组可以使用一个圆括号来进行声明。

1）空元组的声明

```
> tp = ()    #空元组
> type(tp)
<class 'tuple'>
> tp
()
```

2）声明只含一个元素的元组

```
> tp = (3,)  #声明只含一个元素的元组时，必须在元素后加“,”以告诉系统这时声明的是元组
> tp
(3, )
```

以下声明得不到元组：

```
> tp = (3)  #注意：得到的不是一个元组！
> tp
3
> type(tp)
<class 'int'>
```

3）声明元组时可以省略小括号（但不建议这样做）

```
> t2 = 1,2,3  #省略声明元组时的小括号，但不建议这样使用
> t2
(1, 2, 3)
> type(t2)
<class 'tuple'>
```

4）声明元组的同时将其元素赋值给相应的变量

```
> x,y = (3,4)
> x
3
> y
4
```

强调：对只含一个元素的元组进行声明时，末尾的“,”不能省略！

3. 元组转换函数 tuple()

与列表类似，同样可以将某个特定的可迭代序列转换为元组。假定有函数“range()”生成了一个序列，可以通过转换函数“tuple()”将它转换为一个元组。

```
> tp = tuple(range(1,6))  #将序列转换为元组
> tp
(1, 2, 3, 4, 5)
```

“range(1,6)”产生的是一个可迭代的序列，其值是：1,2,3,4,5，注意不包含值 6，后面将会介绍。

4. 元组的常用操作

对元组元素的访问操作，仍然是通过下标索引来进行的。也可以进行一定范围的访问，即通过范围进行访问。由于元组也是序列类型，因此，元组支持序列类型的通用操作，如判断元素是否在序列之内、连接序列、重复序列元素、下标获取元素、访问指定索引范围、按步长访问指定索引范围、获取序列长度、获取最小值、获取最大值、求和（必须是数字类型数据）等都可以用在元组上。但不支持可变序列及列表的通用操作，因为它有不可变的特性，即元组不支持原位改变，也不支持扩展操作。如：

```
> tp = (1,2,[3,4,5])
> tp[0] = 99
Traceback (most recent call last):
  File "<pyshell#26>", line 1, in <module>
    tp[0] = 99
TypeError: 'tuple' object does not support item assignment
```

但以下操作是允许的：

```
> tp[2]
[3, 4, 5]
> tp[2][0] = 99
> tp
(1, 2, [99, 4, 5])
```

这里，由于元组元素 tp[2]是一个列表，因此，可以对其进行修改，但如果元素又是一个元组，则仍然不允许修改。

相对于列表而言，元组少了很多操作。但可能还会遇到一个函数返回多个值的情况，比如“return a, b”，这种情况其本质上还是一个元组，也就是说，元组使用的场景还是比较多、比较广的。

在实际开发过程中，如果我们确定不会出现原位改变这种情况，则用元组比用列表更合适，能在一定程度上保证数据的安全。

5. 使用元组的好处

元组比列表操作速度快，如果定义了一个值的常量集，并且唯一要使用的是不断地遍历它，那就使用元组来代替列表。

利用元组存储数据，可以对不需要修改的数据进行“写保护”，使得代码更安全。使用元组而不是列表如同拥有一个隐含的 assert（断言，第 4 章将介绍）语句，说明这一数据是常量，如果必须要改变这些值，则需要执行从元组到列表的转换。

下面是由元组转换成列表的代码示例。

```
>x_tuple = (1,2,3)
> y_list = list(x_tuple)    #元组到列表的转换
> print(y_list)
[1, 2, 3]
>type(y_list)
<class 'list'>
```

2.5 range

1. range 的本质

range 是 Python 中的一个不可变序列。

使用 range 可以生成一个数值序列。它的本质是生成一个序列，以便执行特定次数的循环，这是它的一般用途。尽管它是一个一般的函数，但它也是有类型的，它的类型是“range”。

比如我们想在屏幕上输出 5 次“Hello world！”，可以这样来编写代码。

```
> for i in range(5):
	print("Hello world!")
Hello world!
Hello world!
Hello world!
Hello world!
Hello world!
```

range(5)是一个函数，生成一个包含 5 个元素的序列，这 5 个元素是从 0 到 4，注意不包含 5。

如果要使用遍历过程中变量 i 的值，可以这样使用：

```
> for i in range(5):
	#通过 str 函数将数字类型数据转换成字符型，然后进行“+”连接操作
	print("Hello world " + str(i) + "!")    #通过 str 函数将数字类型数据转换成字符型
Hello world 0!
Hello world 1!
Hello world 2!
Hello world 3!
Hello world 4!
```

这是 range()函数的一般用途，但它本身也是有类型的。如果要生成一个包含 5 个元素的序列，可以通过以下的代码来实现。

```
> r = range(5)    #得到由 0～4 的元素构成的序列，不包含元素 5
> r
range(0, 5)
>type(r)
<class 'range'>
```

range 函数的结果虽然不像列表和元组那么直观，但仍然可以检测它的类型。它是 range 类型的，range 类型属于序列的不可变类型。

与列表和元组一样，可以通过 rang 的下标来访问它的元素的值，但它不支持原位改变。

```
> r[0]    #可以访问它的元素
0
> r[-1]
4
> r[0] = 99    #不能改变它的值，它不支持原位改变
Traceback (most recent call last):
  File "<pyshell#294>", line 1, in <module>
    r[0] = 99
TypeError: 'range' object does not support item assignment
```

2. range 的声明

range 的声明有 3 种方式（见表 2-11）。

表 2-11　range 的声明

函　数	描　述
range(j)	得到[0, j-1]范围的整数序列，不包含整数 j
range(i,j)	得到[i, j-1]范围的整数序列，不包含整数 j
range(i,j,k)	按步长 k 递增得到[i, j-1]范围的整数序列，不包含整数 j

```
> r = range(1,20,3)    #第三个参数表示步长值
> r
range(1, 20, 3)
> for i in r:
    print(i)
1
4
7
```

“range(1,10,3)”得到的是 1 至 9 中间的 3 个值，即从 1 开始，按步长 3 递增，直到 10，但不包括 10。

3. range 支持序列的通用操作

range 比较简单，尽管它一般用在循环语句中，但它确实是序列中的一种，存在自己的类型，虽然它不支持像列表一样的原位操作，但序列的通用操作都适用于它，如判断元素是否在序列之内、求最大最小值、求长度、检索某一个元素的位置、统计元素出现的次数，等等。

2.6　哈希运算

前面介绍了可变序列类型列表、不可变序列类型元组及 range，后面还会学习更多的可变类型和不可变类型。Python 界定一个数据类型是否可变主要是通过考察该类型数据是否能够进行哈希运算。能够进行哈希运算的类型认为是不可变类型，否则认为是可变类型。

哈希运算可以将任意长度的二进制值映射为较短的固定长度的二进制值，这个小的二进制值称为哈希值。哈希值是对数据的一种有损且紧凑的表示形式。Python 提供了一个内置的哈希运算函数 hash()，它可以对固定数据类型产生一个哈希值[5]。

```
> hash("python")
-2280400423921717683
> hash((1,2,3,"ok"))
1544276300428836285
> hash([(1,2,3)])
```

```
Traceback (most recent call last):
  File "<pyshell#37>", line 1, in <module>
    hash([(1,2,3)])
TypeError: unhashable type: 'list'
```

```
> hash((1,2,"ok",[4,5]))
Traceback (most recent call last):
  File "<pyshell#38>", line 1, in <module>
    hash((1,2,"ok",[4,5]))
TypeError: unhashable type: 'list'
```

说明：每次启动 IDLE 调用 hash()，即使对同一个数据进行哈希运算，哈希的结果也可能不同。

2.7　字典

2.7.1　字典概述及声明

本节我们将介绍一种新的数据结构——字典，属于核心数据类型——映射。字典可以说是 Python 中除了列表使用频率最高的一个数据类型。

那究竟什么是字典呢？对于字典必须先明确两个概念：键（key）和对应值（value）。因为有些时候，有些数据的结构往往是成对出现的，每一个键对应一个值，我们要保存它们之间的关系，要把很多这样的项目（一对，即一个键和一个对应值）添加到一个大的数据结构中，在这种情况下就非常适合使用字典。例如，我们想建立一个电话号码本，人名就可以当作一个键（key），每一个电话号码就可以是这个键（人名）的对应值（value）（见表 2-12）。

表 2-12　键与对应值示例

键（key）	对应值（value）
张三	1235698742
李四	1589743685
…	…

以上这种数据结构就叫作字典（dictionary）。

1. 字典的特性

1）通过键（key）而非下标索引（位置偏移）访问数据

相对于列表来讲，字典的数据访问不是通过下标索引，而是通过它的键来完成的。这里的键叫作“key”，它所存储的值叫作“value”，所以它的存储结构基本上就是一个键一个值，即平时我们所说的键值对。

2）可包含任意对象的无序集合

当在创建列表时，它里边的元素的顺序跟创建时候的顺序是保持一致的，并且可以通过特定的方法或全局函数来将列表中的元素进行排序。但在默认的字典中，它的元素是无序的，通过后面的代码将会看到，创建字典时的顺序和呈现时的顺序可能会不一样[4]。

```
> dt = {"name":"Tom", "number":201505160021, "age":20}
> dt
{'name': 'Tom', 'number': 201505160021, 'age': 20}
```

说明：显示的顺序可能和声明时的顺序并不保持一致。

3）可变长度、异质、可以任意嵌套

这一点和列表非常类似，只是它的存储结构有差异而已。

4）属于可变映射

序列有可变序列和不可变序列之分。在映射中，字典属于可变映射。

5）对象引用表（Hash Table）

这个特点与它的存储本质有关，它是一个对象引用的表，它的存储机制就是平时所说的哈希表。

2. 创建字典的方法

Python 中的字典用大括号表示，每个项目的键和对应值之间用冒号分隔，冒号左边是键，右边是对应值；每个项目之间用“,”分隔。因为 Python 是一门非常灵活的语言，所以，在同一个字典中，可以包含多种不同类型的数据。

1）创建一个空字典{}

```
> d = {}
> d
{}
> type(d)
<class 'dict'>
```

2）创建包含若干元素的字典{key:value}

在介绍创建包含多个数据的字典之前，先了解一下字典跟元组和列表之间的区别。

使用列表可以存储一系列的信息，假定想声明一个学生信息，当然，这个学生信息可能会包含很多内容，可能要关注他的姓名、学号、年龄及他的籍贯等。这时，可以把这几个值放在一个列表里，因为列表可以包含任意的对象。

```
> student = ["Tom","20150516021",19,"重庆"]
```

在创建列表的时候，开发人员明确知道它的第一、第二、第三个元素对应的是什么信息，但是计算机并不了解，或者说你的开发伙伴并不明白你的意图是什么。也就是说，如果想进一步描述"Tom"是指姓名、19 是指年龄，等等，则需要做更多的工作。因此，要存储这一类有特定标签的值，列表并不是最好的选择，此时就可以使用字典来表示。

用花括号来表示字典，将我们所关注的信息的标签和实际的值用键值对的方式来进行存储。比如关注姓名，那就输入字符串"name"，之后输入一个冒号，再输入"Tom"，这便是第一个键值对，然后逗号分隔，继续输入第二个键值对等，这样就声明了一个字典结构的学生信息。其中"name"是一个键，"Tom"是一个值。

```
> std = {"name":"Tom","number":"20150516021","age":19,"native place":"重庆"}
> type(std)
<class 'dict'>
> std
{'name': 'Tom', 'number': '20150516021', 'age': 19, 'native place': '重庆'}
```

可能你会发现这个顺序和声明的时候不一致了，当然也可能是一致的。这对应字典“可包含任意对象的无序集合”的特性，即它的顺序是不确定的。事实上，在 Python 中，如果确实需要一个能够保存正确顺序的字典也是可以的，但它属于另外一个数据类型，并且在一个专门的包中，它是扩展的字典，而这里介绍的是标准的字典。

注意：在实际开发过程中，字典中的键不一定是字符串，也可以是浮点型数值、元组，但是基本要求是它的键只能是不可变的元素，可变的元素如列表是不能作为键的，这一点一定要注意。

```
> dct = {"name":"Tom", 3:"20150516021"}    #键可以是整数，但没有什么意义
> dct
{'name': 'Tom', 3: '20150516021'}
> dct3 = {"name":"Tom", ["num",3]:"20150516021"}    #字典的键不能是列表，因为它是可变序列
Traceback (most recent call last):
  File "<pyshell#45>", line 1, in <module>
    dct3 = {"name":"Tom", ["num",3]:"20150516021"}
TypeError: unhashable type: 'list'
```

虽然从语法上来说，整数、小数、元组，只要是不可变的元素都是可以作为键，但在实际开发的时候，键是有实际意义的，代表具体的要存储的信息。

3. 类型转换——dict()函数

在介绍整型、浮点型、列表、元祖时，都有一系列的全局函数，如 int()、float()、list()、tuple()等将某一个特定的对象转换为目标类型。在字典中也有一个 dict()函数，它能够将参数中指定的信息转换为字典的数据结构。其语法如下：

```
dict(key=value)
```

注意：括号里参数的形式和一般函数参数传入的方式不同，是以关键字参数形式进行传参的。键值对是以参数的形式传入的，键等于什么值，即将函数参数指定的对象转化为对应的目标类型。这里要传入的是键值对的信息，键 key 和对应值 value 以等号作为分隔符形成一个键值对，一个键值对作为一个参数，多个参数即多个键值对之间仍然用逗号进行分隔。

```
#以函数形式定义字典时，键不加引号，但输出时是加了引号的
> book = dict(title="Python 入门", author="Tom", price=59.9)
> book
{'title': 'Python 入门', 'author': 'Tom', 'price': 59.9}
```

以上结果表明这种声明方式与用花括号方式声明的结果并没有什么区别。

但请注意：在用 dict()函数声明字典的方式中，以参数等于值（key=value）的形式呈现，参数在输入对不要加引号（字符串），不加引号声明的键默认会加上一个引号。即它以字符串的类型来转换输入的键。但这种声明方式的键不能是整型、浮点数型、元组及列表。

实际上，使用 dict()函数的形式来声明字典，还有更多更灵活的方式，比如将一个列表转换为一个字典。注意：列表的每个元素又是一个元组或一个列表。

dict([(key,value),(key,value)])：将由元组构成的列表转换为字典。

```
> y = dict([("name", "Tom"), ("age", 20)])  #列表里的每个元素是一个元组
> y
{'name': 'Tom', 'age': 20}
> x = dict([["name", "Tom"], ["age", 20]])  #列表里的每个元素又是一个列表
> x
{'name': 'Tom', 'age': 20}
```

在这种构造字典的方法中，列表的元素也可以是一个列表，甚至一些元素是列表，另一些元素是元组也是可以的，但这没有太大的实际意义，只是单纯地从语法角度来说是可行的。实际使用时我们尽量避免这种情况，因为一个知识点的学习和掌握是用来解决实际问题的，如果实际场景中并没有这种现象，我们就不要单纯地从语法角度去理解。

假设现在有一个列表包含了一些信息，现在希望把列表所存储的信息作为字典的键，如已有列表 keys = ['name', 'age', 'job']，希望把列表 keys 的信息转换成字典的 3 个键，能否进行这样的转换？我们知道字典总是以键值对的形式来存储的，现在没有值只有键可以吗？

4. 字典的方法 fromkeys()

通过字典里的一个方法 fromkeys()来声明，将列表中的每个元素作为字典里的一个键，没有值的地方设定为“None”，就是空对象。当然它的值是可以修改的，后面会介绍是如何修改的。

```
> keys = ['name', 'age', 'job']    #注意此处是一个列表
> emp = dict.fromkeys(keys)    #调用字典的方法 fromkeys()来声明一个字典
> emp
{'name': None, 'age': None, 'job': None}
```

利用 dict()函数进行转换时，有两种方式，一种是键值对以“key=value”的形式传入，另一种是传入的参数是一个序列，或者可迭代对象，它们是有规律的键值对。另外，使用 dict()自带的方法 fromkeys()也能进行转换（注意：不是函数，而是一个方法转换），此时是将一个序列的值作为字典的键来进行转换的，键所对应的值设定为“None”。

在实际开发过程中，声明字典的两种常用方法是使用花括号声明键值对、冒号隔开（{key:value}），以及使用函数进行转换，键值对中间以等号隔开（dict(key=value)）。

5. 元素去重

一个字典中不允许同一个键出现两次，即每个键都是独一无二的！因此，将一个列表或元组转换成字典的过程实际上达到了将相同的多余元素删除的目的。

2.7.2　字典元素的访问

字典是一个无序的结构，对字典的访问操作是通过键而不是下标索引来进行的。同样，对字典元素的修改、增加，或者删除字典元素也都是通过键而非下标索引来进行的。假设定义了字典 dt，对字典元素的访问操作如表 2-13 所示。

表 2-13　字典元素的访问操作

操作符或函数	描　　述
dt[k]	访问。返回字典元素的键 k 对应的值 v，如果键不存在，则产生异常“KeyError”
dt[k] = new_v	修改或增加。修改字典元素的键 k 对应的值 v 为 new_v，如果键不存在，则增加一个键值对
del dt[k]	删除键值对。删除键值对<k, v>，如果键不存在，则产生异常“KeyError”
del dt	删除字典。字典 dt 删除之后就不存在了，再次输出字典元素会产生异常“NameError”
len(dt)	求长度。返回字典中的元素个数，注意，是键值对个数。这是一个全局函数
k in dt	如果键 k 在字典中，则返回 True，否则，返回 False
k not in dt	如果键 k 不在字典中，则返回 True，否则，返回 False

2.7.3　字典常用方法

字典在 Python 内部已经采用面向对象方式实现了，灵活使用字典的方法可以提高编写代码的效率。字典的常用方法如表 2-14 所示。

表 2-14　字典的常用方法

方　　法	描　　述
dt.clear()	清空字典。清空字典后，该字典还存在，但里面的元素都没有了，因此，这个方法要谨慎使用
dt.get(k[,d])	当键 k 存在于字典中时，返回该键所对应的值 dt[k]；如果键不存在，则返回 d，如果省略 d，则返回“None”。与直接访问 dt[k]的区别是即使键不存在，也不抛出异常
dt.keys()	获取所有键。注意，返回的类型是一个视图，跟列表很像，但不是列表。可以将获得的视图转换成列表
dt.values()	获取所有值。得到字典的所有值构成的视图，可以将获得的视图转换成列表
dt.items()	获取所有键值对。得到字典所有的键值对（每一个键值对是以元组的形式呈现的）构成的视图，可以将获得的视图转换成列表
dt.copy()	复制字典。方法 copy()产生一个真实的副本，赋值得到的新字典和原字典不属于共享引用
dt1.update(dt2)	更新或合并字典。用字典 dt2 里的元素来更新字典 dt1 里的相同元素，不同的元素添加到字典 dt1 里，所以，该方法既可以实现更新，也可以实现合并，因此，也可称为合并更新
dt. pop(k[,d])	弹出键 k 所对应的值 dt[k]，同时删除该键值对<k,dt[k]>。如果键不存在，则返回 d, 如果省略 d，则会抛出异常“KeyError”
dt. popitem ()	弹出键值对。popitem()方法是不带参数的，一次弹出一个键值对，并且键值对是以元组的形式呈现的，多次调用该方法后字典变成了空{}

关于字典常用方法的几点说明：

1）get()方法的使用

```
> book = {'title':'Python 入门经典', 'author':'云创', 'price':59.90}
> y = book.get('title')    #通过 get()方法来进行访问
> y
'Python 入门经典'
> w = book.get('Title')    #通过 get()方法进行访问的好处是不抛出异常
> print(w)
None
> q = book.get('Title', '未找到！')   #使用 get()方法进行访问还可以给出提示文本信息
> q
'未找到！'
> book['Title']
Traceback (most recent call last):
  File "<pyshell#60>", line 1, in <module>
    book['Title']
KeyError: 'Title'
```

通过 get()方法访问字典元素的方式与中括号的访问方式的区别：即使访问的键不存在，它也不会抛出异常，而是返回一个“None”。如果返回“None”不能满足要求，还可以返回提示信息。如：

```
> book.get('Title', '未找到!')
```

这里，后一项“未找到！”为方法 get()未能成功获取时返回的一个默认值（字符串），这样可能更能满足实际开发时的需求。

2）获取所有键：字典名.keys()

当访问元素的时候，不管是用中括号还是 get()方法，它总是根据给定的一个键得到相对应的一个值，而在有些情况下，希望得到字典的所有的键，或者是所有的值，又或者是所有的键值对，此时可以通过方法 keys()来得到所有的键。其返回的类型是一个视图，跟列表很像，并可以将获得的视图转换成列表。

```
> book = {'title':'Python 入门经典', 'author':'云创', 'price':59.90}
> keys = book.keys()   #得到字典的所有键的信息，但返回的是一个视图，不是一个列表
> keys
dict_keys(['title', 'author', 'price'])
> type(keys)
<class 'dict_keys'>
```

类型“dict_keys”本质是一个视图，但是在实际开发的过程中，如果希望像列表一样对它进行操作，那就把它转换成列表。如果只是希望循环打印它的结果，则不用转换列表而直接用 fon-in 遍历循环就能达成目标。

```
> for key in book.keys():    #如果只是遍历就不需要转换成列表
```

```
    print(key)
title
author
price
```

3）获取所有键值对：字典名.items()

如果希望一次获取字典所有的键值对信息，利用方法 items()可以实现这个目的。注意，方法 items()得到的仍然是一个视图，但视图里的键值对是用元组呈现的。

```
> book = {'书名': 'Python 入门经典', '作者': '静好', '价格': 59.9, "出版社":"天使出版社"}
> items = book.items()    #方法 items()得到字典所有的键值对信息
> items
dict_items([('书名', 'Python 入门经典'), ('作者', '静好'), ('价格', 59.9), ('出版社', '天使出版社')])
```

方法 items()得到的每一个键值对数据放在一个元组里，元组的第一个元素是键，第二个元素是值。因此，可以通过 for-in 遍历循环打印输出每一个键值对信息（“.format()”格式中的花括号是占位符）。

```
> for (k,v) in book.items():   #遍历字典 book 得到所有的键值对
    print("{0}: {1}".format(k,v))
书名: Python 入门经典
作者: 静好
价格: 59.9
出版社: 天使出版社
```

4）复制字典：字典名.copy()

一般不要用赋值的方式来将一个字典赋值给另一个字典，因为这时它们指向的是同一个对象，对一个字典进行操作会影响另一个字典的元素。如果的确新建的字典的信息来自一个已经创建好了的字典，此时可以通过方法 copy()来完成。

5）更新字典：字典名 1.update(字典名 2)

方法 update()是用字典 2 中的元素来更新字典 1 中的相同元素，不同的元素添加到字典 1 里，所以，该方法实际上是合并更新（当两个字典里没有相同的元素时就相当于合并）。看下面的例子。

```
> book = {'title':'Python 入门经典', 'author':'云创', 'price':59.90}
> c1 = {'price':56}
> book.update(c1)    #更新合并，即把两个字典合并起来
> book
{'title': 'Python 入门经典', 'author': '云创', 'price': 56}
```

强调：字典中的信息都是按键值对的形式存储的，存储的值都是普通的字段或一个嵌套的字典。而在实际开发工作中，字典的值不仅仅局限于某一个常规类型的字典值，它也可以是一个行为方法——函数。函数是定义一个行为的，其实可以将一个函数作为值赋给一个字典。

比如有一个自定义函数 say_hello()。在声明一个字典的时候，希望把“say_hello()”这个行为作为字典中一个键的值，那么直接在值的地方输入“say_hello”，但请注意，此

时在“say_hello”后千万不要加小括号，因为加上小括号表示在此处执行函数 say_hello()，并且将执行函数返回的值放在这个地方这不是我们希望的。仔细理解下面的代码：

```
> def say_hello():
      print("hello, 大家好！")
> say_hello()
hello, 大家好！
> person = {'name':'Tom','hello':say_hello}
> person
{'name': 'Tom', 'hello': <function say_hello at 0x0000000003577EA0>}
> person['name']    #访问键对应的值
'Tom'
> person['hello']()    #注意：后面加了括号！相当于调用函数 say_hello()，因此，得到“hello, 大家好！”的结果！
hello, 大家好！
> person['hello']    #注意：后面没有加括号！只是说明键“hello”对应的值“say_hello”是一个函数而已，但并不执行此函数！
<function say_hello at 0x0000000003577EA0>
> person.get('hello')()    #加上括号，得到调用函数的结果
hello, 大家好！
```

注意：在访问字典的元素时，如果想执行“say_hello”这个行为方法，正确的表示方式是 person['hello']()，由于 person['hello']获得键'hello'的值，而键'hello'所对应的值是一个函数的函数名 say_hello，因此，这里的 person['hello']就相当于“say_hello”这个函数的名称，要想调用该函数，就必须加上括号。

这一点非常灵活，今后在实际项目开发中可用它实现很多有效或有趣的功能。

Python 的数据结构是比较有特色的，活用字典、列表两种数据结构会有出人意料的效果。

字典可以理解成封装好的哈希表，可以非常方便地处理树形结构。

2.8 字符串

本节介绍一个使用频率非常高的数据类型——字符串，它属于不可变序列。

字符串通常用来描述一段文本信息，它只是纯粹的文本，可以包含字符、数字等 ASCII 编码字符，也可以包含汉字、韩文、日文等 Unicode 编码字符。

2.8.1 字符串的声明

字符串有 3 种声明方式：单引号、双引号、三引号（三引号用于声明多行文本）。

1）单引号声明方式

```
> s = ''
> s
''
> type(s)
<class 'str'>
```

注意：这里输入的是一对单引号，但是里边没有包含任何内容，它的结果就是一个空的字符串。

2）双引号声明方式

```
> name = "Tom"
> name
'Tom'
```

当我们直接在交互式提示符下面写“name”时，它以内部呈现的方式显示为单引号，当然这个不影响它最终的结果特性。

如果字符串里面包含单引号，定界符就用双引号，反之亦然。例如：

```
> word = "what's your name?"
> word
"what's your name?"
> s = '注意字典里"键和值"的关系！'
> s
'注意字典里"键和值"的关系！'
```

3）三引号声明方式

在 Python 中还有一种声明字符串的方法，就是三引号，即左侧三个引号，右侧三个引号，它可以声明一个多行的字符串。假定声明的文本信息不只一行，而是有多行，那么可以直接使用三引号来进行声明（这个三引号不管是单引号还是双引号都可以，只要左右两侧保持一致就行）。

```
> s = '''
人生苦短
我用 Python!
'''
> s
'\n 人生苦短\n 我用 Python!\n'
> print(s)
人生苦短
我用 Python!
```

用三引号声明的字符串从表面上来看是为了保存多行信息，但事实上在某些特定的场景有特定的用途，在方法或类定义时它可以作为方法或类成员的一个文档声明信息，出现在帮助文档或帮助信息里。

2.8.2 转义字符

如果一个字符串用双引号或单引号作为定界符，而在引号中又想出现一个特定的单引号或双引号，这时可用称为转义字符的方式来实现。

当在交互式提示符下声明某些特定的变量时，有些字符输入可能会有些麻烦，例如，使用单引号来声明一个变量 s，由于单引号声明的时候它不能声明多行字符串，例如：

```
> s = '育网教学平台 219.153.130.77:8094'
> s
'育网教学平台 219.153.130.77:8094'
```

实际上我们希望网址在下一行输出，但用单引号或双引号声明方式又没办法输入换行符，因此，最后的结果就显示在一行上了，未能达成目标。

如果不用三引号，就使用单引号或双引号，那中间的字符能否换行显示呢？其实也是可以的。通过前面的例子可知，当使用三引号来声明多行字符串的时候，它的换行是通过一个特定的符号“\n”来实现的，所以，“\n”并不是真正在屏幕上出现一个“\n”，它表示一个换行，因此，可以进行如下声明来达到目的。

```
> s = '育网教学平台\n219.153.130.77:8094'   #这里的“\n”就是一个转义字符！
> s   #直接显示不会显示换行，但通过 print()函数输出就换行了！
'育网教学平台\n219.153.130.77:8094'
> print(s)
育网教学平台
219.153.130.77:8094
```

这里的“\n”是一个特定的或特殊的转义字符，这样的转义字符其实有很多。因为在电脑编码中，有些字符是不打印的，有些是不显示的，还有些有特殊的结构，这些情况都可以使用特定的以“\”开头的某一个转义字符来表示。

通常以反斜线“\”开头的特殊字符表示的是一个转义字符，但这样有时会给字符串的声明带来一定的麻烦，例如，假定现在想表示一个路径：path ＝“c:\abc\xyz\tag.txt”，命令输入后会报错。

```
> path = 'c:\abc\xyz\ex.txt'
SyntaxError: (unicode error) 'unicodeescape' codec can't decode bytes in position 6-7: truncated \xXX escape
```

原因在于，当我们在普通的字符串中写上“\”时，它总是和后面的字符形成一个转义字符，即它把“\a”当作一个整体，但它报错的位置并不是“\a”，因为“\a”本身是一个正确的转义字符，系统把“\x”也当作一个转义字符来解释，而转义字符中没有“\x”，因此，系统报错。后面的“\t”是正确的，可当作 “Tab”键来识别。

因此，如果在声明字符串时，字符串中本身就有从左到右的一个反斜线“\”，而且并不想表示转义字符，此时有两种解决办法。

方法一：把反斜线“\”本身使用转义字符来进行声明，即“\\”，前一个“\”表示转义，后一个“\”是真正想出现的字符，这样，最终会出现一个字符“\”。

```
> path = 'c:\\abc\\xyz\\ex.txt'
> print(path)
```

```
c:\abc\xyz\ex.txt
```

如果在声明字符串时，输入一个转义字符，很容易出错，那么可以采用下面的方法。

方法二："r"后跟原始字符串，忽略转义字符。

在字符串前面加一个字符"r"(raw，原始的意思)，"r"表示声明，意思是说对于后面出现的"\"，不要当作转义字符来解释，而是真实地出现反斜杠"\"。

```
> path = r'c:\abc\xyz\ex.txt'    #r 表示声明，告诉系统之后的'\'并不当作转义字符来解释
> print(path)
c:\abc\xyz\ex.txt
```

这样在声明字符串时，如果不想出现以反斜杠开头的转义字符，那么就在前面加上"r"来忽略转义字符，只形成一个原始的字符串。

转义字符是为了呈现在电脑中无法呈现的，或者在键盘上无法输入的内容的特殊符号。常用转义字符如表 2-15 所示。

表 2-15　常用转义字符

转 义 字 符	说　明	转 义 字 符	说　明
\\	一个\符号	\n	换行符
\'	一个单引号	\v	纵向制表符
\"	一个双引号	\t	横向制表符
\000	一个空格	\r	回车

2.8.3　字符串序列通用操作

字符串也是一个序列类型，属于序列中的不可变序列。所以，它不支持类似于列表中的可变操作，但它支持序列的通用操作。

1. str 字符串支持序列的通用操作

序列的通用操作如判断元素是否在序列之内、连接序列、重复序列元素、下标获取元素、访问指定索引范围、按步长访问指定索引范围、获取序列长度、获取最小值、获取最大值等都可以用在字符串上。但它不支持可变序列及列表的通用操作，因为它有不可变的特性，即字符串不支持原位改变，也不支持扩展操作。如：

```
> s = "python"
> s[0] = "P"
Traceback (most recent call last):
  File "<pyshell#135>", line 1, in <module>
    s[0] = "P"
TypeError: 'str' object does not support item assignment
```

1）返回 Unicode 编码 d 对应的单个字符

chr(d)：返回 Unicode 编码 d 对应的单个字符

```
> for i in range(26):
    #通过设置 print()函数的参数"end='  '"，使得输出元素之后不换行，而是用空格进行分隔
    print(chr(i + 97), end='  ')
```

```
abcdefghijklmnopqrstuvwxyz
```

【例】 输出 Unicode 编码从 9801 开始的 10 个字符[5]。

```
> for i in range(10):
    print(chr(i + 9801), end=' ')
♉ ♊ ♋ ♌ ♍ ♎ ♏ ♐ ♑ ♒
```

2）获取字符的 Unicode 编码

ord(x)：获取字符 x 的 Unicode 编码。

```
> for s in "abcdefghijk":
    print(ord(s),end=' ')
97 98 99 100 101 102 103 104 105 106 107
> for i in range(10):
    print(chr(i + 10004), end=' ')
✔ ✕ ✖ ✗ ✘ ✙ ✚ ✛ ✜ ✝
> ls = ['✔','✕','✖','✗','✘','✙','✚','✛','✜','✝']
> for l in ls:
    print(ord(l),end=' ')
10004 10005 10006 10007 10008 10009 10010 10011 10012 10013
```

字符串不支持可变序列的如删除、修改等操作，但作为字符串本身我们会经常碰到需要反复修改它里面的字符的情况。由于字符串的使用频率非常高，所以 Python 语言在设计的时候也考虑到了这一点。它可以实现我们想要的目标操作，但是它实现的机制和方法不太一样。在 Python 标准库里内置了很多方法，可以用在字符串上实现一些多元化的操作。

2.8.4 字符串常用内置方法

假设已经定义了一个字符串 s，字符串常用内置方法如表 2-16 所示。

表 2-16 字符串常用内置方法

函数或方法	描　述
str()	字符串转换函数。全局函数
s.replace(oldch,newch[,n])	字符串的替换。用新字符 newch 替换 s 串中 n 个旧字符 oldch，如果省略参数 n，则替换掉所有的旧字符。但请注意：串 s 并未改变，原因是字符串本身是不可变序列，它是不能改变的！但可以把替换后的字符串重新赋值给串 s，从而得到改变后的值
s.capitalize()	将 s 中首字母转换为大写字母
s.upper()	将 s 中所有字母都转换为大写字母
s.lower()	将 s 中所有字母都转换为小写字母
s.isalpha()	如果 s 中所有字符都是字母字符，则返回 True，否则，返回 False
s.isnumeric()	如果 s 中所有字符都是数字，则返回 True，否则，返回 False
s.split(ch)	返回一个列表，按照指定的分隔符“ch”将 s 拆分成多个子串，形成一个列表返回
ch.join(iterable)	返回一个新的字符串。将由字符串作为元素构成的可迭代序列的每个元素通过连接符“ch”进行连接形成一个新的字符串。split()和 join()是一对互逆的操作

当然字符串内置的方法还有很多，这里只是列举了一部分。更多方法请使用 help 命令进行查阅。

关于字符串使用时的几点说明：

1）字符串拼接

假设有如下的字符串 s，发现其倒数第 2 个字符写错了，现在要把它修改正确，可以通过字符串拼接的方法来实现。

```
> s = 'www.baidu.cmm'
> s[-2] = [o]
Traceback (most recent call last):
  File "<pyshell#118>", line 1, in <module>
    s[-2] = [o]
NameError: name 'o' is not defined
> s = s[:-2] + 'o' + s[-1]     #对字符串切片拼接来达成目标
> s
'www.baidu.com'
```

尽管不能用原位赋值的方式来进行修改，但是可以按照索引把某一段字符取出来，然后再和其他的字符拼接在一起来达成目标，从而实现替换的功能。

2）字符串的替换方法.replace()

以上通过对字符串切片拼接的方法虽然达成了目标，但这是一种变通的方法，如果要替换的内容比较多，则这种方法的灵活性比较低。这时可以使用字符串自带的“replace()”方法，这个方法是依附于字符串对象的。

它具备两个最基本的参数，第一个是要被替换的旧字符，第二个是替换后的新字符，当然它可以是字符串。看下面的示例。

```
> s1 = 'a' * 5
> s2 = s1.replace('a','b')
> s2
'bbbbb'
> s1
'aaaaa'
```

注意：虽然由 s1='aaaaa'得到了'bbbbb'，但字符串 s1 并未改变，原因是字符串本身是不可变序列，它是不能改变的！但可以变通地得到改变后的值，即把改变后的值重新赋值给字符串变量 s1，让 s1 重新指向一个新的对象。

```
> s1 = s1.replace('a','b')
> s1
'bbbbb'
```

3）拆分、连接方法

还有两个非常常见的操作，就是将字符串按照特定的字符拆分成一个列表，或将一个列表或可迭代的集合用指定的字符连接成一个字符串。第 3 章遍历目录树要频繁地用到这两个方法。

s.split()：用于拆分字符串。

s.join()：用于将序列中的元素连接成一个字符串，但序列中的元素必须要求是字符串类型的。

```
> tp1 = ('1','2','3')    #元组的元素是字符串，可以进行拼接
> stp = ':'.join(tp1)
> stp
'1:2:3'
> tp2 = (1,2,3)    #元组的元素是整数，不能进行拼接
> ':'.join(tp2)
Traceback (most recent call last):
  File "<pyshell#103>", line 1, in <module>
    ':'.join(tp2)
TypeError: sequence item 0: expected str instance, int found
```

join()方法的本意是把一个由字符型数据构成的列表中的元素通过指定的连接符形成一个新的字符串，因此，如果列表中的元素不是字符串类型数据，则不能用此方法进行连接。

split()和 join()是非常方便并且在实际开发中使用频率非常高的两个方法。

4）格式化字符串方法

关于字符串有一个非常常用的方法——“format()”，用于格式化字符串。

s.format()：用来格式化字符串。

先看它的基本操作。

```
> name = 'Tom'
> age = 20
> job = 'Doctor'
> print("姓名：" + name + "，年龄：" + str(age) + "，职业：" + job)
姓名：Tom，年龄：20，职业：Doctor
```

但这样使用很容易出错，并且这样进行“+”连接的效率也不高，而使用 format()可以更高效。

```
>print("姓名：{0}，年龄：{1}，职业：{2}".format(name,age,job))
姓名：Tom，年龄：20，职业：Doctor
>print("姓名：{}，年龄：{}，职业：{}".format(name,age,job))  #不提倡这样的方式
姓名：Tom，年龄：20，职业：Doctor
#当多次出现某个输出项时，可以用如下的方式来达成目标
>print("姓名：{0}，年龄：{1}，{0}的职业是：{2}".format(name,age,job))
```

很显然，将“name”传递给第一个位置、“age”传递给第二个位置、“job”传递给第三个位置，等等。

当然，如果 format()中的参数顺序及占位符都是有规律的，就可以把索引“0、1、2”省略掉，如上面的第二个 print 语句，但不提倡这样，因为如果在同一个位置出现多个结果或在不同的位置出现同一个结果就比较麻烦。但如果带有参数就好办了，如上面

的第三个 print 语句，有两个地方都出现了“姓名”，因此，在两个不同的地方都用占位符{0}来表示。这里的占位符{}也称为槽，理解为在需要输出内容的地方事先挖个槽进行占位，所以，有时又把字符串的格式化输出叫作输出的槽机制。槽的内部格式为：

{<参数序号>:<格式控制标记>}

无论是否省略“<参数序号>”，只要有“<格式控制标记>”，就不能省略“：”。“<格式控制标记>”用来控制参数显示时的格式，包括<填充><对齐><宽度><，><精度><类型>6 个字段，这些字段是可选的，可以组合使用。

<填充>：用于填充的单个字符。

<对齐>：有 3 种对齐方式，“<”——左对齐；“>”——右对齐；“^”——居中对齐。

<宽度>：设定的输出宽度。

<，>：数字的千分位分隔符。

<精度>：浮点数小数部分的精度或字符串的最大输出长度。

<类型>：整型（用 b、c、d、o、x、X 表示），浮点型（用 e、E、f%表示）。

说明：只有当输出格式设计得有宽度时才需要考虑对齐和填充的问题！

此外，如果想再输出一个“部门”信息，而事先并没有定义存储“部门”信息的变量，这时可以在 format()参数表中再指定一个变量名称“department”。若之前没有定义这个变量，那么可以在后面括号里的参数中加上“department = 'tech'”，也能得到想要的结果，即在花括号里可以写上下标索引，也可以写上一个变量。如果花括号里写的是变量，则必须要保证在后面传值的时候给这个变量赋值。

另外，还可以在格式化字符串及前面的占位符中通过添加一些参数或特殊指定的方式给它加上一些高级的语法。这样使用的好处是不需要像拼接一样转换它的类型

```
> name = 'Tom'
> age = 20
> job = 'Doctor'
> print("姓名:{0},年龄:{1},职业:{2},部门:{dep}".format(name,age,job,dep='surgery'))
姓名:Tom,年龄:20,职业:Doctor,部门:surgery
```

注意：必须在之后给变量“dep”赋值！

```
> "{0} = {1}".format("你若安好", "便是晴天")
'你若安好 = 便是晴天'
> "{0:10} = {1:10}".format("你若安好", "便是晴天")
'你若安好       = 便是晴天      '
> "{0:>10} = {1:10}".format("你若安好", "便是晴天")
'      你若安好 = 便是晴天      '
> "{0:5} = {1:1}".format("3 + 2", 3 + 2)
'3 + 2 = 5'
> "{0:5} = {1:5}".format("3 + 2", 3 + 2)
'3 + 2 =     5'
> "{0:5} = {1:<5}".format("3 + 2", 3 + 2)
```

```
'3+2=5     '
```

其中，{0:10}冒号前面的 0 表示 format()方法中下标索引为 0 的参数，冒号后面的 10 表示该参数输出时所占的位数，如果前面{}的顺序与 format()方法中参数的顺序保持一致，那还可以省略掉花括号里冒号前的 0 和 1（但不推荐）。还可通过“>”或“<”来指定右对齐或左对齐，“^”是居中对齐。但请注意：“>”或“<”都要放在冒号的后面。

说明：字符串默认左对齐，数字默认右对齐。

我们经常会碰到将一些数值，特别是浮点型数值进行格式化处理的问题，可以通过格式化字符串的高级语法来指定。

```
> "{},{},{}".format(3.14159,3.14159,3.14159)
'3.14159,3.14159,3.14159'
> "{:f},{:.2f},{}".format(3.14159,3.14159,3.14159)    #“{:.2f}”表示小数点后 2 位
'3.141590,3.14,3.14159'
#“{:06.2f}”表示显示的总宽度为 6 位，小数点后 2 位，不足 6 位前面补 0 占位
> "{:f},{:.2f},{:06.2f}".format(3.14159,3.14159,3.14159)
'3.141590,3.14,003.14'
```

注意：

（1）这样并没有影响原来的值，只是在呈现的时候进行了处理。

（2）{:f}和{}都是普通的输出方式，即值是多少直接就输出多少。

（3）{:f}输出时在后面加了一个“0”，以保持固定的位数；而{}完全是原样输出。

还可以指定输出数据的宽度，以及按不同进制数据形式来显示，如下：

```
> "{},{},{}".format(130,230,330)
'130,230,330'
> "{:x},{:o},{:b}".format(130,230,330)
'82,346,101001010'
```

这里的“{:x},{:o},{:b}”分别表示十六进制数、八进制数、二进制数。还要注意：“{:o}”是小写的字母“o”而不是数字“0”。

以上介绍了字符串的一些常用方法，这些方法可以通过官方文档进行查询[6]或通过 help(str)命令进行查询。

以上只介绍了部分字符串方法，当需要更多操作时，我们先不要考虑一些特殊的实现方式，而应该考虑我们正在操作的字符串是不是自带了一些类似的或可以实现当前功能的方法。可以通过查询一些相关的资料和文档来解决问题。

习题

1．数字类型的转换函数分别有哪些？请上机进行测试。

2．当我们要处理高精度浮点型数字时，如何避免精度引起的误差？

3．decimal 模块的类 Decimal 在使用时要注意什么？

4．导入模块的两种方式有何不同？

5．列表是可变序列吗？为什么？列表支持哪些操作？至少举出 8 种常用操作。

6．不可变序列有什么特点？有哪些不可变序列？

7．元组支持哪些操作？假如元组 tp = (1,2,(4,5),[7,8,9],10)，能将里面的 7 或 8，或者 9 的值进行修改吗？

8．请写出 range 函数的语法格式，并说明通常它用在什么地方。

9．字符串的常用操作有哪些？请至少列出 10 种。

10．如何访问字典的元素？

11．请列出字典的常用操作，至少 8 种。

12．写一个自定义函数，判断用户传入的对象（字符串、列表、元组）长度是否大于 5。

13．猜数字游戏。查阅 random 库的使用方法，利用 random.randint 从键盘上任意输入一个数字，然后由用户来猜这个数字，猜正确获得相应的分数然后退出，最多只能猜 3 次（允许给出“大了、小了”的提示，提高猜中的概率）。如果第 1 次猜正确了，得 10 分，如果第 2 次猜正确得 6 分，第三次猜正确得 3 分。最后输出得分。要求利用 format() 格式化输出方式进行输出。

14．利用字符串的 ord 和 chr 两个函数设计一个加密解密程序。要求：①输入明文，得到密文；②输入密文，得到明文；③针对汉字看这样的加密解密程序能否完成。

参考文献

[1] https://ke.qq.com/webcourse/index.html#course_id=112539&term_id=100158403&taid=674159541729179&vid=t14114doo81.

[2] https://ke.qq.com/webcourse/index.html#course_id=112539&term_id=100158403&taid=682758066255771&vid=t14110yu8cq.

[3] https://ke.qq.com/webcourse/index.html#course_id=112539&term_id=100158403&taid=682758066255771&vid=t14110yu8cq.

[4] Magnus L H. Python 基础教程[M]. 2 版. 司维，曾军崴，谭颖华，译. 北京：人民邮电出版社，2017.

[5] 嵩天，礼欣，黄天羽. Python 语言程序设计基础[M]. 2 版. 北京：高等教育出版社，2017.

[6] https://docs.Python.org/3/.

第3章 文　件

文件是存储于外部存储器的信息集合，可以包含任何数据内容。在计算机中有一类重要的文件——程序文件，如第 2 章讲到的以 .py 保存的就是一个 Python 程序文件。本章主要讨论如何使用 Python 程序进行数据文件的读写操作。实际上，物理读写文件是由操作系统完成的，程序是不能直接读写外存储器的。因此，读写文件时，首先要请求操作系统打开一个文件对象，用于标识正在处理的文件。打开文件对象后，通过它可完成读取数据、写入数据或移动读写位置等操作。文件是一种组织和表达数据的有效方法，包括两种类型：文本文件和二进制文件。本章主要讨论如何使用 Python 程序对文本文件进行操作[1]。

3.1 读写文件

3.1.1 文件对象声明与基本操作

与其他语言处理文件类似，Python 文件操作的基本流程是：打开文件→对文件进行读、写或其他操作→关闭文件。

1. 文件的打开

使用内置函数 open 来打开文件，语法格式如下：

```
open("路径", "模式", encoding = "编码")
```

它可以接受 3 个参数，第一个是路径（必不可少），第二个是操作的模式（可以指定它是读或写，或者其他的操作），第三个是编码，它可以指定当前文件读取或写入的字符串编码是什么。后面两个参数是可以省略的。

1）路径的写法

【例 3-1】 假设在 C 盘的 path 路径下有一个文本文件“data.txt”，则有两种表达该路径的方法。

方法一：'c:\\path\\data.txt'，利用转义字符指定路径。由于“\”需要转义，所以这里要用两个“\\”。

方法二：r'c:\path\data.txt'，利用“r”将路径声明为原始字符串。

以上两种方式指定的都是绝对路径，即绝对地址，而在某些情况下可以直接写一个文件名（'data.txt'），即前面不指定完整的路径，以相对路径的方式来表达。

在采用相对路径表示时，系统会在当前的系统环境变量下去找有没有同名的文件。不过建议大家尽量采用绝对路径的表达方式，因为绝对路径写得更清晰。

有时我们在写代码时，希望省略前面的磁盘目录名称，直接写一个文件名，这时可以通过加载 os 模块来改变当前目录[2]。Python 标准库中的 os 模块包含普遍的操作系统功能。如果希望程序与平台无关的话，这个模块是尤为重要的。os 模块提供了非常丰富的方法来处理文件和目录。看下面的代码：

```
> f = open('data.txt')
Traceback (most recent call last):
  File "<pyshell#61>", line 1, in <module>
    f = open('data.txt')
FileNotFoundError: [Errno 2] No such file or directory: 'data.txt'
```

以上异常信息显示在当前目录下没有找到要打开的文件，那么当前的目录是什么？可以通过导入模块 os 来解决这个问题。使用 os 模块中的方法“getcwd()”可以获得当前的操作目录。

```
> import os
> os.getcwd()
'D:\\Anaconda3\\Scripts'
```

浏览此目录发现的确没有“data.txt”文件。

通过 os 模块中的方法“chdir()”可以进行目录切换操作，这样在打开或写文件时就可以省略文件所在的目录路径，只写一个文件名称即可。

```
> import os      #加载 os 模块
> os.getcwd()  #获得当前操作的目录
'D:\\Anaconda3\\Scripts'
> os.chdir(r'D:\python\PythonEXample') #将当前目录改为“D:\python\PythonEXample”
> f = open(r'data.txt', 'r', encoding='utf-8')   #此时采用相对路径表示，正确！
> f.read()
'文件操作练习\n\n 注意保存文件时编码的选择\n\n 细节方面尤其要注意！'
```

os 模块提供了很多对文件目录进行操作的方法，如判断指定目录下的指定文件是否存在、获取指定目录下的所有文件或子文件夹里的所有文件、删除指定目录下的文件、创建新目录，还可以创建多级目录等。os 模块的常用方法如表 3-1 所示。

可以在导入 os 模块后，通过 help(os)命令查阅更多的方法及它们的语法格式。

表 3-1　os 模块的常用方法

方法名称	作　用
os.getcwd()	得到当前工作目录，即当前 Python 脚本工作的目录路径
os.listdir(path)	返回指定目录下的所有文件和目录名，返回的是列表类型
os.remove(path)	用来删除指定目录下的文件
os.chdir(dirname)	将工作目录改为 dirname
os.path.abspath(name)	获得文件所在的绝对路径
os.path.dirname(path)	返回文件所在路径
os.mkdir(path)	创建目录
os.makedirs(path)	创建多层目录
os.path.exists(path)	判断一个目录是否存在

注意：当父目录不存在时，os.mkdir(path)不会创建目录，但是 os.makedirs(path)会创建父目录。

【例 3-2】 在 D 盘创建目录“D:\456\123”。说明，D 盘事先不存在文件夹“456”。

```
> import os
> os.mkdir(r'D:\456\123')
Traceback (most recent call last):
  File "<pyshell#13>", line 1, in <module>
    os.mkdir(r'D:\456\123')
FileNotFoundError: [WinError 3] 系统找不到指定的路径。: 'D:\\456\\123'
```

在 D 盘没有文件夹“456”的情况下，利用方法 makedirs 可以在“456”文件夹下创建下级子文件夹“123”。

```
> os.makedirs(r'D:\456\123')
> os.chdir(r'D:\456\123')
> os.getcwd()
'D:\\456\\123'
```

说明 os.makedirs()创建文件夹成功。

【例 3-3】 将当前目录改为“D:\456\123”，然后再返回上一级目录。

```
> os.chdir(r"D:\456\123")
> os.getcwd()
'D:\\456\\123'
> os.chdir(r'..')  #返回上一级目录
> os.getcwd()
'D:\\456'
```

2）模式

模式用来指定打开文件时的操作方式。在 Python3 中，文本文件被当作“Unicode”字符串对待，二进制文件中的内容则以字节的形式来操作。

利用全局函数 open 声明文件对象时，在"模式"这个位置指定一个字符串来表示文件的打开模式。文件打开的主要模式如表 3-2 所示。

表 3-2 文件打开的主要模式

模 式	作 用
'r'	只读模式。若指定文件不存在，将抛出 FileNotFoundError 异常
'w'	覆盖写模式。若指定文件不存在，则自动创建；若存在，则清除原来的内容重写
'x'	创建写模式。与'w'方式不同的是，如果指定文件不存在，则新建；如果存在，则抛出 FileExistsError 异常。不会误清除原来文件的内容，可以更安全地操作文件
'a'	追加写模式。如果指定文件不存在，则新建；如果文件已经存在，打开后，在文件末尾写入数据
'+'	结合其他模式使用（如'r+'、'w+'和'a+'等），以读写方式打开文件。文件打开后，可以读写文件
'b'	结合'r'、'w'和'a'等模式使用（如'rb'、'wb'和'ab'等），以二进制模式打开文件，可以读写字节类型的数据。不使用'b'，则以文本模式打开文件

使用 open 函数打开文件时，如果"模式"处是'r'，则表示以读的方式来操作当前的文件。如果要写文件的话，把'r'换成'w'。如果想同时对这个文件进行读、写操作，可以用'rw'。如果想在原有文件的基础上追加一些内容，则可以用'a'。

二进制文件是以字节形式来操作的。其在模式指定上有些差别，需要在字母 r、w、a 后面加上“b”，把它声明为二进制字节的方式。

本章只讨论对文本文件进行读、写等操作。

通过任意记事本在 D 盘的“D:\python\PythonEXample”目录下创建一个文本文件“data.txt”，在保存文件时请注意编码的选择，如图 3-1 所示。

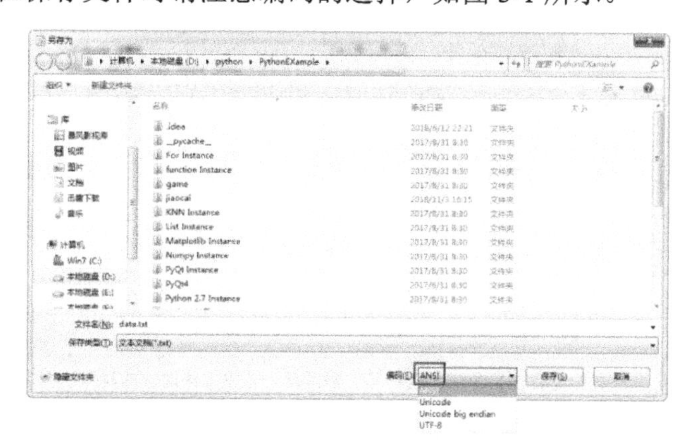

图 3-1　保存文件时编码的选择

在 Windows 下的编码是“ANSI”，它的字符是以“gbk”的形式保存的。如果想让文本文件的兼容性更高，可以选择“UTF-8”。目前默认是“ANSI”。

接下来就可以用 Python 来对这个文本文件进行操作了。

2. 声明文件

前面声明其他变量时比较简单，比如声明一个 int 型变量“i”，或者声明字符串变量“s”：

```
> i = 5
> s = "student"
```

文件对象的声明比较特殊。假设我们要声明一个文件对象“f”，可以使用一个全局函数 open 来指定它的路径、模式、编码。

```
> f = open(r'D:\python\PythonEXample\data.txt', 'r', encoding='utf-8')
```

其中，第三个参数可以省略，例如：

```
> f = open(r'D:\python\PythonEXample\data.txt', 'r')  # 使用全局函数 open 来进行声明
```

在 open 函数调用完毕之后，f 指向本地的某个文件，f 相当于将一个对象引用到文件（参考 1.4.1 节）。可以通过 type()来检查 f 的类型。

```
> f = open(r'D:\python\PythonEXample\data.txt', 'r')
> type(f)
```

```
<class '_io.TextIOWrapper'>
```

测试发现 f 的类型是“_io.TextIOWrapper”，并不是我们认为的“file”。这点请注意！

3. 文件读操作

当使用 open 函数打开一个文件后，会返回一个文件对象，可以使用文件对象的方法完成对文件的读、写等操作。文件对象的常用方法如表 3-3 所示。

表 3-3 文件对象的常用方法

方法名称	作 用
read([size])	一次性读取所有或指定（大小为 size）的字符（或字节）信息，若读取文件中所有的内容，则文件指针定位到文件尾
readlines([size])	将 size 行内容读取到列表；省略 size，则将文件中所有行的内容一次性读取到列表，并且文件指针定位到了文件尾
readline([size])	一次性读取文件一行的前 size 个字符或字节；省略 size，则一次性读取文件一行的所有内容
write(s)	向文件写入一个字符串或字节流
writelines(lines)	将 lines 写入文件。lines 为列表，且其中每个元素均为字符串
seek(offset)	将当前文件操作指针的位置变到 offset，注意：位置的指定与编码密切相关
close()	关闭文件，同时将缓存输出到磁盘，完成写入文件的操作，真实地写入到具体的文件中
flush()	在不关闭文件的情况下将缓存输出到磁盘，完成文件内容的写入

说明：对文件操作的时候究竟是字符还是字节，取决于当前操作文件的类型或读取方式，若有“b”就是二进制形式，读取的是字节；若没有“b”就是文本形式，读取的是字符。本章主要讨论文本文件的读、写操作。

【例 3-4】 读取文件的所有内容。

```
> f = open(r'D:\python\PythonEXample\data.txt', 'r', encoding='utf-8')
> f.read()
'\ufeff 文件操作练习\n\n 注意保存文件时编码的选择\n\n 细节方面尤其要注意！'
```

此时，输出的内容前多了“\ufeff”，但通过 print()输出时不会出现，所以不用理会。当然，如果的确希望得到如下的结果：

```
'文件操作练习\n\n 注意保存文件时编码的选择\n\n 细节方面尤其要注意！'
```

那就需要修改 open 函数中的编码参数，如下：

```
> f = open(r'D:\python\PythonEXample\data.txt', 'r', encoding='utf-8-sig')
```

观察输出的文件内容，发现在换行的位置并没有显示为换行，而是通过一个转义字符“\n”来显示。换行显示为“\n”，这是控制台交互式方式下提示符的表现形式。如果希望在控制台屏幕上显示为换行结果，则可以使用 print()来输出 f.read()的结果。但在上次使用完 f.read()后，若再次使用即第二次调用 f.read()时请注意，此时得不到想要的结果，得到的是空白。原因在于，它的内部机制是文件读取的时候有一个指针从开始移到结尾，read()结束之后，文件指针已经移到文件尾了。当再次执行 read()时，已经没有内容可读取了。针对这种情况，有两种解决方法。

方法一：重新创建当前文件的实例（重新进行声明），然后进行读取，但这样比较麻烦。

方法二：把文件指针重新移到文件的开头，即调用 f.seek(0)（它表示将指针移到文件的开头，也就是第一个字符位置），然后重新调用 f.read()来完成。

通过调用 f.seek(0)将文件指针重新移到文件最开始的位置，再次对文件进行操作，这对于规模较小的文件是可以的。但若文件规模较大，这样的读取方式就不可行了，因为它会占用内存，读取的效率不高，而且当希望对读取的文件内容进行进一步的处理时比较麻烦。因此，可以考虑使用别的方法。

下面来看如何把一个规模较大的文件先读入一个列表中，然后再针对每一行进行处理。

【例 3-5】　将文件所有行读取到列表。

```
> f = open(r'D:\python\PythonEXample\data.txt', 'r')
> l = f.readlines()   #读取文件所有行到列表，每一行的内容作为列表的一个元素
> for line in l:
>     print(line)
> f.close()
```

如果只是希望将文件每一行的内容输出，则可以通过一个更简单的方法来解决。因为 Python 将文件本身作为一个行序列，所以，通过 for-in 遍历循环可以直接输出文件每一行的内容。

对文件也可以不调用任何方法来完成这些操作，原因在于，声明一个文件对象后，得到的文件指针是一个可迭代的对象，可用 for-in 遍历循环对其进行遍历操作。

```
> f = open(r'D:\python\PythonEXample\data.txt', 'r')   #使用全局函数 open 来进行声明
> for line in f:
    print(line, end=' ')
> f.close()
```

3.1.2　编码问题

在前面的例子中，利用 open 函数来声明文件对象时，省略了第三个参数，即省略了编码的指定。接下来介绍指定编码后会出现什么问题，以及该如何处理。

首先，打开文件“D:\python\PythonEXample\data.txt”，另存为“D:\python\PythonEXample\data1.txt”，但在保存时选择编码方式为“UTF-8”。

对“D:\python\PythonEXample\data1.txt”文件进行操作：

```
> f = open(r'D:\python\PythonEXample\data1.txt', 'r')
Traceback (most recent call last):
  File "<pyshell#59>", line 1, in <module> f.read()
UnicodeDecodeError: 'gbk' codec can't decode byte 0xa0 in position 20: illegal multibyte sequence
```

结果显示在解码的时候遇到一些问题，原因是之前我们保存的“data.txt”的编码方式是“gbk”，而“data1.txt”的编码方式是“UTF-8”，两者的编码方式不兼容。

这时可以通过在使用 open 函数时明确指明它的第三个参数来解决这个问题。

```
> f = open(r'D:\python\PythonEXample\data1.txt', 'r', encoding='UTF-8')
> f.encoding    #查看文件编码
'UTF-8'
```

因此，今后凡是出现 UnicodeDecodeError 的错误（编码错误），首先想到的就是在打开文件时指定的编码方式和保存文件时指定的编码方式不兼容。此时只需要通过 open 函数中的第三个参数指定正确的编码方式就可以了。

注意：文件打开时如果省略第三个参数，则默认以“gbk”的编码方式打开，因此，如果保存文件时不是以“gbk”的方式保存的，请在打开文件时一定记得带上参数“encoding”来指定编码方式。如果文件是以“Unicode”方式保存的，则打开文件时指定的编码参数为“encoding= "UTF-16"”。

根据以上对全局函数 open 的操作，对于 open("路径"，"模式"，encoding="编码")，总结如下：

（1）第二个参数、第三个参数都可以省略。

（2）省略第二个参数，默认以'r'模式打开。

（3）省略第三个参数，默认以“gbk”的编码方式打开。

（4）打开文件时指定的编码方式一定要和保存文件时的编码方式一致。

3.1.3 文件写入操作

前面主要介绍了 Python 对文本文件的读取操作，下面介绍如何对文件进行写入操作。

现在使用 Python 来创建文本文件。假定要操作文件的位置还是在“D:\python\PythonEXample”目录下，为了避免在接下来的操作中写完整的路径，我们把当前的工作目录切换到“D:\python\PythonEXample”目录下，可以通过导入 os 模块来实现。

1. write()方法

假设我们希望在“D:\python\PythonEXample”目录下创建一个文件，保存一些信息，如写入一个特定的字符串信息，则可以通过调用文件对象的“write()”方法来完成（其参数必须是字符串!）。注意：此时若想换行，必须明确指定一个换行符“\n”来进行换行，代码如下：

```
> import os    #导入 os 模块
> os.chdir(r'D:\python\PythonEXample') #将“D:\python\PythonEXample”设为当前目录
> course = open('course.txt', 'w', encoding='utf8')
> course .write('单位：重庆师范大学\n')
```

执行上述代码后，到指定目录下可以看到的确有一个“course.txt”文件，如图 3-2 所示。但双击打开该文件，发现文件里没有任何文字内容。

注意：open 函数的'w'模式只能创建文件，不能创建文件夹。如果要创建文件夹，请调用“os.mkdir(path)”或“os.makedirs(path)”来完成。

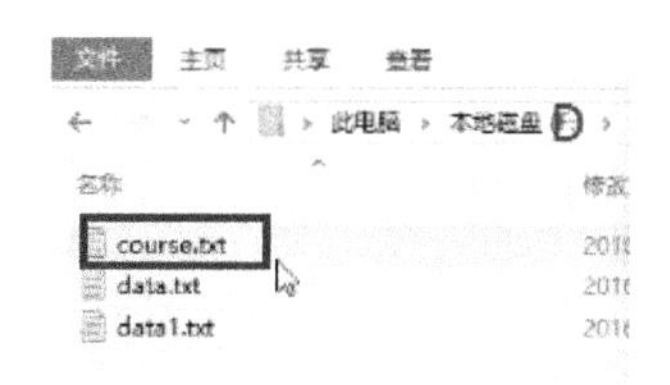

图 3-2　查看建立的文件

2. close()方法

上面用 write()创建的文件之所以没有内容，原因在于刚才的代码还没有编写结束，其实刚才的操作还只是在内存里的操作。如何才能将刚才写入的内容“单位：重庆师范大学\n”真实地反映在具体的文件里呢？方法是关闭刚才操作的文件（关闭连接）。完整的代码如下：

```
> import os
> os.chdir(r'D:\python\PythonEXample')
> course = open('course.txt', 'w', encoding='utf8')
> course .write('单位：重庆师范大学\n')
> course.close()
```

此时再重新打开文件“course.txt”，就可以看到刚才写入的内容了。

打开文件后，可观察到光标所在位置是在写入内容的下一行，请问为什么？

打开文件后，通过“另存为”对话框将会看到，其编码方式的确为“UTF-8”。

3. writelines()方法、flush()方法

如果要一次写入多行文本，可以事先将多行文本放到一个列表里，然后调用 writelines()方法，它可以一次性地将列表中所有的信息写入文本文件中。

同样，代码还在内存里，它并没有直接映射输出到文件中。此时如果我们不想关闭文件，而又想将缓存的内容映射到硬盘上，则可使用方法 flush()来达成目标。

```
> import os
> os.chdir(r'D:\python\PythonEXample')
> names = ['Tom', 'Jerry', 'Mike', 'Peter']
> f = open('people.txt', 'w', encoding='utf8')
> f.writelines(names)
> f.flush()
```

注意：没有“writeline()”方法！

当打开所创建的文件后又发现新的问题，本来希望把每一个姓名写入文件的每一行中，但是发现所有的内容都写在一行上了，显示结果如下：

此时只需要修改“names”变量，在其每个元素中加上一个换行符“\n”即可。

```
> names = ['Tom\n', 'Jerry\n', 'Mike\n', 'Peter\n']
```

3.1.4 列表推导式

上面给出的加换行符的方法不推荐使用，因为如果 names 的元素个数很多，这样的修改操作显然不可取。下面介绍一种非常简便的方法——列表推导式。

1. 列表推导式书写形式

列表生成式（List Comprehensions），又叫列表推导式，是 Python 内置的非常简单却强大的可以用来创建列表的生成式[3]，它是利用其他可迭代序列来创建新列表的一种方法。它的工作方式类似于 for-in 遍历循环。其语法格式如下：

```
[表达式 for 变量 in 可迭代序列]    或  [表达式 for 变量 in 可迭代序列 if 条件]
```

此处的“表达式”可以是有返回值的函数。

说明：表达式中的变量来自 for-in 遍历循环中的变量，随着变量在迭代序列中的遍历，将遍历得到的值带入表达式，表达式的值将作为列表中元素的值。

列表推导式的本质是从可迭代序列中选出一部分或全部元素进行运算后作为新列表的元素，从而生成一个新的列表。注意，生成的是另外一个新列表，原列表保持不变。利用列表推导式能非常简洁地构造一个新列表。

2. 示例

【例 3-6】 利用 range 函数生成一个由 0～9 每个数的平方作为元素的列表。

```
> [x*x for x in range(10)]
[0, 1, 4, 9, 16, 25, 36, 49, 64, 81]
```

说明：这里表达式“x*x”里的 x 来自 for-in 遍历循环中的变量，而该变量 x 在“range(10)”产生的序列 0, 1, 2, …, 9 中依次取值，并将每次遍历的值代入表达式“x*x”进行计算，然后将“x*x”的值作为最后得到的列表中的元素。所以，最后得到的列表为[0, 1, 4, 9, 16, 25, 36, 49, 64, 81]。

如果希望得到的列表元素是能被 3 整除的数的平方，则在列表推导式中添加一个 if 表达式就可以完成。

【例 3-7】 利用 range 函数生成由 10 以内且能被 3 整除的数的平方作为元素的列表。

```
> [x*x for x in range(10) if x % 3 == 0]
[0, 9, 36, 81]
```

第一次循环时，变量 x 取 0，此时条件 0%3 == 0 成立，因此，将此 x 的值带入表达式“x*x”计算得到值 0，作为列表的第 1 个元素；第二次循环时，变量 x 取 1，但此时条件 1%3 == 0 不成立，因此，不带入表达式“x*x”进行计算；第三次循环时，变量 x 取 2，此时，条件 2%3 == 0 仍然不成立，因此，也不带入表达式“x*x”进行计算；第四次循环时，变量 x 取 3，条件 3%3 == 0 成立，因此，将其带入表达式“x*x”计算得到值 9，作为列表的第 2 个元素；……最后得到的列表为[0，9，36，81]。

还可以增加更多的 for 语句来实现更为复杂的功能。

【例 3-8】　利用 range 函数生成由数字 0 和 1 两两组合形成的列表作为元素的列表。

```
> [[x,y] for x in range(2) for y in range(2)]
[[0, 0], [0, 1], [1, 0], [1, 1]]
```

【例 3-9】　利用 range 函数生成由数字 0～2 两两组合形成的元组作为元素的列表。

```
> [(x,y) for x in range(3) for y in range(3)]
[(0, 0), (0, 1), (0, 2), (1, 0), (1, 1), (1, 2), (2, 0), (2, 1), (2, 2)]
```

列表推导式总是返回一个列表。

【例 3-10】　遍历元组（或列表）的每个元素，得到由元组（或列表）的每个元素的平方构成的列表。

```
> tp = (0,1,2,3)
> [x*x for x in tp]
[0, 1, 4, 9]
> ls = [1,2,3,4]
> [x*x for x in ls]
[1, 4, 9, 16]
```

3. 用列表推导式解决问题

问题：如 3.1.3 节最后提到的，我们希望把每一个姓名写入文件的每一行中，而不是把所有的内容都写在同一行。

要解决以上问题，可以重新声明一个变量，但这里我们使用列表推导式来完成。新的列表 new_names 的元素等于之前的列表 names 中的元素 name 加上一个换行符“\n”，新的列表中的变量 name 来自之前的列表 names 中的元素。

```
> names = ['Tom', 'Jerry', 'Mike', 'Peter']
> new_names = [ name + '\n' for name in names]
> new_names
['Tom\n', 'Jerry\n', 'Mike\n', 'Peter\n']
```

这里，表达式为“name + '\n'”，表达式里的变量 name 来自 for-in 遍历循环里的变量 name，而变量 name 在循环过程中会遍历列表 names 中的所有元素，每遍历出单个元素都把它当作临时变量 name 代入表达式“name + '\n'”中计算，得到的结果作为新列表里的一个元素，即在列表 names 中的每个元素后加上'\n'，最终返回一个新的列表 new_names。

```
> import os
> os.chdir(r'D:\python\PythonEXample')
> names = ['Tom', 'Jerry', 'Mike', 'Peter']
> new_names = [ name + '\n' for name in names]
> f = open('people.txt', 'w', encoding='utf8')
> f.writelines(new_names)
> f.flush()
```

此时再打开文件“people.txt”可看到结果如下：

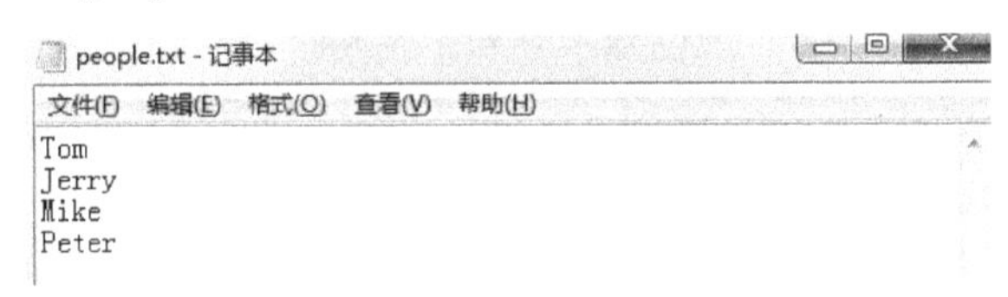

思考：假设之前已经在一行写入了 4 个人名信息，现在再次写入之后，为什么不是位于原有内容之后，而是把原来的内容替换掉了呢？请给出能得到正确结果的代码。

提示：希望大家打开资源管理器窗口，仔细观察文件操作过程中每个命令执行时它的变化情况。

3.1.5 关闭文件

虽然通过调用方法 flush()能够将缓存的内容写到文件中，但这里再次强调，最终文件的关闭还是要调用 close()方法来完成。

在 Python 中，close()方法自动进行垃圾回收，释放资源，所以，为了养成一个好的编程习惯，或者说考虑到 Python 语言的不同实现，应该养成手动关闭文件的习惯。但是写代码时往往容易忽略这个操作，此时可利用 Python 提供的上下文语法来实现[2]。

3.1.6 上下文语法

Python 中的上下文语法，具体来说是通过一个特定的代码段，将一系列的操作封装在一个上下文的环境里（用关键字 with 进行封装），当这个环境结束时，它会自动调用 close()来关闭，而不需要我们手动去调用 close()了。

上下文语法的格式如下：

```
with open() as f(名称):
    代码体
```

缩进代码体的操作都是围绕对象 f 进行的。

这样就不用手动调用 f.close()来显式地关闭文件了。在当前的上下文代码体执行完毕后，当前的资源会自动释放。

【例 3-11】 假定对某个文件要进行读取操作，而又不想显式地调用 close()关闭文件，请利用上下文语法来实现。

如想读取“people.txt”文件的内容，通过 open 函数打开一个文件，把它放到一个上下文对象 f 里，f 不调用任何方法的时候其实是调用它本身的迭代对象，可以遍历打印该迭代对象的所有内容。打印完退出整个“with”上下文代码体的时候，不用调用 f.close()，系统会自动关闭，并且释放所需要的资源。代码如下：

```
> import os
> os.chdir(r'D:\python\PythonEXample')
> with open('people.txt', 'r', encoding='utf-8') as f:
    for line in f:
        print(line)
```

以上看到的是读取操作，同样，写入操作也可类似地完成。

```
> import os
> os.chdir(r'D:\python\PythonEXample')
> with open('test.txt', 'w', encoding='utf-8') as f:
      f.write("Hello\n")
      f.write("Python !")
```

以上代码并没有包含 f.close()或 f.flush()，但是执行上述代码后，打开文件发现要写入的信息已经写入文件“test.txt”中了，说明执行上下文代码体后系统自动调用了 close()方法关闭文件。

实际开发时上下文语法比较实用，它可以避免显式地调用 close()或编写释放资源的代码。

3.1.7 生成器

通过列表推导式，我们可以直接创建一个列表。但是，受到内存限制，列表容量肯定是有限的。创建一个规模很大的列表，不仅占用的存储空间多，而且如果我们仅仅需要访问前面几个元素，那后面绝大多数元素占用的空间都白白地浪费了。

所以，如果列表元素可以按照某种算法推算出来，那是否可以在循环的过程中不断推算出后续的元素呢？如果可以这样，就不必创建完整的列表，从而可以节省大量的空间。在 Python 中，这种一边循环一边计算的机制，称为生成器（generator）。

1. 创建生成器

要创建一个生成器，有很多种方法。这里介绍一种很简单的方法，只要把一个列表推导式的中括号[]改成小括号()，就创建了一个生成器。

```
> ls = [x*x for x in range(10)]
> ls
[0, 1, 4, 9, 16, 25, 36, 49, 64, 81]
> gen = (x*x for x in range(10))
> gen
<generator object <genexpr> at 0x0000000002E5BD00>
> type(gen)
<class 'generator'>
```

说明：只需要把创建列表推导式的中括号[]改成小括号()即得到了生成器，但注意，不是把创建列表的[]改成()，那样得到的是一个元组。所以，要清楚列表的创建和列表推导式的创建是不同的，虽然最后的结果都是一个列表。

2. 获取生成器的每个元素

由于列表推导式最终的结果还是一个列表，因此，可以通过下标索引的方式对列表中的元素进行访问和截取。但对生成器中的元素，又该如何来访问呢？

由于生成器保存的是算法，因此，可以通过调用全局函数 next()来获得生成器的每个元素[4]，直至计算到最后一个元素。若此时再次使用 next()来获取元素，系统会抛出 StopIteration 异常。实际上，可以把生成器的数据流看作一个有序序列，虽然不知道序列的长度，但是可以通过不断地计算来获取下一个值，直到最后抛出 StopIteration 异常。StopIteration 异常用于标识迭代的完成，防止出现无限循环的情况。

但要特别注意：一旦生成器的值用完了，再次调用 next()就会出现异常错误，所以，每个生成器只能使用一次。

请仔细理解下面的每步操作。

```
> ls = [1,2,3]
> gen = (x*x for x in ls)
> next(gen)
1
> next(gen)
4
> next(gen)
9
> next(gen)
Traceback(most recent call last):
  File "<pyshell#38>", line 1, in <module>
    next(gen)
StopIteration
```

更多 next()函数的使用方法可以通过 help(next)来了解。

通过 next()函数虽然可以输出生成器的每个元素，但获取完最后一个元素后如果还试图执行 next()操作，系统会抛出 StopIteration 异常。所以，最好的方式是通过 for-in 遍历循环来输出生成器的每个元素，使用这种方式系统不会抛出异常。

```
> ls = [1,2,3]
> gen = (x*x for x in ls)
>for i in gen:
    print(i)
1
4
9
```

也可以用下面的方式来达到同样的目标：

```
import sys
ls = [1,2,3]
gen = (x*x for x in ls)
while True:
    try:
        print (next(gen), end=" ")
```

```
    except StopIteration:
        sys.exit()
```

```
149
```

生成器非常强大。当推算的算法比较复杂，用类似列表推导式的 for-in 遍历循环无法实现时，还可以用函数来实现。更多有关生成器的内容请大家查阅相关网站[3]或查看 Python 的官方文件[4]。生成器不仅可以使用 for-in 遍历循环输出每个元素，还可以通过不断调用 next()函数返回下一个值，直到最后抛出 StopIteration 错误，表示已经读取完生成器中的所有元素了。

3.2 遍历目录树

当我们在使用 open 函数打开一个文件时，如果以'r'模式打开一个不存在的文件，系统会抛出异常，这往往不是我们想要看到的结果。因此，如果我们能在打开之前先确认文件是存在的，就可以避免这样的异常出现。针对文件我们除了进行搜索文件、筛选文件及给文件重命名这些常规操作，可能还会涉及遍历某个文件夹下面的所有子文件夹和文件等操作。利用 Python 提供的 os 模块可以很方便地完成这些操作，而且由于 Python 语法简洁，其用到的代码非常少。

【例 3-12】　输出指定路径下的所有文件（不包括子文件夹下的文件）。

基本思路：先列出指定目录下所有的文件夹和文件，然后逐个判断是否为文件，若是则打印输出。

```
import os
rootdir = 'D:\PythonTest'
ls = os.listdir(rootdir)  #列出文件夹下所有的目录与文件
for i in range(0,len(ls)):
    path = os.path.join(rootdir, ls[i])  #结合 os.path.join()方法还原完整路径
    if os.path.isfile(path):  #只打印输出文件名
        print(path)
```

```
D:\PythonTest\create_test.docx
D:\PythonTest\pdf_test_1.pdf
D:\PythonTest\pdf_text_1.txt
D:\PythonTest\Run_test_1.docx
D:\PythonTest\Run_test_2.docx
D:\PythonTest\Run_test_3.docx
D:\PythonTest\test.docx
```

在对文件进行操作的时候，有时往往需要遍历指定路径下的所有文件（包括子文件夹下的所有文件），Python 的 os 模块包含了很多有关文件、文件夹操作的方法。os 模块的常用方法如表 3-4 所示。

表 3-4　os 模块的常用方法

方法名称	描　述
os.sep()	将路径的分隔符“\\”返回到一个字符串中
os.listdir(path)	将指定路径下所有的文件夹名和文件名返回到一个列表中
os.walk()	创建一个生成器对象来遍历整棵目录树
os.path.join(path1[, path2[,…]])	把目录和文件名合成一个路径
os.path.abspath(path)	返回绝对路径
os.path.basename(path)	返回文件名
os.path.dirname(path)	返回文件路径
os.path.exists(path)	路径存在则返回 True；否则，返回 False
os.path.getatime(path)	返回最后一次进入路径 path 的时间
os.path.getmtime(path)	返回在路径 path 下最后一次修改的时间
os.path.getsize(path)	返回文件大小，如果文件不存在就返回错误
os.path.isabs(path)	判断是否为绝对路径
os.path.isfile(path)	判断路径是否为文件
os.path.isdir(path)	判断路径是否为目录
os.path.samefile(path1, path2)	判断目录或文件是否相同
os.path.sameopenfile(fp1, fp2)	判断 fp1 和 fp2 是否指向同一个文件
os.path.split(path)	把路径分割成 dirname 和 basename，返回一个元组
os.path.splitdrive(path)	一般用在 Windows 下，返回驱动器名和路径组成的元组
os.path.splitext(path)	分割路径，返回路径名和文件扩展名的元组。如果是一个不带文件名的路径，则返回的元组中的第 2 个元素为空字符串

【例 3-13】 有如下目录树结构，利用 os.walk(path)列出指定目录下的所有的文件夹和文件（包括子文件夹及子文件夹下的文件）。

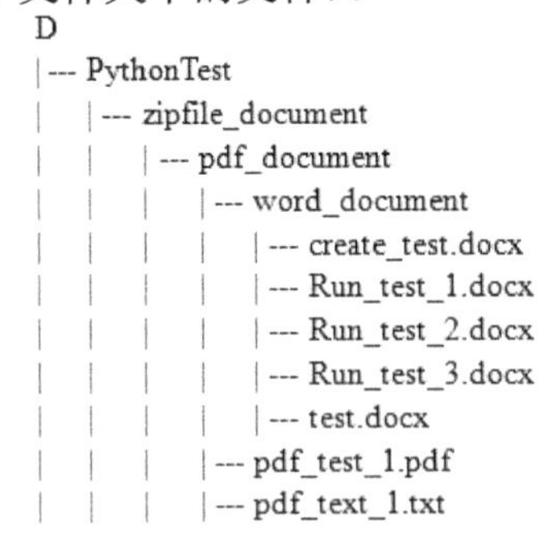

```
D
|--- PythonTest
|    |--- zipfile_document
|    |    |--- pdf_document
|    |    |    |--- word_document
|    |    |    |    |--- create_test.docx
|    |    |    |    |--- Run_test_1.docx
|    |    |    |    |--- Run_test_2.docx
|    |    |    |    |--- Run_test_3.docx
|    |    |    |    |--- test.docx
|    |    |    |--- pdf_test_1.pdf
|    |    |    |--- pdf_text_1.txt
```

```
import os
path = r'D:\PythonTest\zipfile_document\pdf_document'
os.chdir(path)   #切换 path 为当前路径
for dirpath, dirnames, files in os.walk(path):
    print(dirpath)
    print(dirnames)
    print(files)
```

```
D:\PythonTest\zipfile_document\pdf_document
['word_document']
['pdf_test_1.pdf', 'pdf_text_1.txt']
D:\PythonTest\zipfile_document\pdf_document\word_document
[]
['create_test.docx', 'Run_test_1.docx', 'Run_test_2.docx', 'Run_test_3.docx', 'test.docx']
```

以上代码中的 dirpath 为根目录，dienames 为子目录，files 为根目录下的文件。

但是要注意，os.walk(path)遍历的是指定目录下的整个目录树，所谓的根目录（字符串）、子目录（列表）、根目录下的文件（列表）是一层一层相对而言的。

【例 3-14】　将指定目录生成目录树。

```
import os
def list_files(startpath):
    for root, dirs, files in os.walk(startpath):
        #root 是字符串，dirs、files 均为列表
        level = root.replace(startpath, '').count(os.sep)
        #os.sep 得到路径的分隔符“\\”，level 表示路径中“\\”的个数，即路径的深度
        dir_indent = "|     " * (level) + "|-- "
        file_indent = "|     " * (level + 1) + "|-- "
        if not level:
            print('{}'.format(startpath[0]))
            print('|--{}'.format(startpath[3:]))
        else:
            print('{}{}'.format(dir_indent, os.path.basename(root)))
            #os.path.basename(root)得到路径 root 的最后一个名字
        for f in files:
            print('{}{}'.format(file_indent, f))
startpath = 'D:\PythonTest'
list_files(startpath)
```

```
D
|--PythonTest
|     |-- create_test.docx
|     |-- pdf_test_1.pdf
|     |-- pdf_text_1.txt
|     |-- Run_test_1.docx
|     |-- Run_test_2.docx
|     |-- Run_test_3.docx
|     |-- test.docx
|     |-- pdf_document
|     |     |-- pdf_test_1.pdf
|     |     |-- pdf_text_1.txt
|     |-- word_document
|     |     |-- create_test.docx
|     |     |-- Run_test_1.docx
|     |     |-- Run_test_2.docx
|     |     |-- Run_test_3.docx
|     |     |-- test.docx
|     |-- zipfile_document
|     |     |-- word_document.rar
|     |     |-- word_document.zip
|     |     |-- pdf_document
|     |     |     |-- pdf_test_1.pdf
|     |     |     |-- pdf_text_1.txt
|     |     |     |-- word_document
|     |     |     |     |-- create_test.docx
|     |     |     |     |-- Run_test_1.docx
|     |     |     |     |-- Run_test_2.docx
|     |     |     |     |-- Run_test_3.docx
|     |     |     |     |-- test.docx
```

温馨提示：在以上程序运行之前，请确保你的电脑里有相应的目录结构；否则，请按照你电脑的目录结构先修改程序中的倒数第二行代码，然后再运行。以上结果是在作者的电脑上运行程序后得到的，只能作为参考。

【例 3-15】 输出指定路径下的文件及所有子文件夹下的文件。

```
import os
root = input("请输入要操作的目录（绝对路径）：")
g = os.walk(root)
for path, dirs, filenames in g:
    for filename in filenames:
        print(os.path.join(path, filename))
```

注意：从控制台输入的必须是绝对路径！

os.walk()是 Python 的内置函数，用于通过在目录树中游走来输出目录中的文件名。该函数创建一个生成器对象来遍历整棵目录树。

os.walk()方法的语法格式如下：

```
os.walk(top[, topdown=True[, onerror=None[, followlinks=False]]])
```

各参数的含义如下：

top——指定遍历的目录，返回的是一个三元组（root,dirs,files)。请注意，返回的不是一个含三个元素的元组，而是一个生成器。该生成器的每个元素是一个含三个元素的元组。可以使用 for-in 遍历循环输出生成器中的每个元素，因为生成器也是可迭代对象。至于如何输出 os.walk()所返回的生成器里的元素，请看后面的例子。

root——当前正在遍历的目录，是一个字符串。

dirs——是一个列表，指定目录下所有的文件夹名（但不包括子文件夹名）。

files——同样是列表，指定目录下的所有文件名（但不包括子文件夹下的文件）。注意，这些文件名不包含路径信息。如果需要得到完整的路径信息，需要使用 os.path.join(str_dirpath,list_filenames)进行拼接。

topdown——可选，为 True，则先遍历 top 目录；否则，优先遍历 top 的子目录（默认为 True)。如果 topdown 参数为 True，将会遍历 top 文件夹及 top 文件夹中的每个子目录。

onerror——可选，默认为 None，表示忽略文件遍历时产生的错误。如果不为 None，则用一个自定义函数来提示错误信息后是继续遍历还是抛出异常中止遍历。

【例 3-16】 测试 os.walk()输出的是一个生成器，并且该生成器的每个元素是一个含三个元素的元组。元组的第一个元素是一个字符串，第二、三个元素都是一个列表。

假设在本地 D 盘上有以下目录结构：

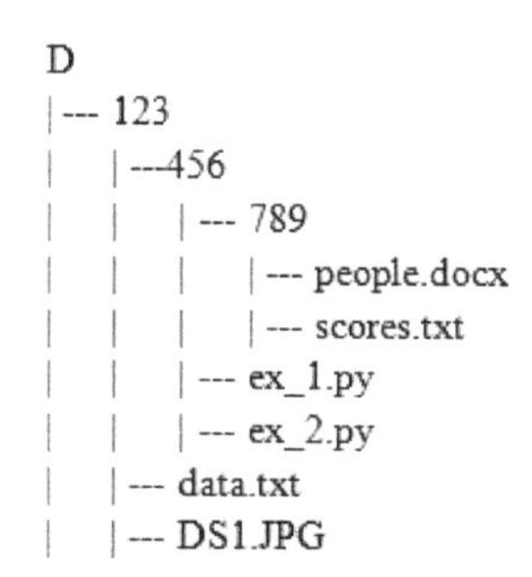

观察并理解以下每一条语句执行后所呈现的结果。

```
> import os
> gen = os.walk(r'D:\123')
> type(gen)
<class 'generator'>
> next(gen)
('D:\\123',  ['456'],  ['data.txt', 'DS1.JPG'])
> next(gen)
('D:\\123\\456',  ['789'],  ['ex_1.py', 'ex_2.py'])
> next(gen)
('D:\\123\\456\\789',  [],  ['people.docx',  'scores.txt'])
> next(gen)
Traceback (most recent call last):
  File "<pyshell#66>", line 1, in <module>
    next(gen)
StopIteration
```

我们看到，通过 os.walk()方法可以得到指定目录下的所有文件夹名和文件名。注意，它们是分层呈现的。请结合上面的输出结果来理解 os.walk()的作用，进而掌握它的用法。

【例 3-17】 输出指定路径下包括子文件夹的所有文件。

```
#遍历输出指定路径下所有文件的文件名，包括子文件夹名
import os
def traverse(rootdir):
    for root, dirs, files in os.walk(rootdir):
        for file in files:
            #结合 os.path.join()方法还原完整路径
            print(os.path.join(root, file))
        for dir in dirs:
            traverse(dir)
rootdir = 'D:\PythonTest'
traverse(rootdir)
```

3.3 处理 Word 文件

使用 Python 处理 Word 文件时，可以使用 Python-docx 库和 Win32com 库来完成。

3.3.1 Python-docx 库

由于 Win32com 库只对 Windows 平台有效，而 Python-docx 库不依赖操作系统[5]，具有跨平台特性，因此，这里主要介绍使用 Python-docx 库来处理 Word 文件。

如果你安装的是 Anaconda3，在 Windows 的命令行窗口通过输入“pip list”会发现系统已经安装好了 Python-docx 库。这也是使用 Anaconda 安装包的好处之一。

但请注意，在写代码时，导入的名字是“docx”而不是“Python-docx”：

```
> import docx   # 导入 Python-docx 库
```

当然，在导入库或模块前通常要查询一下该模块是否已经安装，如果没有安装，就请按照第 1.3 节介绍的安装库的方法进行安装。

可以在 Windows 命令行窗口通过输入“pip list”命令来查看已经安装的库。

```
:\> pip list
```

3.3.2 利用 Python-docx 库读 Word 文件

Python 利用 Python-docx 库来处理 Word 文件，它把 Word 文件中的段落、文本、字体等都看作对象来进行处理。因此，需要先了解几个相关概念。

用三种不同的类型来表示.docx 文件的结构，Document 对象表示整个文件，它包含一个 Paragraph 对象的列表；Paragraph 对象表示文件中的段落，以回车键为准，文件中的所有段落形成一个 Paragraph 对象构成的列表；每个 Paragraph 对象包含一个 Run 对象的列表，即在一个段落中，根据字体的不同形成一个 Run 对象的列表。.docx 文件里面不光包含了文本字符串，还有字号、字体、颜色等属性，它们都包含在 style（样式）中。一个 Run 对象就是 style 相同的一段文本，新建一个 Run 就有新的 style。

```
> import docx   # 导入 Python-docx 库
> file= docx.Document(r'D:\PythonTest\word_document\test.docx')
> print(file)
```

通过以上程序打开文件，但此时无法查看文件的具体内容。利用 type()测试文件对象的类型，可发现它的确是一个 Document 对象。

```
> type(file)
<class 'docx.document.Document'>
```

可以通过 Paragraph 对象获得文件的段落信息，Paragraph 对象是一个列表。

```
> print("本文件的段落数为：" + str(len(file.paragraphs)))
本文件的段落数为：7
> type(file.paragraphs)
<class 'list'>
```

要获得每个段落里的具体内容，需要使用 Paragraph 对象的 text 属性。

```
> import docx  # 导入 Python-docx 库
> file= docx.Document(r'D:\PythonTest\word_document\test.docx')
> for fp in file.paragraphs:
      print(fp.text)
```

【例 3-18】 假设文件位于“D:\PythonTest\word_document\test.docx”，编程显示文件每个段落的内容。要求在每个段落内容显示前输出是第几个段落，以及此段落共计多少个字符。

```
import docx
docx_dir = r'D:\PythonTest\word_document\test.docx'
file = docx.Document(docx_dir)
for i in range(len(file.paragraphs)):
    print()  #输出一个空行，相当于换行显示
    print("第 "+str(i + 1)+" 段的内容是：")
    print(file.paragraphs[i].text)
```

【例 3-19】 理解 Run 对象[6]。

```
# 理解 Run 对象的含义，有三个文件可用于测试：
# Run_test_1.docx，Run_test_2.docx，Run_test_2.docx
import docx
filedir = r'D:\PythonTest\word_document\Run_test_1.docx'
file = docx.Document(filedir)
fp = file.paragraphs
fp_runs = fp[0].runs
for run in fp_runs:
    print()
    print("文本：",run.text)
    print("字体：",run.font.name)
    print("字号：",run.font.size)
    print("颜色：",run.font.color.rgb)
```

请大家事先准备好可用于测试的.docx 文件，例如，准备好如下所示内容的测试文件“Run_test_1.docx”，然后运行以上程序。通过观察输出的结果，可发现每个 Run 对象其实就是样式相同的一段文本，而每个 Run 对象都将执行一次循环，输出对应的文本内容、字体样式、字号大小和字体颜色，默认字体颜色是“None”。

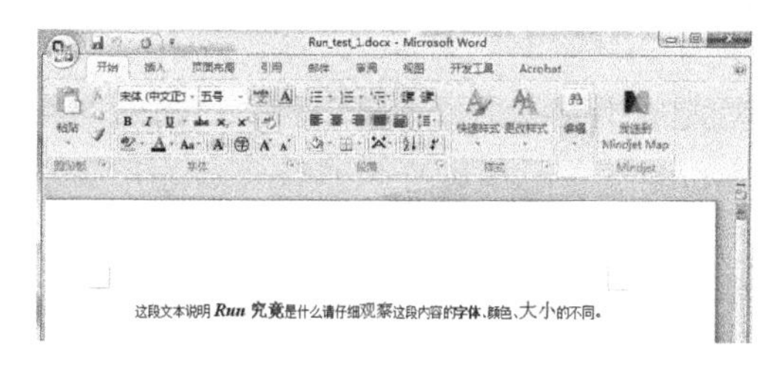

一个 Run 对象就是 style 相同的一段文本[6]，如下所示：

Times New Roman	Calibri	Adobe Gothic Std B	Arial Unicode MS
Run	Run	Run	Run

3.3.3 利用 Python-docx 库创建 Word 文件

【例 3-20】 创建 Word 文件，用 input()函数输入要创建的段落数，并设置段落文字的字体、颜色、字号等。

```
# 创建文件
from random import randint
from docx import Document
from docx.shared import RGBColor   #颜色类
from docx.shared import   Pt #docx.shared 模块以 Pt（磅）为单位设置字体
# 创建文件对象
document = Document()
#在文件中添加标题，标题级别设置为 0 级
document.add_heading('一级标题',level=0)
lines = eval(input("请输入要创建的文件的段落数："))
for para in range(lines):
        document.add_heading(str(para +2) + '级标题',level=1)
    #新增段落
    p = document.add_paragraph()
    for line in range(3):
        #在当前段落添加文本，并设置字体、字号和颜色
        run = p.add_run('测试文本'*(line+1))
        color = [randint(0,255) for i in range(3)]
        # 第一次添加的文本设置为粗体，后两次添加的文本不加粗
        run.font.bold   = True if line == 0   else False
        run.font.size = Pt(20) #设置字号
        #星号（*）在实参前表示解包序列（列表或元组）！此处解包列表
        run.font.color.rgb = RGBColor(*color) #设置字体颜色
#保存文件
document.save(r'D:\PythonTest\word_document\create_test.docx')
```

运行程序后，请自行打开文件查看程序运行的结果。

特别说明：

（1）如果要创建的 Word 文件不存在，则新建一个 Word 文件。

（2）如果要创建的 Word 文件已经存在，请在运行程序之前，关闭要创建的 Word 文件，否则会报错！

更多内容大家可以查看帮助，也可以用 dir 和 help 查看对象的方法属性和帮助信息。

3.4　处理.pdf 文件

Python 之所以强大，在于它有大量第三方库的支持（几乎每个月都有新的库产生），同一问题往往可用多个库解决。Python 对.pdf 文件的处理也不例外。这里，选择以 PDFMiner 库[7]为例来介绍对.pdf 文件的处理。也许当你拿到本书时，你已经有更好的库来处理.pdf 文件了，那就用你喜欢的库吧，只要能解决问题就好。

1. 安装 PDFMiner 库

在 Windows 命令行窗口下，通过命令“pip list”查看是否安装此库。如果没有，使用 pip 工具进行安装。这里，先使用一个第三方库 PDFMiner3K 把.pdf 文件读成字符串，然后用 StringIO 将其转换成文件对象。注意安装库的名字是“pdfminer3k”，如下：

```
:\> pip install pdfminer3k
```

再次强调，我们安装的是 Anaconda 环境。如果要分析现有.pdf 文件的内容，可用 PDFMiner。

2. 处理.pdf 文件

在具体使用 PDFMiner 库处理.pdf 文件之前，需要先学习解析.pdf 文件用到的类（见表 3-5）[8]。

表 3-5　PDFMiner 库中解析.pdf 文件常用的类

类　名	作　用
PDFParser	用于创建一个 pdf 文件解析器对象，从文件中获取数据，将文件指针作为参数传入
PDFDocument	用于创建一个 pdf 文件对象，用来存储文件结构，与 PDFParser 是相互关联的
PDFPageInterpreter	用于创建一个 pdf 解析器对象，解析 page 页面内容
PDFDevice	用于创建一个 pdf 设备对象，把解析到的内容转化为需要的格式
PDFResourceManager	用于创建一个 pdf 资源管理器对象，用来存储共享资源，如字体或图像
PDFPageAggregator	用于创建一个 pdf 页面聚合对象，作为 PDFPageInterpreter 的参数传入

【例 3-21】　将指定目录下的.pdf 文件的内容读取到一个.txt 文件中。

```
#将.pdf 文件读取到.txt 文件中
import sys
import importlib
importlib.reload(sys)
from pdfminer.pdfparser import PDFParser,PDFDocument
from pdfminer.pdfinterp import PDFResourceManager, PDFPageInterpreter
from pdfminer.converter import PDFPageAggregator
from pdfminer.layout import LTTextBoxHorizontal,LAParams
from pdfminer.pdfinterp import PDFTextExtractionNotAllowed
'''
 处理.pdf 文件，保存到.txt 文件中
```

```
'''
path = r'D:\PythonTest\pdf_document\pdf_test_1.pdf'
# 以二进制读模式打开
fp = open(path, 'rb')
#用文件对象来创建一个 pdf 文件解析器对象
praser = PDFParser(fp)
# 创建一个 pdf 文件对象，存储文件结构
doc = PDFDocument()
# 连接解析器与文件对象
praser.set_document(doc)
doc.set_parser(praser)
# 提供初始化密码
# 如果没有密码，就创建一个空的字符串
doc.initialize()
# 创建一个 pdf 资源管理器对象来存储共享资源
rsrcmgr = PDFResourceManager()
# 设定参数进行分析
laparams = LAParams()
# 创建一个 pdf 页面聚合对象，作为 PDFPageInterpreter 的参数传入
device = PDFPageAggregator(rsrcmgr, laparams=laparams)
# 创建一个 pdf 解析器对象来解析 page 页面内容
interpreter = PDFPageInterpreter(rsrcmgr, device)
# 处理文件中每一个 page 页面的内容
for page in doc.get_pages(): # doc.get_pages() 获取 page 列表
    interpreter.process_page(page)
    # 接受该页面的 LTPage 对象
    layout = device.get_result()
    # 这里 layout 是一个 LTPage 对象，里面存放着这个 page 页面解析出的各种对象
    #一般包括 LTTextBox, LTFigure, LTImage, LTTextBoxHorizontal 等，想要获取文本就要获得对
象的 text 属性
    for x in layout:
        if (isinstance(x, LTTextBoxHorizontal)):
            with open(r'D:\PythonTest\pdf_document\pdf_text_1.txt', 'a') as f:
                results = x.get_text()
                print(results)
                f.write(results + '\n')
```

运行以上程序后打开“D:\PythonTest\pdf_document\pdf_text_1.txt”文件，.txt 文本文件中的部分内容显示如下：

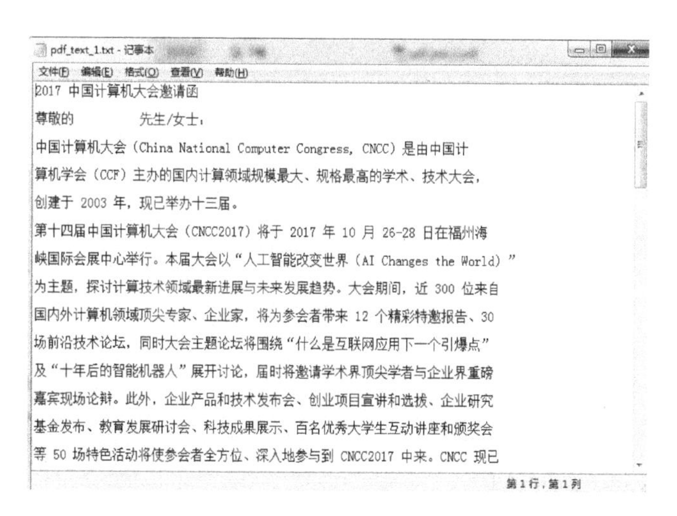
pdf_text_1.txt - 记事本

文件(F) 编辑(E) 格式(O) 查看(V) 帮助(H)

2017 中国计算机大会邀请函

尊敬的　　　先生/女士：

中国计算机大会（China National Computer Congress, CNCC）是由中国计
算机学会（CCF）主办的国内计算领域规模最大、规格最高的学术、技术大会，
创建于 2003 年，现已举办十三届。

第十四届中国计算机大会（CNCC2017）将于 2017 年 10 月 26-28 日在福州海
峡国际会展中心举行。本届大会以“人工智能改变世界（AI Changes the World）”
为主题，探讨计算技术领域最新进展与未来发展趋势。大会期间，近 300 位来自
国内外计算机领域顶尖专家、企业家，将为参会者带来 12 个精彩特邀报告、30
场前沿技术论坛，同时大会主题论坛将围绕“什么是互联网应用下一个引爆点”
及“十年后的智能机器人”展开讨论，届时将邀请学术界顶尖学者与企业界重磅
嘉宾现场论辩。此外，企业产品和技术发布会、创业项目宣讲和选拔、企业研究
基金发布、教育发展研讨会、科技成果展示、百名优秀大学生互动讲座和颁奖会
等 50 场特色活动将使参会者全方位、深入地参与到 CNCC2017 中来。CNCC 现已

第 1 行，第 1 列

处理.pdf 文件的基本思路和流程：

（1）打开文件（二进制方式），声明文件对象。

（2）用文件对象创建一个文件解析器对象（PDFParser）。

（3）创建一个 pdf 文件对象，用于存储文件结构（PDFDocument），PDFDocument 与 PDFParser 是相互关联的。

（4）连接 pdf 文件解析器和 pdf 文件对象（praser.set_document、doc.set_parser）。

（5）创建一个 pdf 资源管理器对象来存储共享资源（PDFResourceManager）。

（6）创建一个 pdf 页面聚合对象，作为 PDFPageInterpreter 的参数传入（PDFPage-Aggregator）。

（7）创建一个 pdf 解析器对象来解析 page 页面内容（PDFPageInterpreter）。

（8）处理文件中每一个 page 页面的内容（get_pages()获取 page 列表）。

3.5　处理压缩文件

在 3.1 节、3.2 节已经介绍了 os 模块，该模块主要提供基本的对文件和目录的处理，在实际应用中，还会经常对文件进行压缩和解压。当然，有专门的压缩软件和解压软件支持这项操作，但这里将介绍如何利用 Python 编写代码来完成对文件的压缩和解压。

使用 Python 可以解压以下 5 种格式的压缩文件：.gz、.tar、.tgz、.zip、.rar，但这里只介绍对.zip 文件的压缩和解压处理，对其他压缩文件的操作请大家查阅相关文件。

Python 中的 zipfile 模块可以对文件进行压缩和解压操作[9,10]。

假设在本地磁盘有文件“D:\PythonTest\zipfile_document\word_document.rar”和文件“D:\PythonTest\zipfile_document\word_document.zip”，请观察以下命令执行的情况：

```
> import os
> import zipfile
> path = r'D:\PythonTest\zipfile_document'
> zipfile.is_zipfile(os.path.join(path, 'word_document.rar'))
False
```

```
> zipfile.is_zipfile(os.path.join(path, 'word_document.zip'))
True
```

这里，利用“os.path.join()”得到两个文件的完整路径：

D:\PythonTest\zipfile_document\word_document.rar；

D:\PythonTest\zipfile_document\word_document.zip。

下面将介绍 zipfile 模块的 namelist()方法，该方法得到的是一个列表。

【例 3-22】 zipfile 模块的 namelist()方法的使用。

```
import os
import zipfile
filedir = r'D:\PythonTest\zipfile_document'
filename = r'word_document.zip'
os.chdir(filedir) # 切换指定路径为当前路径，接下来的文件操作就可以省略路径
zipfp = zipfile.ZipFile(filename,'r')  #以'r'模式打开指定.zip 文件
print(zipfp.namelist())  # zipfp.namelist()得到的是一个列表
['word_document/',    'word_document/create_test.docx',    'word_document/Run_test_1.docx',
'word_document/Run_test_2.docx', 'word_document/Run_test_3.docx', 'word_document/test.docx']
```

说明：输出列表中的第一个元素是文件夹名，不是文件名。

注意：namelist()方法能够获取指定压缩文件里的所有文件名（包括子文件夹下的文件），返回的是一个列表，但是文件夹（包括子文件夹）的名字出现在列表的前面，之后才是文件名，所有文件按照目录层次列出。

【例 3-23】 解压指定目录下的压缩文件并保存到指定的文件夹下。

```
#解压.zip 文件，将解压后的文件放到一个新的文件夹下
import os
import zipfile
filedir = r'D:\PythonTest\zipfile_document'
filename = r'word_document.zip'
os.chdir(filedir) # 切换指定路径为当前路径，接下来的文件操作就可以省略路径
# 新文件夹和压缩文件主名相同
new_filedir = filename[0:-4]
# 创建新文件夹来放加压后的文件
os.mkdir(new_filedir)  #必须确保要创建的文件夹不存在，否则会报错！
#以'r'模式打开指定.zip 文件
zipfp = zipfile.ZipFile(filename,'r')
# zipfp.namelist()得到的是一个列表
# 列表 zipfp.namelist()的第一个元素是文件夹名而不是文件名
zipfile_list = zipfp.namelis ()[1:]
# 切换当前路径为新建文件夹，便于把加压后的文件放入
os.chdir(os.path.join(filedir,new_filedir))
# 遍历压缩文件里面的所有文件
```

```
for filename in zipfile_list:
    # 把路径分割成 dirname 和 basename，返回一个元组
    zipfile_list = os.path.split(filename)
    data = zipfp.read(filename)
    # 显示在控制台，便于观察，可以不要此语句
    print(filename)
    # 解压后的文件以原文件名进行命名
    file = open(zipfile_list [1], 'wb')
    # 将解压获得的数据即文件中的内容写入新的文件中
    file.write(data)
    file.close()
```

程序运行后请打开资源管理器查看结果。

注意：代码中“os.mkdir(path)”的作用是创建一个新的文件夹，mkdir()在使用时必须确保要创建的新文件夹不存在，否则会报错！

【例 3-24】 压缩指定目录下文件夹内的文件，压缩文件中只添加一级子目录下的文件。

```
import os
import zipfile
filedir = r'D:\PythonTest\zipfile_document'
# 压缩文件包的名字
zipfilename = r'pdf_document.zip'
# 切换指定路径为当前路径，接下来的文件操作就可以省略路径
os.chdir(filedir)
# 注意这里的第二个参数是'w'，这里的 zipfilename 是压缩包的名字
zf = zipfile.ZipFile(zipfilename, 'w')
# testdir 为要压缩的文件夹名
testdir = zipfilename[:-4]  #去掉文件名后缀，使得要压缩的文件夹和压缩后的文件同名
#假设要把 testdir 中的文件全部添加到压缩包里（这里只添加一级子目录下的文件）
if os.path.isdir(testdir):
    for d in os.listdir(testdir):
        zf.write(testdir+os.sep+d)#os.sep 是文件分隔符"//"
# close() 是必须调用的！
zf.close()
```

注意：本例中的代码只能将指定文件夹中的全部文件添加到压缩包里，不能将文件夹中子文件夹里的文件添加到压缩包中，即当解压压缩后的文件时，会发现子文件夹是空的。请运行本程序后打开资源管理器进行查看，理解这里所说的情形。

【例 3-25】 对整个文件夹进行压缩，把下级子文件夹里的文件也添加到压缩文件中，但仍然保持原有的目录结构。

```
#压缩整个文件夹中的所有文件，包括子文件夹中的文件，但并不改变原有的目录结构
import os
import zipfile
filedir = r'D:\PythonTest\zipfile_document'
# 压缩文件包的名字
zipfilename = r'pdf_document.zip'
# 切换指定路径为当前路径，接下来的文件操作就可以省略路径
os.chdir(filedir)
# 注意这里的第二个参数是'w'，这里的 zipfilename 是压缩包的名字
# 第三个参数是压缩标志
zf = zipfile.ZipFile(zipfilename, 'w',zipfile.ZIP_DEFLATED)
# testdir 为要压缩的文件夹名
testdir = zipfilename[:-4]
# os.walk(path)函数创建一个生成器对象来遍历整棵目录树
for dirpath, dirnames, filenames in os.walk(testdir):
#dirpath 是根目录，dirnames 存放的是子目录，filenames 存放的是根目录下的文件
    for filename in filenames:
        # 通过 os.path.join()得到完整路径
        zf.write(os.path.join(dirpath,filename))
zf.close()
```

同样，请运行本程序后打开资源管理器进行查看，理解程序的功能。

zipfile 模块还有很多有用的方法（见表 3-6），更多操作请大家上机进行测试。

```
import zipfile   #导入 zipfile 模块
zf = zipfile.ZipFile(filename[, mode[, compression[, allowZip64]]] )
```

上述命令利用 zipfile 模块提供的 ZipFile()类构造了一个 zipfile 文件对象，同时打开指定的名为“filename”的.zip 文件。打开压缩文件的模式（mode）可以是'r'、'w'、'a'，分别代表打开文件的不同的方式。'r'表示解压文件，'w'和'a'表示压缩文件。压缩标志“compression”指明了这个 zipfile 文件的压缩方法，默认是 ZIP_STORED，另一种选择是 ZIP_DEFLATED。allowZip64 是个 bool 型变量，当设置为 True 时可以用来创建大于 2GB 的.zip 文件，默认值是 True[9~11]。

表 3-6　zipfile 模块的常用方法

方　法	描　述
zf.is_ZipFile(filename)	测试 filename 文件是否是一个有效的.zip 文件，注意，要正确指明文件的路径
zf.read(filename)	读压缩文件的内容
zf.namelist()	返回一个列表，内容是.zip 文件中的所有文件夹名，包括子文件夹名，以及所有子文件夹里的文件的文件名，相当于一个保存了.zip 文件内部目录结构的列表。注意，所有文件夹名（包含子文件夹）都排列在列表的前面
zf.printdir()	将.zip 文件的目录结构输出到控制台，包括每个文件的文件名（含路径信息）、文件大小、修改时间

续表

方　法	描　述
zf.write(filename[,arcname=None[,compression_type=None]])	将指定文件 filename 添加到.zip 文件中，arcname 为其添加到.zip 文件之后保存的名称（arcname 也带有相对 zip 包的路径），compression_type 指定了压缩格式，可以是 ZIP_STORED（只打包不压缩）或 ZIP_DEFLATED。ZipFile 的打开方式只有是'w'或'a'时，指定文件才能顺利写入.zip 文件中
zf.close()	关闭文件，操作完成时必须关闭打开的文件

【例 3-26】　输出指定目录下的.zip 文件里的文件信息。

```
import zipfile
zf = zipfile.ZipFile(r'D:\PythonTest\zipfile_document\pdf_document.zip','r')
zf.printdir()  #输出.zip 文件的目录结构，包括文件名、修改时间、文件大小
```

```
File Name                                             Modified             Size
pdf_document/                                  2018-06-10 15:42:10            0
pdf_document/pdf_test_1.pdf                    2017-09-26 22:53:58       177699
pdf_document/pdf_text_1.txt                    2018-06-09 23:18:58        10865
pdf_document/word_document/                    2018-06-10 15:42:10            0
pdf_document/word_document/create_test.docx    2018-06-10 13:08:40        36677
pdf_document/word_document/Run_test_1.docx     2018-06-10 13:08:40        12112
pdf_document/word_document/Run_test_2.docx     2018-06-10 13:08:40        12543
pdf_document/word_document/Run_test_3.docx     2018-06-10 13:08:40        12772
pdf_document/word_document/test.docx           2018-06-10 13:08:40        13280
```

习题

1. 编程读取 D 盘 test 文件夹下的 data.txt 文件，将文件内容输出到控制台。
2. 将徐志摩的诗《再别康桥》的前四句写到文件 Goodbye.txt 里，请编程实现。
3. 在完成第 2 题的基础上，再追加“那河畔的金柳，是夕阳中的新娘；波光里的艳影，在我的心头荡漾。”，请编程实现。
4. 假设有以下目录结构，请编程输出该目录树。

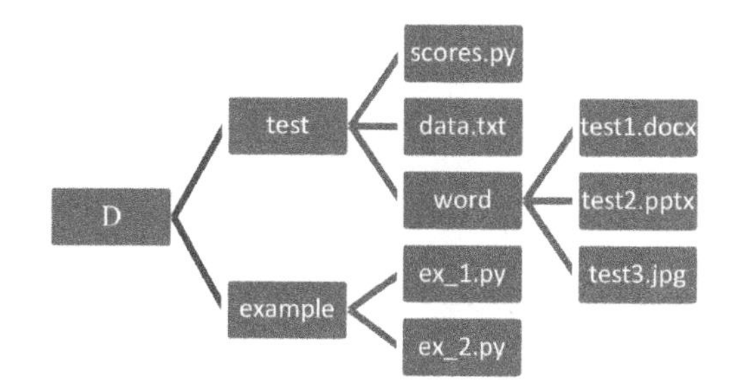

5. 请编程输出指定目录下的所有子目录，用 input()函数实现指定目录的输入。
6. 请编程输出指定目录下的所有.py 文件。
7. 利用列表推导式列出指定目录下的所有文件名。

8. 利用列表推导式列出指定目录下的所有文件夹名。
9. 解压指定目录下的.zip 文件，并输出该压缩文件的目录树。
10. 请编程实现将指定目录下的.docx 文件读取出来，并统计其段落数。
11. 请编程创建一个.docx 文件，将徐志摩的诗《再别康桥》写入文件中。
12. 请编程将指定目录下的.pdf 文件读到一个.txt 文件中。

参考文献

[1] 嵩天，礼欣，黄天羽. Python 语言程序设计基础[M]. 2 版. 北京：高等教育出版社，2017.
[2] https://ke.qq.com/webcourse/index.html#course_id=112539&term_id=100158403&taid=705787680896923&vid=m1412fqwage.
[3] https://www.liaoxuefeng.com/wiki/001374738125095c955c1e6d8bb493182103fac9270762a000/0013868196389940a998c0ace64bb5ad45d1b56b103c48000.
[4] https://docs.Python.org/3.2/whatsnew/3.2.html.
[5] https://Python-docx.readthedocs.io/en/latest/index.html.
[6] https://www.cnblogs.com/wrajj/p/4914102.html.
[7] http://www.unixuser.org/~euske/Python/pdfminer/index.html.
[8] https://jingyan.baidu.com/article/d169e186602a62436711d841.html.
[9] https://blog.csdn.net/linda1000/article/details/10432133.
[10] https://blog.csdn.net/brucewong0516/article/details/79064384.
[11] https://www.cnblogs.com/sun-haiyu/p/7082063.html.

第4章 程序调试

程序中的错误通常有两种：语法错误和逻辑错误。语法错误相对来说比较好修改，在调试程序时通常会有比较明确的报错信息。比如在 Python 提示符“>>>”下输入命令“print("3+4=,3+4)”，回车后系统就会给出“SyntaxError: EOL while scanning string literal”的报错信息，根据错误提示信息，很容易对命令进行修改。而逻辑错误是算法设计本身出现了问题，可能是逻辑无法生成，导致计算或输出结果需要的过程无法执行[1]。这类错误修改相对比较麻烦，其属于算法设计的范畴，这里不讨论。本章主要讨论程序运行过程中发生错误或异常时的各种处理方法，以及修复程序 bug 的各种调试手段。

4.1 异常

Python 有两种错误很容易辨认：语法错误和异常。

异常是在程序运行时发生的错误信号，它在编程过程中是不可避免的。异常就是一个事件，这个事件会在程序执行过程中发生，影响程序的运行。当 Python 出现异常时，我们要进行捕获与处理，否则程序会终止执行。

在程序运行的过程中，如果发生了错误，可以事先约定返回一个错误代码，这样就可以知道出错的原因。

高级语言通常都内置了一套 try-except-finally 的错误处理机制，Python 也不例外。

异常处理在任何一门编程语言里都是值得关注的话题，良好的异常处理可以让程序更加健壮，清晰的错误信息更能帮助程序员快速修复问题。

1. 错误

在程序执行过程中产生的大多数错误是语法错误，是由于程序员的疏忽造成的，如变量未声明、零作除数、参数传递时个数不一致，或者类型匹配问题、文件打开方式与文件操作冲突，等等；也可能是在程序执行过程中遇到的不可预知的错误，如内存或硬盘空间不足、网络连接失败、文件不能打开或系统出错等。这些错误产生后如果不作适当处理，程序的正常执行将被中断，这是用户不可接受的。

2. 异常

当 Python 检测到一个错误时，解释器就会指出当前程序已经无法继续执行下去了，这时候就出现了异常，即异常是因为程序出现了错误而在正常控制流以外采取的行为。这个行为又分为两个阶段：首先是发生引起异常的错误，然后是检测及采取可能的措施。

3. Python 中常见内置异常类型

Python 中有很多内置的异常类型，它们都是由 BaseException 类派生出来的。表 4-1 描述了经常使用的异常类型，利用它们可以快速、准确判断异常类型，为修正错误带来方便。

表 4-1　Python 常见异常类型

异常类型	描　述
AttributeError	引用一个对象不存在的属性时引发的异常
IOError	输入/输出异常，如打开不存在的文件
ImportError	导入模块或包异常，如指定的模块不存在
IndentationError	代码缩进不正确时引发的异常
IndexError	对序列进行操作时，尝试使用一个超出范围的下标索引时引发的异常
KeyError	在字典中访问不存在的键时引发的异常
NameError	访问未定义或未初始化的变量时引发的异常
SyntaxError	代码中存在语法错误时引发的异常
TypeError	数据类型错误时引发的异常
ValueError	数值错误，给函数传递了一个不期望的值，如 int('abc')，参数'abc'不能转变为数值
ZeroDivisionError	零作除数时产生的异常
OSError	调用操作系统完成某些功能失败时产生的异常
TypeError	对类型无效的操作引发的异常

【例 4-1】　NameError 和 ZeroDivisionError 异常的示例。

```
> a = 3
> b = 0
> print(a + c)
Traceback (most recent call last):
  File "<pyshell#156>", line 1, in <module>
    print(a + c)
NameError: name 'c' is not defined
> print(a / b)
Traceback (most recent call last):
  File "<pyshell#157>", line 1, in <module>
    print(a / b)
ZeroDivisionError: division by zero
```

【例 4-2】　SyntaxError 和 IndexError 异常的示例。

```
> if a > b
SyntaxError: invalid syntax
```

if 条件后缺少了冒号“:”，属于语法错误。

```
> ls = [1,2,3,4,5]
> print(ls[5])
```

```
Traceback (most recent call last):
  File "<pyshell#160>", line 1, in <module>
    print(ls[5])
IndexError: list index out of range
```

更多例子请大家自己上机进行测试。

4. 异常处理语句

为了提高程序的健壮性，多数高级程序设计语言都具有异常处理机制，Python 也不例外。良好的异常处理机制可以让程序面对非法输入时有一定的应对能力，清晰的错误信息更能帮助程序员快速修复问题。

Python 使用 try-except 来捕获异常。异常可以通过 try 语句来检测。任何在 try 语句块里的代码都会被检测，以检查有无异常发生[2~4]。

try 语句有两种主要形式：try-except 和 try-finally。这两个语句是互斥的，也就是说，只能使用其中一种。一个 try 语句可以对应一个或多个 except 子句，但只能对应一个 finally 子句，或者用于一个 try-except-finally 复合语句。

可以使用 try-except 语句检测和处理异常，也可以添加一个可选的 else 子句来处理没有检测到异常时要执行的代码。而 try-finally 语句只允许检测异常并做一些必要的清除工作（无论发生错误与否），没有任何异常处理措施。

Python 的异常处理用 try-except 语句实现，将可能出现错误的代码放在 try 语句块中，用 except 子句来捕获异常并进行处理。

异常处理的基本逻辑是，让可能产生异常的代码正常地在 try 语句块中运行。关键字 except 后是异常类型，用 except 子句来捕获并处理异常。

基本语法如下：

```
try:
    <语句块>
except <异常类型> [as e1]:
    <异常处理语句块 1>
[except <异常类型> [as e2]:
    <异常处理语句块 2>]
[else:
    <语句块>]
[finally:
    <语句块>]
```

try-except 语句的执行顺序：执行 try 子句中的语句块（在关键字 try 和关键字 except 之间的语句），如果没有异常发生，又有 else 子句，就执行 else 子句的代码；否则，执行 try 语句之后的代码。如果在执行 try 子句中的语句块的过程中发生了异常，那么 try 子句的语句块中余下的部分将被忽略。如果异常的类型和关键字 except 之后的异常类型相符，则对应的 except 子句将被执行，以完成异常处理。然后执行 try 语句之后的代码，程序不会中断。如果异常不能与所有 except 子句的异常类型匹配，则该异常会被传递到上层的 try 语句中处理，如果上层的 try 语句没有处理异常或上层没有使用 try 语句，则程序中断执行。如果有 finally 子句，无论 try 子句是否产生异常，finally 子句中的语句都会被执行。

1）带有单个 except 子句的 try 语句

带有单个 except 子句的 try-except 语句的基本语法如下：

```
try:
    <语句块>  #检测异常
except <异常类型> [as e]:
    <异常处理语句块>   #处理异常
```

[as e]可以省略，如果没有省略的话，注意，as 是关键字，e 是参数，名字由用户定义。具体来说，e 为异常类实例，其中包含了异常信息，可以用 print()来输出异常信息。

【例 4-3】 省略 except 语句中的[as e]，此时程序员不清楚导致异常的原因。

```
#try-except 语句
try:
    a = 4
    b = 0
    c = a / b
except ZeroDivisionError:
    print("ZeroDivisionError 类型错误")
```

```
ZeroDivisionError 类型错误
```

说明：以上代码输出的信息“ZeroDivisionError 类型错误”是由程序员自己给出的（print 语句输出的结果），但并不清楚此类异常是什么原因导致的，这对后续程序的修改不能起到相应的提示作用！

【例 4-4】 通过 except 语句的[as e]将异常信息输出。

```
#try-except 语句，通过参数 e 可以输出产生异常的原因！
try:
    a = 4
    b = 0
    c = a / b
except ZeroDivisionError as e:
    print("ZeroDivisionError 类型错误，错误的原因是：",e)
```

```
ZeroDivisionError 类型错误，错误的原因是： division by zero
```

异常参数：一个异常可以带上参数，而此参数可以作为异常信息输出。如例 4-4 中定义了一个“ZeroDivisionError”异常，参数是 e，通过输出异常参数的值可以清楚地知道产生异常的原因是 0 作了除数。下面的例子也是带异常参数的情况。

```
try:
    f = open('hp', 'r')
except IOError as e:
    print('could not open file：原因是', e)
```

```
could not open file：原因是 [Errno 2] No such file or directory: 'hp'
```

【例 4-5】 异常与 except 子句的异常类型不匹配。

```
try:
    a = 3
    b = 0
    c = a / b     # 0 作了除数
except ValueError as e:
    #发生的异常与 except 给出的异常类型 ValueError 不匹配，注意观察输出的错误信息是什么
    print("错误的原因是：",e)
```

```
Traceback (most recent call last):
  File "D:\789\lx.py", line 4, in <module>
    c = a / b     # 0 作了除数
ZeroDivisionError: division by zero
```

说明：在执行 try 子句的过程中，如果发生的异常不能与 except 子句的异常类型匹配，则对应的 except 子句不被执行，即“print("错误的原因是：",e)”不会被执行，程序将直接中断运行并抛出异常。

2）带有多个 except 子句的 try 语句

这种格式的 except 子句检测指定“异常类型”名的异常，可以把多个 except 子句连接在一起，处理一个 try 语句块中可能发生的多种异常，其基本语法如下：

```
try:
    <语句块>
except <异常类型> [as e1]:
    <异常处理语句块 1>
[except <异常类型> [as e2]:
    <异常处理语句块 2>]
        ...
[except <异常类型> [as en]:
    <异常处理语句块 n>]
```

【例 4-6】 从键盘输入两个整数，求其相除的结果。

```
try:
    a = input("请输入被除数：")
    b = input("请输入除数：")
    c = int(a) / int(b)
```

```
except ValueError as e:
    print("ValueError 类型错误，原因：",e)
except ZeroDivisionError as e:
    print("ZeroDivisionError 类型错误，原因：",e)
```

（1）程序运行后分别输入数 6 和 3，无异常信息输出：

```
请输入被除数：6
请输入除数：3
```

（2）程序运行后分别输入数 4 和 0，由于 0 作了除数，此时会抛出异常：

```
请输入被除数：4
请输入除数：0
ZeroDivisionError 类型错误，原因：  division by zero
```

（3）程序运行后分别输入 abc 和 3，由于 int()函数的本意是把由数字构成的字符串还原为数值，但这里输入了 abc，因此，系统抛出异常：

```
请输入被除数：abc
请输入除数：3
ValueError 类型错误，原因：  invalid literal for int() with base 10: 'abc'
```

【例 4-7】 理解"如果在执行 try 子句的过程中发生了异常，那么 try 子句余下的部分将被忽略"。

```
#如果在执行 try 子句的过程中发生了异常，那么 try 子句余下的部分将被忽略
try:
    a = input("请输入被除数：")
    b = input("请输入除数：")
    c = int(a) / int(b)
    print("a = ",a)
    print("b = ",b)
    print("a/b = ",c)
except ValueError as e:
    print("ValueError 类型错误，原因：",e)
except ZeroDivisionError as e:
    print("ZeroDivisionError 类型错误，原因：",e)
```

请运行以上程序，分别输入 4 和 2、4 和 0、a 和 3，观察输出的结果（包含异常信息）。

3）处理多个异常的 except 子句

可以在一个 except 子句里处理多个异常，但前提是多个异常必须被放入一个元组里。其基本语法格式如下：

```
try:
    <语句块>
except (<异常类型 1[, 异常类型 2,…, 异常类型 n]>) [as e]:
    <异常处理语句块>
```

【例 4-8】 一个 except 子句可以同时处理多个异常，这些异常将被放到一个括号

里组成元组。

```
try:
    a = int(input("请输入除数："))
    b = int(input("请输入被除数："))
    c = "acv"
    print(a/b)
    print(a+b)
    print(b+c)
except (ZeroDivisionError,TypeError,ValueError) as e:
    #捕获多个异常，用元组表示多个异常
    print(e)
```

（1）程序运行后分别输入数 5 和 0，由于 0 作了除数，此时会抛出异常：

```
请输入被除数：5
请输入除数：0
division by zero
```

（2）程序运行后分别输入数 5 和 3，由于 3 不能和"acv"相加，此时会抛出异常：

```
请输入被除数：5
请输入除数：3
1.6666666666666667
8
unsupported operand type(s) for +: 'int' and 'str'
```

4）try-else-except 语句

带有 else 子句的 try-except 语句的基本语法如下：

```
try:
    <语句块>
except <异常类型> [as e1]:
    <异常处理语句块 1>
[except <异常类型> [as e2]:
    <异常处理语句块 2>]
[else:
    <语句块>]
```

如果 try 子句中没有发生任何异常，将执行 else 子句的代码块，即不抛出任何异常。

【例 4-9】　带有 else 子句的 try-except 语句执行情况的分析。

```
#如果在执行 try 子句的过程中发生了异常，那么 try 子句余下的部分将被忽略
try:
    a = input("请输入被除数：")
    b = input("请输入除数：")
    c = int(a) / int(b)
except ValueError as e:
    print("ValueError 类型错误，原因：",e)
```

```
except ZeroDivisionError as e:
    print("ZeroDivisionError 类型错误，原因：",e)
else:
    #没有发生任何异常，执行 else 子句
    print("两个数相除的结果是：",c)
```

请运行程序，分别输入 6 和 2、5 和 0、2 和 b，观察输出的结果（包含异常信息）。

【例 4-10】 理解“没有异常发生的情况”的确切含义。

```
#try-except-else 语句
try:
    a = eval(input("请输入 a 的值："))
    b = eval(input("请输入 b 的值："))
    print("a / b = ", a / b)
except ZeroDivisionError as e:
    print("ZeroDivisionError 类型错误，原因是：",e)
except ValueError as e:
    print("ValueError 类型错误，原因是：",e)
else:
    #没有异常发生执行 else 子句。注意：这里的异常不仅是 except 列出的异常类型
    print("没有异常，执行 else 子句！")
```

运行程序，根据输入数据的不同，输出如下不同的信息（包含异常信息）。

（1）没有异常发生，执行 else 子句：

```
请输入 a 的值：4
请输入 b 的值：2
a/b=2.0
没有异常，执行 else 子句！
```

（2）发生了 except 子句列出的异常，不执行 else 子句：

```
请输入 a 的值：4
请输入 b 的值：0
ZeroDivisionError 类型错误，原因是：  division by zero
```

（3）发生的是 except 子句未列出的异常，还是不执行 else 子句：

```
请输入 a 的值：3
请输入 b 的值：b
Traceback (most recent call last):
  File "D:\789\lx.py", line 3, in <module>
    b = eval(input("请输入 b 的值："))
  File "<string>", line 1, in <module>
NameError: name 'b' is not defined
```

（4）发生的还是 except 子句未列出的异常，仍然不执行 else 子句：

```
请输入 a 的值：c
Traceback (most recent call last):
  File "D:\789\lx.py", line 2, in <module>
    a = eval(input("请输入 a 的值："))
  File "<string>", line 1, in <module>
NameError: name 'c' is not defined
```

5）Exception 类型异常

如果不确定异常类型，可以使用 Exception 类捕获任意类型的异常。其语法格式如下：

```
try:
    <语句块>
except Exception [as e]:
    <异常处理语句块>
```

注意：“Exception”为关键字，第一个字母必须大写。

【例 4-11】 使用 Exception 类捕获任意类型的异常。

```
a = input("请输入 a 的值：")
try:
    r = 1/int(a)
    print("r = ",r)
except Exception as e:
    print("异常是：", e)
```

程序运行后根据输入的数据不同，得到不同的输出信息（包括异常信息）。

（1）未发生异常：

```
请输入 a 的值：3
r =   0.3333333333333333
```

（2）发生了 0 作除数的异常：

```
请输入 a 的值：0
异常是：   division by zero
```

（3）int()函数无法对非数字字符串进行转换，因此发生了异常：

```
请输入 a 的值：b
异常是：   invalid literal for int() with base 10: 'b'
```

带有 Exception 类的 except 子句可捕获任何异常。

既然通过使用 Exception 类可以捕获任何异常，那是不是可以用 Exception 类来取代其他类型的异常呢？一般情况下请不要这样做，因为使用 Exception 类捕获异常的效率非常低。另外，使用特定类型的异常可以准确分析异常类型，更好地完成异常处理和程序修正[5]。

捕获 Exception 类型异常的 except 子句应该写在捕获准确类型异常的 except 子句之后，否则捕获不到准确类型的异常，对应的 except 子句不起作用。例如：

```
a = input("请输入 a 的值：")
b = input("请输入 b 的值：")
try:
    r = eval(a) / eval(b)
```

```
    w = eval(a) + eval(b)
    print("r = ",r)
    print("w = ",w)
except ValueError as e:
    print("ValueError 类型异常，原因是：", e)
except ZeroDivisionError as e:
    print("ZeroDivisionError 类型异常，原因是：", e)
except Exception as e:
    print("其他异常，原因是：", e)
```

运行后根据输入数据的不同会输出不同的信息。

（1）程序正常执行，未抛出异常：

```
请输入 a 的值：4
请输入 b 的值：2
r =  2.0
w =  6
```

（2）抛出一个确定的异常：

```
请输入 a 的值：4
请输入 b 的值：0
ZeroDivisionError 类型异常，原因是：  division by zero
```

（3）抛出程序员编程时未知的异常：

```
请输入 a 的值：3
请输入 b 的值：c
其他异常，原因是：  name 'c' is not defined
```

（4）抛出程序员编程时未知的异常：

```
请输入 a 的值：4
请输入 b 的值：b
其他异常，原因是：  unsupported operand type(s) for /: 'int' and 'str'
```

思考：请仔细理解后两种情况，为什么它们抛出的是两种不同的异常？

说明：应先捕获类型明确的异常，如 ValueError 或 ZeroDivisionError 类型的异常，再捕获其他未知异常，以便于分析处理异常和修正程序错误。

6）try-finally 语句

其基本语法格式如下：

```
try:
    <语句块 1>
finally:
    <语句块 2>
```

该语句执行流程说明：

（1）如果在执行语句块 1 时没有捕获异常，则执行语句块 2 的代码。

（2）如果捕获到异常，则先执行语句块 2 的代码，然后让解释器进行异常处理。总之，无论如何都会执行语句块 2 的代码。

【例 4-12】　try-finally 语句。

```
#try-finally 语句
try:
    a = eval(input("请输入 a 的值："))
    print("a 的倒数为：", 1 / a)
finally:
    #无论是否捕获异常，此语句都将被执行
    print("finally，结束了！")
```

无论是否捕获异常，finally 后的语句都会被执行，仔细观察以上程序运行后输出的信息。

（1）没有发生异常，执行了关键字 finally 后的语句：

```
请输入 a 的值：2
a 的倒数为：  0.5
finally，结束了！
```

（2）发生了异常，还是执行了关键字 finally 后的语句，之后再抛出异常信息：

```
请输入 a 的值：0
finally，结束了！
Traceback (most recent call last):
  File "D:\789\lx.py", line 3, in <module>
    print("a 的倒数为：", 1 / a)
ZeroDivisionError: division by zero
```

7）try-except-finally 语句

其基本语法格式如下：

```
try:
    <语句块 1>
except:
    <语句块 2>
finally:
    <语句块 3>
```

该语句执行流程说明：

（1）如果 try 语句块没有捕获异常，则执行 finally 子句。

（2）如果 try 语句块捕获了异常，则先处理异常，然后执行 finally 子句。

总之，无论如何都会执行 finally 子句。

【例 4-13】　try-except-finally 语句的执行情况分析。

```
try:
    a = eval(input("请输入 a 的值："))
    print("a 的倒数为：", 1 / a)
except ZeroDivisionError as e:
    print("ZeroDivisionError 类型错误，原因是：",e)
finally:
```

```
    #有无异常都要执行关键字 finally 后的语句！
    print("哈哈，都要执行 finally！")
```

无论是否捕获异常，关键字 finally 后的语句都会被执行，仔细观察以上程序运行后的结果。

（1）没有发生异常，执行了关键字 finally 后的语句：

```
请输入 a 的值：2
a 的倒数为： 0.5
哈哈，都要执行 finally！
```

（2）发生了一个确定的异常，还是要执行关键字 finally 后的语句，然后再抛出异常：

```
请输入 a 的值：0
ZeroDivisionError 类型错误，原因是： division by zero
哈哈，都要执行 finally！
```

（3）发生了一个程序员不能确定的异常，但是仍然要执行关键字 finally 后的语句，然后抛出异常：

```
请输入 a 的值：b
哈哈，都要执行 finally！
Traceback (most recent call last):
  File "D:\789\lx.py", line 2, in <module>
    a = eval(input("请输入 a 的值："))
  File "<string>", line 1, in <module>
NameError: name 'b' is not defined
```

8）try-except-else-finally 语句

其基本语法格式如下：

```
try:
    <语句块 1>
except:
    <语句块 2>
else:
    <语句块 3>
finally:
    <语句块 4>
```

该语句执行流程说明：

（1）如果 try 语句块没有捕获异常，则执行 else 和 finally 子句。

（2）如果 try 语句块捕获了异常，则先处理异常，然后执行 finally 子句，此时不执行 else 子句。

总之，无论如何都会执行 finally 子句。

【例 4-14】 try-except-else-finally 语句的执行情况分析。

```
try:
    a = eval(input("请输入 a 的值："))
    b = eval(input("请输入 b 的值："))
    print("a / b = ", a / b)
```

```
except ZeroDivisionError as e:
    print("ZeroDivisionError 类型错误，原因是：",e)
except ValueError as e:
    print("ValueError 类型错误，原因是：",e)
else:
    #没有异常才执行 else 子句！
    print("没有异常，执行 else 子句！ ")
finally:
    #有无异常都要执行 finally 子句！
    print("嘻嘻，我最大，还是要执行 finally！")
```

无论是否捕获异常，关键字 finally 后的语句都会被执行。仔细理解以上程序运行后的输出信息，将会发现，无论在什么情况下，关键字 finally 后的语句都会被执行。

（1）没有发生异常，else 子句和 finally 子句都要执行：

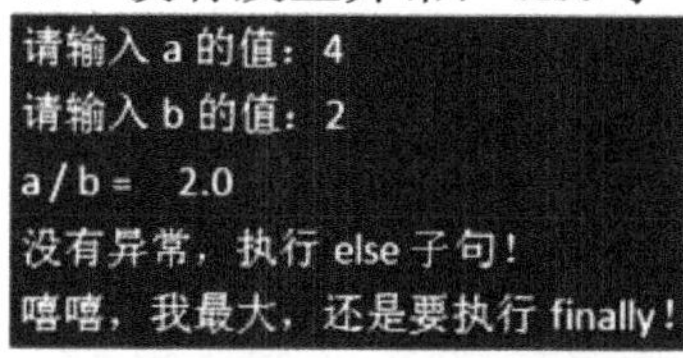

（2）发生了一个确定的异常，还是要执行 finally 子句，然后抛出异常：

```
请输入 a 的值：4
请输入 b 的值：0
ZeroDivisionError 类型错误，原因是：   division by zero
嘻嘻，我最大，还是要执行 finally！
```

（3）发生了一个程序员不能确定的异常，但是仍然要执行 finally 子句，然后抛出异常：

```
请输入 a 的值：4
请输入 b 的值：b
嘻嘻，我最大，还是要执行 finally！
Traceback (most recent call last):
  File "D:\789\lx.py", line 3, in <module>
    b = eval(input("请输入 b 的值："))
  File "<string>", line 1, in <module>
NameError: name 'b' is not defined
```

Python 的异常处理，除了 try 子句和 except 子句，另外两个可选的子句 else 和 finally 应该放在所有的 except 子句之后。如果 else 子句和 finally 子句同时出现，finally 子句应该放在最后。如果任何异常都没有发生（包括 except 列出的和未列出的异常），则执行 else 子句中的代码块。无论 try 子句是否发生异常，finally 子句中的代码块都会被执行。finally 子句中的代码一般用于处理无论 try 子句运行正常与否都需要执行的清理工作，如关闭数据库连接。

示例程序：

```
a = input('请输入变量 a:')
```

```
try:
    r = 10 / int(a)
    print('结果是:', r)
except ValueError as e:
    print('ValueError 类型异常，原因:', e)
except ZeroDivisionError as e:
    print('ZeroDivisionError 类型异常，原因:', e)
else:
    print('执行了 else 子句')
finally:
    print('执行了 finally 子句')
```

运行以上程序后根据输入数据的不同，输出的信息有所不同。

（1）如果输入 a 的值为'abc'字符串，输出结果为：

```
ValueError 类型异常，原因：invalid literal for int() with base 10: 'abc'
执行了 finally 子句
```

说明：执行 int(a)函数调用时，传入函数不期望的数据，因此发生了 ValueError 类型异常，即使有异常发生，finally 子句也会被执行。

（2）如果输入 a 的值为字符串'1'，输出的结果为：

```
结果是：10.0
执行了 else 子句
执行了 finally 子句
```

说明：try 子句正常执行，没有发生异常，从结果可以看出，else 子句和 finally 子句都被执行了。

9）raise 语句

在编程过程中，可以利用 Python 提供的 raise 语句抛出异常。使用 raise 语句时，一般需要应用某种异常类型生成异常实例，如直接使用 raise 语句抛出一个指定的异常。

```
> raise NameError('NameError')
Traceback (most recent call last):
  File "<pyshell#163>", line 1, in <module>
    raise NameError('NameError')
NameError: NameError
```

示例程序：

```
try:
    raise NameError('NameError')
except NameError as e:
    print(e)
```

```
NameError
```

也可以直接使用 raise 语句将当前异常抛出。例如：

```
#raise 语句的使用
try:
    try:
        a = 1/0
    except ZeroDivisionError as e:
        print("内层异常：", e)
        raise
        #前后对比，理解 raise 语句的作用
except ZeroDivisionError as e:
    print("外层异常：", e)
```

```
内层异常：  division by zero
外层异常：  division by zero
```

```
#没有 raise 语句
try:
    try:
        a = 1/0
    except ZeroDivisionError as e:
        print("内层异常：", e)
        #raise
except ZeroDivisionError as e:
    print("外层异常：", e)
```

```
内层异常：  division by zero
```

对比以上两段代码，可以看出，内层 try 语句用 raise 语句将异常原样抛给外层 try 语句。

raise 是关键字，主动触发一个错误。

4.2　断言

1. 什么是断言

断言（assert）是一个调试工具，用来检查代码的正确性。它用来判断一个条件，如果条件为真，说明断言成功，则不采取任何措施，即不抛出异常；否则（条件不成立），触发 AssertionError（断言错误）的异常[6,7]。

Python 中的断言语法简洁，使用方便，可以在 assert 后面加任意判断条件，如果条件为假，说明断言失败，则会抛出异常。

```
> assert 1 == 1
```

执行以上命令无任何输出。

```
> assert 1 == 2
```

```
Traceback (most recent call last):
  File "<pyshell#165>", line 1, in <module>
    assert 1 == 2
AssertionError
```

2. assert 语句的语法格式

assert 语句的语法格式如下：

```
assert expression [, arguments]   # assert  表达式  [, 参数]
```

assert 的异常参数 arguments，其实就是在断言表达式后添加的字符串信息，用来解释断言，帮助程序员知道是哪里出了问题。

说明：

（1）如果省略参数[, arguments]，当表达式的值为假时，就会抛出 AssertionError 异常，等同于如下代码：

```
> if not assert_condition:
    raise AssertionError
```

（2）如果带有参数[, arguments]，当表达式的值为假时，由异常参数 arguments 来描述异常信息，即由程序员自己给出异常信息。

【例 4-15】 assert 语句省略参数[, arguments]示例（一）。

```
> assert 2==1
Traceback (most recent call last):
  File "<pyshell#166>", line 1, in <module>
    assert 2 == 1
AssertionError
```

【例 4-16】 assert 语句省略参数[, arguments]示例（二）。

```
> ls = [1,2,3,4,5,6]
> assert len(ls) >= 7
Traceback (most recent call last):
  File "<pyshell#168>", line 1, in <module>
    assert len(ls) >= 7
AssertionError
```

【例 4-17】 assert 语句省略参数[, arguments]示例（三）。

```
>assert isinstance(2, int)    #这句的条件为真
>assert isinstance("2", int)  #这句的条件为假
Traceback (most recent call last):
  File "<pyshell#170>", line 1, in <module>
    assert isinstance("2", int)
AssertionError
```

说明：isinstance(object,classinfo)是 Python 的一个内置函数，用于判断一个对象是否是一个已知的类型，如果 object 的类型与 classinfo 相同，则返回 True；否则，返回 False。

如果省略参数[, arguments]，则只知道哪里出现了问题，但不知道出现了怎样的问题，不便于我们对程序进行修改。因此，为了方便快速地知道错误的原因，最好在

assert 语句中加上异常参数。

【例 4-18】　带异常参数的 assert 示例（一）。

```
> assert 2==1," 2 不等于 1！"
Traceback (most recent call last):
  File "<pyshell#171>", line 1, in <module>
    assert 2==1," 2 不等于 1！"
AssertionError:  2 不等于 1！
```

【例 4-19】　带异常参数的 assert 示例（二）。

```
> ls = [1,2,3,4,5,6]
> assert len(ls) >= 7, "列表 ls 中元素个数小于 7"
Traceback (most recent call last):
  File "<pyshell#173>", line 1, in <module>
    assert len(ls) >= 7, "列表 ls 中元素个数小于 7"
AssertionError: 列表 ls 中元素个数小于 7
```

由于条件“len(ls) >= 7”不成立，所以，抛出了异常。如果条件成立，则正常执行代码。

AssertionError 异常和其他的异常一样可以用 try-except 语句捕获，但是如果没有被捕获，则将中止程序运行而且提供一个 Traceback，例如：

```
#无 try-except 语句捕获异常
a = input("请输入一个数字而非字符串：")
b = int(a) * 2
print("{}*2={}".format(a,b))
```

```
请输入一个数字而非字符串：abc
Traceback (most recent call last):
  File "D:\789\lx.py", line 2, in <module>
    b = int(a) * 2
ValueError: invalid literal for int() with base 10: 'abc'
```

4.1 节介绍了用 try-except 语句来捕获异常，这里我们来回顾一下。

【例 4-20】　用 try-except 语句来捕获异常。要求输入一个数值进行运算，如果输入的是一个非数值数据，则抛出异常。

```
a = input("请输入一个数字而非字符串：")
try:
    b = int(a) * 2
    print("{}*2={}".format(a,b))
except Exception as e:
    print("异常原因是：", e)
```

```
请输入一个数字而非字符串：s
异常原因是：  invalid literal for int() with base 10: 's'
```

以上程序也可以通过使用 assert 语句来实现。

【例 4-21】　用不带参数的 assert 语句实现。要求输入一个数值进行运算，如果输入的是一个非数值数据，则抛出异常。

```
#用来检查一个条件，如果条件为真，就不作任何处理；如果条件为假，则抛出 AssertError 异常。
a = input("请输入一个数字而非字符串：")
assert str(a). isdigit()
b = int(a) * 2
print("{}*2={}".format(a,b))
```

```
请输入一个数字而非字符串：s
Traceback (most recent call last):
  File "D:\789\lx.py", line 2, in <module>
    assert str(a). isdigit()
AssertionError
```

当然，输出的异常信息也可以通过 assert 语句给出。

【例 4-22】 用带参数的 assert 语句实现。要求输入一个数值进行运算，如果输入的是一个非数值数据，则抛出异常，异常信息由程序员自己定义。

```
a = input("请输入一个数字而非字符串：")
assert str(a).isdigit(),"错了，输入的是非数值了！"
b = int(a) * 2
print("{}*2={}".format(a,b))
```

运行后的情况分析：

（1）输入数字 3 符合要求，没有出现异常：

```
请输入一个数字而非字符串：3
3*2=6
```

（2）输入了一个字母 s，不符合要求，抛出了异常，但异常的信息是程序员自己定义的：

```
请输入一个数字而非字符串：s
Traceback (most recent call last):
  File "D:\789\lx.py", line 2, in <module>
    assert str(a).isdigit(),"错了，输入的是非数值了！"
AssertionError: 错了，输入的是非数值了！
```

（3）输入了一个分号，不符合要求，抛出了异常，但异常的信息是程序员自己定义的：

```
请输入一个数字而非字符串：;
Traceback (most recent call last):
  File "D:\789\lx.py", line 2, in <module>
    assert str(a).isdigit(),"错了，输入的是非数值了！"
AssertionError: 错了，输入的是非数值了！
```

3. assert 语句的使用

assert 语句本身起到了很好的注释作用，如下面的这句注释就可以用 assert 语句来实现。

```
# 注意：这里的 n 要满足 n > 2
```

这句注释其实可以通过添加断言来确保 n 满足条件：

```
> assert n > 2  #如果 n>2 成立，说明断言成功，不抛出异常；否则，就会抛出异常
```

assert 语句主要用于以下方面[8]：

（1）防御型的编程。

（2）运行时检查程序逻辑。

（3）检查约定。

（4）程序常量。

（5）检查文档。

如果能够确定代码是正确的，那就没有必要使用 assert 语句了，因为 assert 语句是针对运行过程中可能出错的情况进行检查的；如果确定检查会失败，那么不用 assert 语句，代码就会通过编译并忽略检查。但也不要滥用 assert 语句，因为 assert 语句是用来检查非常罕见的问题的，assert 语句太多就降低了代码的可读性。

4.3 日志

在现实生活中，记录日志是非常重要的。例如，无论是支付宝还是微信支付，它们都有支付记录，我们可以通过查看支付记录来了解支付详情。

对于系统开发、调试及运行，记录日志也同样重要。如果没有记录日志，在程序崩溃时几乎没办法弄明白到底发生了什么事情。如果有日志，通过查看分析日志记录，可以查找到问题，进而解决问题。好的日志是应用程序调试、质量跟踪的重要线索，因此，在应用开发过程中，应当养成良好的记录日志的习惯。Python 内建了 logging 模块，可以使用该模块生成高质量的应用程序日志。

利用 logging 模块提供的 debug()、info()、warning()、error()和 critical()，可以方便地完成日志记录[9]。

1. logging 模块构成

logging 模块主要分为如下四个部分。

Logger：提供日志接口，供应用程序使用。配置和发送日志消息是 Logger 最常用的两类操作。可以通过 logging.getLogger(name)获取 Logger 对象，如果不指定 name，则返回 root 对象（见下面的代码）；如果多次使用相同的 name 调用 getLogger()方法，将返回同一个 Logger 对象。

```
> import logging
> logging.getLogger()
<RootLogger root (WARNING)>
```

Handler：将 Logger 产生的日志传到指定位置。一个 Logger 对象可以通过 addHandler 方法添加零个或多个 Handler，每个 Handler 又可以定义不同的日志级别，以实现日志分级过滤显示。StreamHandler 和 FileHandler 比较常用，其中，StreamHandler 将日志输出到控制台，而 FileHandler 将日志写入文件中。

Filter：对输出日志进行过滤。

Formatter：指定日志记录输出的具体格式。Formatter 的构造方法需要两个参数——

消息的格式字符串和日期字符串，这两个参数都是可选的。

2. 相互关系

（1）Logger 可以包含一个或多个 Handler 和 Filter，即 Logger 与 Handler 或 Fitler 是一对多的关系。

（2）Handler 可以包含一个或多个 Filter，但只能包含一个 Formatter，即 Handler 与 Filter 是一对多的关系，与 Formatter 是一对一的关系。

（3）Filter 可以被多次包含在 Logger 和 Handler 中。

（4）Formatter 只能被包含在 Handler 中，不能被包含在 Logger 中，并且只能有一个 Formatter 被包含在 Handler 中。

3. 日志级别

logging 模块将日志分成五个等级，从低到高分别是：DEBUG→INFO→WARNING→ERROR→CRITICAL，如表 4-2 所示。

DEBUG：等级最低，用来打印一些调试信息。

INFO：输出正常信息，用来打印一些正常的操作。

WARNING：用来打印警告信息。

ERROR：用来打印一些错误信息。

CRITICAL：用来打印一些致命的错误信息，等级最高。

表 4-2 日志级别

级　别	使 用 描 述
DEBUG	记录详细的信息，调试代码时使用
INFO	确认一切按预期运行
WARNING	表明发生了一些意外，或在不久的将来会发生问题（如磁盘空间不足）。程序还在正常运行
ERROR	由于一些错误问题，程序已不能执行一些功能
CRITICAL	严重错误，表明程序已不能继续运行

日志的五个等级分别对应五种打印日志的方式：logger.debug()、logger.info()、logger.warning()、logger.error()、logger.critical()。默认的输出等级是 WARNING 级别，也就是 WARNING 级别及其以上的日志才会被输出。如果日志输出级别设置为 DEBUG，则表明所有的日志都将被输出。

在下面的例子中，日志级别通过 logging.basicConfig()进行设置。由于在 logging.basicConfig()配置中的 level 的值（level 值表示日志的输出等级）被设置为 logging.WARNING，所以，只有 WARNING、ERROR、CRITICAL 级别的日志才会被打印，默认打印到控制台上[10]。

```
#logging 模块的使用
import logging
#设置日志输出级别为“WARNING”，则只有该级别或以上级别的日志才会被输出！
logging.basicConfig(level=logging.WARNING,
```

```
    format='%(asctime)s - %(filename)s[line:%(lineno)d] - %(levelname)s: %(message)s')
# use logging
logging.info('this is a loggging info message')
logging.debug('this is a loggging debug message')
logging.warning('this is loggging a warning message')
logging.error('this is an loggging error message')
logging.critical('this is a loggging critical message')
```

```
2018-11-09 20:50:14,208 - lx.py[line:8] - WARNING: this is loggging a warning message
2018-11-09 20:50:14,216 - lx.py[line:9] - ERROR: this is an loggging error message
2018-11-09 20:50:14,223 - lx.py[line:10] - CRITICAL: this is a loggging critical message
```

如果将以上程序中的配置代码修改为：logging.basicConfig(level=logging.DEBUG,…)，则所有的日志信息都将被输出。

如果设置 level = logging.INFO，则 DEBUG 级别的信息不会被打印输出。

4. 日志输出格式说明

在 logging.basicConfig()配置函数中，除了可以配置日志级别，也可以配置日志的输出格式。日志的输出格式由参数 format 指定，通过设置这个参数可以输出很多有用的信息。表 4-3 列出了常用的 format 格式。

表 4-3　常用的 format 格式

格　式	描　述
%(levelno)s	打印代表日志级别的数值
%(levelname)s	打印日志级别的名称（DEBUG、INFO、WARNING、ERROR、CRITICAL）
%(pathname)s	打印当前执行程序的路径
%(filename)s	打印当前执行程序名
%(funcName)s	打印日志的当前函数
%(lineno)d	打印日志的当前行号（在代码中所在的行号）
%(asctime)s	打印日志的时间
%(thread)d	打印线程 ID
%(threadName)s	打印线程名称
%(process)d	打印进程 ID
%(message)s	打印日志信息，如果没有设置此参数，则日志信息不会被输出（无论是控制台上还是文件中，都不会有日志信息输出）

请结合前面的例子来理解和测试。

5. 日志输出

有两种方式来记录跟踪日志，一种是输出到控制台上，另一种是记录到文件中，形成日志文件。

1）将日志输出到控制台上

```
#logging 模块的使用
```

```
import logging
#将日志打印到控制台上
logging.debug('debug 信息')
#由于默认设置的等级是“WARNING”，所以只有“warning”的信息会输出到控制台上！
logging.warning('只有这个会输出……')
logging.info('info 信息')
```

```
WARNING: root: 只有这个会输出……
```

可以通过 logging.basicConfig()函数设置打印日志的等级。

```
#logging 模块的使用
#使用 logging.basicConfig()函数设置打印日志的等级
import logging
#设置打印日志的级别
logging.basicConfig(level=logging.INFO)
#将日志打印到控制台上
logging.debug('debug 信息')
logging.warning('只有这个会输出……')
logging.info('info 信息')
```

```
WARNING: root: 只有这个会输出……
INFO: root:info 信息
```

由于输出日志的级别依次为 DUBUG→INFO→WARNING，因此，只有“.warning”和“.info”两个信息将被输出到控制台上。

logging.basicConfig()函数实现打印日志的基础配置，它提供了非常便捷的方式来配置 logging 模块，通过传入不同的参数实现不同的配置功能。logging.basicConfig()函数的语法格式如下：

```
logging.basicConfig(level=logging.DEBUG,
            filename='new.log',
            filemode='a',
             format= '%(asctime)s - %(filename)s[line:%(lineno)d] - %(levelname)s: %(message)s'
            )
```

函数各参数的含义如下：

level：设置日志级别，默认为 logging.WARNING，即 WARNING 级别。

filename：指定日志文件名，日志文件的扩展名为.log。

filemode：指定日志文件的打开模式，包括'w'和'a'。'w'为写模式，每次都会重新写日志，覆盖之前的日志。'a'为追加模式，filemode 默认为追加模式。

如果在 logging.basicConfig()中设置 filename 和 filemode，则只会将日志保存到文件中，不会输出到控制台上。

format：指定输出的格式和内容，通过设置 format，可以输出很多有用信息。

有关 logging.basicConfig()更详细的使用可通过命令“help(logging)”进行查阅。

```
> import logging
> help(logging)
```

2）将日志输出到文件中

在 logging.basicConfig()函数中，通过设置输出文件（.log 文件，也可以是.txt 文件）的文件名和写文件的模式（'w'或'a'），就能将日志信息写入日志文件中。但有一点必须要注意：如果在 logging.basicConfig()函数中要传入 format 参数，就必须要有“%(message)s”，否则，logging.debud()、logging.info()、logging.warning()、logging.error()、logging.critical()的相关信息无法写入日志文件中，也不能输出到控制台上。这一点请一定要注意。

```
#logging 模块的使用
#使用 logging.basicConfig()函数设置打印日志的等级
import os
import logging
path = r'D:\python\PythonEXample\jiaocai'
os.chdir(path)
#设置打印日志的级别
logging.basicConfig(
            level=logging.INFO,
              filename='chapter4_4_3_5.log',
              filemode='w', #写模式
              #末尾“\”为续行符
              format='levelname: %(levelname)s--进程 ID %(process)d-- \
              filename: %(filename)s \n %(levelname)s:%(message)s',
             #没有打印日志时间的选项%(asctime)s，因此，datefmt 设置不起作用！
              datefmt='[%d/%b/%Y %H:%M:%S]'
             )
logging.debug('this is a loggging debug message！')
logging.info('这是 info 信息！')
```

打开文件指定路径下的日志文件“chapter4_4_3_5.log”，显示如下结果：

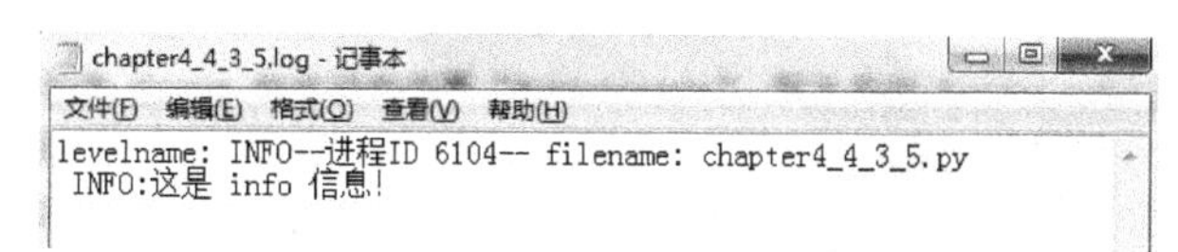

注意：如果 format 格式没有设置“%(message)s”，则之后的 logging.info()中的信息也不会输出到文件中！请自行进行测试。

6. 将日志同时输出到文件和控制台

在 logging.basicConfig()配置中设置了 filename（指定日志文件名，意味着将日志输出到文件中）参数的前提下，通过调用 logging.StreamHandler()可实现将日志输出到控制台。参考下面的两个例子[11]。

【例 4-23】 调用日志对象的方法 setLevel(logging.INFO)，将日志输出到控制台的级别设为“INFO”。

```
#logging 模块的使用
#将日志同时输出到文件和控制台
import logging
#设置日志记录的级别为 DEBUG，日志会记录设置级别及以上的日志
logging.basicConfig(level=logging.DEBUG,
        format='%(asctime)s-%(filename)s[line:%(lineno)d]-%(levelname)s:%(message)s',
            filename='chapter4_4_3_8.log',
            filemode='w')
##########################################################################
#定义一个 StreamHandler，将 INFO 级别或更高的日志信息打印到控制台上，并将其添加到当前的日志处理对象中
console = logging.StreamHandler()
#只有 INFO 级别及以上的日志才会输出到控制台！
console.setLevel(logging.INFO)
#定义日志信息呈现的顺序
formatter = logging.Formatter('%(name)-12s: %(levelname)-8s %(message)s')
#设置日志的格式
console.setFormatter(formatter)
#将相应的 Handler 添加到 Logger 对象，即控制台输出的日志信息中
logging.getLogger('').addHandler(console)
##########################################################################
logging.debug('this is a loggging debug message')
logging.info('this is a loggging info message')
logging.warning('this is loggging a warning message')
logging.error('this is an loggging error message')
logging.critical('this is a loggging critical message')
```

```
root        : INFO      this is a loggging info message
root        : WARNING   this is loggging a warning message
root        : ERROR     this is an loggging error message
root        : CRITICAL  this is a loggging critical message
```

打开日志文件看到的信息如下：

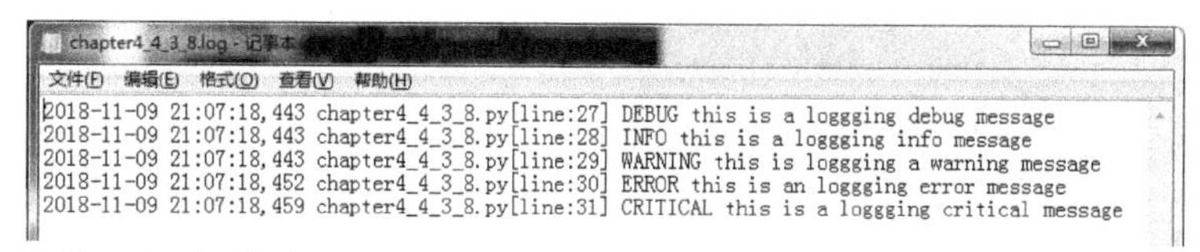

说明：首先通过 logging.StreamHandler()创建一个将日志输出到控制台的处理对象，然后通过方法 setLevel(logging.INFO)设置日志输出到控制台的级别，日志输出的格式通过方法 Formatter 来设置，但最后还要通过 addHandler 方法将处理对象添加到 Logger 中，这样才能真正地将日志信息输出到控制台（参考例 4-24 程序中的最后一行代码）。

【例 4-24】 调用日志对象的方法 setLevel(logging.WARNING)来将日志输出到控制台的级别设置为“WARNING”。

```
#logging 模块的使用
#将日志同时输出到文件和控制台
import logging
#设置日志记录的级别为 DEBUG，日志会记录设置级别及以上的日志
logging.basicConfig(level=logging.DEBUG,
        format='%(asctime)s %(filename)s[line:%(lineno)d] %(levelname)s %(message)s',
        filename='chapter4_4_3_9.log',
        filemode='w')
###############################################################################
#定义一个 StreamHandler，将 WARNING 级别或更高的日志信息打印到控制台上，并将其添加到当前的日志处理对象中
console = logging.StreamHandler()
#只有 WARNING 级别及以上的日志才会输出到控制台！
console.setLevel(logging.WARNING)
#定义日志信息呈现的顺序
formatter = logging.Formatter('%(name)-12s: %(levelname)-8s %(message)s')
#设置日志的格式
console.setFormatter(formatter)
#将相应的 Handler 添加到 Logger 对象，即控制台输出的日志信息中
logging.getLogger('').addHandler(console)
###############################################################################
logging.debug('this is a loggging debug message')
logging.info('this is a loggging info message')
logging.warning('this is loggging a warning message')
logging.error('this is an loggging error message')
logging.critical('this is a loggging critical message')
```

这里，设置输出到文件的日志级别为“DEBUG”，因此，“debug”“info”“warning”“error”“critical”这五类信息都将输出到日志文件中。输出到控制台的日志级别为“WARNING”，因此，只有“warning”“error”“critical”这三类信息才会输出到控制台。另外，请注意代码中一定要有“logging.getLogger('').addHandler(console)”这个语句，否则控制台没有信息输出！运行后的结果如下：

```
root        :WARNING    this is loggging a warning message
root        :ERROR      this is an loggging error message
root        :CRITICAL   this is a loggging critical message
```

打开日志文件看到的信息如下：

```
chapter4_4_3_9.log - 记事本
文件(F) 编辑(E) 格式(O) 查看(V) 帮助(H)
2018-11-09 21:26:16,093 chapter4_4_3_9.py[line:24] DEBUG this is a loggging debug message
2018-11-09 21:26:16,093 chapter4_4_3_9.py[line:25] INFO this is a loggging info message
2018-11-09 21:26:16,093 chapter4_4_3_9.py[line:26] WARNING this is loggging a warning message
2018-11-09 21:26:16,096 chapter4_4_3_9.py[line:27] ERROR this is an loggging error message
2018-11-09 21:26:16,097 chapter4_4_3_9.py[line:28] CRITICAL this is a loggging critical message
```

4.4 调试器

我们在做应用程序的开发时，应该养成良好的保留日志的习惯，应该对重要的内容记录日志，通过查看日志记录来发现程序中可能存在的问题。

程序能一次写完并正常运行的概率很小，总会有各种各样的 bug 需要修正。有的 bug 很简单，看看错误信息就明白；有的 bug 则很复杂，需要知道出错时，哪些变量的值是正确的，哪些变量的值是错误的，因此，需要一整套调试程序的方法来修复 bug[12]。

程序往往会以意想不到的流程来运行，期待执行的语句其实根本没有执行，这时候，就需要调试了。对于专业的程序员来说，不应该直接用 print()函数把可能有问题的变量打印出来进行查看。

Debug 对于任何开发人员来说都是一项非常重要的技能，它能够帮助我们准确地定位错误，发现程序中的 bug。Python 提供了一系列 Debug 的工具和包供我们选择使用。下面介绍如何利用 Spyder 调试 Python 程序[13]。

安装好 Anaconda 后，可以利用它自带的 Python 编辑器 Spyder 来调试程序。

1. 启动 Spyder

在 Windows 操作系统的“开始”菜单中可以找到 Spyder（“开始”→“所有程序”→“Anaconda”→“Spyder”），单击即可启动 Spyder 编辑器。启动 Spyder 后的界面如图 4-1 所示。

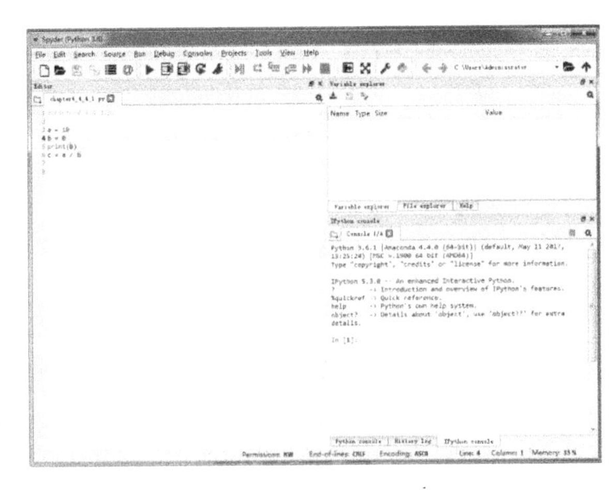

图 4-1　启动 Spyder 后的界面

2. 使用 Spyser 调试程序

先看一个简单程序的调试过程。在调试之前，先来了解 Spyder 编辑窗口的构成（见图 4-2）和工具栏上调试按钮的作用。

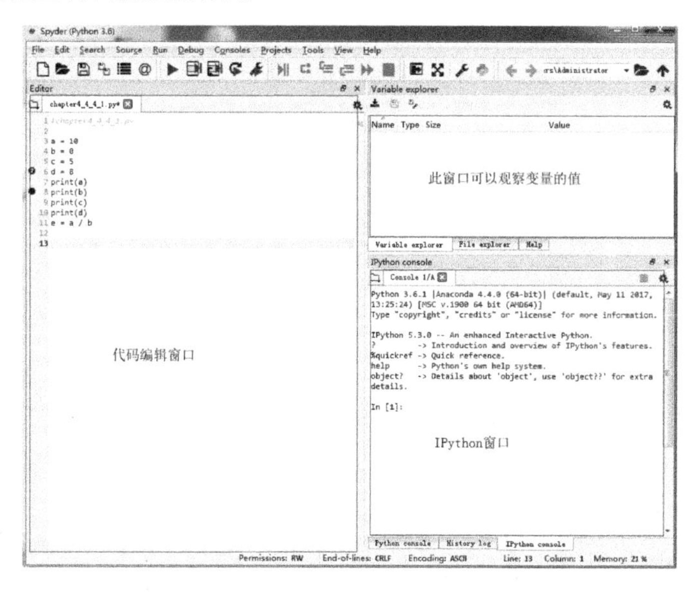

图 4-2　Spyder 编辑窗口

单击 Spyder 工具栏上的 Debug file 按钮（见图 4-3），或者使用组合键 Ctrl+F5 开始调试程序，也可以通过选择 Debug 菜单下的 Debug 选项来调试。

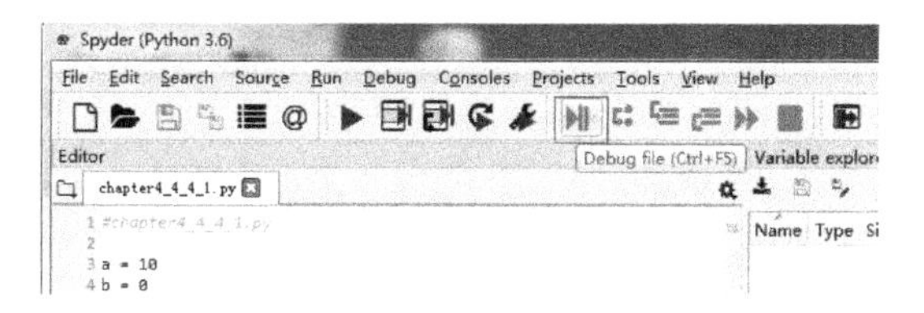

图 4-3　Debug file 按钮

一旦开始调试，在右下角的 IPython console 界面就会显示如图 4-4 所示的信息。

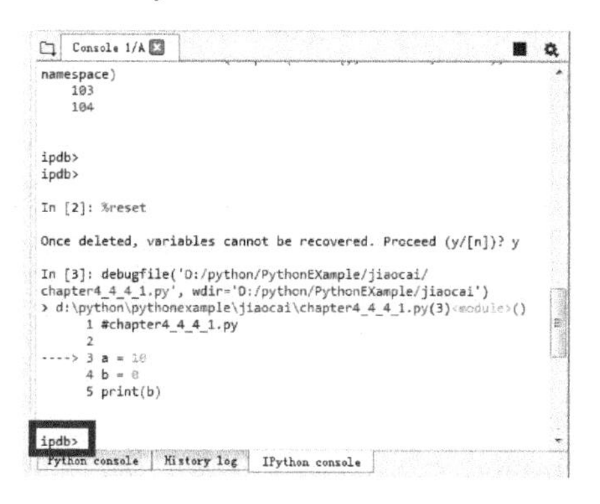

图 4-4　IPython console 界面显示的信息

出现 ipdb 提示符，说明已经进入了调试模式。

在提示符“ipdb>”后面输入“n”（next 的缩写，程序继续向下执行到下一行）并回车，此时 IPython console 界面显示的信息如图 4-5 所示。

图 4-5 IPython console 界面显示的信息

可以一直输入“n”并回车，到达代码的最后一行，此时看到有异常信息输出（见图 4-6）。如果再输入“n”并回车，则会输出“None”，表示代码运行完毕。

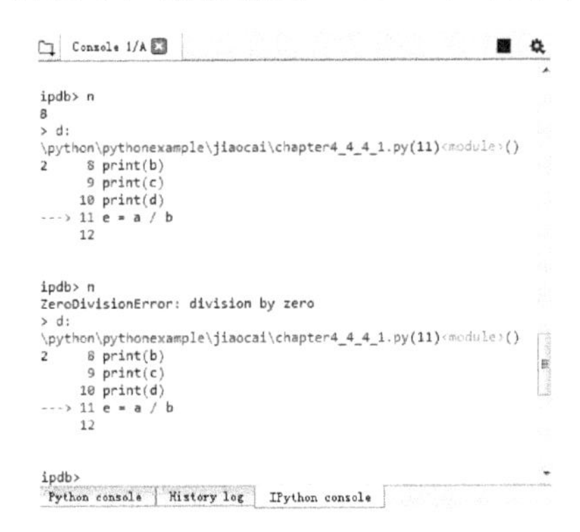

图 4-6 代码调试结束

如果要退出调试状态，则在提示符“ipdb>”后输入“q”并回车，或者在工具栏上单击终止按钮 Stop debugging，或者按组合键 Ctrl + Shift +F12（见图 4-7），即可退出调试状态，返回 IPython 交互提示符状态，IPython 的提示符为 In[1]。

图 4-7 Stop debugging 按钮

注意，此时在 Variable explorer 界面输出了变量的值，如图 4-8 所示。

在每次开始调试代码之前，先在 Spyder 的 IPython console 界面中输入%reset，把工作空间的所有变量清除，以免影响接下来的测试。观察%reset 使用前后 Variable explorer 界面内容的变化。

在 Spyder 的 IPython console 界面中输入%reset 后，会出现“Once deleted, variables cannot be recovered. Proceed (y/[n])?”，输入“y”之后会清空图 4-8 中所有的变量。

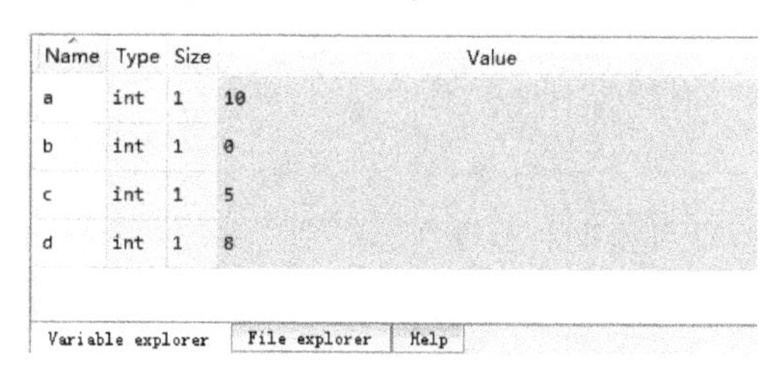

图 4-8　Variable explorer 界面

3. 设置断点

前面介绍了通过逐行执行代码来观察变量的值，可以发现引起异常的原因，但如果程序很长，就不可能用逐行执行代码的方式来进行调试。这时，可以通过在认为可能有问题的代码行设置断点来进行调试。

在 Spyder 编辑器中设置断点的方法非常简单，只要在想设置断点的那一行的行首双击鼠标即可（见图 4-9），再次双击就取消了所设置的断点。

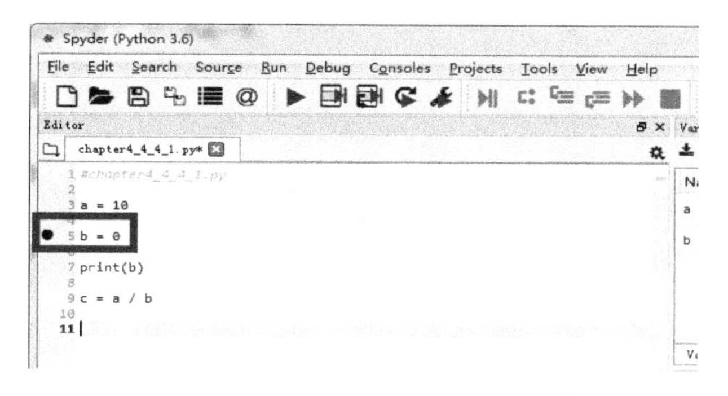

图 4-9　双击代码行行首设置断点

对设置了断点的代码进行调试的时候，可以通过单击工具栏上的 Continue execution until next breakpoint 按钮或按组合键（Ctrl+F12）快速地执行到下一个断点处，如果后续的代码中没有断点，就执行完所有的代码行。

调试工具栏各按钮的功能如图 4-10 所示。

除了从右上角的 Variable explorer 界面查看当前已经执行的代码对应的变量值，也可以通过在图 4-6 所示的代码调试窗口的提示符“ipdb>”后用“p <变量>”的方式来进行查看（见图 4-11）。其中的“p”是 print 的缩写。

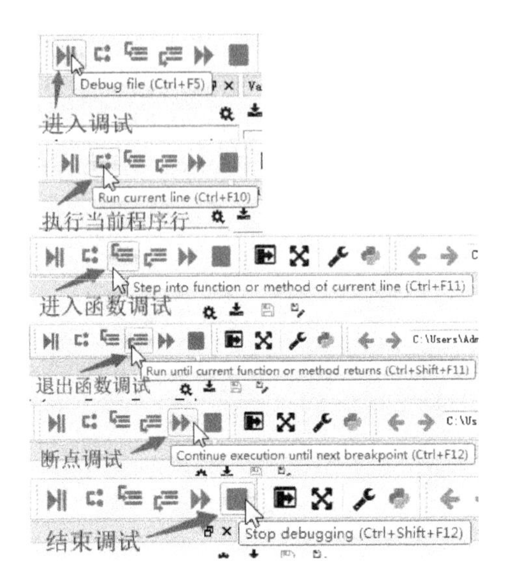

图 4-10　调试工具栏各按钮的功能

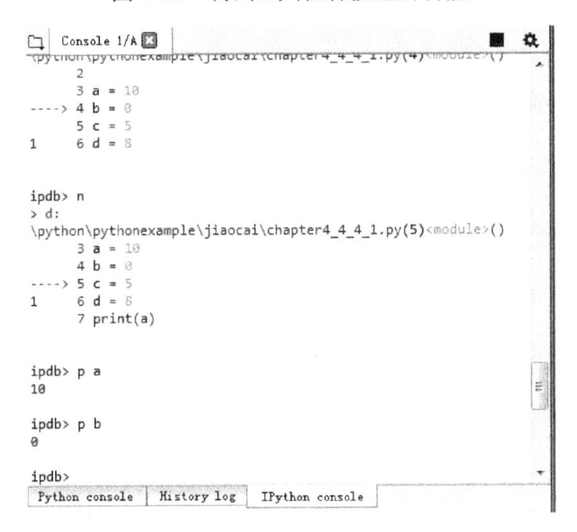

图 4-11　调试状态变量值的输出

注意：Spyder 会在断点语句的执行之前中断。请大家自行上机进行测试。

4. 设置带条件的断点

在设计算法时，从逻辑上来说，我们知道流程到达某处时应该满足什么条件（如相关变量的值应该为多少等）。因此，当流程执行到某行时，我们通过检测相关变量的值是否满足某种条件，可检测代码的正确性。这时，我们可以通过设置条件断点（conditional breakpoint）来进行调试检测。

1）带条件断点的设置方法

在按住组合键 Ctrl+Shift 不放的情况下，双击需要设置断点行的行首，会弹出如图 4-12 所示的设置断点条件的对话框。

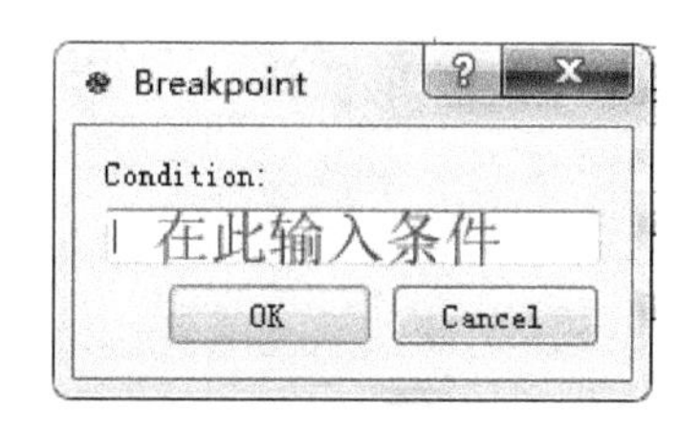

图 4-12　设置断点条件对话框

在文本框内可以输入设置断点的条件，可以是任意返回 True 或 False 的 Python 语句。

比如设置的断点条件为"a == b"（a 等于 b），然后单击 OK 按钮（见图 4-13），回到代码编辑窗口，可发现设置断点的行首的小红点上多了一个问号（见图 4-14），这个就是条件断点的标志。

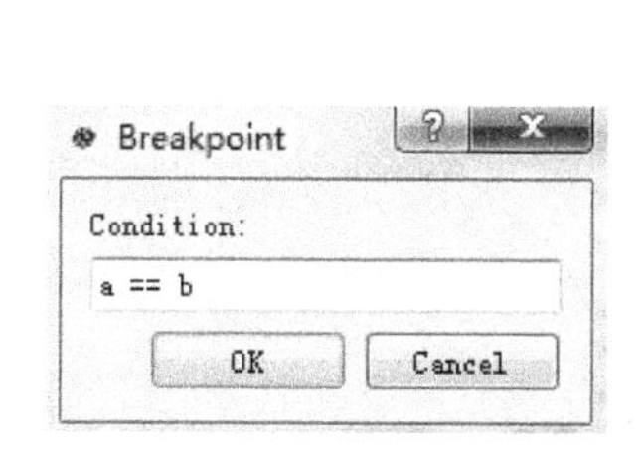

图 4-13　设置条件断点

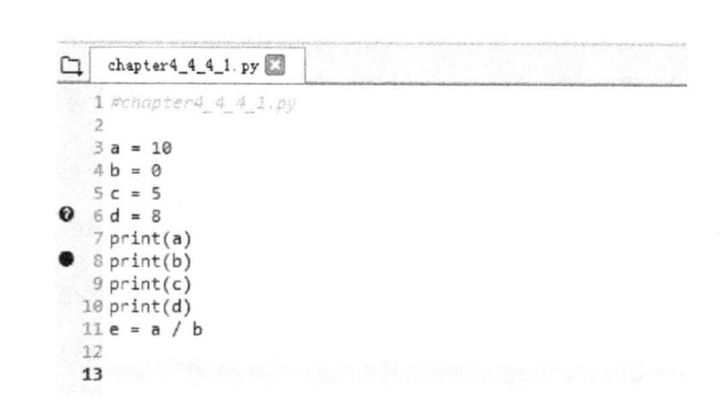

图 4-14　一般断点和条件断点的区别

下面对条件断点进行 Debug。在调试过程中，注意观察调试窗口的各种变化。

在调试过程中会发现流程并没有在第一个断点处停下来。之所以第一个断点没起作用，是因为流程执行到该断点处，a 变量的值为 10，b 变量为 0，不符合"a == b"（a 等于 b）的条件，因此，程序当然不会中断（只有满足条件断点所设置的条件，流程才会被中断）。

下面重新进行 Debug（记得使用%reset 清除变量，以免影响调试的结果），但这次调试时，使用组合键 Ctrl+F10 或在提示符"ipdb>"后输入"n"并回车，让程序执行到第 5 行。在提示符"ipdb>"后输入"!b=10"，然后单击工具栏上的 Continue execution until next breakpoint 按钮或按组合键（Ctrl + F12），此时，发现流程在条件断点处中断了，因为此时满足了条件断点处设置的条件"a == b"（a 等于 b）。

2）查看条件断点所设置的条件

按住 Ctrl+Shift 组合键不放，用鼠标双击"带问号的小红点"，就弹出了设置断点条件的对话框，此时也可以修改条件。

3）取消断点

如果要取消断点，无论是普通断点还是带条件的断点，只要直接双击行首的小圆点即可。

5. 清除 IPython console 工作空间中的变量

在 IPython console 界面利用以下命令来清除其工作空间中的变量。

```
In [2]: %reset
```

%reset 命令通常用在下一次调试之前，从而避免影响下次查看 Debug 中的变量值。

6. 在调试环境下查看变量的值或给变量指定临时值

在调试环境下查看变量的值或给变量指定临时值的语法格式如下：

```
    !(Python 语句)
```

注意："!" 后不能有空格。例如：

```
ipdb> !b=10
ipdb> p b
10
```

7. 退出调试

在调试环境下，在提示符">ipdb"后输入"q"并回车，即可退出调试。

说明：无论是否在第一行代码处设置断点，调试时，流程都会在第一行语句执行之前中断一次。

习题

1．请解释什么是异常。

2．在编写程序的过程中，如果不清楚可能会引发哪种异常，此时应该如何解决？

3．用 input 函数输入一个正数，在实数域范围内求其平方根，请用 assert 语句来完成。

4．写一个实例，在控制台上只输出 ERROR 以上级别的日志。在文件中输出 DEBUG 以上级别的日志，并自行命名日志文件。

5．熟悉 Spyder 编辑器，并写一个简单的程序，练习一般断点的设置、条件断点的设置，以及调试带断点的程序。请用视频记录下调试的过程。

6．请阐述 try、except、else、finally 这几个关键字在异常处理中的作用及具体用法。

参考文献

[1] http://m.elecfans.com/article/643847.html.

[2] https://blog.csdn.net/Oscer2016/article/details/55096977/.

[3] http://www.runoob.com/Python3/Python3-errors-execptions.html.

[4] https://blog.csdn.net/Oscer2016/article/details/55096977/.

[5] https://segmentfault.com/a/1190000007736783.

[6] https://blog.csdn.net/julia294/article/details/70098942.

[7] https://www.cnblogs.com/No-body/p/4207212.html.

[8] http://blog.jobbole.com/76285/.
[9] https://www.jianshu.com/p/feb86c06c4f4.
[10] https://www.cnblogs.com/goodhacker/p/3355660.html.
[11] https://www.jianshu.com/p/feb86c06c4f4.
[12] https://www.liaoxuefeng.com/wiki/001374738125095c955c1e6d8bb493182103fac927.0762a000/001386832299015 32c40b749184441dbd428d2e0f8aa50e000.
[13] https://blog.csdn.net/wang15061955806/article/details/70306011.

第 5 章　面向对象程序设计

C、Pascal、FORTRAN 等是 20 世纪七八十年代经常使用的结构化程序设计语言，是面向过程的程序设计语言，其核心是功能的分解，采用自顶向下、逐步细化的方法，将复杂问题分解成若干个功能模块，然后根据各功能模块设计数据结构，最后利用此数据结构编写对数据进行操作的函数。用此类语言设计的程序结构清晰、使用方便，但是它将数据和对数据的处理过程分开了，一旦数据结构改变，其相关处理过程必须修改，程序的可重用性差，这给软件的调试和维护带来了困难。为了解决这些问题，在 20 世纪 90 年代，人们提出了面向对象程序设计（Object Oriented Programming，OOP）思想。Python 采用 OOP 技术进行开发，使得程序的设计更加合理，而且易于维护。

5.1　面向对象程序设计基本概念

OOP 由 5 个最基本的概念组成：类（class）、对象（object）、方法（method）、消息（message）和继承（inheritance）。

1. 类

OOP 中的类同日常所说的类概念相同，即对一组具有相似特性的客观事物的抽象，是对事物的特性和功能的描述，这一点体现了类的封装性。封装是一种程序设计机制，它绑定代码及其操作的数据，并使它们不受外界干涉和误用的影响，从而保证其安全性。类是一种模板，是用户自定义的一种类型，并不代表具体的事物，它定义了对象的形式。例如，电视机是一个抽象的概念，是对所有品牌、所有尺寸的电视机的一个抽象，它有如下一些特性：能够显示图像、播放声音，有屏幕尺寸，有很多频道，它提供调节声音、频道、图像色彩和开关等操作功能。根据客观事物的相似性，类也可以划分为多个子类。如图 5-1 所示为电视机的分类。

类与传统的模块概念是不同的。模块的层次结构在逻辑上体现了模块间的功能概括关系，而类的层次结构在逻辑上体现的是类的继承关系，处于上层的类称为父类或基类，处于下层的类称为子类或派生类。

2. 对象

对象是类类型的变量，是类的实例。例如，35 英寸康佳液晶彩色电视机是电视机的一个实例，具备电视机的特性和操作功能，它的屏幕尺寸属性值是 35 英寸。42 英寸康佳液晶彩色电视机也是电视机的一个实例，也具备电视机的特性和操作功能，只不过它的屏幕尺寸属性值是 42 英寸。一个类可以定义多个对象，对象的属性值可以不同，但它们的操作功能是相同的，就如同整型可以定义多个整型变量一样。在 OOP 中，对象是构成程序的基本单位，每个对象都属于一个类。对象是有特殊属性和操作功能的逻辑实体。

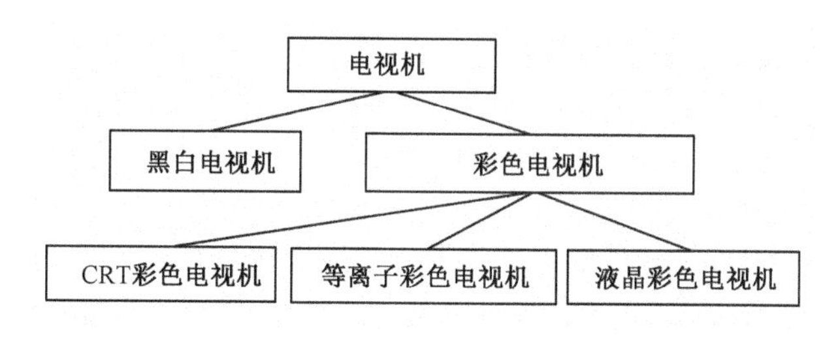

图 5-1　电视机的分类

3. 方法

方法是指实现对象所具有的操作功能的代码。每个对象一般包含若干种方法，每个方法有方法名和对应的一组代码。方法体现了对象的一种行为能力。程序通过对象的方法完成特定的功能，也可以获取或修改对象的属性。

4. 消息

客观世界是由各种对象组成的，对象之间存在的联系是通过消息激活机制实现的。例如，张先生拿着遥控器在看电视，张先生是对象，电视机是对象，遥控器也是对象。当张先生按下遥控器上提高音量的按钮时，张先生和遥控器之间就建立了联系，即张先生向遥控器发出了要求提高音量的消息；遥控器对按钮进行判断（遥控器响应该消息），然后向电视机发出调高音量的信号，此时，遥控器和电视机之间也建立了联系，即遥控器向电视机发出了要求提高音量的消息；电视机接收到信号后经过判断（电视机响应该消息），提高了音量[1]。

从这个例子中可以看出，消息由 3 部分组成：发送对象、接受对象和消息的内容。在 OOP 中，向一个对象发送消息，就是调用那个对象的某个功能（函数或方法），消息的实质是调用对象的成员函数。同一个消息可以发送给不同的对象，得到的响应可能是不同的，这一点体现了类的多态性，多态性是 OOP 的主要特征之一。同时从该例中可以看出，消息也可以沿着派生搜索树进行传递。

5. 继承

继承指的是一个子类可以从现有的父类中派生出来，子类除了继承父类的特性和功能，还可以增加新的特性和功能。继承描述的是类间的一种层次关系。继承性是 OOP 的主要特征之一。继承的一个重要作用是实现代码重用，节省程序开发的时间。程序员可以利用现有的类，按照需求修改该类，以得到一个满足要求的新类。例如，程序员可以修改系统预定义的按钮控件，使它的外观呈现椭圆形；程序员可以重新定义自定义类中从 object 类中继承的若干方法，实现自定义对象的特定操作。

5.2 类的定义和对象

1. 类的定义

类是一种用户自定义的数据类型。定义格式如下：

```
class 类名（基类名）:
类的成员定义
```

对类定义的说明如下。

（1）类的成员：包括类属性和函数成员。类属性用于描述类的属性，在函数成员外进行定义；函数成员用于描述类的功能，也称为方法，用于与外部程序进行通信。

（2）函数成员：包括类成员函数、实例成员函数和静态成员函数，它们的定义有一些差别。在函数成员中，可以定义变量，可以调用本类的其他函数成员，可以访问类属性和实例属性，也可以定义循环选择等，以完成相应的功能。

（3）类成员的访问权限：类成员有公有和私有两种访问权限，公有访问权限的类成员可以通过类名或类实例进行访问，私有访问权限的类成员只能在类内部的函数成员中进行访问。

（4）类对象：当定义了一个类后，系统自动产生一个全局的类对象。类对象支持两种操作——引用和实例化。引用是指通过类名调用类中的属性和方法，而实例化是指通过类的实例化对象进行相关操作。

（5）实例属性：指在函数成员中定义的以 self.前缀开始的变量。实例属性只能通过实例对象进行读取。

（6）类属性：指类中在函数成员外定义的变量，是类的所有实例对象共享的。类属性可以通过类名读取，也可通过实例对象进行读取，但不建议通过实例对象来读取。

（7）默认基类：如果在定义类时没有指定基类，Python 3.*解释器就会自动假定这个类派生于 object，该类就自动继承了 object 类中定义的许多公共的成员方法。

（8）Python 与其他面向对象程序设计语言的差异：Python 中类的定义非常灵活，与 C++、Java、C#中类的定义差别很大。它可以在类的外面通过“类名.”增加类属性，以及通过“类实例名.”增加实例属性。

例如，下面的代码定义了一个 Person 类：

```
class Person:
    count=0    #定义类属性
    def show(self,p1,p2):  #定义实例方法
        self.name=p1    #定义实例属性
        print(self.name,p2)
```

2. 实例化对象

实例化对象是类的实例化（instance），即类类型的变量，默认定义格式如下：

```
对象名=类名（参数列表）
```

对象创建后，可以使用“.”运算符来访问其所属类的公有类属性、公有实例属性和

公有函数，一般格式如下：

对象名.类属性（不建议这样操作）。
对象名.实例属性
对象名.函数名（参数列表）

【例 5-1】　类和对象的应用举例。

```
class Person:
    count=0    #定义类属性
    def show(self,p1,p2):   #定义实例方法
        self.name=p1    #定义实例属性
        print(self.name,p2)
p1=Person()
print(Person.count)
Person.m=90    #通过类名增加类属性
print(Person.m)
p1.n=100    #通过实例对象名增加实例属性
print(p1.n)
Person.count=200    #通过类名改变类属性的值
print(Person.count)
p1.show('huhu','testtest')
```

程序运行结果如下：

```
0
90
100
200
('huhu', 'testtest')
```

【例 5-2】　私有成员访问示例。

```
class People:
    count=0
    def __init__(self,page,pname):
#定义私有实例属性__age，私有属性必须以两个下划线“__”开始
self.__age=page
        self.name=pname
    def show(self):
        print(self.__age)    #可以在成员函数内部，访问私有属性
p1=People(25,'peter')
print(People.count)
print(p1.name)
#下面的语句会产生错误：“AttributeError: 'People' object has no attribute '__age'”
#不能通过实例对象访问私有成员
#print(p1.__age)
p1.show()
```

程序运行结果如下：

5.3 构造函数和析构函数

1. 构造函数

当定义一个对象时，可能需要初始化对象的某些实例属性，使用构造函数可以达到此目的。其定义格式如下：

```
__init__(self[,arg1,…]):
函数体
```

说明：

（1）__init__(self[,arg1,…])是一种特殊的方法，是 Python 中内置的方法，被称为类的构造函数或初始化方法。当创建这个类的实例时，系统会自动调用该方法，对实例属性进行初始化。self 表示实例对象本身，arg1,…通常用来初始化实例属性。

（2）通常在构造函数函数体中，定义实例属性并对其进行初始化。

（3）__init__(self[,arg1,…])方法可以重载，以实现实例对象的多种初始化。

（4）如果用户没有显式定义__init__(self[,arg1,…])方法，则在定义实例对象时，系统自动调用默认的构造函数，不执行任何功能。

2. 析构函数

对象和其他变量一样，都有生命周期。生命周期结束时，这些变量和对象就要被撤销。对象被撤销时，系统自动调用其析构函数，并释放其占用的内存空间。

析构函数定义格式如下：

```
__del__(self)
```

可在析构函数中完成一些程序的善后工作。如果用户没有显式定义析构函数，则系统自动调用默认的析构函数。

【例 5-3】 用构造函数解决 Person 对象的初始化问题。

```
import datetime
class Person:
    count=0    #定义类属性
    def __init__(self,tuid,tname):
        self.uid=tuid  #定义实例属性并初始化
        self.name=tname      #定义实例属性并初始化
        print('{} is coming'.format(self.name))
    def display(self):
        x=datetime.datetime.now()
        y=self.uid[6:10]
        z=(int)(y)
        print('{}:{}'.format(self.name,x.year-z))    #输出实例的姓名和年龄
```

```
    def __del__(self):
        print('{} is over'.format(self.name))
#调用构造函数，初始化对象 p1
p1=Person('320402196801291423','wangbei')
p1.display()
del p1    #释放对象
```

程序运行结果如下所示：

```
wangbei is coming
wangbei:50
wangbei is over
```

5.4　类属性和实例属性

Python 中的属性有两种：类属性和实例属性。类属性在类的函数成员外进行定义。类属性属于类，是类的所有实例共享的。实例属性通常在构造函数中进行定义并初始化，属于实例对象。

在类的成员函数中，通过“类名.”的方式访问类属性，通过“self.”的方式访问实例属性。

在类的外部，通常通过“类名.”的方式访问类属性，也可以通过“实例对象.”的方式访问类属性，但不建议这样做；只能通过“实例对象.”的方式访问实例属性。

无论是类属性还是实例属性，都可以在类外部通过类名和实例对象增加。

【例 5-4】　用类属性统计程序运行过程中有效的实例对象个数。

```
import datetime
class Person:
    #相当于类的全局变量，可以通过类名使用，每次增加一个对象，总人数加 1
    count=0    #定义类属性
    def __init__(self,tuid,tname):
        self.uid=tuid  #定义实例属性并初始化
        self.name=tname      #定义实例属性并初始化
        Person.count=Person.count+1 #每次增加一个对象，人数加 1
        print('{} is coming'.format(self.name))
    def display(self):
        x=datetime.datetime.now()
        y=self.uid[6:10]
        z=(int)(y)
        print('{}:{}'.format(self.name,x.year-z))    #输出实例的姓名和年龄
    def __del__(self):
        Person.count=Person.count-1    #每次减少一个对象，人数减 1
        print('{} is over. The remaining {} people'.format(self.name,Person.count))
    @classmethod
    def reportcount(cls):
```

```
        print('The total number is {} '.format(Person.count))
#调用构造函数，初始化对象 p1
p1=Person('320402196801291423','wangbei')
p2 = Person('320403198712121234', 'wangjunxia')
p1.display()
p2.display()
Person.reportcount()
p1.reportcount()
del p2
del p1
```

程序运行结果如下：

```
wangbei is coming
wangjunxia is coming
wangbei:50
wangjunxia:31
The total number is 2
The total number is 2
wangjunxia is over. The remaining 1 people
wangbei is over. The remaining 0 people
```

5.5 类的方法

类的方法即类中定义的函数。类的方法分为类方法、实例方法、静态方法、类的特殊方法。

5.5.1 类方法

类方法是类拥有的方法，需要用修饰器“@classmethod”来标识。类方法的第一个参数通常用“cls”表示，表示类对象。

在本书中，将类属性和类方法统称为类成员。

在类方法中，只能通过“类名.”的方式访问类成员。

在类的外部，类方法可以通过类名和实例对象进行调用。

5.5.2 实例方法

实例方法是类中最常用的函数定义方法。类方法的第一个参数通常用“self”表示，表示实例对象。

在本书中，将实例属性和实例方法统称为实例成员。

在实例方法中，既可以通过“self.”的方式访问实例成员，也可以通过“类名.”的方式访问类成员。

在类的外部，实例方法只能通过实例对象进行调用。

5.5.3 静态方法

静态方法需要用修饰器“@staticmethod”来标识。静态方法不需要参数。

在静态方法中，只能通过“类名.”的方式访问类成员。

在类的外部，静态方法可以通过类名和实例对象进行调用。

【例 5-5】　类方法、实例方法和静态方法示例。

```
class Test:
    name='show'
    def __init__(self,x1):
        self.x=x1
    @classmethod
    def getname(cls):    #定义类方法
        print('getname:',Test.name)
        #print('getname:',self.x)  #不能在类方法中访问实例成员
    @staticmethod
    def display():       #定义静态方法
        print('display:',Test.name)
       # print('display:',self.x)   #在静态方法中，不能访问实例成员
    def say(self):
        print('say:',self.x)
        print('say:',Test.name)

t1=Test('hehe')
print('out:',Test.name)
print('out:',t1.name)
Test.getname()
t1.getname()
t1.say()
#print(Test.x)   #在类的外部，不能通过类名访问实例属性
print('out:',t1.x)
#print('out:',Test.x)      #在类的外部，不能通过类名访问实例属性
t2=Test('hellohello')
print('out:',Test.name)
print('out:',t2.name)
#print(Test.x)   #在类的外部，不能通过类名访问实例属性
print('out:',t2.x)
#Test.say()   #在类的外部，不能通过类名访问实例成员函数
t2.say()
Test.display()
t2.display()
```

程序运行结果如下：

```
('out:', 'show')
('out:', 'show')
('getname:', 'show')
('getname:', 'show')
('say:', 'hehe')
('say:', 'show')
('out:', 'hehe')
('out:', 'show')
('out:', 'show')
('out:', 'hellohello')
('say:', 'hellohello')
('say:', 'show')
('display:', 'show')
('display:', 'show')
```

5.5.4 类的特殊方法

在类中，除了根据需要自己定义的方法，在 Python 中也内置了一些特殊用途的方法，如前面的构造函数__intit__(self[,arg1,···])、析构函数__del__(self)等，可以在自定义类中重写它们，使自定义对象也具有 Python 标准类型的行为和功能。表 5-1 列出了类的部分常用的特殊方法。

表 5-1 类的部分常用的特殊方法

特 殊 方 法	描 述
__init__(self[,arg1,···])	构造函数
__del__(self)	析构函数
__call(self,*args)	表示可调用的实例
__int__(self)	类型转换，表示将对象转换成整型
__complex__(self)	类型转换，表示将对象转换成复数
__float__(self)	类型转换，表示将对象转换成实数
__str__(self)	对象的可打印字符串表示
__repr__(self)	对象的可计算字符串表示
__add__(self, obj)	两个同类对象的加法操作，对应“+”操作符
__sub__(self, obj)	两个同类对象的减法操作，对应“-”操作符
__mul__(self,obj)	两个同类对象的乘法操作，对应“*”操作符
__len__(self)	获取对象序列属性中条目的数量
__getitem__(self,key)	获取对象序列属性中单个序列元素或切片元素
__setitem__(self, key,value)	设置对象序列属性中单个序列元素或切片元素
__delitem__(self, key)	删除对象序列属性中单个序列元素或切片元素
__iter__(self)	创建迭代器类
__lt__, __le__	两个同类对象的小于、小于或等于比较
__gt__, __ge__	两个同类对象的大于、大于或等于比较
__eq__, __ne__	两个同类对象的相等、不相等比较
__getattr__	对象的属性获取
__setattr__	对象的属性设置

这些特殊方法不是通过实例对象直接调用的，而是多数通过实例对象结合运算符的方法自动调用的。Python 会把运算符与对象的方法自动关联起来，不同运算符对应不同的方法。

这些特殊方法多数没有默认值，如果类没有定义或继承这些方法，那么类的实例对象就不支持这些运算。若使用这些运算，则将会出现类型异常的解释错误："TypeError: unorderable types"。

1. 字符串转换方法：__str__(self) 和__repr__(self)

在开发环境下，任何实例对象都可以采用 print(对象)进行输出，但看到的是与 <__main__.test instance at 0x0BE25738>类似的默认输出结果，如果希望按照更好的格式进行对象的输出，就需要重新定义__str__(self) 或__repr__(self)[2]。

通常在自定义类中，只需要定义__str__(self) 或__repr__(self)中的一个即可。

print(对象)或 str(对象)操作，首先会尝试查找__str__(self)函数，若没有定义__str__(self)函数，则调用__repr__(self)函数。另外，在交互环境下，直接输出对象也是调用类的__repr__(self)函数，即__repr__(self) 函数可以用于开发环境和交互环境。

【例 5-6】　按照自定义格式输出对象。

```
class Test:
    pass
class Person:
    def __init__(self,tuid,tname):
        self.uid=tuid
        self.name=tname
    def __str__(self):
        return 'str:(Person:%s)'%(self.name)
    def __repr__(self):
        return 'repr:(Person:%s)'%(self.name)
t1=Test()
print(t1)    #自动调用类的默认__str__(self)方法
p1=Person('320402196711111423','hualin')
print(p1)         #自动调用 Person 类的__str__(self)方法
str1=str(p1)      #自动调用 Person 类的__str__(self)方法
print(str1)
print(type(str1))
p2=Person('320402200012124561','testtest')
print(repr(p2))     #自动调用 Person 类的__repr__(self)方法
```

程序运行结果如下：

```
<__main__.test instance at 0x0BE25738>
str: (Person: hualin)
str: (Person: hualin)
<type 'str'>
repr: (Person: testtest)
```

注：请读者将程序中的__str__(self)函数注释掉，再看运行的结果。

2. 索引操作方法：__getitem__(self,key)、__setitem__(self,key,value)、__delitem__(self, key)

如果在类中定义了这些索引操作方法，则对于实例的索引操作，会自动调用相应的方法来完成。例如，一个人可能有几个联系电话，分别是办公室电话、工作联系电话和私人联系电话等，它们保存在这个人的 telephone 实例属性中。如果希望通过“实例对象['office']”“实例对象['work']”获取这个人的办公室电话、工作联系电话等，就必须在 Person 类中重写__getitem__(self, key)方法。

在索引操作方法相关的运用中，通常希望通过“len(实例对象)”获取实例对象的序列属性中条目的数量。例如，希望知道一个人的电话总个数，则必须在 Person 类中重写__len__(self)方法。

在__getitem__(self,key)等方法中，若对象的序列属性是字典类型，key 表示键值；若对象的序列属性是元组、列表，key 表示下标。

【例 5-7】 演示 Person 类的删除电话、更新电话和设置电话的操作。

```
class Person:
    def __init__(self,tname):
        self.name=tname       #定义实例属性并初始化
        self.telephone = {}
    def __len__(self):
        return len(self.telephone)
    def __getitem__(self,key):
        return self.telephone[key]
    def __setitem__(self,key,value):
        self.telephone[key]=value
    def __delitem__(self, key):
        del self.elephone[key]
p1=Person('hualin')
#系统自动调用 Person 类的__setitem__(self,key,value)方法，p1 传递给 self，'office'传递给 key，
#'051985566009'传递给 value
p1['office'] = '051985566009'
p1['work'] = '13915016456'
p1['private'] = '15380089466'
#系统自动调用 Person 类的__len__(self)，p1 传递给 self
i=len(p1)
print(p1.name,'Number of contacts：',len(p1) )
for key in p1.telephone.keys():
#系统自动调用 Person 类的__getitem__(self,key)方法，p1 传递给 self，下标 key 值传递给形参 key
    print(p1[key])
p1['office']='0519811111111'
#系统自动调用 Person 类的__delitem__(self,key)方法，'work'传递给 key
del   p1.telephone['work']
```

```
for key in p1.telephone.keys():
    print(p1[key])
```

程序运行结果如下：

```
hualin Number of contacts:  3
15380089466
13915016456
051985566009
15380089466
0519811111111
```

3. 对象比较方法：__lt__、__le__、__gt__、__ge__、__eq__、__ne__

如果在自定义类中定义了这些比较方法，则相同类型的实例对象在进行比较时，就会自动调用相应的方法来完成。我们可以在 Person 类中定义这些比较方法，对两个人的年龄进行比较。

【例 5-8】 通过重写__le__方法，实现两个人的年龄比较。

```
import datetime
class Person:
    def __init__(self,tuid=None,tname=None):
        if(tuid!=None and tname!=None):
            self.uid=tuid
            self.name=tname
            #通过身份证计算年龄
            x=datetime.datetime.now()
            y=self.uid[6:10]
            z=(int)(y)
            self.age=x.year-z
    def __le__(self,p):
        print('person age comparison')
        if(self.age<=p2.age):
            return True
        else:
            return False
p1=Person('320402196801291423','wangbei')
p2=Person('320402196511111423','huan')
#系统自动调用 Person 类的__le__方法，p1 传递给 self，p2 传递给 p
if(p1<=p2):
    print(p1.name,'比',p2.name,'年轻')
else:
    print(p1.name,'比',p2.name,'年长')
#if(p1<40):
#上一行的语句会产生类型错误异常：TypeError: unorderable types: Person() < int()
#可以将 40 作为临时对象的 age 属性
p3=Person()
```

```
p3.age=40
#系统自动调用 Person 类的__le__方法，p1 传递给 self，p3 传递给 p
if(p1<=p3):
    print(p1.name,'is younger than 40.')
else:
    print(p1.name,'is older than 40.')
#或者写成下面的语句
if(p1.age<40):
    print(p1.name,'is younger than 40.')
else:
    print(p1.name,'is older than 40.')
```

程序运行结果如下：

```
person age comparison
wangbei 比 huan 年轻
person age comparison
wangbei is younger than 40.
wangbei is older than 40.
```

4. 属性引用方法：__getattr__、__setattr__

可以通过重写__getattr__和__setattr__来拦截“实例对象.属性”的访问。

在通过实例对象获取类中没有定义的属性时，系统自动调用__getattr__方法进行处理。类中没定义的属性，是指在当前类和按派生体系进行搜索的父类中，均没有定义此属性。通过__getattr__方法可以限制用户随意操作属性。

__setattr__方法是在解释“实例对象.属性=value”这样的表达式时自动调用的，通过该方法，可以对某些属性的赋值进行检验。例如，在给某人的身份证属性赋值时，只能是 18 位数字，若不是 18 位，可以拒绝赋值[3]。

注意：在重写这些方法的时候需要特别小心，需要避免因为属性访问而导致的无限递归调用。对属性赋值时，如何避免递归调用，将在例 5-9 中介绍。

【例 5-9】 利用__setattr__方法进行 18 位身份证号的约束检验。

```
import datetime
class Person:
    def __init__(self,tuid=None,tname=None):
        print('construction!')
        if(tuid!=None and tname!=None):
            print('aaaaa')
            self.uid=tuid
            print('bbbbb')
            self.name=tname
        #通过身份证号码计算年龄，必须保证在初始化实例时，身份证号是 18 位
            x=datetime.datetime.now()
            y=self.uid[6:10]
            z=(int)(y)
```

```
                self.age=x.year-z
    def __getattr__(self, attrname):
        if attrname =="special":        #只允许实例对象添加"special"属性
                return 'special'
        else:
                #通过 raise 显式地引发属性错误异常
                raise AttributeError(attrname)
    def  __setattr__(self, attrname, value):
        print('__setattr__')
        if(attrname=='uid'):
                if(len(value)==18):
#self.attrname=value 赋值操作会出现无限递归地调用__setattr__的情况
#所以必须改成 self.__dict__[attrname]=value
                        #self.attrname=value
                        self.__dict__[attrname]=value
                else:
                        print(' id iserror!')
        else:
                self.__dict__[attrname]=value

p1=Person('320402196801291423','wangbei')
p2=Person('320402196511111423','huan')
#系统自动调用 Person 类的__setattr__方法，p1 传递给 self，uid 传递给 attrname 形参
#'11111'传递给 value 形参
p1.uid='11111'
print(p1.uid)
p2.uid='320402196522221423'
print(p2.uid)
```

程序运行结果如下：

```
construction!
aaaaa
__setattr__
bbbbb
__setattr__
__setattr__
construction!
aaaaa
__setattr__
bbbbb
__setattr__
__setattr__
__setattr__
 id iserror!
320402196801291423
__setattr__
320402196522221423
```

说明：通过运行结果可以看出，即使在类的内部（如构造函数），对属性赋值也会调用__setattr__方法，所以，在__setattr__方法内，必须采用 self.__dict__[attrname]=value 给属性赋值，避免__setattr__方法的无限递归调用。

5.6 类的继承性

类的三大特性是封装性、继承性和多态性。封装性就是将属性和方法进行封装，以便对象共享。继承性指的是可以从一个或多个基类派生出一个新类，新类继承了基类的非私有成员；同时，新类又可以根据需要定义新的成员或重写从父类处继承的成员。类的继承性很好地解决了代码重用的问题，提高了程序开发的效率。

在继承关系中，被继承的类称为父类或超类，也可以称为基类，继承的类称为子类或派生类。在 Python 中，所有类的共同根基类是 object 类。

派生类定义格式如下：

```
class 派生类名（基类名 1, 基类名 2,…）:
    派生类成员定义
```

关于 Python 中的继承，有以下几点说明：

（1）若派生类没有定义构造函数，则定义派生对象时，会自动调用基类的构造函数。通常在定义派生类构造函数时，需要通过“基类名.__init__（self,参数列表）”的方法初始化从基类继承的实例属性；否则，派生类不会自动调用基类构造函数。

（2）若派生类没有定义析构函数，则释放派生对象时，会自动调用基类的析构函数；否则，执行派生类的析构函数，而不执行基类的析构函数。

（3）在派生类中，可以根据功能需要，重写从基类继承的方法。重写方法时，一般不会改变变量的个数和名称。

（4）在派生类的方法中，如果需要调用基类的成员，可通过“基类名.成员”进行调用。

（5）继承是可传递的。如果从 A 派生出 B，又从 B 派生出 C，则 C 既继承了 B 的公有成员，又继承了 A 的公有成员。

5.6.1 单一继承

如果在描述派生类时，只有一个基类，则称为单一继承。单一继承也符合继承的特性。

在单一继承中，通过派生对象调用公有成员时，首先在派生类中查找，若找不到，再到直接基类中查找，若还不存在，则继续沿着继承层次在更上一层的基类中查找，直至查找到为止。

【例 5-10】 用继承实现学生、工作人员和一般人员的定义与使用。

```
import datetime
class Person:
    #相当于类的全局变量，可以通过类名使用，每次增加一个对象，总人数加 1
    count=0    #定义类属性
    def __init__(self,tuid,tname):
        self.uid=tuid   #定义实例属性并初始化
```

```
        self.name=tname      #定义实例属性并初始化
        Person.count=Person.count+1 #每次增加一个对象，人数加 1
        print('{} is coming'.format(self.name))
    def display(self):
        x=datetime.datetime.now()
        y=self.uid[6:10]
        z=(int)(y)
        print('{}:{}'.format(self.name,x.year-z))   #输出实例的姓名和年龄
    def __del__(self):
        Person.count=Person.count-1    #每次减少一个对象，人数减 1
        print('{} is over. The remaining {} people'.format(self.name,Person.count))

#学生实例有身份、姓名、年级属性
class Student(Person) :
    def __init__(self,pid, pname,pgrade):
        Person.__init__(self,pid, pname)
        #也可以按照下面的语句初始化从基类继承的实例属性
        #self.uid=pid
        #self.name=pname
        #但不建议这样做，因为基类中有个类属性，用于统计基类实例及其派生实例的个数
        self.sgrade=pgrade
    def display(self):
        x=datetime.datetime.now()
        y=self.uid[6:10]    #访问从基类继承的 uid 实例属性
        z=(int)(y)
        #访问从基类继承的 name 实例属性
        print('{}:{}:{}'.format(self.name,self.sgrade,x.year-z))
    def updategrade(self,pgrade):
        self.sgrade = pgrade;

#工作人员实例有身份、姓名、工资属性
class Worker(Person):
    def __init__(self,pid, pname,pwage):
        Person.__init__(self,pid, pname)
        self.wage=pwage
    def display(self):
        Person.display(self)
        print('grade:',self.wage)
    def updateWage(self,pwage):
        self.wage = pwage;

```

```
p1=Person('320402200012301423','huan')
s1=Student('320402200010101423','ding','first grade')
w1=Worker('320402200011111423','chen',5600)
s1.display()
s1.updategrade('second   grade')
s1.display()
w1.display()
del p1
del s1
del w1
```

程序运行结果如下：

```
huan is coming
ding is coming
chen is coming
ding:first grade:18
ding:second   grade:18
chen:18
('grade:', 5600)
huan is over. The remaining 2 people
ding is over. The remaining 1 people
chen is over. The remaining 0 people
```

5.6.2 多重继承

如果在描述派生类时，有多个直接基类，则称为多重继承。多重继承也符合继承的特性。

关于多重继承的几点说明：

（1）在多重继承中，通过派生对象调用公有成员时，首先在派生类中查找，若找不到，再到直接基类中查找。成员的查找是按照深度优先算法进行搜索的，也就是说，若第一个直接基类不存在此成员，则到此父类中继续查找，第一直接基类都遍历完后，若没有找到，再到第二直接基类中依次查找。

（2）若直接基类中有同名的方法，则前面基类的方法，覆盖后面基类的方法。

【例 5-11】 多重继承示例。

```
class A:
    def __init__(self,pa):
        self.a1=pa
    def showa(self):
        print(self.a1)
class B:
    def __init__(self,pb):
        self.b1=pb
    def showb(self):
        print(self.b1)
```

```
class C(A,B):
    def __init__(self,pa,pb,pc):
        A.__init__(self,pa)
        B.__init__(self,pb)
        self.c1=pc
    def showc(self):
        A.showa(self)
        B.showb(self)
        print(self.c1)

varc=C('aaa','bbb','ccc')
varc.showc()
```

程序运行结果如下：

```
aaa
bbb
ccc
```

【例 5-12】　多重继承中方法的搜索路径演示。

```
class A:
    def show(self):
        print('aaaaaaa')
class B(A):
    def display(self):
        print('bbbbdisplay')

class C:
    def show(self):
        print('ccccccc')
    def display(self):
        print('ccccdisplay')
    def say(self):
        print('hello')

class D(B,C):
    pass
test=D()
test.show()
test.display()
test.say()
```

程序运行结果如下：

```
aaaaaaa
bbbbdisplay
hello
```

5.7 类的多态性

多态性是指同一消息作用于不同的对象时，能够有不同的响应。

Python 的多态性与 C++、Java、C#的多态性不同。C++、Java、C#中的多态分为静态多态和动态多态。所谓静态多态是指程序在编译阶段，根据函数的参数个数、类型或顺序来确定调用哪个同名方法，实现何种操作。而 Python 中的变量是没有类型的，而且 Python 是解释型语言，只有在运行时，才能确定调用哪个同名方法，因此，Python 的多态为动态多态。

为了实现多态性，一般都需要在派生类中重写从基类继承的方法。

【例 5-13】 在定义了例 5-10 的类派生体系的基础上，执行如下操作。

```
p1=Person('320402200012301423','huan')
s1=Student('320402200010101423','ding','first grade')
w1=Worker('320402200011111423','chen',5600)
p=[p1,s1,w1]
for item in p:
    item.display()
```

输出结果如下：

```
huan is coming
ding is coming
chen is coming
huan: 18
ding:first grade: 18
chen: 18
grade:  5600
```

说明：p 是一个列表对象，对其中的每个元素调用相同方法 display()时，系统能自动根据对象的类型分别执行相应的方法。这就是多态性的体现。

习题

1. 类的三大特性及含义是什么?
2. 简述 Python 的多态性与 C#、Java 多态性的区别。
3. 简述公有访问权限和私有访问权限的区别。
4. 简述构造函数和析构函数的区别。
5. 在 Python 中，能否在同一个类中，定义函数名相同、参数个数不同的方法？若能定义，那么如何调用？
6. 设计一个程序，定义类 student 和它的实例属性（学号、姓名、年龄和成绩），重写构造函数，可以初始化学生的学号、姓名、年龄和成绩；定义 show 方法，可以显示某个学生的所有实例属性。
7. 简述静态方法、类方法和实例方法的区别。实例对象能否调用静态方法、类方法和实例方法?

8．在习题 6 的 student 类中增加类属性——学生人数（count）和所有学生成绩总和（sum），并定义类方法，用于显示所有学生的平均成绩。

9．在习题 6 的 student 类中重写__setattr__方法，限定学生的成绩只能为 0～100 分。

10．在习题 6 的 student 类中重写__add__方法，实现两个学生的成绩累加，并返回一个 student 类实例对象，其成绩为这个累加成绩，目的是对多个学生连续求累加成绩。

11．在习题 6 的 student 类基础上，派生出 postgraduate 和 Doctor 两个子类。派生类 postgraduate 有专业、学费等实例属性，派生类 Doctor 有专业、工资、婚姻状况等实例属性。这两个派生类都要重写 show 方法，用于显示自己的所有实例属性。

12．定义车辆信息类，要求记录车辆的品牌（mark）、颜色（color）、价格（price）、速度（speed）等特征，并实现显示全部车辆信息的功能。在此基础上，派生轿车和越野车两个子类，并描述其相应功能。

参考文献

[1] 景雪琴，等. 数据库技术与应用系统开发（SQL Server 2005+C#）[M]. 北京：清华大学出版社，2013.

[2] 旷野足迹. Python 之特殊方法[EB/OL]. https://www.cnblogs.com/chang1203/p/5847490. html，2016.9.

[3] icy 城市稻草人. python 中_getattr__和__setattr__方法、属性私有化[EB/OL]. https: //blog.csdn.net/u012156686/article/details/52792529/，2016.10.

第 6 章　连接数据源

数据源（Data Source），顾名思义，数据的来源，是提供某种所需要数据的器件或原始媒体[1]。例如，C 语言中的文本文件就是一种数据源。根据数据管理方式的需要，相同的数据可以采用多种格式保存。不同格式的数据，其存储格式的差异很大，因此形成了多种格式的数据源。如网页交换中常用的 JSON 格式的数据、网页页面上提供的可供下载的 CSV 文件、我们常用的电子表格文件等都是数据源。管理信息系统中必不可少的数据库也是一种数据源，它可以实现数据的共享，供多人同时使用数据库文件中的数据。对于不同的数据源，Python 均提供了第三方库来处理这些数据源。本章介绍 CSV 数据源、Excel 数据源、JSON 数据源和数据库的操作。

6.1　导入 CSV 数据

6.1.1　CSV 数据的格式

CSV（Comma-Separated Values）是一种通用的、相对简单的文本文件格式，在商业和科学领域广泛应用。CSV 文件由多条记录组成，每条记录都由相同的字段序列构成，字段之间通常用逗号、分号等分隔符隔开。CSV 文件可以采用记事本或 Excel 软件打开，默认用 Excel 软件打开。CSV 通常用于电子表格软件和纯文本之间的数据交换。例如，一个课程教学评价汇总表的 Excel 文件数据如表 6-1 所示。

表 6-1　课程教学评价汇总表的 Excel 文件数据

教师姓名	课程名称	有效问卷数	参评总人数	总平均得分
华丽	机械原理	78	83	98.4444
炳麒	材料力学	87	96	97.9497
张敏	液压传动	63	72	94.8774
岗	机械制造装备设计	41	42	97.8378
友安	起重机械	42	49	98.6314
福生	工程流体力学	102	112	97.0435
立群	工程图学Ⅱ	66	68	98.6666
志千	测试技术	39	40	100

将表 6-1 所示的 Excel 文件，另存为 CSV（逗号分隔）文件（文件名为：D:\pingjia161702.csv），格式如下：

教师姓名，课程名称，有效问卷数，参评总人数，总平均得分

华丽，机械原理，78，83，98.4444

炳麒，材料力学，87，96，97.9497
张敏，液压传动，63，72，94.8774
岗，机械制造装备设计，41，42，97.8378
友安，起重机械，42，49，98.6314
福生，工程流体力学，102，112，97.0435
立群，工程图学Ⅱ，66，68，98.6666
志千，测试技术，39，40，100

注意：采用上述方式转换得到的 CSV 文件的编码格式为 ANSI，即 gbk，因此，采用 Python 包处理 CSV 文件时，要注意编码格式问题。

6.1.2　Python 读取 CSV 文件

由于 CSV 文件严格来说是一个文本文件，所以可以采用普通文本文件的方式进行操作。另外，Python 还提供了 3 种方式处理 CSV 文件：csv 包、pandas 和 TensorFlow。本章主要介绍利用 csv 包和 pandas 处理 CSV 文件的过程。

csv 包是专门处理 CSV 文件的，Python 利用它可以很方便地对 CSV 文件进行操作。csv.reader 函数用于从 CSV 文件中读数据，返回的是一个列表；csv.writer 函数用于将数据写入 CSV 文件。

pandas 是基于 NumPy 的一种工具，是 Python 的一个数据分析包。pandas 提供了大量能使我们快速便捷地处理数据的函数和方法，因此，它是使 Python 成为强大、高效的数据分析环境的重要因素之一。

pandas 中主要有两种数据结构，分别是 Series 和 DataFrame。Series 是一种类似一维数组的对象，是由一组数据（各种 NumPy 数据类型）及一组与之相关的数据标签（索引）组成的[2]；DataFrame 是类似数据库表结构的数据结构，其含有行索引和列索引。

例如：

```
>>>import pandas as pd
>>>list_a = [2,4,5,6]
>>>#将 list 数据强制转换成 pandas 中的 Series 数据结构
>>>seri1=pd.Series(list_a)
>>>seri1
```

输出结果如下：

```
0  2
1  4
2  5
3  6
```

再如：

```
>>> dic={'数学':[65,70,68],'英语':[89,80,78],'名字':['peter','kitty','andy']}
>>> df2=pd.DataFrame(dic)
>>> df2
```

输出结果如下：

```
    名字    英语    数学
0   peter   89      65
1   kitty   80      70
2   andy    78      68
```

下面列出了本章使用 pandas 需要了解的部分函数。

导入数据：

- pandas.read_csv()：从 CSV 文件导入数据。
- pandas.read_table()：从限定分隔符的文本文件导入数据，分隔符默认为“,”。
- pandas.read_excel()：从 Excel 文件导入数据。
- pandas.read_sql()：从 SQL 表/库导入数据。
- pandas.read_json()：从 JSON 格式的字符串导入数据。
- pandas.read_html()：解析 URL、字符串或 HTML 文件，抽取其中的 tables 表格。
- pandas.read_clipboard()：从粘贴板获取内容，并传给 read_table()。
- pandas.DataFrame()：从字典对象导入数据。

导出数据（df 是 DataFrame 对象）：

- df.to_csv()：将数据导出到 CSV 文件。
- df.to_excel()：将数据导出到 Excel 文件。
- df.to_sql()：将数据导出到 SQL 表。
- df.to_json()：以 JSON 格式将数据导出到文本文件。

获取 DataFrame 的相关内容（df 为 DataFrame 对象）：

- df.columns：获取列标题。
- df.values：获取所有数据行的内容。
- df.head(n)：获取前 n 行。
- df.tail(n)：获取最后 n 行。
- df[列名].mean()：求某列的均值。
- df.iloc[index1:index2]：按索引提取区域块数据。

更多关于 pandas 的帮助请查看网站 http://pandas.pydata.org/和 http:// pandas.pydata.org/pandas-docs/stable/10min.html#csv。

【例 6-1】 从 D:\pingjia161702.csv 文件中读取数据并显示。

代码如下：

```
import  csv
filein = open('D:\pingjia161702.csv','r')
csv_read = csv.reader(filein)
print(csv_read)
#csv.reader(in)把每一行数据转化成一个列表，列表中每个元素是一个字符串
for row in csv_read:
    print(row)
filein.close()
```

执行结果如下：

```
['教师姓名  ', '课程名称  ', '有效问卷数  ', '参评总人数  ', '总平均得分
['华丽    ', '机械原理  ', '78'      , '83'   , '98.4444']
['炳麒    ', '材料力学  ', '87'      , '96'   , '97.9497']
['敏     ', '液压传动  ', '63'      , '72'   , '94.8774']
['岗     ', '机械制造装备设计 ', '41'  , '42'   , '97.8378']
['友安    ', '起重机械  ', '42'      , '49'   , '98.6314']
['福生    ', '工程流体力学 ', '102'    , '112'  , '97.0435']
['立群    ', '工程图学II ', '66'     , '68'   , '98.6666']
```

说明：csv.reader 函数的作用是把 CSV 文件的每一条记录都转化成一个列表，每条记录的每个字段在列表中都转换成一个字符串。

【例 6-2】　利用 pandas 读取 CSV 数据，并求出平均参评总人数。

```
import pandas as pd
#head=0 表示 CSV 文件第 0 行为列索引
#names=list('abcde')表示给列设置列标题
#若同时存在 head=0，则表示在程序中可以用新标题代替原来的标题
df = pd.read_csv('D:\pingjia161702.csv',header=0,names=list('abcde'))   # 读取训练数据
print(df)
print(len(df))
print(df['d'].mean())
```

程序执行结果如下：

6.1.3　Python 写 CSV 文件

利用 csv.writer 函数可以方便地将数据写入 CSV 文件，在使用 csv.writer 函数时，需要定义文件的类型。利用 df.to_csv 可以将 DataFrame 对象写入 CSV 文件。

【例 6-3】　利用 csv.writer 函数向 D:\pingjia161702.csv 文件中添加 2 条记录。

```
import csv
pingjia1 = ['旺旺','python 语言',90,98,95.66]      #定义新的评价记录
pingjia2 = ['嗨嗨','数据库技术',74,76,97.55]      #定义新的评价记录
#'a'表示以追加方式写入文件
fileout = open('D:\pingjia161702.csv','a', newline='')
csv_write = csv.writer(fileout,dialect='excel')
#dialect 就是定义一下文件的类型，定义为 excel 类型
csv_write.writerow(pingjia1)
csv_write.writerow(pingjia2)
fileout.close()
print ("write over")
```

程序执行结果如下：

```
write over
```

【例 6-4】　利用 df.to_csv 函数向 D:\pingjia161702.csv 文件中添加 2 条记录。

```
import pandas as pd
pingjia1 = ['低调','C 语言',90,98,95.66]        #定义新的评价记录
pingjia2 = ['网红','JAVA 开发',74,76,97.55]      #定义新的评价记录
df=pd.DataFrame([pingjia1,pingjia2],columns=['教师姓名','课程名称','有效问卷数','参评总人数','总平均得分'])
print(df)
#mode='a',表示以追加方式操作文件
#index=0,表示不保存行索引
#header=0,表示不保存列标题
df.to_csv('D:\pingjia161702.csv',mode='a',index=0,header=0,encoding='gbk')
```

程序执行结果如下：

```
  教师姓名    课程名称  有效问卷数  参评总人数  总平均得分
0   低调      C语言        90         98       95.66
1   网红    JAVA开发       74         76       97.55
```

6.2　导入 Excel 数据

Excel 软件作为办公系统的标准配置，使用广泛，其便捷的数据管理给用户提供了很多方便。Python 既可以使用 pandas 处理 Excel 文件，也可以使用 xlrd 和 xlwt 两个模块处理 Excel 文件。用户首先需要安装这两个模块，即输入“import xlrd”和“import xlwt”。

本书以 pingjia161702_excel.xls 文件（数据与表 6-1 相同）为例进行介绍。

Python 处理 Excel 文件时，相当于把 Excel 文件看成是由若干个工作表构成的，工作表的编号从 0 开始。Python 以工作表为单位进行数据处理，把工作表看成一个矩阵，行编号从 0 开始，每一行又看成由若干列构成，列编号也从 0 开始。

Python 读取第 i 个工作表的方式有下列多种：

- 通过 index 获取：sheet= workbook.sheets()[i]。
- 通过索引顺序获取：sheet = workbook.sheet_by_index(i)。
- 通过表的名称获取：sheet = workbook.sheet_by_name(u'sheet1')。

Python 读取工作表中单元格数据的方式有下列多种：

- 通过指定行号、列号获取单元格内容：

  cell_A1 = sheet.cell(0,0).value；

  cell_C4 = sheet.cell(2,3).value。
- 通过整行整列获取单元格内容：

  rowValues = sheet.row_values(1)；

  colValues = sheet.col_values(1)。
- 使用行列索引获取单元格内容：

  cell_A1 = sheet.row(0)[0].value；

  cell_A2 = sheet.col(1)[0].value。

6.2.1 Python 读取 Excel 文件

【例 6-5】 读取 pingjia161702_excel.xls 文件的内容并显示。

```
import xlrd
FILENAME = "D:\\pingjia161702_excel"
workbook = xlrd.open_workbook(FILENAME + ".xls")
sheet = workbook.sheets()[0]    #获取第 1 张表
RowNum = sheet.nrows
ColNum = sheet.ncols
for i in range(RowNum):
    rowData = sheet.row_values(i)  #返回列表对象，每一项为该行每一列的内容
    for item in rowData:                #遍历该行数据
        print(item,end=' ')
    print('')
```

程序执行结果如下：

```
教师姓名      课程名称        有效问卷数        参评总人数        总平均得分
华丽          机械原理         78.0             83.0             98.4444
炳麒          材料力学         87.0             96.0             97.9497
敏           液压传动         63.0             72.0             94.8774
岗       机械制造装备设计     41.0             42.0             97.8378
友安          起重机械         42.0             49.0             98.6314
```

6.2.2 Python 写 Excel 文件

【例 6-6】 计算 pingjia161702_excel.xls 的评教有效总人数和评教总分，并将数据写入 pingjia161702_excel_result 文件。

```
import xlrd
import xlwt
FILENAME = "D:\\pingjia161702_excel"
workbook = xlrd.open_workbook(FILENAME + ".xls")
sheet = workbook.sheets()[0]    #获取第 1 张表
RowNum = sheet.nrows
sumyxrenshu=0
sumzongfen=0
for i in range(1,RowNum):
    rowData = sheet.row_values(i)#返回列表对象，每一项为该行每一列的内容
    sumyxrenshu=sumyxrenshu+int(rowData[2])
    sumzongfen=sumzongfen+float(rowData[4])
print(sumyxrenshu,'   ',sumzongfen)
writeWorkbook = xlwt.Workbook()
#添加一个新表，name 为 Average，允许 overwrite
table =writeWorkbook.add_sheet('tongji', cell_overwrite_ok = True)
#按照坐标写数据
```

```
table.write(0,0,"评教有效总人数")
table.write(0,1,"评教总分")
table.write(1,0,sumyxrenshu)
table.write(1,1,sumzongfen)
#写入文件
writeWorkbook.save(FILENAME + "_result.xls")
```

程序执行结果如下：

```
24651     34778.20980000003
```

6.3 导入 JSON 数据

6.3.1 JSON 数据的格式

JSON（JavaScript Object Notation）采用完全独立于编程语言的文本格式来存储和表示数据，JSON 数据的一般描述方式类似于字典，由键值对构成。JSON 数据多用于不同系统之间的数据传递。作为一种轻量级的数据交换格式，简洁和清晰的层次结构使得 JSON 被称为理想的数据交换语言。它易于人阅读和编写，也易于机器解析和生成[3]。

下面定义一个 JSON 字符串对象并输出：

```
>>> jsonobj='{"word":"hello", "count":30}'
>>> print(jsonobj)
{"word":"hello", "count":30}
```

说明：jsonobj 用于存储一个单词 hello 和该单词的词频 30。

下面定义一个 JSON 字符串数组并输出：

```
>>> jsonarray='[{"word": "hello", "length": 56}, {"word": "great", "length": 67}]'
>>> print(jsonarray)
[{"word": "hello", "length": 56}, {"word": "great", "length": 67}]
```

说明：jsonarray 用于存储两个单词及其数量。

6.3.2 Python 解码 JSON 数据

Python 除了可以使用 pandas 操作 JSON 数据，也提供了对 JSON 字符串的处理模块 json。在使用时，需要通过输入“import json”导入模块。

json 模块提供了两个重要的函数，用于在 Python 字典对象和 JSON 字符串之间进行转换。其中，json.loads 可以将 JSON 字符串解码为 Python 对象。其语法格式如下：

```
json.loads(s,encoding=None,cls=None,object_hook=None,parse_float=None, parse_int=None,
parse_constant=None, object_pairs_hook=None, **kw)
```

encoding：默认是 UTF-8，用于设置 JSON 数据的编码方式。

【例 6-7】 解析 JSON 字符串，并将单词和词频输出。

```
import json
print("json --> python ")
```

```
jsonobj='{"word":"hello","count":30}'
pythonObj = json.loads(jsonobj)   #pythonObj 为字典对象
print(pythonObj)
print(pythonObj["word"])
print(pythonObj["count"])
```

输出结果如下：

```
json --> python
{'word': 'hello', 'count': 30}
hello
30
```

6.3.3　Python 编码 JSON 数据

Python 使用 json.dump 函数实现从 Python 对象到 JSON 字符串的编码。其语法格式如下：

json.dumps(obj, *, skipkeys=False, ensure_ascii=True, check_circular=True, allow_nan= True, cls=None, indent=None, separators=None, default=None, sort_keys=False, **kw)

重要参数说明：

skipkeys：默认值是 False。如果 dict 的 key 的数据不是 Python 的基本类型（str、unicode、int、long、float、bool、None），skipkeys 设置为 False 时，就会出现 TypeError 的报错。此时设置成 True，则会跳过这类 key。

ensure_ascii：默认值是 True。如果 dict 内含有 non-ASCII 字符，会显示类似\uXXXX 的数据，把 ensure_ascii 设置成 False 后，就能正常显示。

separators：分隔符，实际上是（item_separator, dict_separator）的一个元组，默认的是（',',':'）；表示 dictionary 内 key 之间用“,”隔开，而 key 和 value 之间用“：”隔开。

sort_keys：将转换后的 JSON 字符串按 key 的值进行排序；默认值为 False，此时不排序。

【例 6-8】　将 Python 字典解析成 JSON 数据。

```
import json
testPy = {'username':'王蓓', 'password': '123456'}
print("python --> json ")
jsonObj = json.dumps(testPy, ensure_ascii = False,sort_keys=True)   #jsonObj 为 JSON 对象
#jsonObj = json.dumps(testPy, ensure_ascii = False)
print(jsonObj)
print(type(jsonObj))
```

输出结果如下：

```
python --> json
{"password": "123456", "username": "王蓓"}
<class 'str'>
```

【例 6-9】　将 Pyhton 数组解析成 JSON 字符串。

```
import   json
pythonlist=[{'word': 'hello', 'length': 56}, {'word': 'great', 'length': 67}]
```

```
jsonstr=json.dumps(pythonlist)   #将数组解析成 JSON 字符串
print(jsonstr)
print(type(jsonstr))
```

输出结果如下：

```
[{"word": "hello", "length": 56}, {"word": "great", "length": 67}]
<class 'str'>
```

6.3.4 Python 处理 JSON 数据文件

JSON 数据文件是按照 JSON 数据格式存储数据的文本文件。通常将 JSON 数据文件的扩展名设为.json。图 6-1 所示为 jsondata 文件中的内容。对 JSON 数据文件的处理与对普通文本文件的处理类似。

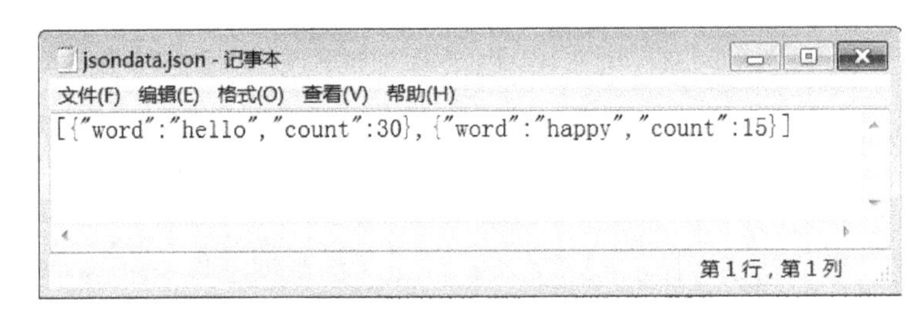

图 6-1　jsondata 文件中的内容

【例 6-10】　从 D:\ jsondata.json 文件中读取数据并显示。

```
import json
with open("D:\\jsondata.json", "r") as f:
    jsonstr=f.readline()
    pythonObj = json.loads(jsonstr)
    print(pythonObj)
    j=len(pythonObj)
    for i in range(0,j):
        print(pythonObj[i]["word"],pythonObj[i]["count"])
    print("jsondata.json"+"中共有"+str(j)+"行数据")
```

输出结果如下：

```
[{'count': 30, 'word': 'hello'}, {'count': 15, 'word': 'happy'}]
hello 30
happy 15
jsondata.json中共有2行数据
```

【例 6-11】　将 Python 字典写入 JSON 数据文件的错误案例分析。

```
dic1={'length': 56, 'word': 'hello'}
with open("test.json", "w") as f:
    f.write(dic1)
    print("test.json 写入完成！")
```

输出结果如下：

```
Traceback (most recent call last):
  File "C:/Users/Administrator/Desktop/python课件/python教材素材/json操作/json操作/案例6-9.py",
  line 3, in <module>
    f.write(dic1)
TypeError: must be str, not dict
```

分析：第 3 行报错，说明 f.write 的参数只能为 str，如果直接将 dict 类型的数据写入 JSON 数据文件中，会发生报错，所以若要把字典数据写入文件，必须转换成 JSON 字符串。

【例 6-12】　将 Python 字典写入 JSON 数据文件。

```
import  json
pythonlist=[{'word': 'hello', 'length': 56}, {'word': 'great', 'length': 67}]
jsonstr=json.dumps(pythonlist)   #将字典列表解析成 JSON 字符串
with open("test.json", "w") as f:
    f.write(jsonstr)
print("test.json 写入完成！")
```

输出结果如下：

```
test.json 写入完成！
```

程序执行后，test.json 数据如图 6-2 所示。

```
test.json - 记事本
文件(F) 编辑(E) 格式(O) 查看(V) 帮助(H)
[{"word": "hello", "length": 56}, {"word": "great", "length": 67}]
第 1 行，第 67 列
```

图 6-2　test.json 数据

6.4　访问数据库

数据库作为现代数据管理方式，具有共享性、完整性定义、并发处理、数据分析和处理高效等特性，是各种信息管理系统必不可少的数据管理方式。目前市场上常用的是关系数据库。无论是开源数据库管理系统，还是非开源数据库管理系统，其数据库都具有关系的特性，即所有的实体及其联系均可用关系表示。

Python 支持多种数据库（包括 SQLite、MySQL、SQL Server 和 Oracle 等主流数据库），也提供了多种数据库连接方式，如 ODBC、DAO 和专用数据库连接模块等。本书以 SQL Server 数据库管理系统为例，采用专用数据库连接模块来介绍数据库操作的相关知识。Python 中提供了第三方模块 pymssql（http://www.pymssql.org/en/stable/index.html）来负责 SQL Server 数据库与 Python 的连接。

数据库操作分更新操作和查询操作两种。更新操作包括插入、删除和修改。更新操作步骤和查询操作步骤稍有差异（见图 6-3）。

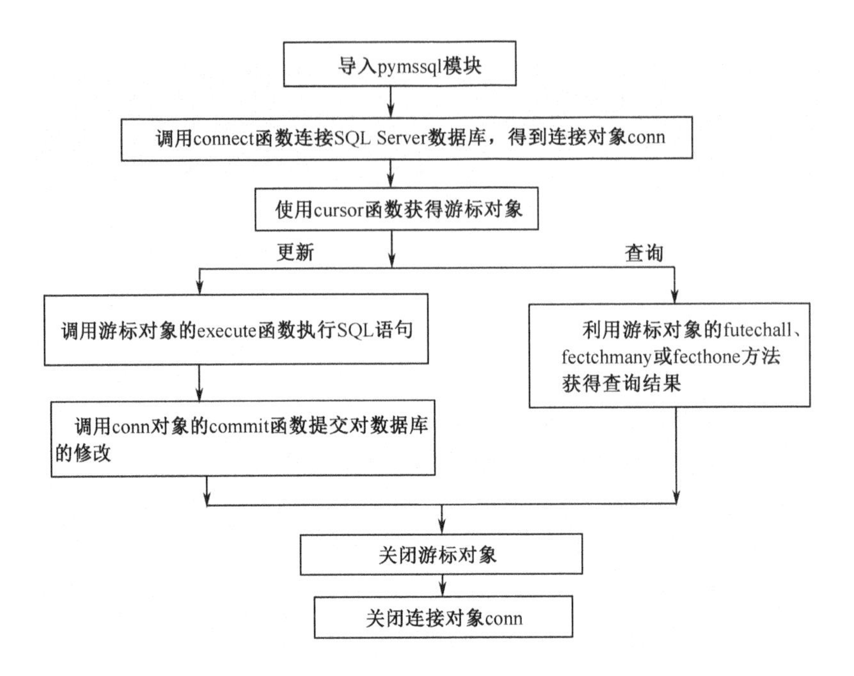

图 6-3　Python 操作数据库

为了使用数据库的操作，本书的读者需要在 SQL Server 数据库管理系统中创建 XSGL 数据库，并在该数据库中创建 SQL Server 身份验证登录名：jingxq，密码为 671230。另外，还需要在该数据库中创建表 xsgluser，其结构如图 6-4 所示。

JY3H5BP8HWSG30C.XSGL - dbo.xsgluser*

列名	数据类型	允许 Null 值
username	char(30)	☐
password	char(8)	☐
manager	bit	☑
worker	bit	☑
student	bit	☑
		☐

图 6-4　xsgluser 表结构

xsgluser 表的关系如图 6-5 所示。

	username	password	manag...	worker	student
1	qqq	qqq	1	0	0
2	jing	12345	0	0	1
3	张三	12345	1	0	0
4	student	12345	1	0	0
5	teacher	12345	1	0	0
6	hello	hello	0	0	1

图 6-5　xsgluser 表的关系

6.4.1 数据库的查询操作

【例 6-13】 查询 XSGL 数据库的 xsgluser 表，并且显示。

```
import pymssql
#注意：数据库服务器必须设置为 Windows 和 SQL Server 混合登录方式
conn=pymssql.connect(server='(local)',database='XSGL',user='jingxq',password='671230')
cur = conn.cursor()
sql = "select * from xsgluser"
cur.execute(sql)
rows = cur.fetchall()   #rows 是列表类型
print(type(cur))
print(type(rows))
#print(cur)     #游标直接输出，看不到数据清单
for row in rows:
    print( row[0],row[1],row[2], row[3],row[4])
#print(rows)   #list 可以直接输出，但数据格式不好看
cur.close()
conn.close()
```

运行结果如下：

```
<class 'pymssql.Cursor'>
<class 'list'>
qqq                          qqq     True False False
jing                         12345    False False True
张三                         12345    True False False
student                      12345    True False False
teacher                      12345    True False False
hello                        hello     False False True
```

【例 6-14】 查找 xsgluser 表中 username 以 t 开始的记录，并且显示。

```
import pymssql
#注意：数据库服务器必须设置为 Windows 和 SQL Server 混合登录方式
conn=pymssql.connect(server='(local)',database='XSGL',user='jingxq',password='671230')
cur = conn.cursor()
sql = "select * from xsgluser where username like %s"
cur.execute(sql,'t%')   #模糊查找 username 以 t 开始的记录
print(type(cur))
for row in cur:
    print( row[0],row[1],row[2], row[3],row[4])
cur.close()
conn.close()
```

运行结果如下：

```
<class 'pymssql.Cursor'>
teacher                        12345    True False False
test热热热                     testwww  False False True
```

6.4.2 数据库的插入操作

【例 6-15】向 XSGL 数据库的 xsgluser 表中插入一条记录。

```
import pymssql
try:
  #创建连接对象
conn=pymssql.connect(server='(local)',database='XSGL',user='jingxq',password='671230')
  cur = conn.cursor()     #创建游标对象
  sql = "insert into xsgluser values('张四', '12345', 1, 0,0)"   #定义 sql 语句
  cur.execute(sql)        #执行 sql 语句
  conn.commit()           #向数据库服务器中提交操作
  cur.close()             #关闭游标对象
  cur = conn.cursor()     #下面的语句块，用于确认是否插入成功
  sql = "select * from xsgluser where username like '张四%'"
  cur.execute(sql)
  rows=cur.fetchall()
  count=len(rows)
  if(count>0):
    print('插入成功')
except Exception as ex:
  conn.rollback()
  raise ex
finally:
  conn.close()
```

运行结果如下：

```
插入成功
```

6.4.3 数据库的删除操作

【例 6-16】 删除 xsgluser 表中 username 以 w 开始的记录。

```
import pymssql
try:
conn=pymssql.connect(server='(local)',database='XSGL',user='jingxq',password='671230')
  cur = conn.cursor()
  sql = "delete from xsgluser where username like %s"
  cur.execute(sql,'w%')
  conn.commit()
except Exception as ex:
  conn.rollback()
```

```
    raise ex
finally:
    conn.close()
```

6.4.4　数据库的修改操作

【例 6-17】　将 xsgluser 表中 username 为 hello 的记录的密码修改为 12345。

```
import pymssql
try:
    conn=pymssql.connect(server='(local)',database='XSGL',user='jingxq',password='671230')
    cur = conn.cursor()
    sql ="update xsgluser set password='12345' where username=%s"
    #sql = "delete from xsgluser where username like %s"
    cur.execute(sql,'hello')
    conn.commit()
except Exception as ex:
    conn.rollback()
    raise ex
finally:
    conn.close()
```

习题

1．对本章例 6-3～例 6-6，采用 pandas 实现相应的功能。

2．什么是 CSV 格式？它适合什么类型的应用？

3．JSON 格式与字典格式在语法上有何差异？

4．根据 pingjia161702.xls 的数据，利用 pandas 求出总平均得分的最大值、方差、平均值等。

5．简述利用 pandas 进行数据分析和利用列表进行数据分析的差异。

6．简述 CSV 文件与 Excel 文件的差异，包括存储格式和存储容量的比较。

7．简述采用 pandas 与数据库技术进行统计分析数据的差异。

8．从 http://www.stateair.net/web/historical/1/1.html 网站上下载 2017 年北京 PM2.5 的 CSV 数据和上海 PM2.5 的 CSV 数据，利用 pandas 或列表方式，按照日和月进行均值统计。

9．建立一个数据库文件，用于存放第 8 题的每天统计的 PM2.5 数据，其包含 3 个字段：城市、日期、PM2.5 均值。采用数据库的方法进行月统计显示和年统计显示。

参考文献

[1] 会说话的帆船. 再次深入探索 datasource 问题[EB/OL].https://www.cnblogs.com/monion/p/5022108.html，2015.12.

[2] 真你假我. pandas 中的 DataFrame[EB/OL.https://blog.csdn.net/zhangzejia/article/details/79558664，2018.3.

[3] YDCookie. JSON[EB/OL]. https://blog.csdn.net/YDCookie/article/details/72792376，2017.5.

第7章 网络爬虫

随着网络技术的迅速发展，互联网成为大量信息的载体，如何有效地提取并利用这些信息成为一个巨大的挑战。通常人们在网络上查找资料时，都会采用百度等通用搜索引擎。但是，这些通用搜索引擎所返回的结果包含了大量用户不关心的网页，用户在返回页面中需要花费大量的时间才能找到满足要求的数据。另外，互联网上提供了丰富的数据形式，如图片、数据文件、音频/视频多媒体等，通用搜索引擎对这些信息含量密集且具有一定结构的数据无能为力，不能很好地发现和获取所需信息。为了解决这些问题，定向抓取相关网页资源的网络爬虫应运而生。网络爬虫是一个自动下载网页的程序，它根据用户的主题需要，抓取与这一主题内容相关的网页，用于为特定用户准备数据资源。

7.1 网络爬虫工作的基本原理

7.1.1 网页的概念

当上网时，首先要在浏览器地址栏处输入网址，然后才能看到内容。下面介绍网页页面的生成过程。

1. URL 的含义

URL（Uniform Resource Locator）称为统一资源定位符，也称为网址。互联网上的每个页面，都对应一个 URL。可查询上海空气质量的网址为 URL 主要包含 4 部分：协议部分，如上述网址的协议为“http:”，表示超文本传输协议；网站名部分，如上述网址的网站名部分为 www.tianqi.com，表示该网页所在的主机位置；端口部分，域名后面是端口，域名和端口之间使用“:”作为分隔符，端口不是一个 URL 必需的部分，如果采用默认端口 80，则可以省略端口部分；虚拟目录和文件名部分，如上述网址的虚拟目录和文件名部分为/air/shanghai.html，表示该网页在这个主机上的具体路径。

2. 页面的渲染与代码

用户若想浏览城市空气质量排名情况，可以输入网址：http://www.tianqi.com/air，得到类似图 7-1 所示的结果。网页的样式，实际上是 html 源代码经过渲染后形成的。这个页面实际上是用户通过浏览器向 DNS 服务器提交 http://www.tianqi.com/air 后，相关主机服务器经过解析，将图片、HTML、JS、CSS 等文件返回至用户浏览器，用户浏览器将这些文件的代码解析渲染，最终呈现用户看到的效果。这个过程称为用户的请求和响应，响应给客户的是 HTML 代码。那么如何浏览主机服务器返回给用户浏览器的代码呢？在网页页面上，单击鼠标右键，在弹出的快捷菜单上，选择“查看源代码”菜单项，就可以进行代码浏览了。下面给出图 7-1 所对应的 HTML 部分源代码。

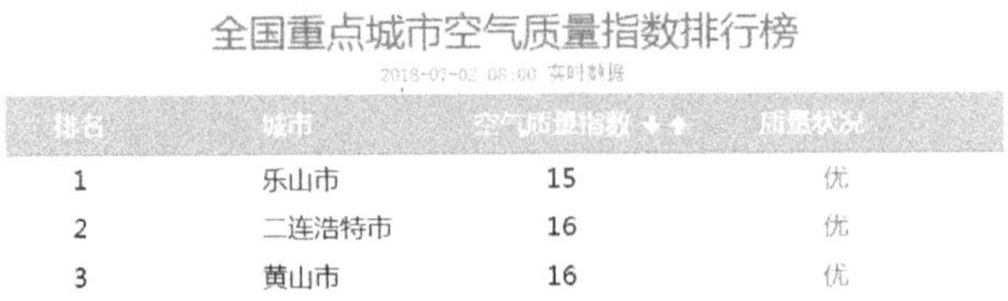

全国重点城市空气质量指数排行榜

2018-07-02 08:00 实时数据

排名	城市	空气质量指数 ↓↑	质量状况
1	乐山市	15	优
2	二连浩特市	16	优
3	黄山市	16	优

图 7-1　全国重点城市空气质量指数

```
……
<li id="c294"><span class="td td-1st">1</span><span class="td td-2nd"><a href= "/air/leshan.html" target="_blank">乐山市</a></span><span class="td td-4rd">15</span> <span class="td td-4rd"><em class="f1" style="color:#79b800">优</em></span></li>
<li id="c4"><span class="td td-1st">2</span><span class="td td-2nd"><a href="/air/ erlianhaote.html" target="_blank">二连浩特市</a></span><span class="td td-4rd">16</ span><span class="td td-4rd"><em class="f1" style="color:#79b800">优</em></span></li>
<li id="c222"><span class="td td-1st">3</span><span class="td td-2nd"><a href= "/air/huangshan.html" target="_blank">黄山市</a></span><span class="td td-4rd">16</span> <span class="td td-4rd"><em class="f1" style="color:#79b800">优</em></span></li>
……
```

3. 网页文件的格式

网页文件是由各种标签对构成的一个纯文本文件，如<head>与</head>标签对，<li>与</li>标签对等。不同的标签有不同的作用，如 li 标签定义列表项目，span 标签被用来组合文档中的行内元素。标签可以有属性和显示的文本。下面以 HTML 代码“<span class="td td-2nd"><a href="/air/leshan.html" target="_blank">乐山市</a></span>”为例进行说明：

<span class="td td-2nd">与</span>是一对标签。span class="td td-2nd"表示 span 标签有一个 class 属性，值为"td td-2nd"，用于设置列的外观。

<a href="/air/leshan.html" target="_blank">乐山市</a>是 span 标签的内嵌<a>标签，是用于设置超链接的。超链接文本是“乐山市”，超链接网址是/air/leshan.html，是个相对路径，其绝对路径是 http://www.tianqi.com/air/leshan.html。

7.1.2　网络爬虫的工作流程

网络爬虫实质上是一个能自动下载网页的程序，它是搜索引擎中最核心的部分。

通用网络爬虫是从一个或若干个初始网页上的 URL 开始，读取网页的代码并对页面结构进行分析、过滤，对感兴趣的内容建立索引，同时提取网页上的其他感兴趣的超链接地址，放入待爬行队列中，如此循环，直到满足系统的停止条件为止。

在爬取网页过程中，如何根据当前网页的超链接页面形成待爬行队列呢？目前可以用基于 IP 地址搜索策略、广度优先策略、深度优先策略和最佳优先等，具体请看相关文档。

本章介绍的爬虫案例，属于聚焦爬虫，且爬取的网页结构不能发生改变。

7.1.3　Python 与网络爬虫

使用 Python 语言实现网络爬虫和信息提交是非常简单的事情，代码行数很少，也无须知道网络通信等方面的知识，非常适合非专业读者。然而，肆意地爬取网络数据并不是文明现象，通过程序自动提交内容争取竞争性资源也不公平。

在互联网上爬取数据，要遵从 Robots 排除协议（Robots Exclusion Protocol），它也被称为爬虫协议，是网站管理者表达是否希望爬虫自动获取网络信息意愿的方法。管理者可以在网站根目录放置一个 robots.txt 文件，并在文件中列出哪些链接不允许爬虫爬取。一般搜索引擎的爬虫会首先捕获这个文件，并根据文件要求爬取网站内容。Robots 排除协议重点约定不希望爬虫获取的内容，如果没有该文件，则表示网站内容可以被爬虫获得。然而，Robots 排除协议不是命令和强制手段，只是国际互联网的一种通用道德规范。绝大部分成熟的搜索引擎爬虫都会遵循这个协议，建议个人也要按照互联网规范合理使用爬虫技术。

由 7.1.2 节可知，网络爬虫应用一般分为 3 个步骤：①通过网络连接获取网页内容；②对获得的网页内容进行解析；③将数据存储到本地磁盘文件中，以便进行后续处理。

Python3 中主要使用 requests 库实现网页爬取，使用 BeautifulSoup 库实现网页内容解析。

由于 requests 库和 BeautifulSoup 库都是第三方库，需要先安装才能使用。

安装步骤：

```
pip install requests            #安装 requests 库文件
pip install beautifulsoup4      #安装 BeautifulSoup 库文件
```

如果安装后上面的库还无法使用，则接着安装下面的库：

```
pip install urllib3
pip install chardet
pip install http
pip install httplib
pip install certifi
pip install idna
```

7.2　网页内容获取——requests 库

Python3 官方提供的、HTTP 客户端接受 URL 请求的库是 urllib，它有 3 个主要功能：Request 处理客户端的请求，response 处理服务端的响应，parse 解析 URL。但其提供的 API 使用起来却不如 requests 库方便。

requests 库是一个简洁且简单地处理 HTTP 请求的第三方库，它可以让用户像访问本地文件一样读取网页的内容。

requests 库建立在 Python 语言的 urllib3 库基础上，因此继承了 urllib3 库的所有特性。requests 库支持 HTTP 保持和连接池连接、使用 cookie 保持会话、文件上传、自动解压缩、自动内容解码、HTTP(S)代理、连接超时处理、流数据下载等。

requests 库的更多介绍请访问：http://docs.python-requests.org。

7.2.1 requests 对象

HTTP 是基于请求-响应模式的，客户端的请求叫作 request，服务器端的响应叫作 response。HTTP 请求服务器端常用的方式是 get 和 post。通常，get 表示向指定的服务器请求数据，post 表示向指定的服务器提交要被处理的数据。

get(url,timeout=n)：对应 HTTP 的 get 方式，用来获取网页内容。timeout 设定每次请求的超时时间，单位为秒。该函数将网页的内容封装成一个 response 对象并返回。

post(url,data={'key':'value'})：对应 HTTP 的 post 方式，其中，字典对象用于传递客户端数据。

例如，向 Web 服务器请求 http://www.tianqi.com/air 网页的内容：

```
>>> r=requests.get('http://www.tianqi.com/air', timeout=30)
```

再如，采用 post 传递参数的方式，请求 http://httpbin.org/post 网页的内容：

```
>>> url = 'http://httpbin.org/post'
>>> d = {'key1': 'value1', 'key2': 'value2'}
>>> r = requests.post(url, data=d)
>>> r.text      #输出响应的页面内容
'{"args":{},"data":"","files":{},"form":{"key1":"value1","key2":"value2"},
"headers":{"Accept":"*/*","Accept-Encoding":"gzip, deflate","Connection":"close",
"Content-Length":"23", "Content-Type":"application/x-www-form-urlencoded",
"Host":"httpbin.org","User-Agent":"python-requests/2.18.4"},"json":null,
"origin":"121.231.14.50","url":"http://httpbin.org/post"}\n'
```

7.2.2 response 对象

response 称为 Web 服务器对 requests 请求返回的响应对象，通过 response 对象的属性和方法可以获取响应网页内容、处理网络异常等。

响应内容属性如下：

Text：返回的是 Unicode 编码的页面内容，为字符串格式。通常用 Text 属性获取文本。

Content：返回的是 bytes 型的页面内容，也就是二进制的数据。通常用 Content 属性获取图片，文件等。

网页编码属性如下：

Encoding：HTTP 响应内容的编码格式，通过此属性也可以更改返回网页的编码格式，便于处理中文。

响应状态码属性如下：

status_code：HTTP 请求返回的状态，整数 200 表示连接成功，整数 404 表示失败。在处理网页数据前，要先判断该状态值。有以下两种判断方法。

（1）json()：如果 HTTP 响应页面包含 JSON 格式的数据，那么该方法能够在 HTTP 响应内容中解析存在的 JSON 格式的数据。

（2）raise_for_status()：该方法能在非成功响应后产生异常，即只要返回的请求状态 status_code 不是 200，这个方法就会产生一个异常。

对于几种常用异常，如 DNS 查询失败、拒绝连接等，requests 会抛出 ConnectionError 异常；遇到无效 HTTP 响应时，requests 会抛出 HTTPError 异常；若请求 URL 超时，requests 会抛出 Timeout 异常；若请求超过了设定的最大重定向次数，则 requests 会抛出 TooManyRedirects 异常。使用异常处理语句 try-except，可以避免设置一堆复杂的 if 语句。

【例 7-1】　爬取天堂图片网中小黄人图片网页的内容。天堂图片网站地址为 http://www.ivsky.com/tupian。

```
import requests
def gethtmltext(url):
    try:
        r=requests.get(url,timeout=30)
        r.raise_for_status()
        return r.text
    except:
        return ""
url="http://www.ivsky.com/tupian/xiaohuangren_t21343/"
print(gethtmltext(url))
```

程序输出结果如下：

```
<!doctype html>
<html>
<head>
<meta charset=utf-8 />
<title>小黄人图片_44张 (天堂图片网)</title>
<meta name="description" content="在卡通图片栏目中：目前共有44张小黄人图片。
和小黄人相关的图片有动画图片、卑鄙的我图片、神偷奶爸图片、动画片图片、
卡通小黄人图片、卡通人物图片、高清图片下载" />
<meta name="keywords" content="小黄人图片" />
<link type="text/css" href="/img/a.css" rel="stylesheet" />
<script type="text/javascript" src="/img/jq.js"></script>
<script type="text/javascript" src="/img/a.js"></script>
</head>
<body>
……
```

7.3　网页内容解析——BeautifulSoup 库

7.3.1　BeautifulSoup 库概述

Python3 中从下载的网页中解析数据主要有 3 种方法，分别是利用 BeautifulSoup

库、正则表达式和 Lxml，它们各有特点。BeautifulSoup 库是用 Python 编写的一个 HTML/ XML 的解析器，提供了简便的文档导航、查找、修改文档等操作；正则表达式是一个规则表达式，它用字符匹配的方式从网页内容中解析数据；Lxml 是用 C 语言编写的，是基于 libxml2 这一 XML 解析库的 Python 封装，其解析速度比 BeautifulSoup 库更快，但安装过程也更为复杂。下面主要介绍 BeautifulSoup 库。

BeautifulSoup 库，也称 beautifulsoup4 库或 bs4 库。它是用 Python 编写的一个 HTML/XML 的解析器，它最大的优点是能根据 HTML 和 XML 语法建立解析树，进而高效解析其中的内容。树中一般有 4 类节点：Tag、NavigableString、BeautifulSoup、Comment，但很多时候，可以把节点当作 Tag 对象。BeautifulSoup 库类似于 C#或 HTTP 中的文档类。

例如，有一个描述学生选课的 XML 代码，用来表示学号为 20004146 的学生选修了 2 门课，学号为 20004176 的学生选修了 1 门课，如下所示：

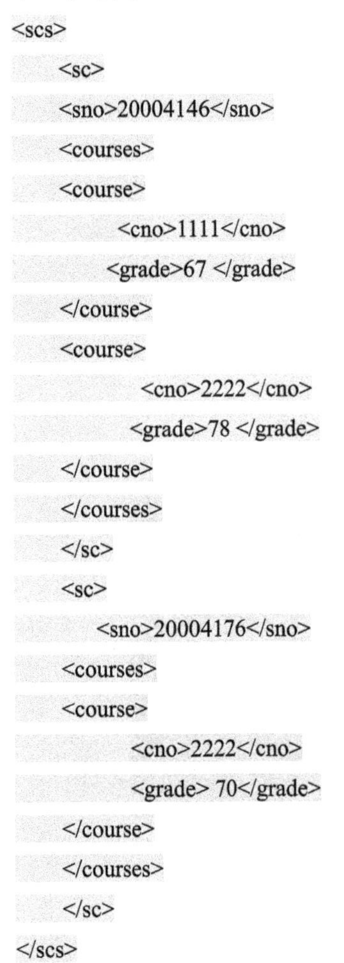

```
<scs>
    <sc>
    <sno>20004146</sno>
    <courses>
    <course>
          <cno>1111</cno>
        <grade>67 </grade>
    </course>
    <course>
            <cno>2222</cno>
          <grade>78 </grade>
    </course>
    </courses>
    </sc>
    <sc>
       <sno>20004176</sno>
    <courses>
    <course>
          <cno>2222</cno>
          <grade> 70</grade>
    </course>
    </courses>
    </sc>
</scs>
```

它对应的 BeautifulSoup 对象的逻辑结构可以理解成如图 7-2 所示的一棵树。

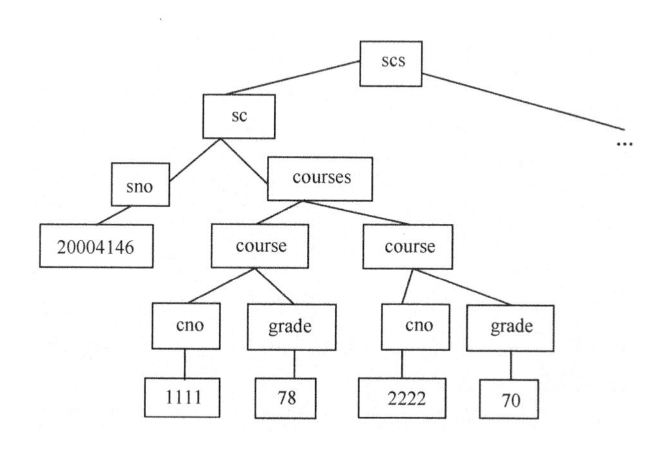

图 7-2　BeautifulSoup 树

从图 7-2 可以看出，BeautifulSoup 树的子树仍然是一棵 BeautifulSoup 树，除非叶子节点不一定是 BeautifulSoup 树。

有关 BeautifulSoup 库的更多介绍请参考网站：http://www.crummy.com/software/BeautifulSoup/bs4/doc.zh/index.html。

7.3.2　BeautifulSoup 库常用方法和 Tag 节点

1. BeautifulSoup 库常用方法

BeautifulSoup(html, “html.parser”)：该方法需要两个参数，第一个参数需要提取数据的 HTML 文档内容或 XML，第二个参数指定解析器。该方法的目的是生成一棵解析树。

find_all(name,attrs,recursive,string,limit)：该方法可以根据标签名字、标签属性和内容检索并返回标签列表。name 为标签名；attrs 为标签的属性名和值，采用 JSON 表示；recursive 用来设置查找层次；string 为标签的字符串内容；limit 可以返回匹配结果的个数。利用 string 参数可以实现模糊查找。

find(name,attrs,recursive,string)：返回找到的第一个结果。find_all()函数由于可能返回更多结果，所以采用列表形式存储返回结果。find()函数返回的是字符串形式，如果找不到则返回 None。

2. Tag 节点

Tag 的常用属性如下：

name：Tag 的名字。

string：如果 Tag 没有内嵌的 Tag，或者只有一层内嵌 Tag，则返回 Tag 中的字符串，否则返回 None。

Contents：可以将 Tag 的子节点以列表的方式输出。

[属性名]：获取或修改标签某个属性的值。

.子标签名：通过.嵌套的方式，获取 Tag 的内嵌 Tag。

parent：Tag 的父节点。

children：Tag 的子节点集合。

BeautifulSoup()中的常用节点是 Tag 类型，通过 BeautifulSoup 对象获取 Tag 类型对象的方法举例如下：

```
#b 是标签名，class 是属性，Extremely bold 是标签的字符串。
soup = BeautifulSoup('<b class="boldest">Extremely bold</b>')
tag = soup.b
```

例如：根据选课学生的学号和门数标签字符串，输出选课学生的学号。

```
>>> soup = BeautifulSoup('<scs><sc><sno>20004146</sno><number>2</number></sc> <sc><sno>20181012</sno><number>5</number></sc></scs>')
>>> tag = soup.scs
>>> print(tag.string)
None
>>> print( tag.contents[0].name)
```

```
>>> print( tag.contents[0].sno.string)
20004146
>>> soup.find_all('sno')
[<sno>20004146</sno>, <sno>20181012</sno>]
```

请读者体会使用树形嵌套方式查询学号与利用 find_all()函数获取学号的区别。

7.4 正则表达式

从网页中解析需要的数据，除了可以采用 BeautifulSoup 库的方法，也可以根据被查找字符串的特征，采用正则表达式的方法得到符合条件的子字符串。

正则表达式库是 Python 的标准库，使用时输入“import re”即可。

7.4.1 正则表达式概念

假如我们要从一个网页的 HTML 源代码中，找出包含的所有超链接的域名，如 href="http://hhucts.hhuc.edu.cn/nav/list/26"、href="http://chengj.hhuc.edu.cn"、href="http://www.hhuc.edu.cn/_t53/452/list.htm"、href="http://dcs.conac.cn"等。这些域名虽然长短不一，但都有一些共同的特征，即都是从“http://”开始、中间是由若干个“.”和“/”字符构成的字符串。我们只要根据这些特征构造出正确的查找规则模式，就可以将这些域名匹配出来。

正则表达式又称规则表达式或规则字符串，它通过一个字符序列来表示满足某种逻辑条件的字符串，主要用于字符串模式匹配或字符串匹配。一个正则表达式由字母、数字和一些特殊符号组成。特殊符号也称元字符，在正则表达式中具有特殊的含义，可以用来匹配一个或若干个满足某种条件的字符。元字符是构成正则表达式的关键要素。

正则表达式通过运用各种元字符来表示丰富的匹配字符串。对程序员来说，如果需要从源字符串中得到需要的子字符串（也称结果字符串），首先要分析子字符串在源字符串中的规律，根据规律来描述正则表达式。

例如，希望在 7.1.1 节的源代码中得到每个城市的名称，需要经过两步处理，即先根据正则表达式（不带分组符号）得到包含城市名称最小子字符串的列表，再经过处理，得到城市列表。

那么如何定义包含城市名称最小子字符串的正则表达式（不带分组符号）呢？我们通过分析 7.1.1 节那段代码可以发现，任何一个城市都是从"_blank">开始至</a>结束的，如"_blank">山南</a>、"_blank">红河哈尼族</a>等。因此，可以将正则表达式定义为\"_blank\">.{1,}</a>。

【例 7-2】 解析城市列表并输出。

```
import re
str1=''' <div class="meta">
  <ul>
  <li id="tr-fixed" class="thead">
  <span class="th th-1st">排名</span>
  <span class="th th-2nd">城市</span>
  <span class="th th-3rd"><i class="L01">空气质量指数</i><a href="http://www. tianqi.com/air/" title="空气质量指数 排序 从低到高"><i class="pc_top"></i></a><a href= "http://www.tianqi.com/air/?o=desc" title="空气质量指数 排序 从高到低"><i class="pc_ bottom"></i></a></span>
  <span class="th th-4rd">质量状况</span>
  </li>
  <li id="c279"><span class="td td-1st">1</span><span class="td td-2nd"><a href="/ air/shannan.html" target="_blank">山南</a></span><span class="td td-4rd">14</span><span class="td td-4rd"><em class="f1" style="color:#79b800">优</em></span></li>
  <li id="c301"><span class="td td-1st">2</span><span class="td td-2nd"><a href= "/air/honghe.html" target="_blank">红河哈尼族</a></span><span class="td td-4rd">14</ span><span class="td td-4rd"><em class="f1" style="color:#79b800">优</em></span> </li>
  <li id="c4"><span class="td td-1st">3</span><span class="td td-2nd"><a href="/air/erlianhaote. html" target="_blank">二连浩特市</a></span><span class="td td-4rd">16</ span><span class="td td-4rd"><em class="f1" style="color:#79b800">优</em></span></li>
  <li id="c192"><span class="td td-1st">4</span><span class="td td-2nd"><a href= "/air/nanchang. html" target="_blank">南昌市</a></span><span class="td td-4rd">17</span> <span class="td td-4rd"><em class="f1" style="color:#79b800">优</em></span></li>
 '''
#\"_blank\">.{1,}</a>为正则表达式
list1=re.findall(r"\"_blank\">.{1,}</a>",str1)
#list1=re.findall(r"\"_blank\">.{1,} </ ",str1)
print(list1)
city=[]
```

```
for temp in list1:
    #获取从城市名开始的子字符串
    str2=temp[9:]
    #在子字符串中查找<符号的位置
    index=str2.find('<')
    #在子字符串中截取城市名
    city.append(str2[0:index])
print(city)
```

输出结果如下：

```
['"_blank">山南</a>', '"_blank">红河哈尼族</a>', '"_blank">二连浩特市</a>', '"_blank">南昌市</a>']
['山南', '红河哈尼族', '二连浩特市', '南昌市']
```

如果将 list1=re.findall(r"\"_blank\">.{1,}</a>",str1)语句注释掉，并去掉下一行的注释符号#，则输出结果如下：

```
['"_blank">山南</a></span><span class="td td-4rd">14</span><span class="td td-4rd">
 <em class="f1" style="color:#79b800">优</em></span></', '"_blank">红河哈尼族</a></span>
 <span class="td td-4rd">14</span><span class="td td-4rd"><em class="f1" style="color:#79b800">
 优</em></span></', '"_blank">二连浩特市</a></span><span class="td td-4rd">16</span>
 <span class="td td-4rd"><em class="f1" style="color:#79b800">优</em></span></', '"_blank">
 南昌市</a></span><span class="td td-4rd">17</span><span class="td td-4rd">
 <em class="f1" style="color:#79b800">优</em></span></']
['山南', '红河哈尼族', '二连浩特市', '南昌市']
```

从程序运行结果的变化可以看出，为了得到正确的结果，在描述正则表达式时，必须抓住关键特征，尽可能地将匹配规则表达清楚。因为像.{1,}这样的通配符，正则表达式默认采用的是贪婪方式，即在符合条件的情况下，会尽可能多地去匹配。

为了从代码中解析出 "_blank">山南</a>、"_blank">红河哈尼族</a>等，为什么要将正则表达式定义为\"_blank\">.{1,}</a>呢？请看下一节的介绍。

7.4.2 正则表达式元字符介绍

定义好了正则表达式“\"_blank\">.{1,}</a>”后，re.findall(正则表达式，源字符串)如何从源字符串中搜索出“"_blank">山南</a>”“"_blank">红河哈尼族</a>”等结果呢？搜索的过程与字符串查找的过程相同，即按照字符顺序进行匹配。根据匹配结果可以发现，正则表达式中的“\"”和结果字符串中的“"”匹配，正则表达式中的“_blank”和结果字符串中的“_blank”严格匹配，正则表达式中的“>”和结果字符串中的“>”严格匹配，正则表达式中的“.{1,}”和结果字符串中的“山南”“红河哈尼族”等匹配，正则表达式中的“</a>”和结果字符串中的“</a>”匹配。那么为了查找源字符串中的“"”，正则表达式提供的字符为什么必须写成“\"”呢？为了匹配“山南”“红河哈尼族”等，正则表达式提供的字符为什么必须写成“.{1,}”呢？这正是元字符的作用。正则表达式中的非元字符可以实现严格匹配，而元字符可以实现模糊匹配等。

1. 字符限定元字符

字符限定元字符用来限定匹配位置字符的取值范围。表 7-1 所示为正则表达式的字符限定元字符。

表 7-1　正则表达式的字符限定元字符

字　符	作　用
$[m_1m_2\cdots m_n]$	表示一个字符集合（$m_1,m_2,\cdots,m_n$ 等均为单个字符），表示可以与集合中的任意一个字符匹配
$[\hat{}m_1m_2\cdots m_n]$	表示可以与集合外的任意一个字符匹配
[m-n]	表示一个字符范围集合，表示可以与字符 m 至字符 n 的所有字符匹配
[^m-n]	表示可以与集合范围外的任意一个字符匹配
\d	用来匹配一个数字字符，相当于“[0-9]”
\D	用来匹配一个非数字字符，相当于“[^0-9]”
\w	用来匹配一个单词字符（包括数字、大小写字母和下划线），相当于“[A-Za-z0-9_]”
\W	用来匹配任意一个非单词字符，相当于“[^A-Za-z0-9_]”
\s	用来匹配一个不可见字符（包括空格、制表符、换行符等）
\S	用来匹配一个可见字符
.	用来匹配除换行符外的任意一个字符

示例如下：

```
>>> import re
>>> str='''<span class="td td-2nd"><a href="/air/nanchang.html" target="_blank">南昌市</a></span><span class="td td-4rd">17</span><span class="td td-4rd"><em class="f1" style="color:#79b800">优</em></span>'''
>>> re.findall(r"\d\d",str)
['17', '79', '80']            #匹配出str中只含2个数字的字符串
>>> re.findall(r"[6789]\d",str)
#匹配出 str 中只含 2 个数字的字符串，且第 1 个数字符号可以是 6 或 7 或 8 或 9
['79', '80']
>>> re.findall(r"td.",str)
#匹配出 str 中以 td 开头、第 3 个字符不是换行符的连续 3 个字符
['td ', 'td-', 'td ', 'td-', 'td ', 'td-']
>>>s = 'aaa,bbb ccc high'          #定义字符串
>>> re.findall(r'[a-zA-Z]+',s)
['aaa', 'bbb', 'ccc', 'high']         #实现了分词效果
```

2. 数量限定元字符

数量限定元字符用来描述匹配字符可以重复的次数。表 7-2 所示为正则表达式的数量限定元字符。

表 7-2　正则表达式的数量限定元字符

字　符	作　用
*	任意多次（0 到多次）匹配前面的字符
+	一次或多次匹配前面的字符
?	零次或一次匹配前面的字符
{n}	n 次（n 是一个非负整数）匹配前面的字符

续表

字　符	作　用
{n,}	至少 n 次（n 是一个非负整数）匹配前面的字符
{n,m}	至少 n 次，最多 m 次（m 和 n 为非负整数且 n≤m）匹配前面的字符串
*?,+?, ??,{}?	“?”跟在其他任何一个数量限定元字符后面时，表示匹配模式是非贪婪的，即尽可能少地匹配字符串。而在默认情况下，匹配是贪婪的，即尽可能多地匹配所搜索的字符串

示例如下：

```
>>> import re
>>> str='''<span class="td td-2nd"><a href="/air/nanchang.html" target="_blank"> 南 昌 市 </a></span>
<span class="td td-4rd">17</span><span class="td td-4rd"><em class="f1" style="color:#79b800">        优
</em></span>'''
# re.findall(r"\d{2,}",str)等价于 re.findall(r"\d\d",str), re.findall(r"\d\d\d…",str)
>>> re.findall(r"\d{2,}",str)
['17', '79', '800']    #匹配出str中至少含2个数字的字符串
>>> re.findall(r"\d{1,}b\d{1,}",str)
['79b800']             #匹配出str中数字串中包含一个字母b的字符串
>>> s="fdfd<a>aaaaa</a>dfefe<b>bbbb</b>"
>>>regex = '<.*?>.*?<\/.*?>'
>>> re.findall(regex,s)
['<a>aaaaa</a>', '<b>bbbb</b>']    #从字符串中分离出标签对
```

3. 分组元字符

分组元字符用来匹配多次重复的字符串。表 7-3 所示为正则表达式的分组元字符。

表 7-3　正则表达式的分组元字符

字　符	作　用
(正则表达式)	将括号之间的正则表达式称为一个子组（group），一个子组对应一个匹配字符串，子组的匹配内容会返回
(?P=<name>…)	用来定义一个组。这种方式定义的组可以被组名索引进行访问，访问方式为“(?P=name)”
|	用来将两个匹配条件进行逻辑“或”运算

示例如下：

```
>>> import re
>>> str="Sat May 28 22:18:59 1994::gsbxh@wtkxw.gov::770134739-5-5Fri Dec 1 19:33:07
1995::odzfm@sqkqgefpjbd.gov::817817587-5-11"
>>> regex = '::([a-z]{2,13})@([a-z]{2,13})\.(com|edu|net|org|gov)'
>>> re.findall(regex,str)
#只输出分组内的匹配字符串
[('gsbxh', 'wtkxw', 'gov'), ('odzfm', 'sqkqgefpjbd', 'gov')]
```

4. 字符定位元字符

字符定位元字符用来描述源字符串是否以匹配字符串开始或结尾。表 7-4 所示为正则表达式的字符定位元字符。

表 7-4 正则表达式的字符定位元字符

字　符	作　用
^	用来匹配输入字符串是否以…开始
$	用来匹配输入字符串是否以…结束
\b	用来匹配一个单词边界（单词和空格之间的位置）。事实上，所谓单词边界不是一个字符，而只是一个位置
\B	用来匹配一个非单词边界

示例如下：

```
>>> import re
>>>str='''<spanclass="tdtd-2nd"><ahref="/air/nanchang.html"target="_blank">南昌市</a></span><spanclass="tdtd-4rd">17</span><spanclass="td td-4rd"><em class="f1" style="color:#79b800">优</em></span>'''
>>> re.findall(r"td",str)
['td', 'td', 'td', 'td', 'td', 'td']
>>> re.findall(r"^td",str)      #判断 str 是以 td 开头的，进行匹配
```

5. 转义元字符

转义元字符用来匹配一些特殊的符号，如”、’、\等。表 7-5 所示为正则表达式的转义元字符。

表 7-5 正则表达式的转义元字符

字　符	作　用
\	元字符的符号在正则表达式中有特殊的含义，如果想要匹配元字符，可以采用转义的方式，如\\、*、\.等

示例如下：

```
>>> import re
>>> str='''<span class="td td-2nd"><a href="/air/nanchang.html" target="_blank">南昌市</a></span><span class="td td-4rd">17</span><span class="td td-4rd"><em class="f1" style="color:#79b800">优</em></span>'''
>>> re.findall(r"\".*?\"",str)
#匹配 str 中所有" "之间的字符串
['"td td-2nd"', '"/air/nanchang.html"', '"_blank"', '"td td-4rd"', '"td td-4rd"',
'"f1"', '"color:#79b800"']
>>> re.findall(r'["].*?["]',str)
['"td td-2nd"', '"/air/nanchang.html"', '"_blank"', '"td td-4rd"', '"td td-4rd"',
'"f1"', '"color:#79b800"']
```

说明：通过结果可以看出，如果把元字符放在[]中，则不需要采用转义的方式。

7.4.3 正则表达式的常用函数介绍

正则表达式的常用函数如表 7-6 所示。

表 7-6 正则表达式的常用函数

函 数	描 述
re.compile(pattern, flags=0)	匹配任何可选的标记来编译正则表达式的模式，然后返回一个正则表达式对象
re.search(pattern,string, flags=0)	使用可选标记搜索字符串中第一次匹配正则表达式的对象。如果匹配成功，则返回匹配对象；否则，返回 None
re.match(pattern, string, flags=0)	使用带有可选标记的正则表达式的模式来匹配字符串，匹配是从字符串的第一个字符开始的。如果匹配成功，返回匹配对象；否则，返回 None
re.findall(pattern, string, flags=0)	查找字符串中所有匹配的子字符串，并返回一个字符串匹配列表
匹配对象.group(num = 0)	返回整个匹配对象，或者编号为 num 的特定子组

例如，下面的正则表达式定义了从 s 中匹配 IP 地址的内容：

```
>>> import re
>>> s="ipddress192.168.10.1else"
>>>m1=re.search(r"(([01]{0,1}\d{0,1}\d|25[0-5])\.){3}([01]{0,1}\d{0,1}\d|2[0-4]\d|25[0-5])",s)
>>> print(m1.group())
```

输出结果如下：

```
192.168.10.1
```

【例 7-3】 爬取并保存天堂图片网的小黄人图片。

```
import requests
import re
# 爬取天堂图片网小黄人图片的网页源代码
url = 'http://www.ivsky.com/tupian/xiaohuangren_t21343/'
data = requests.get(url).text
#小黄人图片的超链接格式
#<img src=http://img.ivsky.com/img/tupian/t/201411/01/xiaohuangren-009.jpg width="135"
height="135" alt="卑鄙的我小黄人图片">
regex = r'<img src=\"(.*?.jpg)\"'  #取出小黄人图片的网址
pa = re.compile(regex)               #转为 pattern 对象
ma = re.findall(pa, data)
print('本次爬取共获取图片'+str(len(ma))+'张')  #列表长度，即找到图片个数
i = 0
for imgurl in ma:
    i += 1
    print('正在爬取'+imgurl)
    imgdata = requests.get(imgurl).content
    with open(str(i)+'.jpg', 'wb') as f:
        f.write(imgdata)
```

print('爬取完毕！')

输出结果如下：

```
本次爬取共获取图片25张
正在爬取http://img.ivsky.com/img/tupian/t/201411/01/xiaohuangren_tupian-007.jpg
正在爬取http://img.ivsky.com/img/tupian/t/201411/01/xiaohuangren-009.jpg
正在爬取http://img.ivsky.com/img/tupian/t/201411/01/xiaohuangren_tupian.jpg
正在爬取http://img.ivsky.com/img/tupian/t/201411/01/xiaohuangren_tupian-001.jpg
正在爬取http://img.ivsky.com/img/tupian/t/201411/01/xiaohuangren_tupian-002.jpg
正在爬取http://img.ivsky.com/img/tupian/t/201411/01/xiaohuangren_tupian-003.jpg
正在爬取http://img.ivsky.com/img/tupian/t/201411/01/xiaohuangren_tupian-004.jpg
正在爬取http://img.ivsky.com/img/tupian/t/201411/01/xiaohuangren_tupian-005.jpg
正在爬取http://img.ivsky.com/img/tupian/t/201411/01/xiaohuangren_tupian-006.jpg
正在爬取http://img.ivsky.com/img/tupian/t/201411/01/xiaohuangren-008.jpg
正在爬取http://img.ivsky.com/img/tupian/t/201411/01/xiaohuangren-007.jpg
正在爬取http://img.ivsky.com/img/tupian/t/201411/01/xiaohuangren.jpg
正在爬取http://img.ivsky.com/img/tupian/t/201411/01/xiaohuangren-001.jpg
正在爬取http://img.ivsky.com/img/tupian/t/201411/01/xiaohuangren-002.jpg
正在爬取http://img.ivsky.com/img/tupian/t/201411/01/xiaohuangren-003.jpg
正在爬取http://img.ivsky.com/img/tupian/t/201411/01/xiaohuangren-004.jpg
正在爬取http://img.ivsky.com/img/tupian/t/201411/01/xiaohuangren-005.jpg
正在爬取http://img.ivsky.com/img/tupian/t/201411/01/xiaohuangren-006.jpg
正在爬取http://img.ivsky.com/img/tupian/t/201312/14/xiaohuangren-025.jpg
正在爬取http://img.ivsky.com/img/tupian/t/201312/14/xiaohuangren-024.jpg
正在爬取http://img.ivsky.com/img/tupian/m/201312/14/xiaohuangren-004.jpg
正在爬取http://img.ivsky.com/img/tupian/m/201312/14/xiaohuangren-001.jpg
正在爬取http://img.ivsky.com/img/tupian/m/201312/14/xiaohuangren-006.jpg
正在爬取http://img.ivsky.com/img/tupian/m/201312/15/shuizhongdaoying-006.jpg
正在爬取http://img.ivsky.com/img/tupian/m/201312/16/renwusumiao-008.jpg
爬取完毕!
```

7.5　实战：热门电影搜索

【例 7-4】　根据 2345 电影网站上的电影排行榜，搜索并列出排名前 50 的电影的名称、上映时间、演员、简介，并将电影海报图片保存到文件中。

2345 电影网站的排行榜网址：http://dianying.2345.com/top/。

```
import requests
from bs4 import BeautifulSoup

def getHtml(url):
    try:
        r = requests.get(url,timeout = 30)
        r.raise_for_status()
        r.encoding = 'gbk'
        return r.text
    except:
        return ''

def saveInfo(html):
    soup=BeautifulSoup(html,'html.parser')
    move_ls = soup.find('ul',class_='picList clearfix')
    movies = move_ls.find_all('li')
    for top in movies:
        img_url = top.find('img')['src']#查找所有的图片链接
        name = top.find('span',class_='sTit').get_text()  #得到电影名称
```

```
        try:
            time = top.find('span',class_='sIntro').get_text()
        except:
            time = '暂时无上映时间信息'
        try:
            actors = top.find('p',class_='pActor')
            actor = ''
            for act in actors.contents:
                actor = actor + act.string + ' '
        except:
            actor = '暂时无演员姓名'

        if top.find('p',class_='pTxt pIntroHide'):
            intro = top.find('p',class_='pTxt pIntroHide').get_text()
        else:
            intro = top.find('p',class_='pTxt pIntroShow').get_text()
        print('影片名：  {}\t{}\n{}\n{}\n\n'.format(name,time,actor,intro))
        # 下载图片
        with open('D:/movie/'+name + '.jpg','wb+') as f:
            img_url="http:"+img_url
            imgdata = requests.get(img_url).content
            f.write(imgdata)

def main():
    url = 'http://dianying.2345.com/top/'
    html = getHtml(url)
    saveInfo(html)

main()
```

运行结果如下：

```
影片名：因为爱情 暂时无上映时间信息
主演：郭妹彤 魏大勋 张萌
简介：蔡一蝶与曾逃婚并害得她霉运不断的前未婚夫离合重逢。离合当年误以为蔡一蝶患有绝症并逃婚。
这次重逢，蔡一蝶开始了自己的复仇计划，但经历各种悲欢离合之后却发现，看似渣男的前未婚夫心底
深藏了对她的爱。
……
```

7.6 实战：大数据相关论文文章标题采集

【例 7-5】 采用正则表达式的方法，解析大数据相关论文的文章标题。

本例从“中国免费论文网”（http://www.lunwendata.com/）中爬取大数据相关论文（http://www.lunwendata.com/6674.html）的文章标题。由于与大数据相关的论文有很多，放在很多页面上，本例要求得到所有与大数据相关的论文的文章标题。具体网页的内

容，请读者上网浏览。

```
import requests
from bs4 import BeautifulSoup
import re

def gethtmltext(url):
    try:
        r=requests.get(url,timeout=30)
        r.raise_for_status()
        #r.encoding='utf-8'
        return r.text
    except:
        print('error')
        return ""

def paper_title(page):
    myItems=re.findall(r' target=\"_blank\">(.*?)</a>',page)
    for item in myItems:
        print( item)

url='http://www.lunwendata.com/6674.html'
html=gethtmltext(url)
#得到大数据相关论文的总数
list1=re.findall(r'<a title="总数"> <b>(.*?)</b>',html)
count=int(list1[0])
print('大数据相关论文共'+str(count)+'篇')
j=0
#一页显示 20 篇论文，构造出每页论文的域名
for i in range(1,count+1,20):
    print('第'+str(j+1)+'页')
    if j==0:
        url='http://www.lunwendata.com/6674.html'
    else:
        url='http://www.lunwendata.com/6674_'+str(j)+'.html'
    j=j+1
    #print(url)
    #读取网页并解析
    html=gethtmltext(url)
paper_title(html)
```

运行结果如下：

```
大数据相关论文共435篇
第1页
金融大数据背景下互联网金融风险控制
基于大数据时代下的国土资源档案管理创新策略
数字图书馆借鉴电商平台大数据应用的研究
大数据背景下的信息化档案馆建设
论大数据时代背景下的档案管理策略
大数据+新闻，是福音还是终结者?
基于大数据下企业管理模式的创新
大数据背景下的档案管理探讨
大数据时代下档案管理的价值提升研究
大数据时代下企业财务管理的创新分析
大数据对市场营销的冲击研究
大数据视角下企业财务管理分析
大数据时代企业人力资源管理变革的思考
大数据时代对会计信息化的影响探析
大数据下的云会计特征及应用
大数据时代下的电力企业财务集约工作研究
浅析大数据背景下云会计条件下的信息资源共享
高校大数据平台的建设意义
大数据背景下的高校思想政治教育
大数据时代背景下电商企业管理模式分析
第2页
大数据思维与技术在会计工作中的应用
  ……
```

7.7　实战：全国空气质量数据爬取

【例 7-6】 用 BeautifulSoup 库爬取全国空气质量数据。

全国空气质量排行榜网址为：http://www.tianqi.com/air。

```
import requests
from bs4 import BeautifulSoup
#一共有 318 座重点城市
a=[[0 for col in range(3) ] for row in range(318)]

def gethtmltext(url):
    try:
        r=requests.get(url,timeout=30)
        r.raise_for_status()
        #r.encoding='utf-8'
        return r.text
    except:
        print('error')
        return ""

def fillweather(soup):
    j=i=0
    city_name_list=soup.find_all(class_='td td-2nd')
    city_num_list=soup.find_all(class_='td td-4rd')
    #print(len(city_name_list))
    #print('ghghggh')
```

```
    while i<len(city_name_list):
        city_name=city_name_list[i].get_text()
        city_num=city_num_list[j].get_text()
        #city_num=city_num_list[j].text    #两种方法都可以
        city_info=city_num_list[j+1].get_text()
        a[i][0]=city_name
        a[i][1]=city_num
        a[i][2]=city_info
        i=i+1
        j=j+2

def printweather():
    print('排名','城市','空气质量指数','质量状况')
    for i in range(317):
        print(i+1,a[i])

def main():
    #全国重点城市空气质量指数排行榜
    url='http://www.tianqi.com/air'
    html=gethtmltext(url)
    #print(html)
    if(html!=''):
        soup=BeautifulSoup(html,'html.parser')
        fillweather(soup)
        printweather()

main()
```

运行结果如下：

```
排名 城市 空气质量指数 质量状况
1 ['黄山市', '15', '优']
2 ['临沧市', '15', '优']
3 ['大理', '15', '优']
4 ['二连浩特市', '16', '优']
5 ['株洲市', '18', '优']
6 ['玉溪市', '18', '优']
7 ['德宏', '18', '优']
……
```

习题

1. 使用 Python 爬取今日头条动态页面数据。
2. 使用 Python 爬取电影票房网（http://58921.com/alltime），并按年份进行票房统计。
3. 使用 Python 爬取你感兴趣的电影的影评。
4. 使用正则表达式的分组元字符得到例 7-6 的城市列表。

5．使用 Python 爬取天堂图片网（http://www.ivsky.com/tupian）中的节日图片，并保存到文件中。

6．使用 Python 的 itcha 库爬取好友的个性签名数据并进行词频分析和聚类。

7．使用 Python 爬取饿了么网站数据。

8．使用 Python 模拟登录网站。

9．从 http://www.stateair.net/web/historical/1/1.html 上爬取北京 PM2.5 数据的相关 CSV 文件并进行处理。

参考文献

[1] 嵩天，等. Python 语言程序设计基础[M]. 2 版. 北京：高等教育出版社，2017.

[2] 小甲鱼. 零基础入门学习 Python[M]. 北京：清华大学出版社，2016.

[3] Wesley C. Python 核心编程[M]. 3 版. 孙波翔，李斌，李晗，译. 北京：人民邮电出版社，2016.

[4] Eric M. Python 编程从入门到实践[M]. 袁国忠，译. 北京：人民邮电出版社，2016.

[5] 宿永杰. python3 爬虫初探五之从爬取到保存[EB/OL]. https://blog.csdn.net/qq_36330643/article/details/78183029，2017.

[6] xingzhuixingzhui. https://www.cnblogs.com/xingzhui/p/7989811.html, 2017.

[7] 工匠若水. Python3.X 爬虫实战（动态页面爬取解析）[EB/OL]. https://blog.csdn.net/yanbober/article/details/73822475，2017.

[8] Gavin, Hsueh. python3 使用 requests 模块爬取页面内容[EB/OL]. https://www.cnblogs.com/ chanzhi/p/7643841.html，2017.

[9] Kenneth R. Tanya S. The Hitchhiker's Guide to Python: Best Practices for Development[M]. Sebastopol: o'Reilly Media, 2016.

[10] hhhparty. python 爬取各类文档方法归类小结[EB/OL]. https://blog.csdn.net/hhhparty/article/details/54917327，2017.

第8章 数据挖掘

数据挖掘（Data Mining，DM）是从大量的、不完全的、有噪声的、模糊的、随机的实际应用数据中，提取隐含在其中的、人们事先不知道的、具有潜在价值的信息和知识的过程。数据挖掘实际上是数据库知识发现（Knowledge Discovery in Databases，KDD）的一个重要环节，其挖掘过程一般由数据准备、挖掘操作、结果表达和解释三个主要阶段组成，其根本任务就是要发现大量数据中所隐含的知识或规则。为了完成各种数据挖掘任务，人们从统计学、人工智能和数据库等领域提出了多种方法，目前主要的方法有分类与预测、聚类、关联规则、时序模式、智能推荐等[1]。Python 是数据处理常用的工具，可以处理数量级从 KB 至 TB 的数据，不仅具有较高的开发效率和可维护性，同时具有较强的通用性和跨平台性。本章介绍如何用 Python 数据分析工具进行数据挖掘。

8.1 Python 常用数据分析工具

Python 本身的数据分析功能不强，需要安装第三方库来增强它的能力。数据挖掘常用的库有 NumPy、Scipy、pandas、Scikit-Learn 和 Matplotlib 等。其中，Matplotlib 将在第 10 章详细介绍，这里不再赘述。限于篇幅，下面介绍本章案例中会用到的一些库（见表 8-1）。如果读者安装的是 Anaconda 发行版，那么它自带这些库。

表 8-1 Python 数据挖掘相关第三方库

第三方库	简　　介
NumPy	提供数组支持，以及相应的高效的处理函数
Scipy	提供矩阵支持，以及矩阵相关的数值计算模块
Matplotlib	强大的数据可视化工具、作图库
pandas	强大、灵活的数据分析和探索工具
Scikit-Learn	支持回归、分类、聚类等的强大的机器学习库

8.1.1 NumPy

NumPy 提供了真正的数组功能，以及对数据进行快速处理的函数。NumPy 安装过程跟普通的第三方库类似，在 Windows 环境中，可以通过输入“pip install numpy”安装，也可以自行下载源代码，然后通过 python setup.py install 安装。

NumPy 基本操作：

```
# -*- coding: utf -8 -*
import numpy as np #一般以 np 作为 numpy 的别名
```

```
a = np.arra y ( [2, 8, 5, 7] )    #创建数组
print (a ) #输出数组
print(a[ :3]) #引用前三个数字（切片）
print (a.min () )#输出 a 的最小值
a .sort ()#将 a 的元素从小到大排序，此操作直接修改 a，因此这时候 a 为[2 , 5, 7 ,8]
b= np.array ( [ [1, 2, 3] , [ 4, 5, 6] ] )  #创建二维数组
print (b*b)  #输出数组的平方阵，即 [(1,4 ,9)，(16, 25 , 36) ]
```

关于 NumPy 的详细介绍请参考 http://www.numpy. org/。

8.1.2 Scipy

Scipy 提供了真正的矩阵，以及大量基于矩阵运算的对象与函数。Scipy 包含的功能有最优化、线性代数、积分、插值、拟合、特殊函数、快速傅里叶变换、信号和图像处理、常微分方程求解及其他科学与工程中常用的计算。

Scipy 依赖于 NumPy，安装它之前得先安装 NumPy。安装 Scipy 的方式与安装 NumPy 的类似。安装好 Scipy 后，可以通过以下命令进行简单测试。

用 Scipy 求解非线性方程组和数值积分：

```
# -*-coding：utf -8 -*
#求解非线性方程组 2x1-x2^2=1, x1^2-x2=2
from scipy.optimize import fsolve     #导入求解方程组的函数
#定义要求解的方程组
def f(x):
    x1 = x[0]
    x2 = x[1]
    return [2*x1 - x2**2 - 1, x1**2 - x2 -2 ]
result = fsolve( f ,[1,1])     #输入初值[1,1]并求解
print(result)   #输出结果：array ( [ 1. 91963957，1.68501606])
#数值积分
from scipy import integrate   #导入积分函数
def g(x) :  #定义被积函数
    return (1-x**2 )**0.5
pi_2,err = integrate.quad (g,-1,1)#积分结果和误差
print (pi_2 * 2 )   #由微积分知识可知，积分结果为圆周率 pi 的一半
```

关于 Scipy 的详细介绍请参考 http://www.scipy.org/。

8.1.3 pandas

pandas 是 Python 中强大的数据分析和探索工具，它包含高级的数据结构和精巧的工具，使得在 Python 中处理数据非常快速和简单。pandas 的功能非常强大，支持类似 SQL Server 数据库的数据增、删、查、改操作，并且带有丰富的数据处理函数；支持时间序列分析；支持灵活处理缺失数据等。

pandas 的安装过程跟普通的第三方库一样，但如果需要读取和写入 Excel 数据，还

需要安装 xlrd 库（读）和 xlwt 库（写）。其安装方法如下：

- pip install xlrd #为 Python 添加读取 Excel 数据的功能
- pip install xlwt #为 Python 添加写入 Excel 数据的功能

pandas 基本的数据结构是 Series 和 DataFrame。Series 是序列，类似一维数组；DataFrame 相当于一张二维的表格，类似二维数组，它的每一列都是一个 Series。为了定位 Series 中的元素，pandas 提供了 Index 对象，每个 Series 都会有一个对应的 Index，用来标记不同的元素。Index 的内容不一定是数字，也可以是字母、汉字等。

类似地，DataFrame 相当于多个有同样 Index 的 Series 的组合，每个 Series 都有唯一的表头，用来标识不同的 Series。

pandas 简例：

```
# -*-coding：utf-8 -*
import pandas as pd #通常用 pd 作为 pandas 的别名。
s = pd.Series([1, 2, 3], index= [ 'a','b','c'])#创建一个序列 s
d= pd.DataFrame([[1,2 ,3],[4 ,5,6]], columns=['a','b','c' ]) #创建一个表
d2 = pd.DataFrame(s)    #也可以用已有的序列来创建表格
d.head() #预览前 5 行数据
d.describe() #数据基本统计量
#读取文件，注意文件的存储路径不能有中文，否则，读取可能出错
pd.read_excel('data.xls') #读取 Excel 文件，创建 DataFrame
pd.read_csv('data.csv',encoding = 'utf -8')#读文本格式数据，encoding 指定编码
```

关于 pandas 的详细介绍请参考 http://pandas.pydata.org /pandas-docs/stable/。

8.1.4 Scikit-Learn

Scikit-Learn 是 Python 中强大的机器学习工具包，它提供了完善的机器学习工具箱，包括数据预处理、分类、回归、聚类、预测和模型分析等。

Scikit-Learn 依赖于 NumPy、Scipy 和 Matplotlib，因此，只需要提前安装好这几个库，然后安装 Scikit-Learn 就可以了，安装方法与普通第三方库的安装类似。

创建一个机器学习模型：

```
# -*-coding：utf-8 -*
from sklearn.linear_model import LinearRegression    #导入线性回归模型
model = LinearRegression()    #建立线性回归模型
print(model)
```

1）所有模型提供的接口

model.fit()：训练模型，对于监督模型是 fit(X, y)，对于非监督模型是 fit(X)。

2）监督模型提供的接口

model.predict(X_new)：预测新样本。

model.predict_proba(X_new)：预测概率，仅对某些模型有用（如 LR）。

model.score ()：得分越高，拟合越好。

3）非监督模型提供的接口

model.transform()：从数据中学到新的“基空间”。

model.fit_transform()：从数据中学到新的基并将这个数据按照这组“基”进行转换。

Scikit-Learn 本身提供了一些实例数据，比较常见的有安德森鸢尾花卉数据集、手写图像数据集等。

Scikit-Learn 简例：

```
# -*-coding：utf-8 -*
from sklearn import datasets   #导入数据集
iris = datasets.load_iris() #加载数据集
print(iris.data.shape)      #查看数据集大小
from sklearn import svm     #导入 SVM 模型
clf = svm.LinearSVC()  #建立线性 SVM 分类器
clf.fit(iris.data,iris.target)  #用数据训练模型
clf.predict([[3.6,5.9,1.4,2.35]]) #训练好模型之后，输入新的数据进行预测
clf.coef_ #查看训练好模型的参数
```

8.2 数据预处理

在实际的数据挖掘中，海量的原始数据中存在大量信息不完整（有缺失值）、信息表达不一致、有异常（受噪声影响）的数据，无法直接进行数据挖掘，或挖掘结果差强人意。为了提高数据挖掘的质量，产生了数据预处理（Data Preprocessing）技术。统计发现，在数据挖掘的过程中，数据预处理工作量占到了整个过程的 60%[1]。数据预处理有多种方法[2,3]：数据清理（Data Cleaning）、数据集成（Data Integration）、数据变换（Data Transformation）等。这些数据预处理技术在数据挖掘之前使用，大大提高了数据挖掘模式的质量，降低了实际挖掘所需要的时间[2]。

8.2.1 数据清理

数据清理是进行数据预处理的首要方法，它通过识别或删除离群点来光滑噪声数据，并填补缺失值，从而“清理”数据。数据清理的主要任务是处理缺失值、光滑噪声数据[4]。

1. 处理缺失值

处理缺失值通常包括以下几类方法[2,5]：

（1）删除元组。通过删除存在遗漏信息的对象并整合剩余对象，从而得到一个完整的信息表是最简单直接的方法。当数据信息表中含有缺失值的对象比例很小时，常使用该方法处理。但当遗漏数据在整个数据信息表中占据较大比例，特别是当这些数据呈现非随机分布时，使用该方法可能导致数据的偏离，最终导致数据挖掘质量低下。

（2）人工填写缺失值。用户本人最了解自己的信息，使用该方法填补的数据真实可靠，具有数据偏离最小、填补质量最优的优点。但当待填补数据规模大、空值较多时，

该方法耗时较长。

（3）中心度量填补。该方法使用现存数据中的多数信息来填补缺失值。信息表中的属性按类别可划分为非数值属性和数值属性。当空值为数值型时，根据该属性取值的平均值来填补缺失值；当空值是非数值型时，则根据统计学原理，使用该属性取值频次最高的数据来填补缺失值。

（4）多重填补[6,7]。多重填补以贝叶斯估计为基础，其主要思想为待填补值是随机分布的，并且这些信息可以从已观测到的数据得到。多重填补的具体步骤：首先，为每个空值产生一套可能的填补值，分别使用这些值进行缺失值填补，从而产生若干个完整数据集；其次，使用挖掘技术对每个填补后的完整数据集进行挖掘分析；最后，通过分析各填补数据集的结果，选出最佳填补方式。

（5）使用最可能的值填补。其基本思想是通过建立因变量 Y 和自变量 X 的模型来预测变量 Y 中的缺失数据。如用回归、贝叶斯形式化方法，或者决策树、随机森林确定最可能的缺失值。

2. 光滑噪声数据

光滑噪声数据主要有以下几种方法[2,4,6]：

（1）分箱。其主要思想为每一个数据与它的“近邻”数据应该是相似的，因此将数据用其近邻（“箱”或“桶”）替代，这样既可以光滑有序数据值，还能在一定程度上保持数据的独有特点。

（2）回归。回归技术是通过一个映像或函数拟合多个属性数据，从而达到光滑数据的效果。线性回归是寻找一条“最佳”直线来拟合多个属性，从而使用其中的某些属性预测其他属性。

（3）离群点分析。聚类可以将相似的值归为同一“簇”，因此主要使用聚类等技术来检测离群点。聚类技术将在 8.3 节展开讨论。

8.2.2 数据集成

数据挖掘需要的数据往往分布在不同的数据源中，数据集成就是将多个数据源合并存放在一个一致的数据存储（如数据仓库）中的过程。在实际应用中，数据集成解决 3 类问题：实体识别、冗余和相关分析，以及数值冲突的检测与处理。

1. 实体识别

实体识别是指从不同数据源识别现实世界的实体，它的任务是统一不同源数据的矛盾之处。例如，一个数据库中的属性名 student_id 与另一个数据库中的属性名 student_number 表示的含义是否相同。每个属性的元数据包括属性名、现实含义、数据类型、取值范围，以及处理零或空白时的空值规则。元数据的统一设计不仅可以有效避免模式集成的错误，还能在变换数据时起到一定的作用。

2. 冗余和相关分析

数据集成往往导致数据冗余，分析冗余有很多种方法。首先，可以将数据进行可视化处理，将数据点绘制成图表后趋势和关联会变得清晰起来。除此之外，冗余还可以通过相关性分析方法检验。对于标称数据，可以使用卡方检验；对于数值属性，可以用相关系数度量一个属性在多大程度上蕴含另一个属性，通过相关性分析来删除冗余数据。

3. 数值冲突的检测与处理

对于现实世界的同一实体，由于表达方式、尺度标准或编码的不同常导致元数据的巨大差异。例如，在大学的课程评分系统中，有的学校采用 A+~F 对成绩进行评分，而有的则采用数值 1~100 评分。于是在对这两所学校进行数据库合并时，应该将两个系统的评分制度做统一处理，以便进行进一步的数据挖掘。

8.2.3 数据变换

在进行数据挖掘前，须对数据集进行相应的数据变换。常用的变换策略如下[2]。

1. 数据规范化

数据规范化的目的是将数据按比例缩放，使得属性之间的权值适合数据挖掘。例如，统计身高信息的度量单位是不同的，若在数据挖掘中把 height 属性的度量单位从米变成英寸，则可能导致完全不同的结果。常见的数据规范化方法包括最小-最大规范化、z-score 分数规范化、小数定标规范化等。

2. 数据离散化

数据离散化是将数值属性的原始值用区间标签或概念标签替换的过程，它可以将连续属性值离散化。连续属性离散化的实质是将连续属性值转换成少数有限的区间，从而有效地提高数据挖掘工作的计算效率。

3. 概念分层

概念分层的主要思想是将低层概念的集合映射到高层概念的集合[8]，它广泛应用于标称数据的转换。如现有某个数据库需要对关于地理位置 location 的属性集进行概念分层，其中属性内容包括街道 street、国家 country、城市 city 和省份 province_or_state。首先，对每个属性不同值的个数进行统计分析，并将其按照升序进行排列。其次，根据排列好的属性顺序，自顶向下进行分层。根据大家的常规认识，对属性的全序排列结果为街道 street<城市 city<省份 province_or_state<国家 country，即街道 street 属性在最顶层，国家 country 属性在最底层。最后，用户根据产生的分层，选择合适的属性代替该属性集。

8.2.4 Python 数据预处理

下面结合 kaggle 比赛 HousePrices 来介绍数据预处理，具体原始数据可登录 kaggle 网站下载。

1. 加载数据

```
houseprice=pd.read_csv('../input/train.csv')   #加载后放入 DataFrame 里
all_data=pd.read_csv('train.csv',header=0,parse_dates=['time'],usecols=['time','LotArea','price'])   #可选择加载哪几列 houseprice.head()   #显示前 5 行数据
```

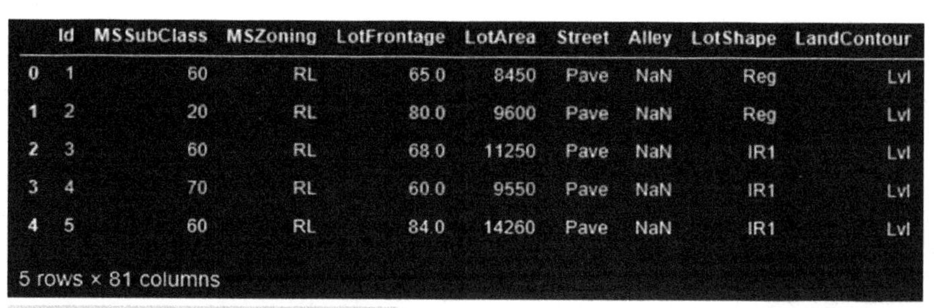

	Id	MSSubClass	MSZoning	LotFrontage	LotArea	Street	Alley	LotShape	LandContour
0	1	60	RL	65.0	8450	Pave	NaN	Reg	Lvl
1	2	20	RL	80.0	9600	Pave	NaN	Reg	Lvl
2	3	60	RL	68.0	11250	Pave	NaN	IR1	Lvl
3	4	70	RL	60.0	9550	Pave	NaN	IR1	Lvl
4	5	60	RL	84.0	14260	Pave	NaN	IR1	Lvl

5 rows × 81 columns

houseprice.info()　#查看各字段信息

houseprice.shape　#查看数据集行列分布

houseprice.describe()　#查看数据大体情况，可获得某一列的基本统计特征

	Id	MSSubClass	LotFrontage	LotArea	OverallQual	OverallCond	YearBuilt
count	1460.000000	1460.000000	1201.000000	1460.000000	1460.000000	1460.000000	1460.000000
mean	730.500000	56.897260	70.049958	10516.828082	6.099315	5.575342	1971.267808
std	421.610009	42.300571	24.284752	9981.264932	1.382997	1.112799	30.202904
min	1.000000	20.000000	21.000000	1300.000000	1.000000	1.000000	1872.000000
25%	365.750000	20.000000	59.000000	7553.500000	5.000000	5.000000	1954.000000
50%	730.500000	50.000000	69.000000	9478.500000	6.000000	5.000000	1973.000000
75%	1095.250000	70.000000	80.000000	11601.500000	7.000000	6.000000	2000.000000
max	1460.000000	190.000000	313.000000	215245.000000	10.000000	9.000000	2010.000000

8 rows × 38 columns

2. 分析缺失数据

houseprice.isnull()　#元素级别的判断，把对应的所有元素的位置都列出来，元素为空值或 NA 就显示 True；否则，显示 False

	Id	MSSubClass	MSZoning	LotFrontage	LotArea	Street	Alley
0	False	False	False	False	False	False	True
1	False	False	False	False	False	False	True
2	False	False	False	False	False	False	True
3	False	False	False	False	False	False	True
4	False	False	False	False	False	False	True
5	False	False	False	False	False	False	True
6	False	False	False	True	False	False	True
7	False	False	False	False	False	False	True
8	False	False	False	False	False	False	True
9	False	False	False	False	False	False	True

houseprice.isnull().any()　#列级别的判断，只要该列有为空值或 NA 的元素，就为 True；否则，为 False

```
Id              False
MSSubClass      False
MSZoning         True
LotFrontage      True
LotArea         False
Street          False
Alley            True
LotShape        False
LandContour     False
```

missing=houseprice.columns[houseprice.isnull().any()].tolist()　#将为空值或 NA 的列找出来

```
['MSZoning', 'LotFrontage', 'Alley', 'Utilities', 'Exterior1st', 'Exterior2nd', 'MasVnrType', 'MasVnrArea', 'BsmtQual', 'BsmtCond', 'BsmtExposure', 'BsmtFinType1', 'BsmtFinSF1', 'BsmtFinType2', 'BsmtFinSF2', 'BsmtUnfSF', 'TotalBsmtSF', 'BsmtFullBath', 'BsmtHalfBath', 'KitchenQual', 'Functional', 'FireplaceQu', 'GarageType', 'GarageYrBlt', 'GarageFinish', 'GarageCars', 'GarageArea', 'GarageQual', 'GarageCond', 'PoolQC', 'Fence', 'MiscFeature', 'SaleType']
```

houseprice[missing].isnull().sum() #将列中为空值或 NA 的元素个数统计出来

```
MSZoning          4
LotFrontage     227
Alley          1352
Utilities         2
Exterior1st       1
Exterior2nd       1
MasVnrType       16
MasVnrArea       15
```

将某一列中缺失元素的值，用 value 值进行填补。处理缺失数据时，如该列都是字符串，不是数值，则可以用出现次数最多的字符串来填补缺失值

def cat_imputation(column, value):

    houseprice.loc[houseprice[column].isnull(),column] = value

houseprice[['LotFrontage','Alley']][houseprice['Alley'].isnull()==True] #从 LotFrontage 和 Alley 列中选择行，选择 Alley 中数据为空值的行。主要用来看两个列的关联程度，看它们是不是大多同时为空值。

houseprice['Fireplaces'][houseprice['FireplaceQu'].isnull()==True].describe() #对筛选出来的数据进行描述，比如一共多少行、均值、方差、最小值、最大值，等等

3. 统计分析

houseprice['MSSubClass'].value_counts() #统计某一列中各个元素值出现的次数

print("Skewness: %f" % houseprice['MSSubClass'].skew()) #列出数据的偏斜度

print("Kurtosis: %f" % houseprice['MSSubClass'].kurt()) #列出数据的峰度

houseprice['LotFrontage'].corr(houseprice['LotArea']) #计算两个列的相关度

houseprice['SqrtLotArea']=np.sqrt(houseprice['LotArea']) #将列的数值求根，并赋予一个新列

houseprice[['MSSubClass','LotFrontage']].groupby(['MSSubClass'], as_index=False).mean() # 对 MSSubClass 进行分组，并求分组后的平均值

	MSSubClass	LotFrontage
0	20	77.862144
1	30	61.555556
2	40	58.500000
3	45	56.666667
4	50	62.350746

4. 数据处理

1）删除相关

del houseprice['SqrtLotArea'] #删除列

houseprice['LotFrontage'].dropna() #去掉为空值或 NA 的元素

houseprice.drop(['Alley'],axis=1) #去掉 Alley 列，不管空值与否

df.drop(df.columns[[0,1]],axis=1,inplace=True) #删除第 1、2 列，inplace=True 表示直接在内存中替换，不用二次赋值生效

houseprice.dropna(axis=0) #删除有空值的行

houseprice.dropna(axis=1)　　　　#删除有空值的列

2）缺失值填补处理

houseprice['LotFrontage']=houseprice['LotFrontage'].fillna(0)#将该列中的空值或 NA 填补为 0

all_data.product_type[all_data.product_type.isnull()]=all_data.product_type.dropna().mode().values #如果该列是字符串，就将该列中出现次数最多的字符串赋予空值，mode()函数是取出现次数最多的元素

houseprice['LotFrontage'].fillna(method='pad') #使用前一个数值替代空值或 NA，就是用 NA 前面最近的非空数值替换

houseprice['LotFrontage'].fillna(method='bfill',limit=1) #使用后一个数值替代空值或 NA，limit=1 是限制如果有几个连续的空值，只有最近的一个空值可以被填补

houseprice['LotFrontage'].fillna(houseprice['LotFrontage'].mean()) #使用平均值进行填补

houseprice['LotFrontage'].interpolate() #使用插值来估计 NaN。如果 index 是数字，可以设置参数 method='value'；如果是时间，可以设置 method='time'

houseprice= houseprice.fillna(houseprice.mean()) #将缺失值全部用该列的平均值代替，此时一般已经提前将字符串特征转换成了数值

注意：如果在处理缺失数据时，数据缺失比例达到 15%，并且该变量作用不大，那么就删除该变量！

3）字符串替换

houseprice['MSZoning']=houseprice['MSZoning'].map({'RL':1,'RM':2,'RR':3,}).astype(int) #将 MSZoning 中的字符串变成对应的数字

4）数据连接

merge_data=pd.concat([new_train,df_test]) #将训练数据与测试数据连接起来，以便一起进行数据清洗

all_data=pd.concat((train.loc[:,'MSSubClass':'SaleCondition'], test.loc[:,'MSSubClass':'SaleCondition'])) #另一种合并方式，按列名字进行合并

res = pd.merge(df1, df2,on=['time'])　　　#将 df1、df2 按照 time 字段进行合并

5）数据保存

merge_data.to_csv('merge_data.csv'，index=False)　　#index=False，写入的时候不写入列的索引序号

6）数据转换

houseprice["Alley"] = np.log1p(houseprice["Alley"]) #采用 log(1+x)方式对原数据进行处理，改变原数据的偏斜度，使数据更加符合正态分布曲线

numeric_feats =houseprice.dtypes[houseprice.dtypes != "object"].index #把内容为数值的特征列找出来

7）数据标准化

Scikit-Learn 库为其提供了相应的函数：

```
from sklearn import preprocessing
# normalize the data attributes
normalized_X = preprocessing.normalize(X)
# standardize the data attributes
standardized_X = preprocessing.scale(X)
```

8.3 分类与预测

分类（Classification）和预测（Prediction）是预测问题的两种主要类型。分类主要是预测分类标号（离散属性），而预测主要是建立连续值函数模型。预测可给定自变量对应的因变量的值[9]。

8.3.1 特征选择

图 8-1 所示为特征选择[10]的一般过程，首先从原始特征集中根据一定的策略产生特征子集，对特征子集进行评估，得到相应的评估值，然后将评估值和设定的阈值比较，如果评估值低于阈值，则重新产生新的特征子集，进行下一轮迭代；如果评估值高于阈值，则停止迭代，并对最优特征子集进行验证。特征选择模型主要有两种：Filter 模型和 Wrapper 模型。

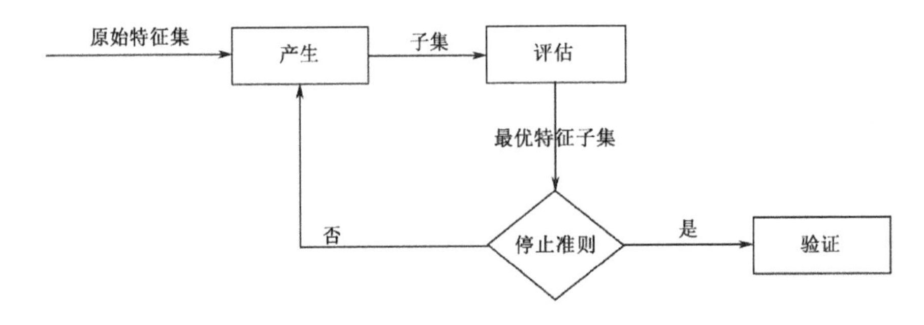

图 8-1 特征选择的一般过程

8.3.2 性能评估

对于分类问题，为了评估算法的性能，通常要将数据集分为训练集和测试集两类：训练集用来训练分类模型，测试集用来测试分类模型的性能。

将一个训练集划分为训练集和测试集的常见方法：留出法、交叉验证法和自助法[11]。留出法将数据集分为 2 个互斥的集合，分别为训练集和测试集。在划分的时候需要注意，训练集和测试集的数据分布要基本一致，避免划分数据集过程中的偏差影响模型的训练和测试。交叉验证法是将数据集分为 k 份互斥子集，通过分层采样保证数据分布的一致性。每次将 k-1 份子集的合集作为训练集，剩下的一份作为测试集，总共进行 k 次实验，结果取平均值。这两种方法都使得训练样本数少于实际数据集中的样本数，而自助法可解决这一问题。对于有 m 个样本的数据集，每次通过有放回的方式从原始数据集中抽取 m 次，这样生成的训练集和测试集都是和原始数据集规模一致的。自助法的缺点是改变了原始数据集的分布。

对于算法的性能评估除了需要测试集，还需要算法性能评估指标。对于不同的任务，采用不同的算法性能评估指标来比较不同算法或同一算法不同参数的效果。对于二分类问题，可以将分类算法预测的类别和样本的实际类别组合，得到分类结果的混淆矩阵，如表 8-2 所示。

表 8-2　分类结果混淆矩阵

实际情况	预测结果	
	正例	反例
正例	TP（真正例）	FN（假反例）
反例	FP（假正例）	TN（真反例）

在表 8-2 中，TP 表示分类算法预测为正例且实际也是正例的样本数量，称为真正例；FP 表示分类算法预测为正例但实际是反例的样本数量，称为假正例；FN 表示分类算法预测为反例但实际是正例的样本数量，称为假反例；TN 表示分类算法预测为反例且实际也是反例的样本数量，称为真反例。主要的评估指标有以下几种。

1）准确率（accuration）

准确率是指分类正确的样本数占总样本数的比例。定义为：

$$\text{accuration} = \frac{\text{TP} + \text{TN}}{\text{TP} + \text{FP} + \text{FN} + \text{TN}} \tag{8-1}$$

2）精确率（precision）

精确率是指预测正确的正样本数占总的预测为正样本数的比例。定义为：

$$\text{precision} = \frac{\text{TP}}{\text{TP} + \text{FP}} \tag{8-2}$$

3）召回率（recall）

召回率是指预测正确的正样本数占总的正样本数的比例。定义为：

$$\text{recall} = \frac{\text{TP}}{\text{TP} + \text{FN}} \tag{8-3}$$

4）F1 值

F1 值是在精确率和召回率的基础上提出的，定义为：

$$\text{F1} = \frac{2 \times \text{precision} \times \text{recall}}{\text{precision} + \text{recall}} \tag{8-4}$$

对于一个分类问题，预测的精确率和召回率通常是相互制约的，精确率高一般召回率低，召回率高一般精确率低，F1 值很好地平衡了这两个指标的影响。

5）ROC 和 AUC

分类算法得到的结果一般是一个实值，然后通过将这个值与设定的阈值比较大小来判定这个样本属于正例或反例。值越大，说明这个样本属于正样本的概率越大；值越小，说明这个样本属于负样本的概率越大。实际应用中，如果更看重精确率，则可以提高阈值；如果更看重召回率，则可以降低阈值。ROC 曲线全称为“受试者工作特征”（Receiver Operating Characteristic）曲线，体现不同阈值下的分类效果，即分类算法在不同需求任务下的泛化性能的好坏，如图 8-2 所示。

在图 8-2 中，横坐标是假正例率（False Positive Rate，FPR），表示真实正例被预测为正例的比例，和召回率一致；纵坐标是真正例率（True Positive Rate，TPR），表示真实反例被预测为正例的比例。它们的定义分别为：

$$\text{FPR} = \frac{\text{TP}}{\text{TP} + \text{FN}} \tag{8-5}$$

$$\text{TPR} = \frac{\text{FP}}{\text{FP} + \text{TN}} \tag{8-6}$$

AUC 是 ROC 下包含的面积，当 AUC 大于 0.5 时，说明分类算法是有效的，而且 AUC 越大说明分类算法的泛化能力越强；当 AUC 小于或等于 0.5 时，说明分类算法无效。

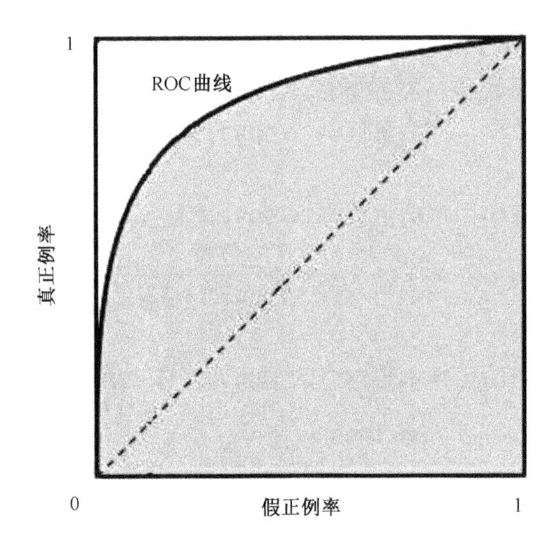

图 8-2 ROC 曲线和 AUC

8.3.3 实现过程

1. 分类

分类是构造一个分类模型，输入样本的属性值，可以输出对应的类别，从而将每个样本映射到预先定义好的类别中。

分类模型建立在已知类标记的数据集上，可以方便地计算模型在已有样本上的准确率，所以分类属于有监督的学习。

2. 预测

预测是指建立两种或两种以上变量间相互依赖的函数模型，然后进行预测或控制。

3. 实现过程

分类和预测的实现过程类似，下面以分类为例介绍。分类的实现有两个步骤：首先建立一个模型（见图 8-3），可通过归纳分析训练样本集来建立分类模型，得到分类规则；然后使用模型进行分类（见图 8-4），用已知的测试样本集评估分类规则的准确率，如果准确率是可以接受的，则使用该模型对未知类标记的待测样本集进行预测。

预测的实现也有两个步骤，类似于分类，首先通过训练集建立预测属性（数值型的）的函数模型，然后在模型通过检验后进行预测或控制。

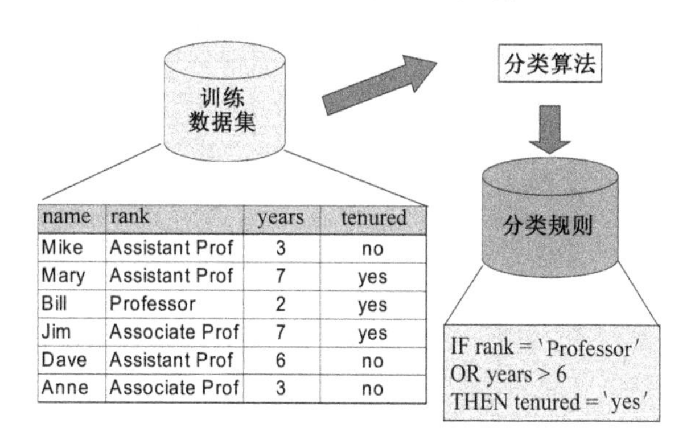

图 8-3　建立模型

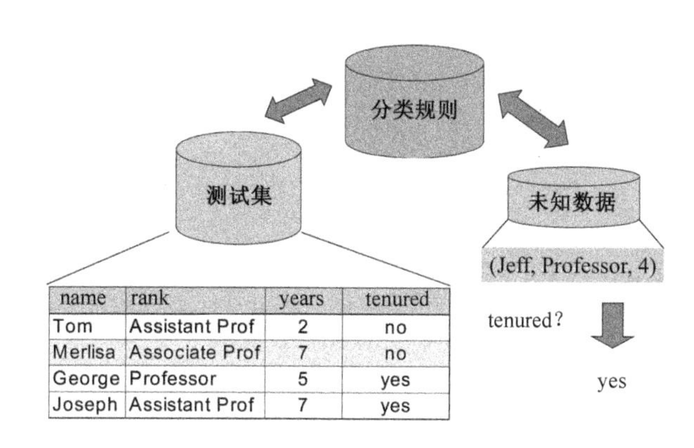

图 8-4　使用模型

8.3.4　分类与预测的常用方法

1. K-最近邻

K-最近邻（K-Nearest Neighbor，KNN）算法最早是由 Cover 和 Hart 在 1967 年提出的，其主要思想是找到特征最相似的训练集，然后认为待预测的样本类型就是这个最近邻样本的类型。K-最近邻算法的实现流程如下：

（1）对于预测集的样本，计算其特征向量和每个训练集样本特征向量的距离。

（2）按距离对训练样本排序。

（3）取排序靠前的前 K 个样本，统计这些样本中出现次数最多的标签。

（4）出现最多的标签就认为是待预测样本的标签。

K-最近邻算法实现简单，预测的精度一般也较高，但是对预测集的每个样本都需要计算它和每个训练样本的相似度，计算量较大，尤其是训练集很大的时候，计算量会严重影响算法的性能。

例如，先验数据如表 8-3 所示，使用 KNN 算法对表 8-4 中的未知类别数据分类。

表 8-3　先验数据

属性 1	属性 2	类别
1.0	0.9	A
1.0	1.0	A
0.1	0.2	B
0.0	0.1	B

表 8-4　未知类别数据

属性 1	属性 2	类别
1.2	1.0	?
0.1	0.3	?

1）KNN 算法的 Python 实现

```
#!/usr/bin/python
# coding=utf-8
from numpy import *
import operator
# 创建一个数据集，包含 2 个类别共 4 个样本
def createDataSet():
    # 生成一个矩阵，每行表示一个样本
    group = array([[1.0, 0.9], [1.0, 1.0], [0.1, 0.2], [0.0, 0.1]])
    # 4 个样本分别所属的类别
    labels = ['A', 'A', 'B', 'B']
    return group, labels
# KNN 算法函数定义
def kNNClassify(newInput, dataSet, labels, k):
    numSamples = dataSet.shape[0]    # shape[0]表示行数
    ## step 1: 计算距离
    # tile(A, reps): 构造一个矩阵，通过 A 重复 reps 次得到
    # the following copy numSamples rows for dataSet
    diff = tile(newInput, (numSamples, 1)) - dataSet   # 按元素求差值
    squaredDiff = diff ** 2   # 将差值平方
    squaredDist = sum(squaredDiff, axis = 1)    # 按行累加
    distance = squaredDist ** 0.5   # 将差值平方和求开方，即得距离
    ## step 2: 对距离排序
    # argsort() 返回排序后的索引值
    sortedDistIndices = argsort(distance)
    classCount = {} # define a dictionary (can be append element)
    for i in range(k):
    ## step 3: 选择 k 个最近邻
        voteLabel = labels[sortedDistIndices[i]]
    ## step 4: 计算 k 个最近邻中各类别出现的次数
        # when the key voteLabel is not in dictionary classCount, get()
        # will return 0
        classCount[voteLabel] = classCount.get(voteLabel, 0) + 1
```

```
    ## step 5: 返回出现次数最多的类别标签
    maxCount = 0
    for key, value in classCount.items():
        if value > maxCount:
            maxCount = value
            maxIndex = key
return maxIndex
```

2）测试

KNN Test.py 测试文件如下：

```
# -*- coding: utf-8 -*
from numpy import *
import KNN
# 生成数据集和类别标签
dataSet, labels = KNN.createDataSet()
# 定义一个未知类别的数据
testX = array([1.2, 1.0])
k = 3
# 调用分类函数对未知数据分类
outputLabel = KNN.kNNClassify(testX, dataSet, labels, 3)
print("Your input is:", testX, "and classified to class: ", outputLabel)
testX = array([0.1, 0.3])
outputLabel = KNN.kNNClassify(testX, dataSet, labels, 3)
print("Your input is:", testX, "and classified to class: ", outputLabel)
```

运行结果如下：

```
Your input is: [1.2 1. ] and classified to class:  A
Your input is: [0.1 0.3] and classified to class:  B
```

2. 决策树

决策树方法在分类、预测、规则提取等领域有广泛应用。决策树是一个树状结构，它的每一个叶节点对应一个分类，非叶节点对应在某个属性上的划分，根据样本在该属性上的不同取值将其划分成若干个子集。对于非纯的叶节点，多数类的标号给出了到达这个节点的样本所属的类。构造决策树的核心问题在于每一步该如何选择适当的属性对样本做拆分。对一个分类问题，从已知类标记的训练样本中学习并构造出决策树是一个自上而下、分而治之的过程。

决策树的关键是在节点上对属性的判别，但是一般样本都有很多属性，优先选取哪些属性显得尤为重要。分枝时我们的目标是尽量使分枝的节点包括的样本都属于同一类别。在此基础上产生了很多有效的最优划分属性判别算法，常见的有 ID3 决策树、C4.5 决策树和 CART 决策树等。

假设训练集为 D，第 k 类样本的比例为 P_k，离散属性 a 有 V 个取值，分别是 $a_1, a_2, \cdots, a_v$，其中，训练集中属性取值 a_v 的样本称为 D_v。

ID3 决策树使用的判别方法是信息增益。首先介绍信息熵的概念。信息熵是度量样本集合纯度的一个指标，定义为：

$$\text{Ent}(D) = -\sum_{i=1}^{k} P_i \log_2 P_k \tag{8-7}$$

信息熵越小，代表纯度越高。信息增益是属性 a 对于样本 D 进行划分时获得的增益，表示为：

$$\text{Gain}(D,a) = -\sum_{i=1}^{k} \frac{|D_v|}{|D|} \text{Ent}(D_v) \tag{8-8}$$

信息增益越大说明用属性 a 来划分样本 D 获得的分类效果越好。因此，信息增益可以作为优先选择属性的判别标准之一。但是信息增益有个缺点，它对可取值多的属性的偏好较大，为此，C4.5 决策树提出以增益率作为选取最优属性的指标。

增益率定义为：

$$\text{Gain\_ratio}(D,a) = \frac{\text{Gain}(D,a)}{\text{IV}(a)} \tag{8-9}$$

其中，

$$\text{IV}(a) = -\sum_{v=1}^{V} \frac{|D_v|}{|D|} \log_2 \frac{|D_v|}{|D|} \tag{8-10}$$

是一个固定值，这个值的特点是属性的可取值越多，这个值越大，从而有效地避免了取值多的属性被优先选取的可能性。但是这会导致另一个问题，就是属性取值少的属性优先选取的概率被放大，所以不能直接用这个指标作为选取优先属性的标准。C4.5 决策树给出的是一种启发式的方法：先找到属性中信息增益高于平均水平的属性，再从里面选取增益率最高的属性。集合两个指标选取属性，可使得属性的取值对算法的影响大大减小。

对于 CART 决策树，使用“基尼指数”选取属性。基尼值为:

$$\text{Gini}(D) = \sum_{i=1}^{k} \sum_{i' \neq i} P_i P_{i'} = 1 - \sum_{i=1}^{k} P_k^2 \tag{8-11}$$

基尼值越小，代表集合的纯度越高。基尼指数定义为：

$$\text{Gini\_index}(D,a) = \sum_{v=1}^{V} \text{Gini}(D_v) \tag{8-12}$$

优先选取基尼指数最小的属性作为优先属性。

决策树的一个缺点是容易过拟合。过拟合的一个表现是在训练集上都能正确分类，但是在测试集上表现很差，体现在算法上就是分枝过多。为了克服这个缺点，决策树引进了剪枝的概念。剪枝分为预剪枝和后剪枝。预剪枝是在树生成过程中，判断节点的划分能不能带来算法泛化性能的提升，如果不能，这个节点就可当作叶节点。后剪枝是树生成后，对每个节点进行考察，如果去掉这个节点能够提升算法的泛化性能，那么就把这个节点设置成叶节点。

决策树算法的实现是一个递归的过程，基本流程如下。其中，训练集为 D，属性集 $a = \{a_1, a_2, \cdots, a_v\}$，递归函数为 $\text{TreeGen}(D,a)$。

（1）生成节点 node；

（2）如果样本都属于一类，节点标为这一类的叶节点 return；

（3）如果属性 a 为空，那么节点标为样本中出现次数最多的那一类标签的叶节点 return；

（4）从 a 中选取最优的划分属性 a^*；

（5）循环（对于 a^* 中的每一个值 a_v^*）：

为 node 生成一个分枝，D_v 表示 D 在 a^* 取 a_v^* 值时的样本子集；

如果 D_v 是空集：

将分枝节点标记为叶节点，类别是 D 中样本最多的类别 return；

否则：

以 $\text{TreeGen}\left(D_V, a\backslash\left\{a^*\right\}\right)$ 为分枝节点；

结束循环。

输出：这样递归得到的一棵以 node 为根节点的树就是生成的决策树。

决策树算法的优点是准确率较高，可解释性强，对缺失值、异常值和数据分布不敏感等；缺点是对于连续型的变量需要离散化处理，容易出现过拟合现象等。

下面以表 8-5 中的数据为例说明 ID3 决策树算法的实现。

表 8-5　决策表

RID	Age	Income	Student	Credit_rating	Class:buys_computer
1	youth	high	no	fair	no
2	youth	high	no	excellent	no
3	middle_aged	high	no	fair	yes
4	senior	medium	no	fair	yes
5	senior	low	yes	fair	yes
6	senior	low	yes	excellent	no
7	middle_aged	low	yes	excellent	yes
8	youth	medium	no	fair	no
9	youth	low	yes	fair	yes
10	senior	medium	yes	fair	yes
11	youth	medium	yes	excellent	yes
12	middle_aged	medium	no	excellent	yes
13	middle_aged	high	yes	fair	yes
14	senior	medium	no	excellent	no

$$\text{Info}(D) = -\frac{9}{14}\log_2\frac{9}{14} - \frac{5}{14}\log_2\frac{5}{14} = 0.940$$

$$\text{Info}_{\text{Age}}(D)=\frac{5}{14}\times\left(-\frac{2}{5}\log_2\frac{2}{5}-\frac{3}{5}\log_2\frac{3}{5}\right)+\frac{4}{14}\times\left(-\frac{4}{4}\log_2\frac{4}{4}-\frac{0}{4}\log_2\frac{0}{4}\right)+$$
$$\frac{5}{14}\times\left(-\frac{3}{5}\log_2\frac{3}{5}-\frac{2}{5}\log_2\frac{2}{5}\right)=0.694$$

由此可得，Gain(Age)=Info(D)−$\text{Info}_{\text{Age}}(D)$=0.940−0.694=0.246。类似地，Gain(Income) = 0.029, Gain(Student) = 0.151, Gain(Credit_rating)=0.048。因为 Gain(Age)> Gain(Student)> Gain(Credit_rating)>Gain(Income)，所以，选择 Age 作为第一个根节点，如图 8-5 所示。重复以上步骤即可得出结论。

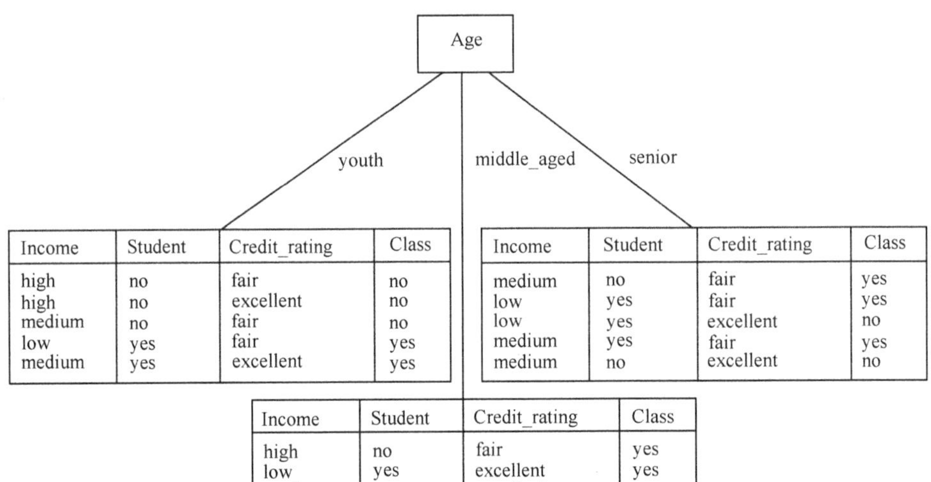

图 8-5　决策树

示例 Python 源代码如下：

```
# -*- coding: utf-8 -*-
from math import log
import operator
import treePlotter
def calcShannonEnt(dataSet):
    numEntries = len(dataSet)
    labelCounts = {}
    for featVec in dataSet:
        currentLabel = featVec[-1]
        if currentLabel not in labelCounts.keys():
            labelCounts[currentLabel] = 0
        labelCounts[currentLabel] += 1
    shannonEnt = 0.0
    for key in labelCounts:
```

```
        prob = float(labelCounts[key])/numEntries
        shannonEnt -= prob * log(prob, 2)
    return shannonEnt
def splitDataSet(dataSet, axis, value):
    retDataSet = []
    for featVec in dataSet:
        if featVec[axis] == value:
            reduceFeatVec = featVec[:axis]
            reduceFeatVec.extend(featVec[axis+1:])
            retDataSet.append(reduceFeatVec)
    return retDataSet
def chooseBestFeatureToSplit(dataSet):
    numFeatures = len(dataSet[0]) - 1
    baseEntropy = calcShannonEnt(dataSet)
    bestInfoGain = 0.0
    bestFeature = -1
    for i in range(numFeatures):
        featList = [example[i] for example in dataSet]
        uniqueVals = set(featList)
        newEntropy = 0.0
        for value in uniqueVals:
            subDataSet = splitDataSet(dataSet, i, value)
            prob = len(subDataSet)/float(len(dataSet))
            newEntropy += prob * calcShannonEnt(subDataSet)
        infoGain = baseEntropy - newEntropy
        if (infoGain > bestInfoGain):
            bestInfoGain = infoGain
            bestFeature = i
    return bestFeature
def majorityCnt(classList):
    classCount = {}
    for vote in classList:
        if vote not in classCount.keys():
            classCount[vote] = 0
        classCount[vote] += 1
    sortedClassCount=sorted(classCount.iteritems(),key=operator.itemgetter(1), reversed=True)
    return sortedClassCount[0][0]
def createTree(dataSet, labels):
    classList = [example[-1] for example in dataSet]
    if classList.count(classList[0]) == len(classList):
        # 类别完全相同，停止划分
```

```
            return classList[0]
        if len(dataSet[0]) == 1:
            # 遍历完所有特征时返回出现次数最多的
            return majorityCnt(classList)
        bestFeat = chooseBestFeatureToSplit(dataSet)
        bestFeatLabel = labels[bestFeat]
        myTree = {bestFeatLabel:{}}
        del(labels[bestFeat])
        # 得到的列表包括节点所有的属性值
        featValues = [example[bestFeat] for example in dataSet]
        uniqueVals = set(featValues)
        for value in uniqueVals:
            subLabels = labels[:]
            myTree[bestFeatLabel][value]=createTree(splitDataSet(dataSet, bestFeat, value), subLabels)
        return myTree
    def classify(inputTree, featLabels, testVec):
        firstStr = list(inputTree.keys())[0]
        secondDict = inputTree[firstStr]
        featIndex = featLabels.index(firstStr)
        for key in secondDict.keys():
            if testVec[featIndex] == key:
                if type(secondDict[key]).__name__ == 'dict':
                    classLabel = classify(secondDict[key], featLabels, testVec)
                else:
                    classLabel = secondDict[key]
        return classLabel
    def classifyAll(inputTree, featLabels, testDataSet):
        classLabelAll = []
        for testVec in testDataSet:
            classLabelAll.append(classify(inputTree, featLabels, testVec))
        return classLabelAll
    def storeTree(inputTree, filename):
        import pickle
        fw = open(filename, 'wb')
        pickle.dump(inputTree, fw)
        fw.close()
    def grabTree(filename):
        import pickle
        fr = open(filename, 'rb')
        return pickle.load(fr)
    def createDataSet():
```

```
    dataSet = dataSet = [[0, 0, 0, 0, 'N'],
                         [0, 0, 0, 1, 'N'],
                         [1, 0, 0, 0, 'Y'],
                         [2, 1, 0, 0, 'Y'],
                         [2, 2, 1, 0, 'Y'],
                         [2, 2, 1, 1, 'N'],
                         [1, 2, 1, 1, 'Y'],
                         [0, 1, 0, 0, 'N'],
                         [0, 2, 1, 0, 'Y'],
                         [2, 1, 1, 0, 'Y'],
                         [0, 1, 1, 1, 'Y'],
                         [1, 1, 0, 1, 'Y'],
                         [1, 0, 1, 0, 'Y'],
                         [2, 1, 0, 1, 'N']]
    labels = ['Age', 'Income', 'Student', 'Credit_rating']
    return dataSet, labels
def createTestSet():
    testSet = [[0, 1, 0, 0],
               [0, 2, 1, 0],
               [2, 1, 1, 0],
               [0, 1, 1, 1],
               [1, 1, 0, 1],
               [1, 0, 1, 0],
               [2, 1, 0, 1]]
    return testSet

def main():
    dataSet, labels = createDataSet()
    labels_tmp = labels[:] # 拷贝，createTree 会改变 labels
    desicionTree = createTree(dataSet, labels_tmp)
    #storeTree(desicionTree, 'classifierStorage.txt')
    #desicionTree = grabTree('classifierStorage.txt')
    print('desicionTree:\n', desicionTree)
    treePlotter.createPlot(desicionTree)
    testSet = createTestSet()
    print('classifyResult:\n', classifyAll(desicionTree, labels, testSet))

if __name__ == '__main__':
    main()
```

运行结果如下：

```
I:\tools\Python\Python36\python.exe C:/Users/Arno/PycharmProjects/chapter08Test/com/arnoy/ch
desicionTree:
 {'Age': {0: {'Student': {0: 'N', 1: 'Y'}}, 1: 'Y', 2: {'Credit_rating': {0: 'Y', 1: 'N'}}}}
classifyResult:
 ['N', 'Y', 'Y', 'Y', 'Y', 'Y', 'N']
```

图形显示决策树的 Python 源代码如下：

```
import matplotlib.pyplot as plt
decisionNode = dict(boxstyle="sawtooth", fc="0.8")
leafNode = dict(boxstyle="round4", fc="0.8")
arrow_args = dict(arrowstyle="<-")
def plotNode(nodeTxt, centerPt, parentPt, nodeType):
    createPlot.ax1.annotate(nodeTxt, xy=parentPt, xycoords='axes fraction', \
                            xytext=centerPt, textcoords='axes fraction', \
                            va="center", ha="center", bbox=nodeType, arrowprops=arrow_args)
def getNumLeafs(myTree):
    numLeafs = 0
    firstStr = list(myTree.keys())[0]
    secondDict = myTree[firstStr]
    for key in secondDict.keys():
        if type(secondDict[key]).__name__ == 'dict':
            numLeafs += getNumLeafs(secondDict[key])
        else:
            numLeafs += 1
    return numLeafs
def getTreeDepth(myTree):
    maxDepth = 0
    firstStr = list(myTree.keys())[0]
    secondDict = myTree[firstStr]
    for key in secondDict.keys():
        if type(secondDict[key]).__name__ == 'dict':
            thisDepth = getTreeDepth(secondDict[key]) + 1
        else:
            thisDepth = 1
        if thisDepth > maxDepth:
            maxDepth = thisDepth
    return maxDepth
def plotMidText(cntrPt, parentPt, txtString):
    xMid = (parentPt[0] - cntrPt[0]) / 2.0 + cntrPt[0]
    yMid = (parentPt[1] - cntrPt[1]) / 2.0 + cntrPt[1]
    createPlot.ax1.text(xMid, yMid, txtString)
def plotTree(myTree, parentPt, nodeTxt):
    numLeafs = getNumLeafs(myTree)
    depth = getTreeDepth(myTree)
```

```
    firstStr = list(myTree.keys())[0]
    cntrPt = (plotTree.xOff + (1.0 + float(numLeafs)) / 2.0 / plotTree.totalw, plotTree.yOff)
    plotMidText(cntrPt, parentPt, nodeTxt)
    plotNode(firstStr, cntrPt, parentPt, decisionNode)
    secondDict = myTree[firstStr]
    plotTree.yOff = plotTree.yOff - 1.0 / plotTree.totalD
    for key in secondDict.keys():
        if type(secondDict[key]).__name__ == 'dict':
            plotTree(secondDict[key], cntrPt, str(key))
        else:
            plotTree.xOff = plotTree.xOff + 1.0 / plotTree.totalw
            plotNode(secondDict[key], (plotTree.xOff, plotTree.yOff), cntrPt, leafNode)
            plotMidText((plotTree.xOff, plotTree.yOff), cntrPt, str(key))
    plotTree.yOff = plotTree.yOff + 1.0 / plotTree.totalD
def createPlot(inTree):
    fig = plt.figure(1, facecolor='white')
    fig.clf()
    axprops = dict(xticks=[], yticks=[])
    createPlot.ax1 = plt.subplot(111, frameon=False, **axprops)
    plotTree.totalw = float(getNumLeafs(inTree))
    plotTree.totalD = float(getTreeDepth(inTree))
    plotTree.xOff = -0.5 / plotTree.totalw
    plotTree.yOff = 1.0
    plotTree(inTree, (0.5, 1.0), '')
    plt.show()
```

运行得到的决策树如图 8-6 所示。

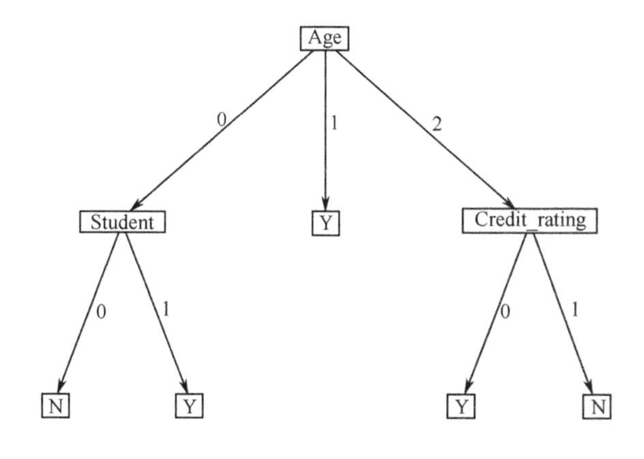

图 8-6　运行得到的决策树

3. 朴素贝叶斯分类算法

朴素贝叶斯分类算法的基础是 1763 年英国学者提出的贝叶斯定理，贝叶斯定理的定义如下：

$$P(B|A)=\frac{P(A|B)P(B)}{P(A)} \tag{8-13}$$

其中，$P(B|A)$是指事件 B 在事件 A 发生的条件下发生的概率；$P(A|B)$是指事件 A 在事件 B 发生的条件下发生的概率；$P(A)$和 $P(B)$ 分别表示事件 A 和事件 B 发生的概率。事件 A 和事件 B 是相互独立的两个事件。

假设训练样本 T 内有 t 个已分类样本，样本属性 $X=\{x_1,x_2,\cdots,x_i,\cdots,x_k\}$ 属于 c 类，其中，x_i 表示样本属性中的第 i 个属性，根据贝叶斯定理有：

$$P(c|X)=\frac{P(X|c)P(c)}{P(X)} \tag{8-14}$$

其中，$P(c|X)$ 是样本属性 X 为 c 类的条件概率；$P(X|c)$ 是 c 类下样本属性是 X 的条件概率；$P(c)$ 是各类样本所占的比例，通过统计各类样本出现的频率得到；$P(X)$ 是归一化的证据因子，和类别无关。朴素贝叶斯理论假设样本属性的各个属性遵循相互独立的原则。

对于未知样本 X，分别计算这个样本为每一类的条件概率，最大概率值对应的类别就判定为样本所属的类别。其中，$P(X|c)$ 计算比较困难，因为未知样本的属性在训练集中可能没出现，根据属性间相互独立的假设可得：

$$P(X|c)=\prod_{i=1}^{k}P(x_i|c) \tag{8-15}$$

所以朴素贝叶斯分类算法的表达式可以写成：

$$h(X)=\arg\max P(c)\prod_{i=1}^{k}P(x_i|c) \tag{8-16}$$

朴素贝叶斯分类算法的流程为：

（1）计算每个类别出现的概率 $P(c)$。

（2）计算每个独立特征的条件概率 $P(x_i|c)$，求和得到 $\prod_{i=1}^{k}P(x_i|c)$。

（3）计算不同类别下的 $P(c)\prod_{i=1}^{k}P(x_i|c)$，最大值对应的类别判断为样本的类别。

朴素贝叶斯分类算法的优点是计算简单，在数据量较少的情况下依然有效，也适用于多分类的问题；缺点是属性的相互独立假设在实际问题中可能得不到很好的满足。该算法在医学、经济和社会领域都有广泛的应用。

朴素贝叶斯分类算法的 Python 源代码如下：

```
# -*- coding: utf-8 -*-
import numpy as np;
import pandas as pd;
class Bayes:
    def __init__(self,lamda,region):
        #lamda 为贝叶斯修正参数，region 可表示特征属性取值域和类标签取值域
```

```
        self.lamda = lamda;             #存放类标签取值域
        self.Y = region[-1];             #存放特征属性取值域
        self.X = region[:-1];            #存放先验概率 P(Y = Ck)
        self.PrioPro = np.zeros((1,len(region[-1])));           #存放条件概率 P(Xj = ajl | Y = Ck)
        self.ConditionalPro = [];
        for i in range(len(region)-1):
            cp = np.zeros((len(region[-1]),len(region[i])));
            self.ConditionalPro.append(cp);
    def fit(self,TrainData):
        N = len(TrainData);
        K = len(self.Y);
        TrainData = TrainData.astype(np.str);
        NumofCk = pd.value_counts(TrainData[:,-1], sort=True); #Series 类型
        CountOfCk = [NumofCk[ck] for ck in self.Y]; #list 类型
        self.PrioPro = [(ck+self.lamda) / (N + K * self.lamda) for ck in CountOfCk];

        j=0;
        for ck in self.Y:
            #选出类别为 Ck 的数据
            DataofCk = TrainData[np.where(TrainData[:,-1]==ck)];
            n = len(DataofCk);
            #选出第 i 个特征的数据
            for i in range(len(self.X)):
                DataofCkandXi = DataofCk[:,i];
                Numofaj = pd.value_counts(DataofCkandXi,sort=True); #为第 i 个特征的每个特征
值计数
                Countofaj = [Numofaj[aj] for aj in self.X[i]];
                S = len(self.X[i]);
                self.ConditionalPro[i][j] = [(aj+self.lamda) / (n+S * self.lamda) for aj in Countofaj];
            j = j+1;
    def predict(self,TestData):
        predictY = [];
        for i in range(len(TestData)):
            x = TestData[i];
            y = self.GetLable(x);
            predictY.append(y);
        return predictY;
    def GetLable(self,x):
        pro = [];
        n = len(x);
        for j in range(len(self.Y)):
```

```
                p = 1;
                for i in range(n):
                    feature = self.ConditionalPro[i];
                    fi = self.X[i] #获得第 i 个特征的值域
                    index = fi.index(x[i]);
                    p = p * feature[j][index];
                p = p * self.PrioPro[j];
                pro.append(p);
            y = self.Y[np.argmax(pro)];
            return y;
```

测试代码如下：

```
# -*- coding: utf-8 -*-
import numpy as np;
import pandas as pd;
from BayesClass import Bayes
A1 = ['1','2','3'];
A2 = ['S','M','L'];
C = ['1','-1'];
Data = np.array([[1,'S',-1],[1,'M',-1],[1,'M',1],[1,'S',1],[1,'S',-1],
            [2,'S',-1],[2,'M',-1],[2,'M',1],[2,'L',1],[2,'L',1],
            [3,'L',1],[3,'M',1],[3,'M',1],[3,'L',1],[3,'L',-1]]);
test = np.array([[2,'S']]);
B = Bayes(0,[A1,A2,C]);
B.fit(Data);
y = B.predict(test);
print(y);
```

运行结果如下：

```
I:\tools\Python\Python36\python.exe C:/Users/Arno/PycharmProjects/chapter08Test/com/arnoy/chapter08/BayesTest.py
['-1']

Process finished with exit code 0
```

4. 支持向量机

支持向量机（SVM）算法是由 Cortes 和 Vapnik 等人在 1995 年提出的一种机器学习算法，具有很强的理论基础，不仅可以用于分类任务，同时也适合回归任务。对于二分类问题，需要在不同类别间划出超平面将两个类别分开。超平面的方程描述如下：

$$\boldsymbol{\omega}^{\mathrm{T}}\boldsymbol{x}+b=0 \tag{8-17}$$

其中，$\boldsymbol{\omega}=(\omega_1,\omega_2,\cdots,\omega_k)$是超平面的法向量，代表平面的方向；$b$ 是位移，代表超平面和原点之间的距离。样本中的点到超平面的距离为：

$$r=\frac{\left|\boldsymbol{\omega}^{\mathrm{T}}\boldsymbol{x}+b\right|}{\|\boldsymbol{\omega}\|} \tag{8-18}$$

如果超平面可以将正负样本分开，那么有：

$$\begin{cases}\boldsymbol{\omega}^{\mathrm{T}}\boldsymbol{x}_i + b \geqslant +1, & y_i = +1 \\ \boldsymbol{\omega}^{\mathrm{T}}\boldsymbol{x}_i + b \leqslant -1, & y_i = -1\end{cases} \tag{8-19}$$

训练样本中使得式（8-19）等号成立的样本点称为“支持向量”，类型不同的两个支持向量到超平面的距离和为：

$$R = \frac{2}{\|\boldsymbol{\omega}\|} \tag{8-20}$$

也称为“间隔”。寻找能使间隔最大的超平面，就是在满足式（8-19）的情况下使得 R 最大，即

$$\begin{cases}\max\limits_{\omega,b} \dfrac{2}{\|\boldsymbol{\omega}\|} \\ \textbf{s.t. } y_i(\boldsymbol{\omega}^{\mathrm{T}}\boldsymbol{x}_i + b) \geqslant 1, i = 1,2,\cdots,k\end{cases} \tag{8-21}$$

最大化 $\dfrac{1}{\|\boldsymbol{\omega}\|}$ 等价于最小化 $\|\boldsymbol{\omega}\|^2$，式（8-21）可以改写成：

$$\begin{cases}\min\limits_{\omega,b} \dfrac{1}{2}\|\boldsymbol{\omega}\|^2 \\ \textbf{s.t. } y_i(\boldsymbol{\omega}^{\mathrm{T}}\boldsymbol{x}_i + b) \geqslant 1, i = 1,2,\cdots,k\end{cases} \tag{8-22}$$

使用拉格朗日乘子法对式（8-22）的每个约束添加拉格朗日乘子，可以得到拉格朗日方程：

$$L(\boldsymbol{\omega}, b, \partial) = \frac{1}{2}\|\boldsymbol{\omega}\|^2 + \sum_{i=1}^{k}\partial_i(1 - y_i(\boldsymbol{\omega}^{\mathrm{T}}\boldsymbol{x}_i + b)) \tag{8-23}$$

对 $\boldsymbol{\omega}$ 和 b 分别求偏导并令其为 0，可得：

$$\begin{cases}\boldsymbol{\omega} = \sum\limits_{i=1}^{k}\partial_i y_i \boldsymbol{x}_i \\ 0 = \sum\limits_{i=1}^{k}\partial_i y_i\end{cases} \tag{8-24}$$

由式（8-23）和式（8-24）可以得到式（8-22）的对偶问题：

$$\begin{cases}\max\limits_{\partial} \sum\limits_{i=1}^{k}\partial_i - \dfrac{1}{2}\sum\limits_{i=1}^{k}\sum\limits_{j=1}^{k}\partial_i\partial_j y_i y_j \boldsymbol{x}_i^{\mathrm{T}}\boldsymbol{x}_j \\ \textbf{s.t. } \sum\limits_{i=1}^{k}\partial_i y_i = 0 \text{且 } \partial_i \geqslant 0, i = 1,2,\cdots,k\end{cases} \tag{8-25}$$

求解出 ∂ 后，求出 $\boldsymbol{\omega}$ 和 b 即可得到 SVM 模型：

$$f(\boldsymbol{x}) = \boldsymbol{\omega}^{\mathrm{T}}\boldsymbol{x} + b = \sum_{i=1}^{k}\partial_i y_i \boldsymbol{x}_i^{\mathrm{T}} + b \tag{8-26}$$

式（8-25）一般用 SMO 算法求解 ∂ 值。SMO 算法的基本思想是固定 ∂_i 以外的参数，然后求 ∂_i 上的极值，流程为：

（1）选取需要更新的 ∂_i 和 ∂_j。

（2）固定∂_i和∂_j以外的参数，求解式（8-25）得到更新后的∂_i和∂_j。

（3）执行上面两步直至收敛。

SVM 算法有充分的理论基础，并且最终的决策只由少数的支持向量确定，算法的复杂度取决于支持向量的数量，而不是样本空间的维数，所以计算量不是很大，而且泛化准确率较高。该算法的缺点是它对参数调节和核函数的选取比较敏感，而且在存储和计算上占用较多的内存和运行时间，所以在大规模的样本训练上有所不足。

SVM 算法的示例 Python 源代码如下：

```
# -*- coding: utf-8 -*-
from numpy import *
import matplotlib.pyplot as plt
import operator
import time
def loadDataSet(fileName):
    dataMat = []
    labelMat = []
    with open(fileName) as fr:
        for line in fr.readlines():
            lineArr = line.strip().split('\t')
            dataMat.append([float(lineArr[0]), float(lineArr[1])])
            labelMat.append(float(lineArr[2]))
    return dataMat, labelMat
def selectJrand(i, m):
    j = i
    while (j == i):
        j = int(random.uniform(0, m))
    return j
def clipAlpha(aj, H, L):
    if aj > H:
        aj = H
    if L > aj:
        aj = L
    return aj
class optStruct:
    def __init__(self, dataMatIn, classLabels, C, toler):
        self.X = dataMatIn
        self.labelMat = classLabels
        self.C = C
        self.tol = toler
        self.m = shape(dataMatIn)[0]
        self.alphas = mat(zeros((self.m, 1)))
        self.b = 0
```

```
            self.eCache = mat(zeros((self.m, 2)))
    def calcEk(oS, k):
        fXk = float(multiply(oS.alphas, oS.labelMat).T * (oS.X * oS.X[k, :].T)) + oS.b
        Ek = fXk - float(oS.labelMat[k])
        return Ek
    def selectJ(i, oS, Ei):
        maxK = -1
        maxDeltaE = 0
        Ej = 0
        oS.eCache[i] = [1, Ei]
        validEcacheList = nonzero(oS.eCache[:, 0].A)[0]
        if (len(validEcacheList)) > 1:
            for k in validEcacheList:
                if k == i:
                    continue
                Ek = calcEk(oS, k)
                deltaE = abs(Ei - Ek)
                if (deltaE > maxDeltaE):
                    maxK = k
                    maxDeltaE = deltaE
                    Ej = Ek
            return maxK, Ej
        else:
            j = selectJrand(i, oS.m)
            Ej = calcEk(oS, j)
        return j, Ej
    def updateEk(oS, k):
        Ek = calcEk(oS, k)
        oS.eCache[k] = [1, Ek]
    def innerL(i, oS):
        Ei = calcEk(oS, i)
        if ((oS.labelMat[i] * Ei < -oS.tol) and (oS.alphas[i] < oS.C)) or ((oS.labelMat[i] * Ei > oS.tol) and
(oS.alphas[i] > 0)):
            j, Ej = selectJ(i, oS, Ei)
            alphaIold = oS.alphas[i].copy()
            alphaJold = oS.alphas[j].copy()
            if (oS.labelMat[i] != oS.labelMat[j]):
                L = max(0, oS.alphas[j] - oS.alphas[i])
                H = min(oS.C, oS.C + oS.alphas[j] - oS.alphas[i])
            else:
                L = max(0, oS.alphas[j] + oS.alphas[i] - oS.C)
                H = min(oS.C, oS.alphas[j] + oS.alphas[i])
```

```
            if (L == H):
                # print("L == H")
                return 0
            eta = 2.0 * oS.X[i, :] * oS.X[j, :].T - oS.X[i, :] * oS.X[i, :].T - oS.X[j, :] * oS.X[j, :].T
            if eta >= 0:
                # print("eta >= 0")
                return 0
            oS.alphas[j] -= oS.labelMat[j] * (Ei - Ej) / eta
            oS.alphas[j] = clipAlpha(oS.alphas[j], H, L)
            updateEk(oS, j)
            if (abs(oS.alphas[j] - alphaJold) < 0.00001):
                # print("j not moving enough")
                return 0
            oS.alphas[i] += oS.labelMat[j] * oS.labelMat[i] * (alphaJold - oS.alphas[j])
            updateEk(oS, i)
            b1 = oS.b - Ei - oS.labelMat[i] * (oS.alphas[i] - alphaIold) * oS.X[i, :] * oS.X[i, :].T -
oS.labelMat[j] * (oS.alphas[j] - alphaJold) * oS.X[i, :] * oS.X[j, :].T
            b2 = oS.b - Ei - oS.labelMat[i] * (oS.alphas[i] - alphaIold) * oS.X[i, :] * oS.X[j, :].T -
oS.labelMat[j] * (oS.alphas[j] - alphaJold) * oS.X[j, :] * oS.X[j, :].T
            if (0 < oS.alphas[i]) and (oS.C > oS.alphas[i]):
                oS.b = b1
            elif (0 < oS.alphas[j]) and (oS.C > oS.alphas[j]):
                oS.b = b2
            else:
                oS.b = (b1 + b2) / 2.0
            return 1
        else:
            return 0
    def smoP(dataMatIn, classLabels, C, toler, maxIter, kTup=('lin', 0)):
        oS = optStruct(mat(dataMatIn), mat(classLabels).transpose(), C, toler)
        iterr = 0
        entireSet = True
        alphaPairsChanged = 0
        while (iterr < maxIter) and ((alphaPairsChanged > 0) or (entireSet)):
            alphaPairsChanged = 0
            if entireSet:
                for i in range(oS.m):
                    alphaPairsChanged += innerL(i, oS)
                # print("fullSet, iter: %d i:%d, pairs changed %d" % (iterr, i, alphaPairsChanged))
                iterr += 1
            else:
                nonBoundIs = nonzero((oS.alphas.A > 0) * (oS.alphas.A < C))[0]
```

```
            for i in nonBoundIs:
                alphaPairsChanged += innerL(i, oS)
                # print("non-bound, iter: %d i:%d, pairs changed %d" % (iterr, i, alphaPairsChanged))
            iterr += 1
        if entireSet:
            entireSet = False
        elif (alphaPairsChanged == 0):
            entireSet = True
        # print("iteration number: %d" % iterr)
    return oS.b, oS.alphas
def calcWs(alphas, dataArr, classLabels):
    X = mat(dataArr)
    labelMat = mat(classLabels).transpose()
    m, n = shape(X)
    w = zeros((n, 1))
    for i in range(m):
        w += multiply(alphas[i] * labelMat[i], X[i, :].T)
    return w
def plotFeature(dataMat, labelMat, weights, b):
    dataArr = array(dataMat)
    n = shape(dataArr)[0]
    xcord1 = []; ycord1 = []
    xcord2 = []; ycord2 = []
    for i in range(n):
        if int(labelMat[i]) == 1:
            xcord1.append(dataArr[i, 0])
            ycord1.append(dataArr[i, 1])
        else:
            xcord2.append(dataArr[i, 0])
            ycord2.append(dataArr[i, 1])
    fig = plt.figure()
    ax = fig.add_subplot(111)
    ax.scatter(xcord1, ycord1, s=30, c='red', marker='s')
    ax.scatter(xcord2, ycord2, s=30, c='green')
    x = arange(2, 7.0, 0.1)
    y = (-b[0, 0] * x) - 10 / linalg.norm(weights)
    ax.plot(x, y)
    plt.xlabel('X1'); plt.ylabel('X2')
    plt.show()

def main():
    trainDataSet, trainLabel = loadDataSet('testSet.txt')
```

```
    b, alphas = smoP(trainDataSet, trainLabel, 0.6, 0.0001, 40)
    ws = calcWs(alphas, trainDataSet, trainLabel)
    print("ws = \n", ws)
    print("b = \n", b)
    plotFeature(trainDataSet, trainLabel, ws, b)

if __name__ == '__main__':
    start = time.clock()
    main()
    end = time.clock()
    print('finish all in %s' % str(end - start))
```

运行结果如下：

```
I:\tools\Python\Python36\python.exe C:/Users
ws =
 [[ 0.65307162]
 [-0.17196128]]
b =
 [[-2.89901748]]
finish all in 43.61598821240981
```

示例 SVM 算法的分类结果如图 8-7 所示。

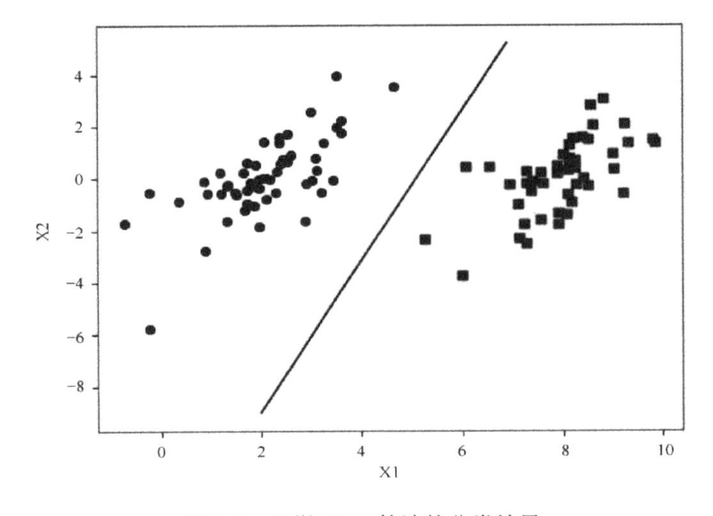

图 8-7　示例 SVM 算法的分类结果

5. 集成学习

集成学习（Ensemble Learning）是通过综合多个分类器来进行决策的方法，基本流程如图 8-8 所示。根据集成学习的生成过程，可以将其分为两大类，一类是前后没有依赖关系、分类器间是并行关系的方法，代表是 Bagging 方法；另一类是前后有强依赖关系、分类器间是串行关系的方法，代表是 Boosting 方法[12,13]。

1）Bagging 和 Boosting

Bagging 方法是 1996 年由 Breiman 提出的可以并行执行的集成学习方法。Bagging

方法的主要思想是采用有放回随机抽样，得到 N 份同等规模的训练数据，对于每份数据采用分类算法得到一个弱分类器，最后将这些分类器综合起来，通过投票的方式进行汇总，得到最终分类结果。Bagging 方法对于不稳定的算法，如决策树和神经网络具有不错的提升，但是对于稳定的算法，如 K-最近邻算法可能没有明显的效果。

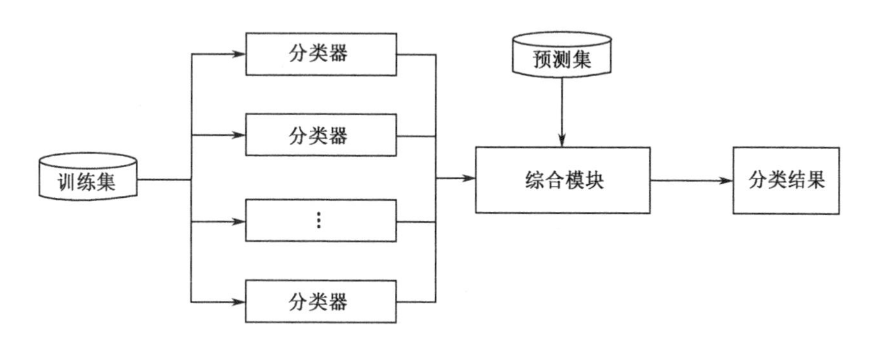

图 8-8　集成学习方法的基本流程

Boosting 方法也是将弱分类器综合成强分类器的方法，其中的代表是由 Freund 和 Schapire 于 1997 年提出的 Adaboost 方法。Boosting 方法的主要思想是先由训练集和分类算法训练一个基分类器，然后对分类错误的样本，通过调整样本分布，使得下次训练的时候，这些样本得到更多关注。这样，每进行一次迭代，分类算法的性能都可得到改进，最后累计得到一个分类效果更好的分类模型。

Bagging 方法和 Boosting 方法都是由弱分类器组成强分类器，它们最大的区别是 Bagging 方法通过随机抽取样本使得训练集相互无关，可以并行执行，而 Boosting 方法需要通过上一个分类器来调整训练集，加大分类错误样本的权重，同时训练集存在依赖关系，过程是串行执行的。因此可以看出，在时间上，Bagging 方法比 Boosting 方法有很大优势，但 Boosting 方法对错误样本的处理使得其在准确率上也相对有优势。Bagging 方法中最经典的扩展是随机森林算法，Boosting 方法中最经典的扩展是 GBDT 算法和 xgboost 算法。下面着重介绍随机森林算法。

2）随机森林算法

随机森林（Random Forest）算法是由 Breiman 于 2001 年提出的，是 Bagging 方法的扩展[13,14]。随机森林算法是由一群决策树构成的，但是与一般的 Bagging 方法不同的是，随机森林算法在实现样本随机选择的同时加入了特征的随机选择。具体来说，在传统决策树中，选取最优划分属性是在所有属性（假设 V 个）中考察的，而随机森林算法中的每一棵决策树，会对每个节点选取所有属性中的 k 个属性（它们是所有属性集合的一个子集），然后在这 k 个属性中选择最优划分属性。k 是引入随机属性的程度，如果 $k=V$，表示每次选择的是全部属性，这和普通的决策树没有区别；如果 $k=1$，表示节点选择一个属性进行划分。其推荐取值是 $k=\log_2 V$。

随机森林算法主要是样本的随机采样和属性的随机采样，实现的流程如下：

（1）确定随机森林算法中决策树的数目 n。

（2）通过有放回随机采样得到 n 个规模相同的训练集。

（3）$k = \log_2 V$，在属性集合中每次随机选取k个属性得到n个属性子集。

（4）一个训练集对应一个属性子集，通过决策树算法训练得到一棵决策树，决策树以最大限度增长，不做任何剪枝操作。

（5）综合这些决策树得到随机森林模型。

（6）对于一个预测样本，每棵决策树都可以得到一个分类结果，通过投票机制可得这些决策树分类结果中出现次数最多的类就是随机森林模型的结果。

随机森林算法实现很简单，计算量也不大，在现实问题的解决上效果提升明显。随机森林算法的优点：不容易过拟合，适合数据的类型多样，具有很好的抗噪声能力，结果容易理解，可以并行化，算法计算速度快等。同时，随机森林算法也有缺点：对小数据集可能效果不理想，计算比单棵决策树慢，可能出现相似的树，投票结果影响正确的决策。

Scikit-Learn 库提供了随机森林算法，详见 Scikit-Learn 的官方文档：http://scikit-learn.org/stable/modules/ensemble.html#forests-of-randomized-trees。

下面是使用 Scikit-Learn 自带的 iris 数据集来实现随机森林算法的代码。

```
from sklearn.tree import DecisionTreeRegressor
from sklearn.ensemble import RandomForestRegressor
import numpy as np
from sklearn.datasets import load_iris
iris=load_iris()
#print iris#iris 的 4 个属性是：萼片宽度、萼片长度、花瓣宽度、花瓣长度，标签是花的种类：setosa versicolour virginica
print iris['target'].shape
rf=RandomForestRegressor()#这里使用了默认的参数设置
rf.fit(iris.data[:150],iris.target[:150])#进行模型的训练
#
#随机挑选两个预测不相同的样本
instance=iris.data[[100,109]]
print instance
print 'instance 0 prediction；',rf.predict(instance[0])
print 'instance 1 prediction；',rf.predict(instance[1])
print iris.target[100],iris.target[109]
```

运行的结果如下：

```
(150,)
[[ 6.3  3.3  6.   2.5]
 [ 7.2  3.6  6.1  2.5]]
instance 0 prediction；  [ 2.]
instance 1 prediction；  [ 2.]
2 2
```

8.4　聚类分析

聚类分析作为统计学习的一个分支和一种无指导的机器学习方法，已有几十年的研究历史。近年来，随着数据挖掘的兴起，聚类分析成为数据分析领域的一个研究热点。聚类分析不仅是数据挖掘的重要有效方法，同时也是其他挖掘任务的前奏。聚类分析已经成为数据挖掘研究领域一个非常活跃的研究课题[15]。

8.4.1　聚类分析定义

聚类分析是指将物理或抽象对象的集合分组为由类似的对象组成的多个类的分析过程。聚类分析符合人类认知过程，是一种重要的数据挖掘手段，属于无监督学习的范畴。聚类和分类的最大区别在于：聚类不需要标签而分类需要标签，即聚类和分类分别属于无监督和有监督的学习范畴。

下面对聚类分析进行形式化描述。已知数据集 $X=\{X_1,X_2,\cdots,X_i,\cdots,X_n\}$ $(\forall i\in\{1,2,\cdots,n\})$，$X_i=\{X_{i1},X_{i2},\cdots,X_{ij},\cdots,X_{im}\}$ $(X_i\in X,\ \forall j\in\{1,2,\cdots,m\})$，其中，$X_{ij}$ 是 X_i 的属性，根据 X_{ij} 的值可以把 X 中的 X_i 聚合为 $C_1,C_2,\cdots,C_k$ k 个类，且它们满足以下条件：

（1）$C_i\neq\varnothing(i=1,2,\cdots,k)$。

（2）$C_1\cup C_2\cup\cdots\cup C_k=X$。

（3）$C_i\cap C_j=\varnothing(i,j=1,2,\cdots,k;\ i\neq j)$。

把 $K=(X,C)$ 称为一个聚类空间，$C=\{C_1,C_2,\cdots,C_k\}$。

8.4.2　聚类分析评价标准

常用的评价聚类分析能力的几个标准如下[15]。

（1）可伸缩性（Scalability）：处理大量数据的能力。许多聚类分析方法在小于 1000 个数据对象的小数据集上工作得很好，但是随着数据对象的增加，这些聚类分析方法的处理能力就会下降。因此，一个好的聚类分析方法需要能处理大量的数据集。

（2）处理不同类型属性的能力：许多聚类分析方法只能聚类数值型的数据。但是，在数据挖掘领域，数据类型是多样的。聚类分析作为一种分析工具，应该能够对不同类型数据进行分析，从而提供一个普适的模型。

（3）用于决定输入参数的领域知识最少：许多聚类分析方法在聚类分析中要求用户输入一定的参数，如希望产生类的数目，而且聚类分析结果对输入参数十分敏感。参数通常很难确定，特别是对于包含高维对象的数据集来说，更是如此。要求用户输入参数不仅加重了用户的负担，也使得聚类分析的质量难以控制。

（4）能够发现任意形状聚类的能力：许多聚类分析方法采用欧氏距离来决定相似度，这种度量方式趋向于发现球（超球）簇，而现实中有大量各类形状的簇，因此需要聚类分析能够发现任意形状的簇。

（5）处理噪声数据的能力：现实的数据中不可避免地存在各类噪声，如孤立点、空缺、未知数据或错误数据等。这些噪声的出现不应该对聚类分析产生较强的影响。有些聚类分析方法对噪声是敏感的，可能导致低质量的聚类分析结果。

（6）对于输入数据的顺序不敏感：有些聚类分析方法对于输入数据的顺序是敏感的。例如，同一个数据集，当以不同的顺序提交给同一个方法时，可能生成差别很大的聚类分析结果。

（7）处理高维数据的能力：一个数据库或数据仓库可能包含若干维或若干属性。许多聚类分析方法擅长处理低维的数据，可能只涉及两维到三维。但是在高维情况下，数据分布可能很稀疏，所以对这样的数据对象进行聚类分析是一个具有挑战性的课题。

（8）满足用户的约束条件：在现实世界中，可能需要在各种约束条件下进行聚类分析。要找到既满足特定的约束，又具有良好聚类特性的数据分组是一项具有挑战性的任务。

（9）聚类分析结果的可解释性：聚类分析是为分析数据服务的，人们期望通过聚类分析从数据中抽取某种特定语义的解释，也就是说，聚类分析的结果应该是可解释的、可理解的和可用的。

8.4.3 数据相似度度量

聚类分析最基本的问题是相似度的度量。数据本身的模式和聚类分析方法所采用的度量方式是否匹配，直接关系聚类分析结果的好坏。在实际问题中，遇到的数据多数不能直接用于聚类分析，而且它们可能包含不同的属性类型。其中，数值属性和类属性比较常见。聚类分析依据属性类型来选择相似度的度量方式[16]。

1. 数值属性的数据的相似度度量方式

数值属性的数据距离计算，几乎都依赖数据之间的距离。给定常见的向量数据，很容易求得数据之间的相似度，这里相似度即距离。经典的数据距离度量方式有马氏距离、明氏距离和余弦距离等。

1）马氏距离

对 N 维空间中的一个对象，若把其属性视为坐标，它其实就是一个 N 维向量，表示为 $\boldsymbol{X}_i=\left(X_{1j},X_{2j},\cdots,X_{Nj}\right)^{\mathrm{T}}$，因此数据对象 $\boldsymbol{X}_i$ 和 $\boldsymbol{X}_j$ 的距离定义为：

$$d(i,j)=\sqrt{(\boldsymbol{X}_i-\boldsymbol{X}_j)^{\mathrm{T}}\sum\nolimits^{-1}(\boldsymbol{X}_i-\boldsymbol{X}_j)} \tag{8-27}$$

其中，$\sum^{-1}$ 表示随机变量的协方差矩阵的逆矩阵。

2）明氏距离

明氏距离定义为：

$$d(i,j)=\left(\sum_{k=1}^{N}\left|X_{ik}-X_{jk}\right|^{q}\right)^{\frac{1}{q}} \tag{8-28}$$

其中，加权参数 $q \succ 0$； N 是数据的属性个数； $d(i,j)$ 是数据对象 X_i 和 X_j 的距离。

当 $q=1$时，

$$d(i,j)=\sum_{k=1}^{N}\left|X_{ik}-X_{jk}\right| \tag{8-29}$$

其又称为曼哈顿（Manhattan）距离。

当 $q=2$ 时，

$$d(i,j)=\left(\sum_{k=1}^{N}\left|X_{ik}-X_{jk}\right|^{2}\right)^{\frac{1}{2}} \tag{8-30}$$

其又称为欧氏（Euclidean）距离。

3）余弦距离

对 N 维空间中的一个对象，若把其属性视为坐标，它其实就是一个 N 维向量，表示为 $\boldsymbol{X}_i=\left(X_{1j},X_{2j},\cdots,X_{Nj}\right)^{\mathrm{T}}$。此时就可以用向量的余弦来计算相似度。实验数据对象 $\boldsymbol{X}_i$ 和 $\boldsymbol{X}_j$ 的相似系数定义为:

$$\mathbf{sim}(\boldsymbol{X}_i,\boldsymbol{X}_j)=\frac{\sum_{k=1}^{N}\left(X_{ik}X_{jk}\right)}{\sqrt{\sum_{k=1}^{N}X_{ik}\sum_{k=1}^{N}X_{jk}}} \tag{8-31}$$

余弦距离为:

$$d(i,j)=1-\mathrm{sim}(i,j) \tag{8-32}$$

2. 类属性的数据相似度度量方式

类属性数据的相似度度量方式是把类属性转换成二进制属性，即属性值是否存在用 0 和 1 表示，这样就可以用数值属性的处理方式来处理当前的数据。假如类属性数据个数比较多，转换后很可能出现高维数据。

海明距离定义为:

$$d(i,j)=\sum_{j=1}^{N}\varphi(X_i,Y_i) \tag{8-33}$$

其中，

$$\varphi(X_i,Y_i)=\begin{cases}0 & X_i=Y_i\\ 1 & X_i\neq Y_i\end{cases} \tag{8-34}$$

8.4.4 聚类分析的常用方法

聚类分析方法的选取取决于数据的类型、聚类的目的和应用。按照聚类分析方法主要思路的不同，聚类分析方法[15~17]可以分为划分方法、基于层次的聚类分析方法、基于密度的聚类分析方法、基于网格的方法、基于模型的方法等。因篇幅所限，下面介绍常用的 3 种方法。

1. 划分方法

划分方法的原理是把待聚类的数据对象集划分为若干簇，一个簇就是一个聚类。在给定聚类数的情况下，划分方法首先会初始化分组，在此基础上迭代优化初始分组，直到聚类中心不再发生变化为止，并且要求一个元素只属于一个类，而且不能有空分组。在该方法中，其核心思想就是尝试依据目标函数不断优化前一次的结果，使得每一次优化后的聚类方案都比上一次优，当算法终止的临界条件满足时，得到最终聚类方案。常见的划分方法有：PAM 算法、CLARANS 算法、k-Means 算法、CLARA 算法等。

划分方法的主要优点是算法简单、快速，但一般要求所有的数据都放入内存，这限制了它在大规模数据上的应用。划分方法还要求用户预先指定聚类的个数，但在大多数实际应用中，最终的聚类个数是未知的。另外，划分方法只使用某一固定的原则来决定聚类，这就使得当聚类的形状不规则或大小差别很大时，聚类的结果不能令人满意。

k-Means 算法是最流行的聚类分析方法之一。首先，它随机地选取 k 个初始聚类中心，并把每个对象分配给离它最近的中心，从而得到一个初始聚类。其次，计算出当前每个聚类的重心，作为新的聚类中心，并把每个对象重新分配到最近的中心。如果新的聚类的质量优于原先的聚类，则用新聚类代替原聚类。循环执行这一过程直到聚类质量不再提高为止。k-Means 算法的中心是虚拟的，并不是数据库中确实存在的对象。k-Medoids 算法用中心对象（Medoid）代替中心（Means）。它随机地选择 k 个对象作为中心对象，把每个对象分配给离它最近的中心对象。其聚类的迭代过程就是中心对象和非中心对象的反复替换，直到目标函数值不再有改进为止。

PAM 算法是最早的 k-Medoids 算法之一。它首先随机地选取 k 个中心对象，通过分析所有两两可能组成的对象对，区分哪个是中心对象，哪个不是中心对象，然后选出一个比较好的中心对象，并在一轮迭代中选出最好的那些对象作为下一轮的中心对象。PAM 算法对于小数据集的聚类效果比较好，但对于中等数据集和大数据集的聚类效果不佳。

CLARA 算法与 PAM 算法的不同之处是 CLARA 算法采用了采样技术。它从实际数据中选出一小部分作为数据代表，并从这些样本中用 PAM 算法产生 k 个中心对象。CLARA 算法能处理比较大的数据集。

CLARANS 算法融合了 PAM 算法和 CLARA 算法的优点，只搜索局部数据，但不局限于固定的搜索空间。它可以看作图的搜索算法，图中每个节点代表一个解，即 k 个中心对象。如果两个节点包含 k-1 个相同的中心对象，则称它们是相邻的，互为邻居。给定访问邻居的最大个数及重复迭代的最大次数，CLARANS 算法随机地选取 k 个对象作为当前的中心对象集，每次迭代随机地把一个中心对象替换为非中心对象，得到一个相邻的中心对象集。如果新的聚类的质量优于原先的聚类，则用新的中心对象集代替原中心对象集，否则，进行下一次替换。如果已经搜索了最大个数的邻居，聚类质量都没有提高，则该算法得到一个局部最优解。重新开始这一过程，又得到一组局部最优解，取其中聚类质量最高的解作为最终解。CLARANS 算法仍然具有和其他划分方法相同的缺点，如要求数据放入内存、得到的只是局部最优解、结果受初始值影响等。

k-Means 算法的示例 Python 源代码如下：

```
# -*- coding: utf-8 -*-
from numpy import *
import matplotlib.pyplot as plt
```

```
import operator
import time
INF = 9999999.0
def loadDataSet(fileName, splitChar='\t'):
    dataSet = []
    with open(fileName) as fr:
        for line in fr.readlines():
            curline = line.strip().split(splitChar)
            fltline = list(map(float, curline))
            dataSet.append(fltline)
    return dataSet
def createDataSet():
    dataSet = [[0.0, 2.0],
               [0.0, 0.0],
               [1.5, 0.0],
               [5.0, 0.0],
               [5.0, 2.0]]
    return dataSet
def distEclud(vecA, vecB):
    return sqrt(sum(power(vecA - vecB, 2)))
def randCent(dataSet, k):
    n = shape(dataSet)[1]
    centroids = mat(zeros((k, n)))
    for j in range(n):
        minJ = min(dataSet[:, j])
        rangeJ = float(max(dataSet[:, j]) - minJ)
        centroids[:, j] = minJ + rangeJ * random.rand(k, 1)
    return centroids
def kMeans(dataSet, k, distMeans=distEclud, createCent=randCent):
    m = shape(dataSet)[0]
    clusterAssment = mat(zeros((m, 2)))
    centroids = createCent(dataSet, k)
    clusterChanged = True
    while clusterChanged:
        clusterChanged = False
        for i in range(m): # 寻找最近的质心
            minDist = INF
            minIndex = -1
            for j in range(k):
```

```
                distJI = distMeans(centroids[j, :], dataSet[i, :])
                if distJI < minDist:
                    minDist = distJI
                    minIndex = j
            if clusterAssment[i, 0] != minIndex:
                clusterChanged = True
            clusterAssment[i, :] = minIndex, minDist**2
        for cent in range(k): # 更新质心的位置
            ptsInClust = dataSet[nonzero(clusterAssment[:, 0].A == cent)[0]]
            centroids[cent, :] = mean(ptsInClust, axis=0)
    return centroids, clusterAssment


def main():
    #dataSet = loadDataSet('testSet2.txt')
    dataSet = loadDataSet('788points.txt', splitChar=',')
    #dataSet = createDataSet()
    dataSet = mat(dataSet)
    resultCentroids, clustAssing = kMeans(dataSet, 6)
    print('*******************')
    print(resultCentroids)
    print('*******************')
    plotFeature(dataSet, resultCentroids, clustAssing)


if __name__ == '__main__':
    start = time.clock()
    main()
    end = time.clock()
    print('finish all in %s' % str(end - start))
    plt.show()
```

运行结果如下：

```
I:\tools\Python\Python36\python.exe C:/U
*******************
[[ 9.81847826  7.59311594]
 [32.69453125 22.13789062]
 [33.14278846  8.79375   ]
 [ 9.25928144 22.98113772]
 [21.16041667 22.89895833]
 [19.0637931   7.06551724]]
*******************
finish all in 4.902170637602215
```

示例 k-Means 算法的聚类结果如图 8-9 所示。

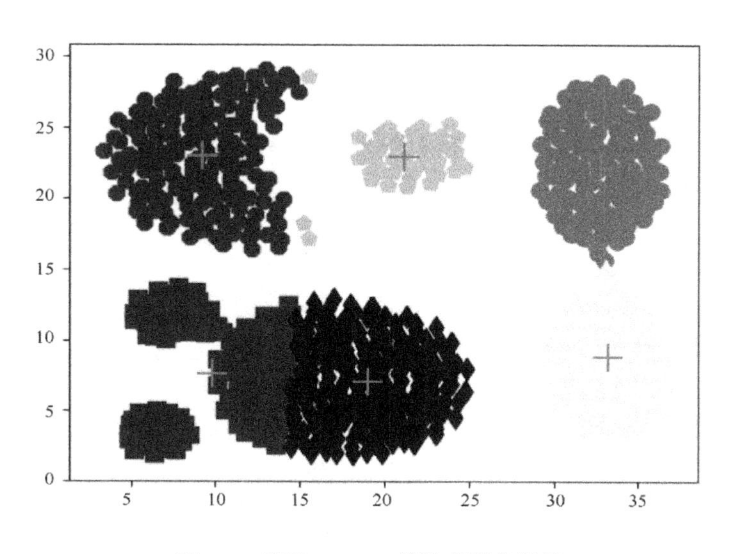

图 8-9　示例 k-Means 算法的聚类结果

2. 基于层次的聚类分析方法

基于层次的聚类分析方法需要把给定的数据对象集分解为几级，然后一步一步地完成聚类，使用递归的思想对待聚类数据对象集的合并或分解，最后的结果以类别树的形式呈现，其中，节点是数据对象的数据子集对象。基于层次的聚类分析方法有凝聚式和分裂式两种。凝聚式方法，即自底向上的聚类分析方法，首先把待聚类的每一个数据视为一个类，其次依据规则有序地进行合并，直到满足终止条件为止。分裂式方法，即自顶向下的聚类分析方法，首先把全部的待聚类数据看作一个类，然后依据分裂条件有序分裂为若干个类。下面介绍凝聚式方法。

凝聚式方法通过计算两类数据点之间的相似度，对所有数据点中最为相似的两个数据点进行组合，并反复迭代这一过程。简单地说，它就是通过计算每一个类别的数据点与所有数据点之间的距离来确定它们之间的相似度，距离越小，相似度越高。最后将距离最近的两个数据点或类别进行组合，生成聚类树。合并过程如下：

我们可以获得一个 $N \times N$ 的距离矩阵 $\boldsymbol{X}$，其中，$X[i][j]$ 表示 i 和 j 的距离，称为数据点与数据点之间的距离。记每一个数据点为 $d_i\left(i=0,1,\cdots,N\right)$，将距离最小的数据点进行合并，得到一个组合数据点，记为 G。

数据点与组合数据点之间的距离：当计算 G 和 d_i 的距离时，需要计算 d_i 和 G 中每个点的距离。

组合数据点与组合数据点之间的距离：主要有 Single Linkage、Complete Linkage 和 Average Linkage 三种计算方法。

1）Single Linkage

Single Linkage 是将两个组合数据点中距离最近的两个数据点间的距离作为这两个组合数据点的距离。这种方法容易受极端值的影响。两个不相似的组合数据点可能由于其中的某个极端的数据点距离较近而组合在一起。

2）Complete Linkage

Complete Linkage 与 Single Linkage 相反，它将两个组合数据点中距离最远的两个数据点间的距离作为这两个组合数据点的距离。Complete Linkage 的问题也与 Single Linkage 相反，两个相似的组合数据点可能由于其中的极端值距离较远而无法组合在一起。

3）Average Linkage

Average Linkage 是计算两个组合数据点中的每个数据点与其他所有数据点的距离，将所有距离的均值作为两个组合数据点间的距离。这种方法的计算量比较大，但结果比前两种方法更合理。

基于层次的聚类分析方法与划分方法的一个重要不同就是不需要预先给出聚类数。不过在基于层次的聚类分析方法中，一般情况下会把期望的聚类数作为算法的结束条件，条件满足则算法终止。经典的基于层次的聚类分析方法有 Chameleon 算法、CURE 算法和 BIRCH 算法等。

基于层次的聚类分析方法的优点是多层次聚类结构清晰可见，不足是无全局目标函数，聚类算法容易陷入局部最优，同时也容易受噪声、孤立点、奇异值的影响。由于局部最优和全局最优不一定是统一的，即好的局部结果不一定得到优良的全局聚类，所以合并点或分裂点的选择重要而又有难度。

基于层次的聚类分析方法的 Python 实现可以直接使用 scipy.cluster.hierarchy.linkage，对一组数进行基于层次的聚类分析的示例代码如下：

```
# -*- coding: utf-8 -*-
import numpy as np
from scipy.cluster.hierarchy import dendrogram, linkage, fcluster
from matplotlib import pyplot as plt
def hierarchy_cluster(data, method='average', threshold=5.0):
        data = np.array(data)
        Z = linkage(data, method=method)
        cluster_assignments = fcluster(Z, threshold, criterion='distance')
print type(cluster_assignments)
        num_clusters = cluster_assignments.max()
        indices = get_cluster_indices(cluster_assignments)
return num_clusters, indices
def get_cluster_indices(cluster_assignments):
        n = cluster_assignments.max()
        indices = []
for cluster_number in range(1, n + 1):
                indices.append(np.where(cluster_assignments == cluster_number)[0])
return indices
if __name__ == '__main__':
        arr = [[0., 21.6, 22.6, 63.9, 65.1, 17.7, 99.2],
```

```
[21.6, 0., 1., 42.3, 43.5, 3.9, 77.6],
[22.6, 1., 0, 41.3, 42.5, 4.9, 76.6],
[63.9, 42.3, 41.3, 0., 1.2, 46.2, 35.3],
[65.1, 43.5, 42.5, 1.2, 0., 47.4, 34.1],
[17.7, 3.9, 4.9, 46.2, 47.4, 0, 81.5],
[99.2, 77.6, 76.6, 35.3, 34.1, 81.5, 0.]]
    arr = np.array(arr)
    r, c = arr.shape
for i in xrange(r):
for j in xrange(i, c):
if arr[i][j] != arr[j][i]:
                    arr[i][j] = arr[j][i]
for i in xrange(r):
for j in xrange(i, c):
if arr[i][j] != arr[j][i]:
                    print(arr[i][j], arr[j][i])
     num_clusters, indices = hierarchy_cluster(arr)
print"%d clusters" % num_clusters
for k, ind in enumerate(indices):
print"cluster", k + 1, "is", ind
```

运行结果如下：

```
5 clusters
cluster 1 is [1 2]
cluster 2 is [5]
cluster 3 is [0]
cluster 4 is [3 4]
cluster 5 is [6]
```

示例基于层次的聚类分析的可视化结果如图 8-10 所示。

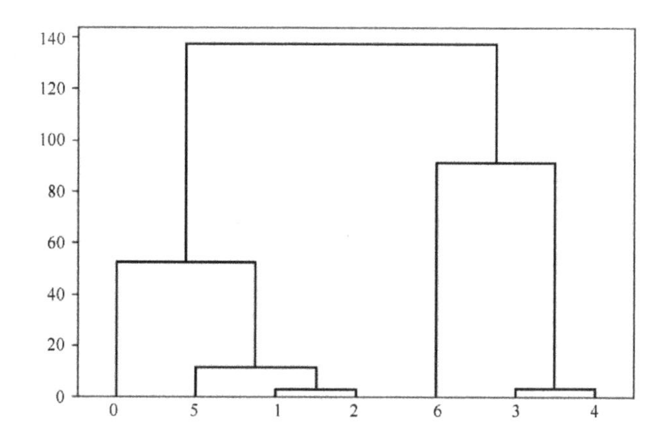

图 8-10　示例基于层次的聚类分析的可视化结果

3. 基于密度的聚类分析方法

划分方法简单易懂，但是有局限性。它适合用于近似球状的簇，对非球形效果不明显。为了解决这个问题，人们设计了基于密度的聚类分析方法。简单来说，稠密数据对象区域被低密度数据对象区域分割开后得到簇，因此该方法对簇的形状没有要求。当临近区域的待聚类数据的密度达到条件时，就继续聚类。

常见的基于密度的聚类分析方法有两种：一种是基于密度分布函数的方法，典型的是 DENCLUE 算法；另一种是基于高密度连接区域的方法，如 DBSCAN 算法。

DBSCAN 算法从样本密度的角度考察样本之间的可连接性，并基于可连接样本不断扩展聚类簇得到最终结果。

几个必要概念如下。

ε-邻域：对于样本集中的 x_j，它的 ε-邻域为样本集中与它距离小于 ε 的样本所构成的集合。

核心对象：若 x_j 的 ε-邻域中至少包含 MinPts 个样本，则 x_j 为一个核心对象。

密度直达：若 x_j 位于 x_i 的 ε-邻域中，且 x_i 为核心对象，则 x_j 由 x_i 密度直达。

密度可达：若样本序列为 $p_1, p_2,\cdots, p_n$。p_{i+1} 由 p_i 密度直达，则 p_1 由 p_n 密度可达。

DBSCAN 算法基本步骤如下：

（1）将核心对象集合 T 初始化为空，遍历一遍样本集 D 中所有的样本，计算每个样本点的 ε-邻域中包含样本的个数。如果个数大于等于 MinPts，则将该样本点加入核心对象集合中。将聚类簇数初始化为 k = 0，将未访问样本集合初始化为 P = D。

（2）当 T 集合中存在样本时执行如下步骤。

2.1　记录当前未访问集合 P_old = P

2.2　从 T 中随机选一个核心对象 o，初始化一个队列 Q = [o]

2.3　P = P−o（从 T 中删除 o）

2.4　当 Q 中存在样本时执行：

2.4.1　取出队列中的首个样本 q

2.4.2　计算 q 的 ε-邻域中包含样本的个数，如果大于等于 MinPts，则令 S 为 q 的 ε-邻域与 P 的交集，Q = Q+S, P = P−S

2.5　k = k + 1，生成聚类簇为 Ck = P_old − P

2.6　T = T − Ck

（3）划分得 C= {C1, C2,⋯,Ck}

基于密度的聚类分析方法的优点是扫描一遍，且不受形状、噪声和孤立点数据对象的影响，不用提前给出聚类数；不足是算法复杂度较高，同时聚类结果的质量和数据的密度有直接关系，要求待聚类数据的密度有起伏，并且该方法对参数设置十分敏感。

下面是 DBSCAN 算法的示例 Python 代码，输入样本以 788points.txt（https://pan.baidu.com/s/1i4o7wxf）为例。

```
#-*- coding:utf-8 -*-
import numpy as np
import matplotlib.pyplot as plt
```

```
import math
import time
UNCLASSIFIED = False
NOISE = 0
def loadDataSet(fileName, splitChar='\t'):
    dataSet = []
    with open(fileName) as fr:
        for line in fr.readlines():
            curline = line.strip().split(splitChar)
            fltline = list(map(float, curline))
            dataSet.append(fltline)
    return dataSet
def dist(a, b):
    return math.sqrt(np.power(a - b, 2).sum())
def eps_neighbor(a, b, eps):
    return dist(a, b) < eps
def region_query(data, pointId, eps):
    nPoints = data.shape[1]
    seeds = []
    for i in range(nPoints):
        if eps_neighbor(data[:, pointId], data[:, i], eps):
            seeds.append(i)
    return seeds
def expand_cluster(data, clusterResult, pointId, clusterId, eps, minPts):
    seeds = region_query(data, pointId, eps)
    if len(seeds) < minPts: # 不满足 MinPts 条件的为噪声点
        clusterResult[pointId] = NOISE
        return False
    else:
        clusterResult[pointId] = clusterId # 划分到该簇
        for seedId in seeds:
            clusterResult[seedId] = clusterId
        while len(seeds) > 0: # 持续扩张
            currentPoint = seeds[0]
            queryResults = region_query(data, currentPoint, eps)
            if len(queryResults) >= minPts:
                for i in range(len(queryResults)):
                    resultPoint = queryResults[i]
                    if clusterResult[resultPoint] == UNCLASSIFIED:
                        seeds.append(resultPoint)
                        clusterResult[resultPoint] = clusterId
                    elif clusterResult[resultPoint] == NOISE:
```

```
                        clusterResult[resultPoint] = clusterId
                seeds = seeds[1:]
            return True
def dbscan(data, eps, minPts):
    clusterId = 1
    nPoints = data.shape[1]
    clusterResult = [UNCLASSIFIED] * nPoints
    for pointId in range(nPoints):
        point = data[:, pointId]
        if clusterResult[pointId] == UNCLASSIFIED:
            if expand_cluster(data, clusterResult, pointId, clusterId, eps, minPts):
                clusterId = clusterId + 1
    return clusterResult, clusterId - 1
def plotFeature(data, clusters, clusterNum):
    nPoints = data.shape[1]
    matClusters = np.mat(clusters).transpose()
    fig = plt.figure()
    scatterColors = ['black', 'blue', 'green', 'yellow', 'red', 'purple', 'orange', 'brown']
    ax = fig.add_subplot(111)
    for i in range(clusterNum + 1):
        colorSytle = scatterColors[i % len(scatterColors)]
        subCluster = data[:, np.nonzero(matClusters[:, 0].A == i)]
        ax.scatter(subCluster[0,:].flatten().A[0],subCluster[1,:].flatten().A[0],c=colorSytle, s=50)
def main():
    dataSet = loadDataSet('788points.txt', splitChar=',')
    dataSet = np.mat(dataSet).transpose()
    # print(dataSet)
    clusters, clusterNum = dbscan(dataSet, 2, 15)
    print("cluster Numbers = ", clusterNum)
    # print(clusters)
    plotFeature(dataSet, clusters, clusterNum)

if __name__ == '__main__':
    start = time.clock()
    main()
    end = time.clock()
    print('finish all in %s' % str(end - start))
    plt.show()
```

运行结果如下：

```
I:\tools\Python\Python36\python.exe C:/Users/Ar
cluster Numbers =  7
finish all in 19.83379464993173
```

示例 DBSCAN 算法的聚类结果如图 8-11 所示。

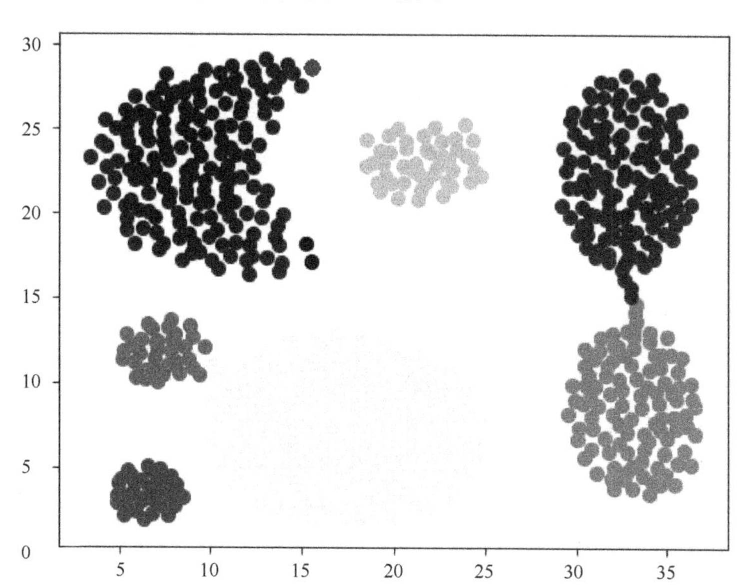

图 8-11　示例 DBSCAN 算法的聚类结果

8.5　实战：信用评估

信用评估是指使用科学的分析方法来对企业或个人的信用状况、违约的概率进行全面综合评估，并用符号或文字简单明了地表达出来，作为经济活动的参考资料[17,18]。

本节以开放数据 creditcard.csv[19]为例进行个人信用卡欺诈分析。所谓信用卡欺诈分析就是通过一组已知的数据预测交易是否为欺诈交易。交易的状态只有两种：一种是欺诈，设为 1；另一种是正常，设为 0。这其实是一个二分类问题，本节我们使用逻辑回归算法来完成。

原始数据为个人交易记录，但是考虑数据本身的隐私性，已经对原始数据进行了类似 PCA 的处理。特征数据提取好后，接下来主要是如何建立模型使得检测的效果达到最好。

8.5.1　数据加载及说明

```
import pandas as pd
import matplotlib.pyplot as plt
import numpy as np
data = pd.read_csv('creditcard.csv')
data.head()
```

V8	V9	...	V21	V22	V23	V24	V25	V26	V27	V28	Amount	Class
0.098698	0.363787	...	-0.018307	0.277838	-0.110474	0.066928	0.128539	-0.189115	0.133558	-0.021053	149.62	0
0.085102	-0.255425	...	-0.225775	-0.638672	0.101288	-0.339846	0.167170	0.125895	-0.008983	0.014724	2.69	0
0.247676	-1.514654	...	0.247998	0.771679	0.909412	-0.689281	-0.327642	-0.139097	-0.055353	-0.059752	378.66	0
0.377436	-1.387024	...	-0.108300	0.005274	-0.190321	-1.175575	0.647376	-0.221929	0.062723	0.061458	123.50	0
-0.270533	0.817739	...	-0.009431	0.798278	-0.137458	0.141267	-0.206010	0.502292	0.219422	0.215153	69.99	0

数据有 31 列：Time、V1～V28、Amount 和 Class。注意最后一列的 Class，这是我们的 label 值，0 代表正常数据，1 代表欺诈数据。

8.5.2 数据预处理

首先来观察一下欺诈数据的分布情况。

```
#统计分类 0 和 1 的数量
count_class = pd.value_counts(data['Class'] == 1,sort = True).sort_index()
count_class.plot(kind = 'bar')
plt.xlabel('True = 1;False = 0')
plt.ylabel('Number')
plt.show()
```

运行结果如图 8-12 所示。

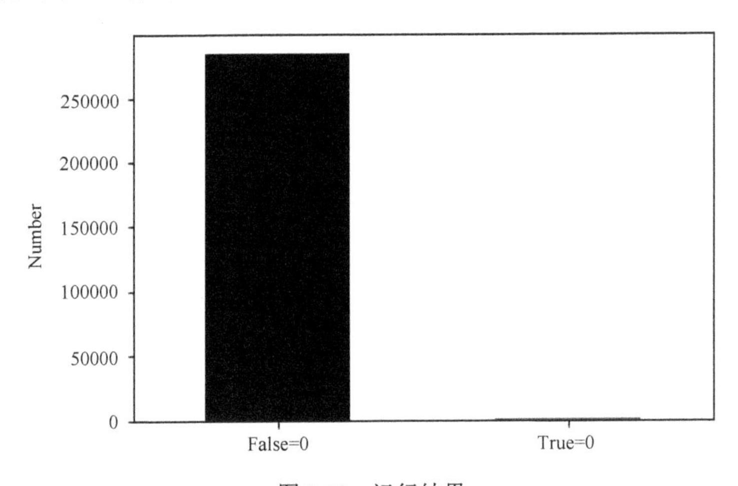

图 8-12 运行结果

从图 8-12 可以看出，Class=0 的数据大概有 280000 个，欺诈数据（Class=1）极少，数据分布状态极度不均匀，所以分类前须进行采样优化。使用 Scikit-Learn 的预处理标准化函数：

```
from sklearn.preprocessing import StandardScaler
# 标准化，将 Amount 这一列传进
data['normAmount'] = StandardScaler().fit_transform(data['Amount'].reshape(-1,1))
data = data.drop(['Time','Amount'],axis = 1) # 删除没用的两列数据，得到一个新的数据集
data.head()
```

V10	...	V21	V22	V23	V24	V25	V26	V27	V28	Class	normAmount
0.090794	...	-0.018307	0.277838	-0.110474	0.066928	0.128539	-0.189115	0.133558	-0.021053	0	0.244964
-0.166974	...	-0.225775	-0.638672	0.101288	-0.339846	0.167170	0.125895	-0.008983	0.014724	0	-0.342475
0.207643	...	0.247998	0.771679	0.909412	-0.689281	-0.327642	-0.139097	-0.055353	-0.059752	0	1.160686
-0.054952	...	-0.108300	0.005274	-0.190321	-1.175575	0.647376	-0.221929	0.062723	0.061458	0	0.140534
0.753074	...	-0.009431	0.798278	-0.137458	0.141267	-0.206010	0.502292	0.219422	0.215153	0	-0.073403

8.5.3 划分数据集

1. 采样策略分析

采样策略有两种：①下采样策略，即两种样本一样少。如原数据中 Class = 0 和 Class = 1 的样本数量是不一样的，Class = 0 的比较多，Class = 1 的比较少，那么我们可以减少 Class = 0 的样本数量，让它和 Class = 1 的样本数量持平；②过采样策略，即两种样本数量一样多。如增加 Class = 1 的样本数量，让 Class 为 0 和 1 的样本数量一样多。

限于篇幅，本节只采用下采样策略，请读者自己设计实现过采样策略。

2. 创建索引并连接

```
x = data.ix[:,data.columns != 'Class']
y = data.ix[:,data.columns == 'Class']
#得到 Class == 1 的数量
number_one = len(data[data['Class'] == 1])
#得到 Class == 1 的索引
number_one_index = np.array(data[data['Class'] == 1].index)
#得到 Class == 0 的索引
number_zero_index = data[data['Class'] == 0].index
#随机选取和 Class == 1 一样数量的    要选择的列    要选择的数量    是否替代
random_zero_index = np.random.choice(number_zero_index,number_one,replace = True)
random_zero_index = np.array(random_zero_index)
#拼接数组
sample = np.concatenate([random_zero_index,number_one_index])
sample_data = data.ix[sample,:]#按照索引获取行
print('Class == 1 的概率',len(sample_data[sample_data['Class'] == 1])/len(sample_data))
print('Class == 0 的概率',len(sample_data[sample_data['Class'] == 0])/len(sample_data))
x_sample_data = sample_data.ix[:,sample_data.columns != 'Class']
y_sample_data = sample_data.ix[:,sample_data.columns == 'Class']
```

运行结果如下：

```
Class == 1的概率 0.5
Class == 0的概率 0.5
```

3. 分成训练集及测试集

```
from sklearn.cross_validation import train_test_split
x_train,x_test,y_train,y_test = train_test_split(x,y,test_size = 0.3,random_state = 0)
```

```
print('训练样本特征数',len(x_train))
print('训练样本测试数',len(x_test))
print('总',len(x_train)+len(x_test))
x_train_sample, x_test_sample, y_train_sample, y_test_sample = train_test_split (x_sample_ data,y_
sample_data,test_size = 0.3,random_state = 0)
print('模型样本特征数',len(x_train_sample))
print('模型样本测试数',len(x_test_sample))
print('总',len(x_train_sample)+len(x_test_sample))
```

运行结果如下：

```
训练样本特征数 199364
训练样本测试数 85443
总 284807
模型样本特征数 688
模型样本测试数 296
总 984
```

8.5.4 模型建立及参数调优

初步建立模型使用的是选取出来的数据，也就是下采样得到的数据。很多时候我们也不知道参数设置为多少比较合适，所以，最好的办法是编写一个脚本让机器分别执行各个参数，根据各个模型结果再做选择。

```
def printing_Kfold_scores(x_train_data, y_train_data):
    fold = KFold(len(x_train_data),5,shuffle = False)
    C_params = [0.01,0.1,1,10,100]

    result_DataFrame = pd.DataFrame(index=range(len(C_params),2),columns=['C_params','Mean recall'])
    result_DataFrame['C_params'] = C_params
    recalls_mean = []
    for C_param in C_params:
        print('==================================')
        print('C_param = ',C_param)
        print('==================================')
        recalls = []
        for iteration, indices in enumerate(fold,start = 1):
# 建立逻辑回归模型，逻辑回归模型中有很多惩罚参数，这里使用的是惩罚力度，指定惩罚方案为L1（或L2）
            lr = LogisticRegression(C = C_param,penalty = 'l1')
# 使用训练集训练模型，并做交叉验证
lr.fit(x_train_data.iloc[indices[0],:],y_train_data.iloc[indices[0],:].values.ravel())
# 在训练集中，交叉验证预测出的结果y
            y_prediction = lr.predict(x_train_data.iloc[indices[1],:].values)
# 用预测的y值与真实的y值计算recall值，输出结果
```

```
            recall=recall_score(y_train_data.iloc[indices[1],:].values.ravel(),y_prediction)
            recalls.append(recall)
            print('Iteration = ',iteration,'recall = ',recall)
# 计算交叉验证结果得出的 recall 的平均值并输出
        print('mean = ',np.mean(recalls))
        recalls_mean.append(np.mean(recalls))
    result_DataFrame['Mean recall'] = recalls_mean
best_c = result_DataFrame.ix[ result_DataFrame['Mean recall'].idxmax()]['C_params']
# 最后，可以选择 C 参数之间的最优值
print('*****************************************************************')
print('Mean recall : ',best_c)
print('*****************************************************************')
```

运行结果如下：

```
C parameter:  0.01

Iteration  1 : recall score =  0.931506849315
Iteration  2 : recall score =  0.931506849315
Iteration  3 : recall score =  1.0
Iteration  4 : recall score =  0.972972972973
Iteration  5 : recall score =  0.969696969697

Mean recall score  0.96113672826

C parameter:  0.1

Iteration  1 : recall score =  0.849315068493
Iteration  2 : recall score =  0.86301369863
Iteration  3 : recall score =  0.932203389831
Iteration  4 : recall score =  0.932432432432
Iteration  5 : recall score =  0.893939393939

Mean recall score  0.894180796665

C parameter:  1

Iteration  1 : recall score =  0.849315068493
Iteration  2 : recall score =  0.890410958904
Iteration  3 : recall score =  0.966101694915
Iteration  4 : recall score =  0.932432432432
Iteration  5 : recall score =  0.909090909091

C parameter:  10

Iteration  1 : recall score =  0.86301369863
Iteration  2 : recall score =  0.890410958904
Iteration  3 : recall score =  0.966101694915
Iteration  4 : recall score =  0.932432432432
Iteration  5 : recall score =  0.909090909091

Mean recall score  0.912209938795

C parameter:  100

Iteration  1 : recall score =  0.86301369863
Iteration  2 : recall score =  0.904109589041
Iteration  3 : recall score =  0.966101694915
Iteration  4 : recall score =  0.932432432432
Iteration  5 : recall score =  0.909090909091

Mean recall score  0.91494966482 2

*****************************************************************************
Best model to choose from cross validation is with C parameter =  0.01
*****************************************************************************
```

由以上结果可以看到，C=0.01 这个惩罚力度最好，当前 recall 值是 0.96。

8.5.5 模型测试及分析

1. 模型评估

```
import itertools
def plot_confusion_matrix(cm, classes,
                          title='Confusion matrix',
                          cmap=plt.cm.Blues):
    plt.imshow(cm, interpolation='nearest', cmap=cmap)
    plt.title(title)
    plt.colorbar()
    tick_marks = np.arange(len(classes))
    plt.xticks(tick_marks, classes, rotation=0)
    plt.yticks(tick_marks, classes)
    thresh = cm.max() / 2.
    for i, j in itertools.product(range(cm.shape[0]), range(cm.shape[1])):
        plt.text(j, i, cm[i, j],
                 horizontalalignment="center",
                 color="white" if cm[i, j] > thresh else "black")
    plt.tight_layout()
    plt.ylabel('True label')
    plt.xlabel('Predicted label')
```

2. 用下采样数据测试模型

```
lr = LogisticRegression(C = best_c, penalty = 'l1')
lr.fit(X_train_undersample,y_train_undersample.values.ravel())
y_pred = lr.predict(X_test.values)
# Compute confusion matrix
cnf_matrix = confusion_matrix(y_test,y_pred)
np.set_printoptions(precision=2)
print("Recall metric in the testing dataset: ", cnf_matrix[1,1]/(cnf_matrix[1,0]+ cnf_matrix[1,1]))
# Plot non-normalized confusion matrix
class_names = [0,1]
plt.figure()
plot_confusion_matrix(cnf_matrix
                      , classes=class_names
                      , title='Confusion matrix')
plt.show()
```

用下采样数据测试模型得到的召回率及混淆矩阵如图 8-13 所示。由图 8-13 可以看出，找到 137 个真实的欺诈，但是有 10 个漏网之鱼，同时有 15 个正常数据被误杀。recall 值达到了 0.93，之前是 0.96。

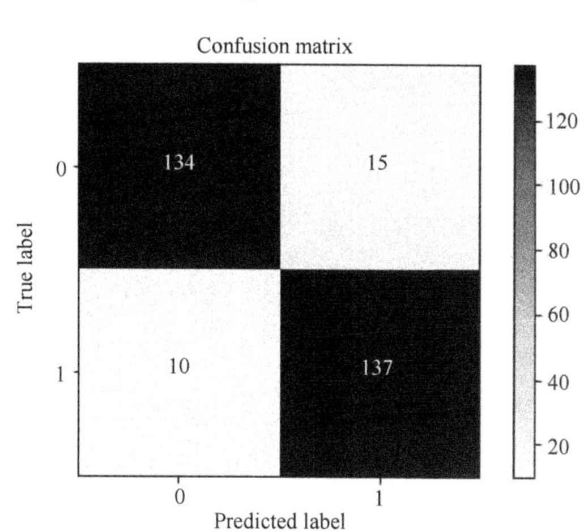

图 8-13　用下采样数据测试模型得到的召回率及混淆矩阵

3. 用初始数据测试模型

```
lr = LogisticRegression(C = best_c,penalty = 'l1')
lr.fit(x_train_sample,y_train_sample.values.ravel())
y_predict = lr.predict(x_test_sample.values)
cnf_matrix = confusion_matrix(y_test_sample,y_predict)
print("Recall metric in the testing dataset: ", cnf_matrix[1,1]/(cnf_matrix[1,0]+cnf_matrix [1,1]))
class_names = [0,1]
plt.figure()
plot_confusion_matrix(cnf_matrix
                      , classes=class_names
                      , title='Confusion matrix')
plt.show()
```

用初始数据测试模型得到的召回率及混淆矩阵如图 8-14 所示，从图 8-14 中可以看出，recall 是 0.91，效果还不错，但误杀数量竟然达到了 10012 个。因为有些样本并不是异常的，但是被误当成了异常的，这个现象是下采样策略本身的缺陷。在下采样数据中，数据量太少，正常的少，异常的同样也少，样本是有局限的，出现这种情况也很正常。

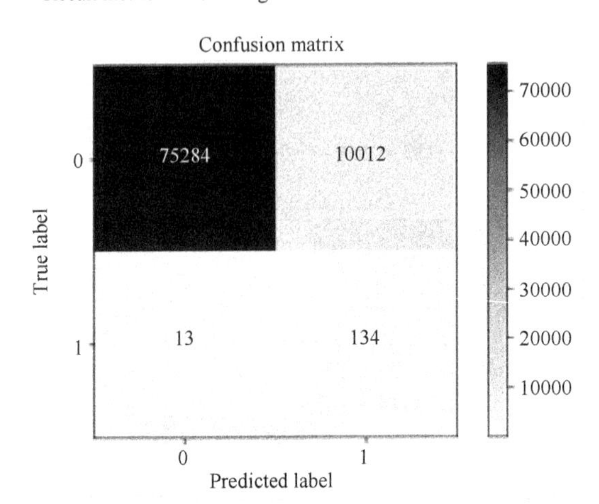

图 8-14　用初始数据测试模型得到的召回率及混淆矩阵

4. 阈值调节

对于逻辑回归算法来说，可以指定一个阈值。不同的阈值会对结果产生很大的影响。当前的阈值默认是 0.5，下面试验将阈值分别设为 0.1～0.9。

```
lr = LogisticRegression(C = 0.01,penalty = 'l1')
lr.fit(x_train_sample.values, y_train_sample.values.ravel())
y_predict = lr.predict_proba(x_test_sample.values)
thresh = [0.1,0.2,0.3,0.4,0.5,0.6,0.7,0.8,0.9]
plt.figure(figsize = (10,10))
j = 1
for i in thresh:
    y_test_prediction = y_predict[:,1] > i
    plt.subplot(3,3,j)
    j += 1
    matrix = confusion_matrix(y_test_sample,y_test_prediction)
    np.set_printoptions(precision=2)
    print('Callback : ',matrix[1,1]/(matrix[1,0]+matrix[1,1]))
    class_names = [0,1]
    plot_confusion_matrix(matrix
                          , classes=class_names
                          , title='Threshold >= %s'%i)
plt.show()
```

阈值调节运行结果如图 8-15 所示，可以看出，阈值设为 0.6 结果较好。

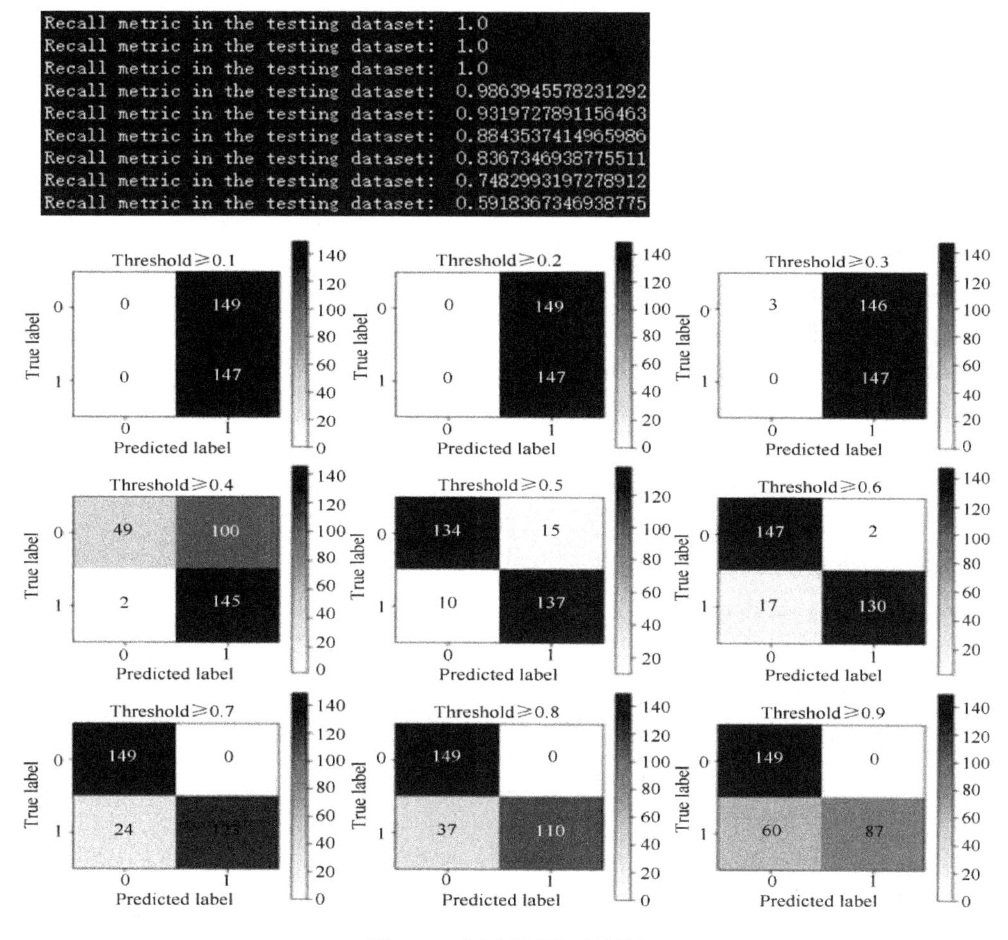

图 8-15　阈值调节运行结果

8.6　实战：影片推荐系统

本节基于 Python 的 python-recsys 库实现影片推荐系统，所用数据取自 Movielens（http://grouplens.org/datasets/movielens/）用户电影评分数据。

8.6.1　推荐系统

推荐系统涉及认知科学、逼近论、信息检索、预测理论、管理学及消费者决策模型等学科，但是直到 20 世纪 90 年代中期出现了关于协同过滤技术的文章，它才作为一门独立的学科得以系统研究。推荐系统通过建立用户与项目之间的二元关系，利用已有的选择过程或相似性关系挖掘每个用户潜在感兴趣的对象，进而进行个性化推荐。推荐流程大致分为[20,21]用户偏好提取、个性化内容推荐、推荐效果评价与矫正。

两个最普遍的推荐系统类型是协同过滤法和基于内容过滤法。协同过滤法基于用户对商品的评价信息来产生推荐，用大众的智慧来推荐内容。相比之下，基于内容过滤法关注的是商品的属性，是基于它们之间的相似度进行推荐的。

8.6.2 python-recsys 库简介

python-recsys 库是一个用来实现推荐系统的 Python 库，其开源地址：https://github.com/ocelma/python-recsys。

1. 安装依赖库

以 Ubuntu 为例，安装依赖库的过程如下：

```
sudo apt-getinstall python-scipy python-numpy
sudo apt-getinstall python-pip
sudo pip install csc-pysparse networkx divisi2
# If you don't have pip installed then do:
# sudo easy_install csc-pysparse
# sudo easy_install networkx
# sudo easy_install divisi2
```

2. 安装 python-recsys 库

```
tar xvfz python-recsys.tar.gz
cd python-recsys
sudo python setup.pyinstall
```

8.6.3 影片推荐

1. 影片数据集 Movielens

Movielens 数据集是一个关于电影评分的数据集，里面包含了从互联网电影资料库（Internet Movie Database，IMDb）、The Movie Database（TMDb）上面得到的用户对电影的评分信息。从网址 http://grouplens.org/datasets/movielens/上下载数据集 ml-20M(ml-20m.ZIP)。

2. 加载 Movielens 数据集

```
from recsys.algorithm.factorize import SVD
svd = SVD()
svd.load_data(filename='./data/movielens/ratings.txt',
                sep='                                ',
                format={'col':0, 'row':1, 'value':2, 'ids': int})
```

上面以加载 20MB Ratings 数据集为例，如果要加载 1MB Ratings 数据集，相应代码如下。

```
svd.load_data(filename='./data/movielens/ratings.dat ',
                sep='::',
                format={'col':0, 'row':1, 'value':2, 'ids': int})
```

3. 进行奇异值分解（SVD）

```
k = 100
svd.compute(k=k,
                min_values=10,
```

```
                 pre_normalize=None,
                 mean_center=True,
                 post_normalize=True,
                 savefile='/tmp/movielens')
```

python-recsys 库中的协同过滤法是基于 SVD 的，故须先进行奇异值分解。

4. 计算两部电影的相似度

```
ITEMID1 = 1      # Toy Story (1995)
ITEMID2 = 2355   # A bug's life (1998)
svd.similarity(ITEMID1, ITEMID2)
```

```
>>> ITEMID1 = 1     # Toy Story (1995)
>>> ITEMID2 = 2355 # A bug's life (1998)
>>>
>>> svd.similarity(ITEMID1, ITEMID2)
0.50547886374616513
```

这里采用的是经典邻域算法（Classic Neighbourhood Algorithm），从结果可知，两部电影的相似度是 0.5。

5. 获得和电影 *Toy Story* 相似的电影

获得 10 部和 *Toy Story* 相似的电影，且按相似度从高到低排序，代码如下：

```
svd.similar(ITEMID1)
# Returns: <ITEMID, Cosine Similarity Value>
```

```
>>> svd.similar(ITEMID1)
[(1, 1.0000000000000011), (3114, 0.75615126014417566), (2355, 0.5054788637461651
3), (6377, 0.47054696321189721), (4886, 0.43609668162466736), (8961, 0.3741978572
7076887), (78499, 0.37371995586670353), (94833, 0.36130059982194684), (364, 0.34
314388127886941), (1270, 0.33795924514137055)]
```

6. 预测一个用户给一部电影的打分

```
MIN_RATING=0.0
MAX_RATING=5.0
ITEMID=50
USERID=1
svd.predict(ITEMID,USERID,MIN_RATING,MAX_RATING)
svd.get_matrix().value(ITEMID,USERID)
```

```
>>> MIN_RATING = 0.0
>>> MAX_RATING = 5.0
>>> ITEMID = 50
>>> USERID = 1
>>> svd.predict(ITEMID, USERID, MIN_RATING, MAX_RATING)
4.136008737784745
>>> svd.get_matrix().value(ITEMID, USERID)
3.5
```

从结果可看出，预测用户评分是 4.1，实际用户评分是 3.5，预测结果还是比较可信的。

7. 给用户推荐电影

```
svd.recommend(USERID,is_row=False) #cols are users and rows are items, thus we set is_row=False
```

```
# Returns: <ITEMID, Predicted Rating>
>>> svd.recommend(USERID, is_row=False)
[(4993, 5.2616190197527049), (5952, 5.152451424920347), (7153, 5.101378733378714
6), (26587, 4.6928468339091705), (6271, 4.6576635340791377), (7834, 4.5664288130
876951), (5607, 4.5608302978997912), (527, 4.5557957487503717), (44633, 4.538843
3822793779), (94466, 4.5289316631134806)]
```

给用户推荐电影的隐含条件是获得没被用户评分的高评分电影，故设 is_row= False。从结果可看出，推荐了 10 部用户没看过的电影，且按预测评分从高到低排序。

8. 哪些用户应该会看 *Toy Story*

```
svd.recommend(ITEMID)
# Returns: <USERID, Predicted Rating>
>>> ITEMID =1
>>> svd.recommend(ITEMID)
[(5576, 6.4649431887897038), (5749, 6.4494786071667232), (1809, 6.354490001684 12
15), (5574, 6.2825583121681365), (1376, 6.0760351125662382), (2408, 6.0712348399
825036), (6521, 6.0676502246972941), (1584, 6.0211251829690422), (4627, 6.016345
4893367634), (6726, 5.9844365044889755)]
```

推荐了 10 位可能喜欢看 *Toy Story* 的用户，且按预测评分从高到低排序。

习题

1．在数据挖掘之前为什么要对原始数据进行预处理?

2．简述数据预处理的方法和内容。

3．简述数据缺失值的处理方法。

4．数据分类与预测的区别是什么？数据分类一般分为哪两个阶段？

5．如何评估分类算法的性能？常用的分类算法性能评估指标有哪些？

6．常用的分类与预测方法有哪些？简述其优缺点。

7．查找资料，参照本章 ID3 决策树算法的实现过程，设计并实现 C4.5 决策树。

8．简述聚类分析的基本思想及常用的评价聚类分析能力的标准。

9．常用的聚类分析方法有哪些？简述其优缺点。

10．k-Means 和 k-Medoids 算法都可以进行有效的聚类分析。

（1）概述 k-Means 和 k-Medoids 算法的优缺点。

（2）这两种算法与基于层次的聚类分析方法（如 BIRCH 算法）相比有何优缺点。

11．查找资料，参照本章 k-Means 算法的实现，设计并实现 k-Medoids 算法。

12．查找资料，采用过采样策略设计并实现 8.5 节中信用卡欺诈案例的分析。

13．设计并实现一个个人推荐系统。

参考文献

[1] 张良均，杨海宏，何子键，等. Python 与数据挖掘[M]. 机械工业出版社，2016.

[2] 卢光辉. 健康大数据预处理技术及其应用[D]. 成都：电子科技大学，2017.

[3] 王朝霞，等. 数据挖掘[M]. 北京：电子工业出版社，2017.

[4] Han J, Pei J, Kamber M. Data mining: concepts and techniques[M]. Amsterdam: Elsevier，2011.

[5] 白凤伟. 数据预处理系统的几个关键技术研究与实现[D]. 北京：北京交通大学，2012.

[6] 李圣瑜. 调查数据缺失值的多重插补研究[D]. 石家庄：河北经贸大学，2015.

[7] Croy C D，Novins D K. Imputing Missing Data[J]. Journal of the American Academy of Child &Adolescent Psychiatry，2004,43(4):380-381.

[8] 刁树民，于忠清. 概念分层在人口普查数据中的应用[J]. 现代电子技术，2006(20): 47-49.

[9] 张良均，王路，谭立云，等. Python 数据分析与挖掘实战[M]. 北京：机械工业出版社，2015.

[10] 乐明明. 数据挖掘分类算法的研究和应用[D]. 成都：电子科技大学，2017.

[11] 周志华. 机器学习[M]. 北京:清华大学出版社，2016.

[12] Galar M, Fernandez A, Barrenechea E. A review on ensembles for the class imbalance problem: bagging-, boosting-, and hybrid-based approaches[J]. IEEE Transactions on Systems, Man, and Cybernetics, Part C (Applications and Reviews), 2012, 42(4): 463-484.

[13] Khoshgoftaar T M, Hulse J Van, Napolitano A. Comparing boosting and bagging techniques with noisy and imbalanced data[J]. IEEE Transactions on Systems, Man, and Cybernetics-Part A: Systems and Humans, 2011, 41(3): 552-568.

[14] 贺捷. 随机森林在文本分类中的应用[D]. 广州：华南理工大学，2015.

[15] 张雪萍. 基于群集智能的带约束条件空间聚类分析研究[D]. 郑州：解放军信息工程大学，2007.

[16] 贾文刚. 基于遗传_蚁群融合算法的聚类算法研究[D]. 呼和浩特：内蒙古大学，2017.

[17] 刘鹏，等. 大数据[M]. 北京：电子工业出版社，2017.

[18] 刘夫成. 基于改进支持向量机的个人信用评估研究[D]. 镇江：江苏科技大学，2013.

[19] https://download.csdn.net/download/bbqqlover/10179806.

[20] 洪松林，等. 数据挖掘技术与工程实践[M]. 北京：机械工业出版社，2014.

[21] 王丽文. 基于社交网络的数据挖掘研究[D]. 西安：西安电子科技大学，2014.

第9章　自然语言处理

自然语言处理（Natural Language Processing，NLP）是计算机科学领域与人工智能领域的一个重要方向，它研究实现人与计算机之间通过自然语言进行有效通信的各种理论和方法。人们对自然语言处理的研究始于20世纪40年代末期，目前已形成了较为成熟的理论体系。目前，自然语言处理的方法已经被广泛应用于语音识别、文本翻译、大数据处理、人工智能等领域[1,2]。Python 作为一门主流的编程语言，有多个功能强大的自然语言处理工具[3,4]，如 NLTK（Natural Language Toolkit）、Pattern、TextBlob、Gensim、PyNLPI、spaCy、PolyglotQuepy 等。其中，NLTK 集成了模块和语料，可以很方便地完成很多自然语言处理任务，包括分词、词性标注、命名实体识别及句法分析等。本章介绍 Python 在自然语言处理方面的应用。

9.1　Python 常用自然语言处理工具

大数据时代的到来，以及深度学习算法的广泛应用，为自然语言处理带来了新的突破。随着深度学习在图像识别、语音识别领域大放异彩，人们对深度学习在 NLP 方面的价值也寄予厚望。自然语言处理作为人工智能领域的认知智能，成为目前大家关注的焦点。随着自然语言处理成为研究热点，作为一门主流编程语言，使用 Python 进行自然语言处理的工具开发也如火如荼地进行。目前已有十几个功能强大的自然语言处理工具，限于篇幅，本节只介绍本书案例中用到的 NLTK、jieba、PLY（Python Lex-Yacc）等工具。

9.1.1　Python 自然语言处理工具包 NLTK

自然语言处理工具包 NLTK 是 NLP 领域最常使用的一个 Python 库。NLTK 是由美国宾夕法尼亚大学的 Steven Bird 和 Edward Loper 开发的。NLTK 包括图形演示和示例数据，其提供了 WordNet 这种方便处理词汇资源的接口，以及分类、分词、词干提取、标注、语法分析、语义推理等类库。

NLTK 网站：http://www.nltk.org/。

安装 NLTK 的命令：sudo pip install -U nltk。

安装 NumPy 的命令（可选）：sudo pip install -U numpy。

安装测试的命令：python then type import nltk。

9.1.2　Python 中文处理工具 jieba

jieba 是一个用 Python 实现的分词库，对中文有很强大的分词能力。

jieba 网站：https://github.com/fxsjy/jieba。

Windows 环境下安装 jieba 的命令：pip install jieba。

jieba 的优点如下：

（1）支持 3 种分词模式：

- 精确模式。试图将句子最精确地切开，适合文本分析。
- 全模式。把句子中所有可以成词的词语都扫描出来，速度非常快，但是不能解决歧义。
- 搜索引擎模式。在精确模式的基础上，对长词再次切分，提高召回率，适用于搜索引擎分词。

（2）支持自定义词典。

9.1.3 Python 语法解析器 PLY

PLY 是 Lex 和 Yacc 的 Python 实现，包含了它们的大部分特性。PLY 采用惯例优于配置（Convention Over Configuration，COC）的方式实现各种配置的组织，例如，强制词法单元的类型列表的名字为 tokens，强制描述词法单元的规则的变量名为 t_TOKENNAME 等。PLY 使用简单，经过短时间学习就可以实现一个简单的语法规则和翻译规则程序。PLY 对研究编译器原理很有价值。

PLY 网站：http://www.dabeaz.com/ply/。

Windows 环境下安装 PLY 的命令：pip install ply。

9.2 文本处理

9.2.1 文本获取

当今主流的自然语言处理研究使用机器学习或统计模型技术。隐马尔可夫模型（Hidden Markov Model，HMM）的使用，以及越来越多的基于统计模型的研究，使得系统拥有了更强的对未知输入的处理能力。那么，一个首要问题是，如何获取大量的数据？无论是统计模型还是机器学习，其准确率都建立在样本好坏的基础上。样本空间是否足够大，样本分布是否足够均匀，这些也都将影响算法的最终结果[2,5]。

1. 获取语料库

一种方法是在网络上寻找一些第三方提供的语料库，如比较有名的开放语料库 wiki。但在很多实际情况中，所研究或开发的系统往往应用于某种特定的领域，这些开放语料库无法满足需求。这时就需要使用另一种方法——用爬虫主动获取想要的信息（详见第 7 章）。网络信息丰富多彩，爬虫获取的网页内容格式多种多样，如 HTML、XML、Word 等。这些内容包含大量垃圾数据，如声音、动画、图片、广告、Web 标签等，这些数据直接影响后期文本处理。如何对这些噪声数据进行过滤，只保存单纯的文本格式，是 Web 信息处理需要深入研究的课题。

2. 文本语料库分类

文本语料库分为 4 类[5]：①最简单的孤立的文本集合；②按照文本等标签分类组成结构，如布朗语料库；③分类不严格、会重叠的语料库，如路透社语料库；④随时间/语言用法改变的语料库，如就职演说库。

3. 语料库的用法

以布朗语料库为例。因为这个语料库是研究文本间系统性差异的资源，所以可以用来比较不同文本中情态动词的用法，示例如下：

```
#-*-coding:utf-8-*-
import nltk
from nltk.corpus import brown
news = brown.words(categories='news')
fdist = nltk.FreqDist([w.lower() for w in news])
modals= ['shall','should','need','lower','must','will']
#modals = ['can','could','may','might','must','will']
for m in modals:
    print(m,':',fdist[m])
```

```
I:\tools\Python\Python36\p
shall : 5
should : 61
need : 31
lower : 6
must : 53
will : 389
```

如果想操作自己的语料库，并且使用之前的方法，那么，需要用 PlaintextCorpusReader 函数来载入它们。这个函数有 2 个参数，第 1 个是根目录，第 2 个是子文件（可以使用正则表达式进行匹配），示例如下：

```
#-*-coding:utf-8-*-,
from nltk.corpus import PlaintextCorpusReader
root =r'C:\Users\Arno\Desktop\data'
wordlist = PlaintextCorpusReader(root,'.*')#匹配所有文件
print(wordlist.fileids())
print(wordlist.words(document.txt'))
```

```
I:\tools\Python\Python36\python.exe
['document.txt', 'mysql.sql']
['My', 'name', 'is', 'Arno', '.']
```

9.2.2 文本表示

文本的表示及其特征词的选取是自然语言处理的一个基本问题。它通过对从文本中抽取的特征词进行量化来表示文本信息，将它们从一个无结构的原始文本转化为结构化的、计算机可以识别处理的信息，即对文本进行科学抽象，建立它的数学模型，用以描

述和代替文本。由于文本是非结构化的数据，要想从大量的文本中提取有用的信息就必须首先将文本转化为可处理的结构化形式。通常先对词汇进行分离，也就是采用分词技术，然后实现文本向量化表示。例如，文本 $\boldsymbol{d}$ 可以用向量表示为 $\boldsymbol{d}=\langle t_1,t_2,\cdots,t_n\rangle$，其中，$t_n$ 为文本 $\boldsymbol{d}$ 的单个词项及文本特征。

当前，文本表示模型主要有 3 种[2]，分别为布尔模型、概率模型和向量空间模型。

1）布尔模型（Boolean Model）

用布尔模型定义二值函数时，用布尔表达式表示文本，其结果是分量 0 或 1 的向量集合，即 $D=\left(f(t_1),f(t_2),\cdots,f(t_n)\right)$，如式（9-1）所示。

$$f(t_i)=\begin{cases}0, t_i\text{在文本 }\boldsymbol{d}\text{ 中不出现}\\1, t_i\text{在文本 }\boldsymbol{d}\text{ 中出现}\end{cases}\tag{9-1}$$

2）概率模型（Probabilistic Model）

概率模型是基于特征词之间的相关性，将文本划分为相关文本和不相关文本两个类别。对于类别集 $C=\{c_1,c_2,\cdots,c_n\}$，判别待分类文本 $\boldsymbol{d}$ 的所属类别，需要计算各个类别 c_i 的条件概率 $p(c_i|\boldsymbol{d})$，并将文本 $\boldsymbol{d}$ 判别为最大概率对应的类别。

3）向量空间模型（Vector Space Model，VSM）

向量空间模型是将文本结构化向量表示成若干个词项，每个文本都用 n 个特征词表征其主题。例如，文本特征项可以表示为 $\{t_1,t_2,\cdots,t_i,\cdots,t_n\}$，特征项 t_i 是文本分词得到的词项。每个词项可以由字、词、短语表示，可以依据某个规则给予相应词项一定的权重，即文本 $\boldsymbol{d}$ 可以用特征向量 $(\langle t_1,w_1\rangle,\langle t_2,w_2\rangle,\cdots,\langle t_n,w_n\rangle)$ 表示。在向量空间模型中，文本 $\boldsymbol{d}_1$ 与 $\boldsymbol{d}_2$ 的相似度计算如式（9-2）所示。

$$\mathrm{sim}(\boldsymbol{d}_1,\boldsymbol{d}_2)=\frac{\boldsymbol{d}_1\cdot\boldsymbol{d}_2}{|\boldsymbol{d}_1|\times|\boldsymbol{d}_2|}=\frac{\sum_{i=1}^{t}w_1\times w_2}{\sqrt{\sum_{i=1}^{t}w_1^2}\times\sqrt{\sum_{i=1}^{t}w_2^2}}\tag{9-2}$$

向量空间模型结构框架易于拓展，是目前最流行的文本结构化表示方法。Python 自然语言处理模块中文本的表示方法就采用了向量空间模型。

9.2.3　文本特征词提取

文本特征词提取主要是指将文本中最能表征文本主题的词汇提取出来，对信息相关度较低的词汇进行过滤，从而用最少的词项表征文本最重要的信息内容，这样能高效地降低向量空间的维度，简化后续的处理操作。文本特征词提取算法分别基于统计和基于语义进行。文本特征词提取的过程如图 9-1 所示。

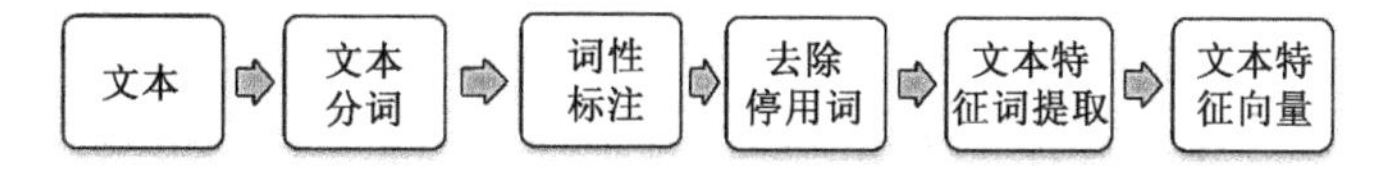

图 9-1　文本特征词提取的过程

1. 基于统计的文本特征词提取算法

基于统计的文本特征词提取算法主要采用评估函数对特征项进行打分，然后选取分值较高的特征项构成特征向量空间。目前常用的基于统计的文本特征词提取算法有以下3种。

1）TF-IDF 加权法

TF-IDF 加权是词频与反文档频率的乘积，是反文档频率对词频的权值加权。TF-IDF 加权认为在一篇文本中出现频率高但在其他文本中出现频率低的词对于文本之间的区分很重要，最能表征文本的特点。IDF_i 计算如式（9-3）所示。

$$\mathrm{IDF}_i=\log\left(\frac{N}{n_i}\right) \tag{9-3}$$

其中，N 表示文档的总数目，n_i 表示文本中包含某一高频词项的总数量。

TF-IDF 计算如式（9-4）所示。

$$\text{TF-IDF}=\frac{f_{ij}}{\max_z f_{zj}}\times\log\left(\frac{N}{n_i}\right) \tag{9-4}$$

TF-IDF 加权法计算简单，对文本特征词提取效果良好，是一种应用广泛的提取方法。

2）互信息

互信息的主要思路是衡量词项与文本类别的关系。当词项在某类别中出现的频次比较高，但是在另一类别中出现的频次比较低时，说明该词项在出现频率较高的文本类别中互信息贡献大，则该词项最能表征文本的特征性。

互信息计算的是词项出现在某一类别中的文本个数与它出现在整个文本集中的文本个数之比。特征项 f 的互信息的计算如下：

$$\mathrm{MI}(c,f)=\log\frac{P(c,f)}{p(c)p(f)} \tag{9-5}$$

3）信息增益

信息增益表征特征项对文本类别的影响程度，主要考量特征项出现之前与出现之后的信息熵的相差额度。

假设 S 为文本集合，D 为文本集合中所有类别的集合，d 为集合 D 中的元素，表示文本集合的某一类别，那么对于特征项 f，其信息增益计算方法如下：

$$\mathrm{Gain}=\mathrm{Entropy}(S)-\mathrm{ExpectedEntropy}(S_d)$$

$$\mathrm{Entropy}(S)=-\sum_{j=1}^{m}P(C_j)\log P(C_j) \tag{9-6}$$

$$\mathrm{ExpectedEntropy}(S_d)=-P(d)\sum_{j=1}^{m}P\left(\frac{C_j}{d}\right)\log P\left(\frac{C_j}{d}\right)-P(\bar{d})\sum_{j=1}^{m}P\left(\frac{C_j}{\bar{d}}\right)\log P\left(\frac{C_j}{\bar{d}}\right)$$

2. 基于语义的文本特征词提取算法

常用的基于语义的文本特征词提取算法可分为以下两种。

1）基于本体论的文本特征词提取

基于本体论的文本特征词提取方法主要通过构建词语网络结构，获取计算特征权值的公式，然后根据计算公式得到文本的主题特征项。该方法充分考虑了特征项所在的文档位置和特征项之间的关系。

2）基于知网概念的文本特征词提取

基于知网概念的文本特征词提取方法主要利用同义词和近义词匹配构成知识网络。通过知网概念对文档进行部分语义分析，然后合并同义词，并对词语进行聚类，从而得到文本特征项。

基于语义的文本特征词提取方法能够有效地降低特征向量的维度，与基于统计的文本特征词提取方法不同，其不仅可以有效地去除噪声或无用信息，还能充分考虑词项之间的语义关联性，解决同义词和多义词的问题[6,7]。

jieba 内置 TF-IDF 加权法和 TextRank 算法两种关键词（jieba 中的文本特征词称为关键词）提取方法，使用时直接调用即可。

```
# 中文 jieba 关键字提取
# 基于 TF-IDF 加权法的关键词抽取
# sentence 为待提取的文本
# topK 为返回几个 TF-IDF 权重最大的关键词，默认值为 20
# withWeight 为是否一并返回关键词权重值，默认值为 False
# allowPOS 仅包括指定词性的词，默认值为空，即不筛选
keywords=jieba.analyse.extract_tags(sentence=text,topK=20,withWeight=True,allowPOS= ('n','nr','ns'))
# 基于 TextRank 算法的关键词抽取
# keywords=jieba.analyse.textrank(text,topK=20,withWeight=True,allowPOS= ('n','nr','ns'))
for item in keywords:
    print(item[0],item[1])
```

因为提取关键词的前提是分词（见 9.2 节），所以下面的示例代码使用了 jieba 自带的前缀词典和 IDF 权重词典[8]。

```
#-*-coding:utf-8-*-
import jieba.analyse
content='Python 是一个高层次的结合了解释性、编译性、互动性和面向对象的脚本语言，Python 的设计具有很强的可读性，'\
        '相比其他语言经常使用英文关键字，其他语言的一些标点符号，它具有比其他语言更有特色语法结构。'\
        'Python 本身也是由诸多其他语言发展而来的，像 Perl 语言一样，Python 源代码同样遵循 GPL(GNU General Public License)协议。'
# 第一个参数：待提取关键词的文本
# 第二个参数：返回关键词的数量，重要性从高到低排序
# 第三个参数：是否同时返回每个关键词的权重
# 第四个参数：词性过滤，为空表示不过滤，若提供则仅返回符合词性要求的关键词
keywords = jieba.analyse.extract_tags(content, topK=20, withWeight=True, allowPOS=())
```

```
# 访问提取结果
for item in keywords:
#分别为关键词和相应的权重
    print(item[0], item[1])
# 同样是 4 个参数，但 allowPOS 默认为('ns', 'n', 'vn', 'v')
# 即仅提取地名、名词、动名词、动词
keywords = jieba.analyse.textrank(content, topK=20, withWeight=True, allowPOS=('ns', 'n', 'vn', 'v'))
# 访问提取结果
for item in keywords:
# 分别为关键词和相应的权重
    print(item[0], item[1])
```

```
Python 0.9563814002319999
语言 0.616349757414
其他 0.3414621838656
源代码 0.264150609428
解释性 0.242178363654
脚本语言 0.242178363654
Perl 0.23909535005799998
GPL 0.23909535005799998
GNU 0.23909535005799998
General 0.2390953500579999
Public 0.23909535005799998
License 0.2390953500579999
互动性 0.22671456589000002
语法结构 0.2267145658900000
可读性 0.223852549018
标点符号 0.2136360365419999
面向对象 0.21285162228
关键字 0.194220458199
高层次 0.1913988862338
编译 0.18437092849700001
语言 1.0
```

```
# nltk 英文处理
import nltk
f = open('aa.txt','r',encoding='utf-8')
text = f.read()
f.close()
#词干提取，提取每个单词的关键词，然后可进行统计，得出词频
from nltk.stem.porter import PorterStemmer
porter = PorterStemmer()
a = porter.stem('My english name is PorterStemmer')
print(a)
```

```
I:\tools\Python\Python36\python.exe
my english name is porterstemm
```

```
#-*-coding:utf-8-*-
import nltk;
```

```
from nltk.corpus import wordnet
word = "good"
#返回一个单词的同义词和反义词列表
def Word_synonyms_and_antonyms(word):
    synonyms=[]
    antonyms=[]
    list_good=wordnet.synsets(word)
    for syn in list_good:
        for l in syn.lemmas():
            synonyms.append(l.name())
            if l.antonyms():
                antonyms.append(l.antonyms()[0].name())
    return (set(synonyms),set(antonyms))
# 返回一个单词的同义词列表
def Word_synonyms(word):
    list_synonyms_and_antonyms = Word_synonyms_and_antonyms(word)
    return list_synonyms_and_antonyms[0]
# 返回一个单词的反义词列表
def Word_antonyms(word):
    list_synonyms_and_antonyms = Word_synonyms_and_antonyms(word)
    return list_synonyms_and_antonyms[1]
print(Word_synonyms(word))
print(Word_antonyms(word))
```

```
{'undecomposed', 'dependable', 'good', 'honest', 'practiced', 'in_effect', 'dear', 'just', 'thoroughly', 'commodity',
{'bad', 'ill', 'badness', 'evilness', 'evil'}
```

```
from nltk.corpus import wordnet
# 词义相似度，'go.v.01'的 go 为词语，v 为动词
# 'hello.n.01'的 n 为名词
w1 = wordnet.synset('hello.n.01')
w2 = wordnet.synset('hi.n.01')
# 基于路径的方法
print(w1.wup_similarity(w2))# Wu-Palmer 提出的最短路径
print(w1.path_similarity(w2))# 词在词典层次结构中的最短路径
print(w1.lch_similarity(w2))# Leacock Chodorow 最短路径加上类别信息
```

```
I:\tools\Python\Python36\python.exe
1.0
1.0
3.6375861597263857
```

```
# 基于互信息的方法
from nltk.corpus import genesis
```

9.3 词法分析

自然语言处理最基本的功能是词法分析。词法分析包括分词、词性标注、命名实体识别、去停用词等。

9.3.1 分词

词是最小的能够独立活动的有意义的语言成分。分词的主要任务是将文本中连续的字符序列转换成分隔正确的单词序列。简单的英文分词不需要任何工具，通过空格和标点符号就可以完成。中文分词和复杂的英文分词需要使用现有的工具。由于英文和中文在文化上存在巨大的差异，因此，Python 处理英文和中文需要使用不同的模块。对于中文分词，推荐用 jieba，而英文分词则推荐使用 NLTK。

1. NLTK 分词

NLTK 中的分词[8,9]是句子级，因此要先分句，再逐句分词，否则效果不好。

1）分句（Sentences Segment）

假如有一段文本，希望把它分成一个一个的句子，此时可以使用 NLTK 中的 punkt 句子分割器，示例代码如下：

```
#-*-coding:utf-8-*-
import nltk
sent_tokenizer = nltk.data.load('tokenizers/punkt/english.pickle');
paragraph='Open source software is made better when users can easily contribute code and documentation to fix bugs and add features. Python strongly encourages community involvement in improving the software. Learn more about how to make Python better for everyone.'
sentences = sent_tokenizer.tokenize(paragraph)
print(sentences)
```

部分输出结果如下：

```
'Open source software is made better when users can easily contribute code and documentation to fix bugs and add features.', 'Python
```

2）分词（Tokenize Sentences）

接下来要把每句话再切割成逐个单词。最简单的方法是使用 NLTK 中的 WordPunct-Tokenizer，示例代码如下：

```
#-*-coding:utf-8-*-
from nltk.tokenize import WordPunctTokenizer
sentence = "Are you old enough to remember Michael Jackson ?"
words = WordPunctTokenizer().tokenize(sentence)
print(words)
```

```
I:\tools\Python\Python36\python.exe C:/Users/Arno/PycharmProjects/Chapter9Project
['Are', 'you', 'old', 'enough', 'to', 'remember', 'Michael', 'Jackson', '?']

Process finished with exit code 0
```

除了 WordPunctTokenizer，NLTK 还提供了另外 3 个分词方法，TreebankWordTokenizer、PunktWordTokenizer 和 WhitespaceTokenizer，而且它们的用法与 WordPunctTokenizer 类似。对于比较复杂的词型，WordPunctTokenizer 往往并不胜任，我们需要借助正则表达式的强大功能来完成分词任务，此时可使用函数 regexp_tokenize()。

使用 NLTK 进行分词时一般可配合使用函数：对文本按照句子进行分割时使用 nltk.sent_tokenize(text)；对句子进行分词时使用 nltk.word_ tokenize(sent)。

```
# sent_tokenize()文本分句处理，text 是一个英文句子或文章
value = nltk.sent_tokenize(text)
print(value)
# word_tokenize()分词处理，分词不支持中文
for i in value:
    words = nltk.word_tokenize(text=i)
    print(words)
```

分词的示例代码如下：

```
#-*-coding:utf-8-*-
import nltk
text='Python strongly encourages community involvement in improving the software. Learn more about how to make Python better for everyone.'
#将文本拆分成句子列表
sens = nltk.sent_tokenize(text)
print(sens)
words = [];
for sent in sens:
    words.append(nltk.word_tokenize(sent));
print(words)
```

```
I:\tools\Python\Python36\python.exe C:/Users/Arno/PycharmProjects/Chapter9Project/com/arno/chapter09/9
['Python strongly encourages community involvement in improving the software.', 'Learn more about how
[['Python', 'strongly', 'encourages', 'community', 'involvement', 'in', 'improving', 'the', 'software'

Process finished with exit code 0
```

2. jieba 分词

jieba 提供了如下 3 种分词模式[10]：

（1）精确模式：cut_all=True，试图将句子最精确地切开。

（2）全模式：cut_all=False，把句子中所有可以成词的词语都扫描出来。

（3）搜索引擎模式：jieba.cut_for_search()，在精确模式的基础上，对长词再次切分。

```
# 分词
seg_list = jieba.cut(text, cut_all=True)
print("Full Mode: " + "/ ".join(seg_list))  # 全模式
seg_list = jieba.cut(text, cut_all=False)
```

```
print("Default Mode: " + "/ ".join(seg_list))  # 精确模式
seg_list = jieba.cut_for_search(text)  # 搜索引擎模式
print(",".join(seg_list))
```

例如，以下代码使用 jieba 来进行中文分词。其中，使用 jieba.cut()函数并传入待分词的文本字符串，使用 cut_all 参数控制选择使用全模式还是精确模式，默认为精确模式。如果需要使用搜索引擎模式，使用 jieba.cut_for_search()函数即可。运行以下代码之后，jieba 首先会加载自带的前缀词典，然后完成相应的分词任务。

```
#-*-coding:utf-8-*-
import jieba
seg_list = jieba.cut("Python 是一种计算机程序设计语言", cut_all=True)
# join 是 split 的逆操作
# 即使用一个拼接符将一个列表拼成字符串
print("/ ".join(seg_list))  # 全模式
seg_list = jieba.cut("Python 是一种计算机程序设计语言", cut_all=False)
print("/ ".join(seg_list))  # 精确模式
seg_list = jieba.cut("Python 是一种相当高级的语言")  # 默认是精确模式
print("/ ".join(seg_list))
seg_list = jieba.cut_for_search("Python 就为我们提供了非常完善的基础代码库，覆盖了网络、文件、GUI、数据库、文本等大量内容.")  # 搜索引擎模式
print("/ ".join(seg_list))
```

```
I:\tools\Python\Python36\python.exe C:/Users/Arno/PycharmProjects/Chapter9Project/com/a
Building prefix dict from the default dictionary ...
Loading model from cache C:\Users\Arno\AppData\Local\Temp\jieba.cache
Python/ 是/ 一种/ 计算/ 计算机/ 计算机程序/ 算机/ 程序/ 程序设计/ 设计/ 语言
Python/ 是/ 一种/ 计算机/ 程序设计/ 语言
Python/ 是/ 一种/ 相当/ 高级/ 的/ 语言
Python/ 就/ 为/ 我们/ 提供/ 了/ 非常/ 完善/ 的/ 基础/ 代码/ 库/ ，/ 覆盖/ 了/ 网络/ 、/
```

9.3.2 词性标注

词性标注又称词类标注或简称标注，是指为分词结果中的每个单词标注一个正确的词性的程序，也即确定每个词是名词、动词、形容词或其他词性的过程。词性也称为词类或词汇范畴。用于特定任务的标记的集合称为一个标记集。

词性标注是文本处理的基础，通过词性标注，任一单词都能被归入至少一类词汇集（set of lexical）或词性条目（part-of-speech categories）中，如名词、动词、形容词和冠词等。词性标签用符号来代表词汇条目——NN（名词）、VB（动词）、JJ（形容词）和 AT（冠词）。Brown Corpus 是最悠久，也是最常用的标记集之一。

1. NLTK 词性标注

NLTK 进行词性标注时用到的函数[11]是 nltk.pos_tag(tokens)，其中，tokens 是句子分词后的结果，同样是句子级的标注。

```
#-*-coding:utf-8-*-
import nltk
```

```
# pos_tag 词性标注，pos_tag 以一组词为单位，words 是列表组成的词语列表
words = ['My','name','is','Arno']
tags = nltk.pos_tag(words)
print(tags)
tags = [];
#词性标注要利用上一步分词的结果
for tokens in words:
    tags.append(nltk.pos_tag(tokens))
print(tags)
```

输出结果如下：

```
I:\tools\Python\Python36\python.exe C:/Users/Arno/PycharmProjects/Chapter9Project/cc
[('My', 'PRP$'), ('name', 'NN'), ('is', 'VBZ'), ('Arno', 'NNP')]
[[('M', 'NNP'), ('y', 'NN')], [('n', 'RB'), ('a', 'DT'), ('m', 'NN'), ('e', 'NN')],

Process finished with exit code 0
```

2. jieba 词性标注

jieba 在进行中文分词[9]的同时，还可以完成词性标注任务。它根据分词结果中每个词的词性，可以初步实现命名实体识别，即将标注为 nr 的词视为人名，将标注为 ns 的词视为地名等。所有标点符号都会被标注为 x，所以可以根据这个去除分词结果中的标点符号。

举例如下：

```
#-*-coding:utf-8-*-
import jieba.posseg as pseg
words = pseg.cut("Python 是一种计算机程序设计语言")
for word, flag in words:
# 格式化模版并传入参数
    print('%s, %s' % (word, flag))
```

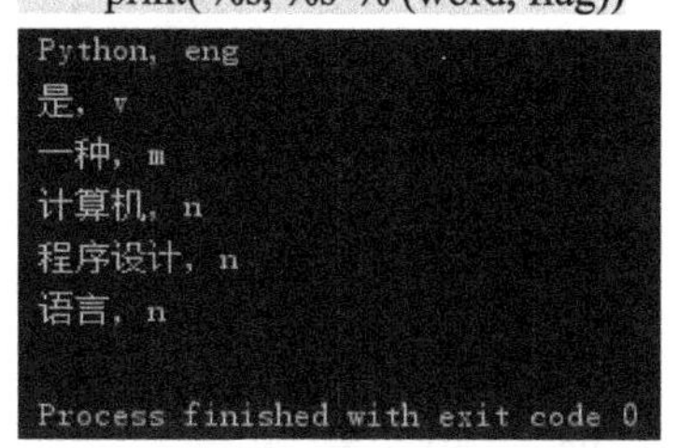

在汉语中，词性标注比较简单，因为汉语词汇词性多变的情况比较少见，大多词语只有一个词性，或者出现频次最高的词性远远高于第二位的词性。据统计，只须选取最高频词性，即可实现准确率为 80%的中文词性标注程序。利用 HMM 即可实现更高准确率的词性标注。

9.3.3　命名实体识别

命名实体识别又称“专名识别”，是指识别文本中具有特定意义的实体，主要包括人名、地名、机构名、专有名词等。命名实体识别的任务是识别句子中的人名、地名和

机构名等命名实体。每一个命名实体都是由一个或多个词语构成的。命名实体识别包括两个步骤：①实体边界识别；②确定实体类别（人名、地名、机构名或其他）。

命名实体识别是信息提取、问答系统、句法分析、机器翻译、面向 Semantic Web 的元数据标注等应用领域的重要基础工具，主要有如下三种方法：

（1）基于规则和词典的方法。该方法需要专家制订规则，准确率较高，但依赖于特征领域，可移植性差。

（2）基于统计的方法。其主要采用 HMM、MEMM、CRF，难点在于特征的选择。该方法能获得好的健壮性和灵活性，不需要太多的人工干预，没有太多领域限制，但需要大量的标记集。

（3）混合方法。其指将规则与统计相结合、多种统计方法相结合等，是目前主流的方法。

NLTK 进行命名实体识别[8]的函数是 nltk.ne_chunk(tags)，其中，tags 是句子词性标注后的结果，同样是句子级的。举例如下：

```
#-*-coding:utf-8-*-
import nltk
text = 'Shanghai is a city of China'
tokens = nltk.word_tokenize(text);
tags = nltk.pos_tag(tokens);
ners = nltk.ne_chunk(tags)
print(str(ners))
```

```
I:\tools\Python\Python36\python.exe C:/Users/Arno/PycharmProjects/
(S (GPE Shanghai/NNP) is/VBZ a/DT city/NN of/IN (GPE China/NNP))

Process finished with exit code 0
```

在该例中，有两个命名实体，Shanghai 和 China，均被正确地识别为 GPE。

9.3.4 去停用词

有些文本中存在很多出现频率高但是实际意义不大的词，如“他”“了”“it”“you”等，称之为停用词。去停用词的主要思想是分词过后，遍历一下停用词表，去掉停用词。删除停用词会提高文本特征分析的效果和效率[8,9]。

1. NLTK 去停用词

NLTK 提供了一份英文停用词数据，总计 179 个停用词，相关代码如下：

```
#-*-coding:utf-8-*-
import nltk
from nltk.corpus import stopwords
english_stopwords = stopwords.words('english')
print(english_stopwords)
print(len(english_stopwords))
```

部分输出结果如下：

```
I:\tools\Python\Python36\python.exe C:/Users/Arno/PycharmProjects/Chapter9Project
['i', 'me', 'my', 'myself', 'we', 'our', 'ours', 'ourselves', 'you', "you're", "y
179

Process finished with exit code 0
```

对英文句子进行分词：

```
#-*-coding:utf-8-*-
from nltk.tokenize import word_tokenize
courses = ['How good are your Python skills?', 'testing and improving your python skills', 'A Collection of Python Quiz and Exercise Questions', 'Python\'s online documentation.', 'A Python Quiz App on Android Platform']
#texts_tokenized = [[word.lower() for word in word_tokenize(document.decode('utf-8'))] for document in courses]
texts_lower = [[word for word in document.lower().split()] for document in courses]
print(texts_lower[0])
```

```
I:\tools\Python\Python36\python.exe C:/Users/Arno/Py
['how', 'good', 'are', 'your', 'python', 'skills?']

Process finished with exit code 0
```

```
#-*-coding:utf-8-*-
from nltk.tokenize import word_tokenize
courses = ['How good are your Python skills?','testing and improving your python skills', 'A Collection of Python Quiz and Exercise Questions', 'Python\'s online documentation.', 'A Python Quiz App on Android Platform']
texts_tokenized = [[word.lower() for word in word_tokenize(document)] for document in courses]
print(texts_tokenized[0])
```

```
I:\tools\Python\Python36\python.exe C:/Users/Arno/Pychar
['how', 'good', 'are', 'your', 'python', 'skills', '?']

Process finished with exit code 0
```

分词之后去除停用词：

```
#去除停用词
from nltk.corpus import stopwords
texts_filtered_stopwords = [[word for word in document if not word in english_stopwords] for document in texts_tokenized]
print(texts_filtered_stopwords[0])
```

```
I:\tools\Python\Python36\python.exe
['good', 'python', 'skills', '?']

Process finished with exit code 0
```

以上可以看出，停用词被过滤了，但标点符号还在，为此，我们首先定义一个标点符号列表，然后过滤这些标点符号。

```
#去除标点符号
english_punctuations = [',', '.', ':', ';', '?', '(', ')', '[', ']', '&', '!', '*', '@', '#', '$', '%']
texts_filtered = [[word for word in document if not word in english_punctuations] for document in
```

```
texts_filtered_stopwords]
    print(texts_filtered[0])
```

```
I:\tools\Python\Python36\python.exe
['good', 'python', 'skills']

Process finished with exit code 0
```

2. jieba 去停用词

```
#-*-coding:utf-8-*-
from collections import Counter
import jieba
jieba.load_userdict('data/userdict.txt')
# 创建停用词列表
def stopwordslist(filepath):
    stopwords = [line.strip() for line in open(filepath, 'r',encoding='utf-8').readlines()]
    return stopwords
# 对句子进行分词
def seg_sentence(sentence):
    sentence_seged = jieba.cut(sentence.strip())
    stopwords = stopwordslist('data/userdict.txt')  # 这里加载停用词的路径
    outstr = ''
    for word in sentence_seged:
        if word not in stopwords:
            if word != '\t':
                outstr += word
                outstr += " /"
    return outstr
inputs = open('data/jieba_text.txt', 'r',encoding='utf-8') #加载要处理的文件的路径
outputs = open('data/jieba_text_output.txt', 'w',encoding='utf-8') #加载处理后的文件路径
for line in inputs:
    line_seg = seg_sentence(line)  # 这里的返回值是字符串
    outputs.write(line_seg)
outputs.close()
inputs.close()
# WordCount
with open('data/jieba_text_output.txt', 'r',encoding='utf-8') as fr: #读入已经去除停用词的文件
    data = jieba.cut(fr.read())
data = dict(Counter(data))
with open('data/jieba_count.txt', 'w',encoding='utf-8') as fw: #读入存储 WordCount 的文件路径
    for k,v in data.items():
        fw.write('%s,%d\n' % (k, v))
```

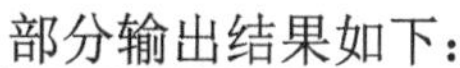

部分输出结果如下：

jieba_text_output.txt 文件的内容如下：

李小福/是/创新办/主任/也/是/云计算/方面/的/专家/;/ /什么/是/八一双鹿/,/例如/我/输入/一个/带/“/韩玉赏鉴/”/的/标题/，/在/自定义词/库中/也/增加/了/此/词为/N/类/,/「/」/正确/应该/不会/被/切开/。/mac/上/可/分出/「/石墨/烯/」/；/此时/又/可以/分出/来/凯特琳/了/。/

源文件 jieba_text.txt 的内容如下：

李小福是创新办主任也是云计算方面的专家；什么是八一双鹿，例如我输入一个带“韩玉赏鉴”的标题，在自定义词库中也增加了此词为 N 类，「台中」正确应该不会被切开。mac 上可分出「石墨烯」；此时又可以分出来凯特琳了。

9.3.5　中文分词实战

使用 jieba 进行中文分词的实战代码如下：

```
# -*- coding: utf-8 -*-
import os
import jieba
# 保存文件的函数
def savefile(savepath,content):
    fp = open(savepath,'w',encoding='utf8',errors='ignore')
    fp.write(content)
    fp.close()
# 读取文件的函数
def readfile(path):
    fp = open(path, "r", encoding='utf8', errors='ignore')
    content = fp.read()
    fp.close()
    return content
```

```
# 创建停用词列表
def stopwordslist(filepath):
    stopwords = [line.strip() for line in open(filepath, 'r', encoding='utf-8').readlines()]
    return stopwords
# 对句子去除停用词
def movestopwords(sentence):
    stopwords = stopwordslist('语料/hlt_stop_words.txt')  # 这里加载停用词的路径
    outstr = ''
    for word in sentence:
        if word not in stopwords:
            if word != '\t'and'\n':
                outstr += word
                # outstr += " "
    return outstr
corpus_path = "语料/train/"  # 未分词分类预料库路径
seg_path = "语料/train_seg/"  # 分词后分类语料库路径
catelist = os.listdir(corpus_path)  # 获取未分词目录下所有的子目录
for mydir in catelist:
    class_path = corpus_path + mydir + "/"  # 拼出分类子目录的路径
    seg_dir = seg_path + mydir + "/"  # 拼出分词后预料分类目录
    if not os.path.exists(seg_dir):  # 是否存在，不存在则创建
        os.makedirs(seg_dir)

    file_list = os.listdir(class_path) # 列举当前目录的所有文件
    for file_path in file_list:
        fullname = class_path + file_path # 路径+文件名
        print("当前处理的文件是：",fullname)  # 语料/train/pos/pos1.txt
                                # 语料/train/neg/neg1.txt

        content = readfile(fullname).strip()  # 读取文件内容
        content = content.replace("\n", "").strip()  # 删除换行和多余的空格
        content_seg = jieba.cut(content)      # jieba 分词
        print("jieba 分词后：",content_seg)
        listcontent = ''
        for i in content_seg:
            listcontent += i
            listcontent += " "
        print(listcontent[0:10])
```

```
        listcontent = movestopwords(listcontent)      # 去除停用词
        print("去除停用词后：", listcontent[0:10])
        listcontent = listcontent.replace("      ", "").replace("    ", "")
        savefile(seg_dir + file_path, "".join(listcontent)) # 保存
```

源文件（部分）如下：

```
datatest.txt
1    jieba在进行中文分词的同时，还可以完成词性标注任务。根据分词结果中每个词的词性，
```

源字符串如下：

jieba 在进行中文分词的同时，还可以完成词性标注任务。根据分词结果中每个词的词性，可以初步实现命名实体识别，即将标注为 nr 的词视为人名，将标注为 ns 的词视为地名等。所有标点符号都会被标注为 x，所以可以根据这个去除分词结果中的标点符号。

停用词文件（部分）如下：

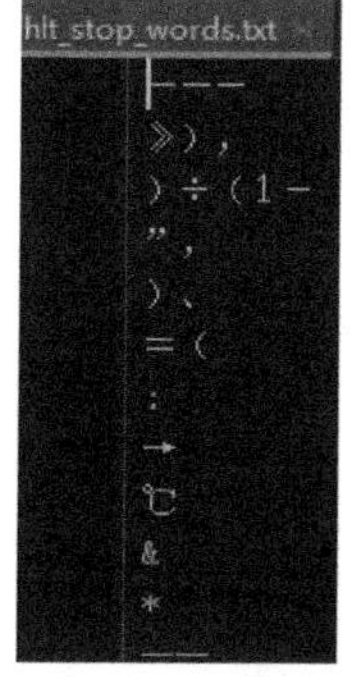

```
hit_stop_words.txt
├---
》),
)÷(1-
”,
)、
=(
:
→
℃
&
*
```

部分输出结果如下：

```
datatest.txt
jieba 进行 中文 分词 时 还 完成 词性 标注 务 根 分词 结果 中 词 词性 初步 实现
```

9.4　语法分析

9.4.1　语法分析简介

语法分析是将单词之间的线性次序变换成一个显示单词如何与其他单词相关联的结构，以确定语句是否合乎语法，即语法分析是通过语法树或其他算法来分析主语、谓语、宾语、定语、状语、补语等句子元素。语法分析有两个主要内容[12]，其一是句子语法在计算机中的表达与存储方法，以及语料数据集；其二是语法分析的算法。

9.4.2　语法树

我们可以用树状结构图来表示句子的语法树，如图 9-2 所示。其中，S 表示句子；NP、VP、PP 分别表示名词、动词和介词短语（短语级别）；N、V、P 分别表示名词、动词、介词。

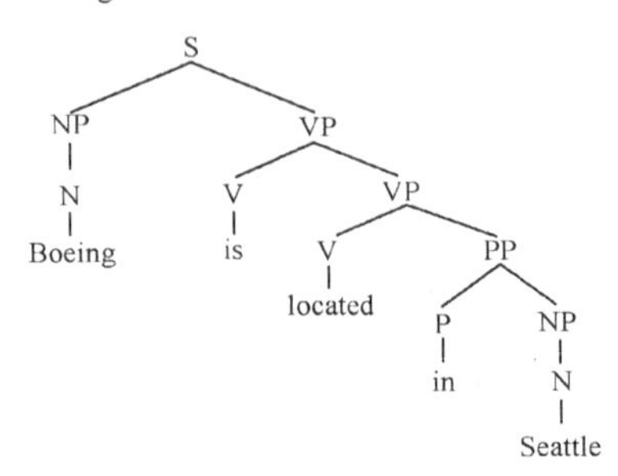

图 9-2　语法树

实际存储时图 9-2 的语法树可以表示为(S (NP (N Boeing)) (VP (V is) (VP (V located) (PP (P in)(NP (N Seattle))))))。互联网上已经有成熟的、手工标注的语料数据集，如 Penn Treebank II Constituent Tags（http://www.surdeanu.info/mihai/teaching/ista555-fall13/readings/PennTreebankConstituents.html）。

9.4.3　语法分析算法

1. 上下文无关语法

上下文无关语法（Context-Free Grammer，CFG）：为了生成句子的语法树，我们可以定义如下一套上下文无关语法。

（1）N 表示一组非叶子节点的标注，如{S、NP、VP、N…}。

（2）Σ 表示一组叶子结点的标注，如{boeing、is…}。

（3）R 表示一组规则，每条规则都可以表示为 X->Y1Y2…Yn、X∈N、Yi∈(N∪Σ)。

（4）S 表示语法树开始的标注。

举例来说，语法的一个语法子集可以用图 9-3 来表示。

当给定一个句子时，我们便可以按照从左到右的顺序来解析语法。例如，句子 the man sleeps 就可以表示为(S (NP (DT the) (NN man)) (VP sleeps))。

这种上下文无关的语法可以很容易地推导出一个句子的语法结构，但其缺点是推导出的结构可能存在二义性。例如，图 9-4 和图 9-5 中的语法树都可以表示同一个句子。常见的二义性问题有：①单词的不同词性，如 can 一般表示“可以”这个情态动词，有时则表示罐子；②介词短语的作用范围，如 VP PP PP 这样的结构，第二个介词短语可能形容 VP，也可能形容第一个 PP；③连续的名字，如 NN NN NN。

N = {S, NP, VP, PP, DT, Vi, Vt, NN, IN}
S = S
Σ = {sleeps, saw, man, woman, telescope, the, with, in}

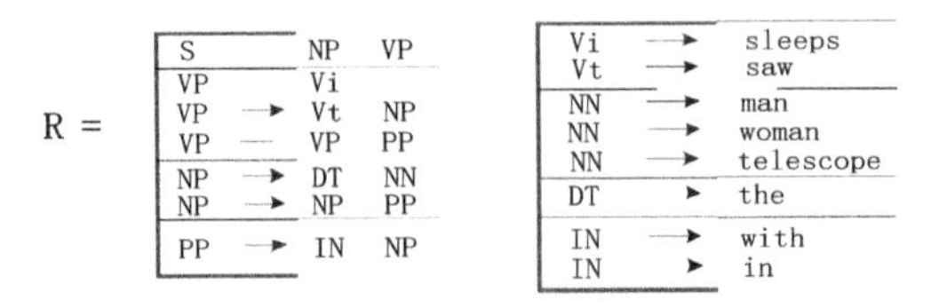

图 9-3　语法子集

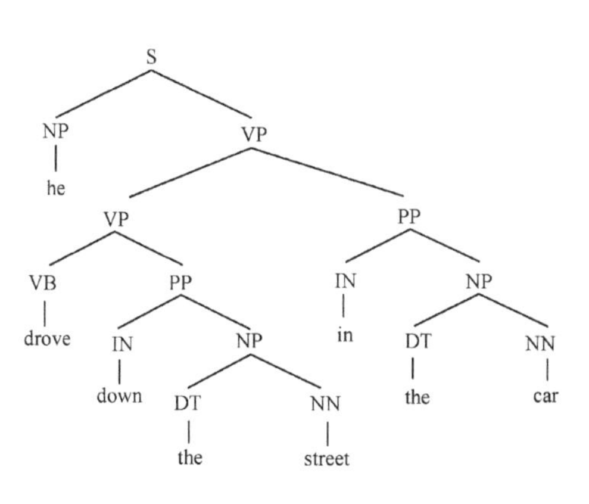

图 9-4　语法树（一）

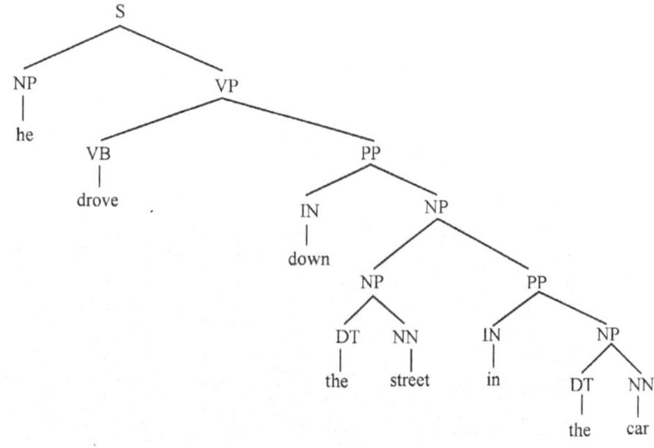

图 9-5　语法树（二）

1）自定义文法

示例代码如下：

```
import nltk
from nltk import CFG
grammar = nltk.CFG.fromstring("""
  S -> NP VP
  VP -> V NP | V NP PP
  PP -> P NP
  V -> "saw" | "ate" | "walked"
  NP -> "John" | "Mary" | "Bob" | Det N | Det N PP
  Det -> "a" | "an" | "the" | "my"
  N -> "man" | "dog" | "cat" | "telescope" | "park"
  P -> "in" | "on" | "by" | "with"
  """)
sent = 'Mary saw Bob'.split()
rd_parser = nltk.RecursiveDescentParser(grammar)
for i in rd_parser.parse(sent):
print(i)
```

```
I:\tools\Python\Python36\python.exe
(S (NP Mary) (VP (V saw) (NP Bob)))

Process finished with exit code 0
```

2）开发文法

下面程序展示了如何利用简单的过滤器来寻找带句子补语的动词。

```
from nltk.corpus import treebank
t = treebank.parsed_sents('wsj_0001.mrg')[0]
print(t) #查看封装好的文法
def filter(tree):
```

```
    child_nodes = [child.label() for child in tree if isinstance(child,nltk.Tree)]
    return (tree.label() == 'VP') and ('S' in child_nodes)#找出带句子补语的动词
[subtree for tree in treebank.parsed_sents() \
        for subtree in tree.subtrees(filter)]
```

部分输出结果如下：

```
I:\tools\Python\Python36\python.exe C:/Users/Arno/PycharmProjects/
(S
  (NP-SBJ
    (NP (NNP Pierre) (NNP Vinken))
    (, ,)
    (ADJP (NP (CD 61) (NNS years)) (JJ old))
    (, ,))
  (VP
    (MD will)
    (VP
      (VB join)
      (NP (DT the) (NN board))
      (PP-CLR (IN as) (NP (DT a) (JJ nonexecutive) (NN director)))
      (NP-TMP (NNP Nov.) (CD 29))))
  (. .))

Process finished with exit code 0
```

2. 概率分布的上下文无关语法

由于语法的解析存在二义性，就需要找到一种方法从多种可能的语法树中找出最可能的一棵树。一种常见的方法是概率分布的上下文无关语法（Probabilistic Context-Free Grammar，PCFG）。如图 9-6 所示，除了常规的语法规则，我们还对每一条规则赋予了一个概率。对于每一棵生成的语法树，我们将其中所有规则的概率的乘积作为这棵语法树的出现概率。

S	→	NP	VP	1.0
VP	→	Vi		0.4
VP	→	Vt	NP	0.4
VP	→	VP	PP	0.2
NP	→	DT	NN	0.3
NP	→	NP	PP	0.7
PP	→	IN	NP	1.0

Vi	→	sleeps	1.0
Vt	→	saw	1.0
NN	→	man	0.7
NN	→	woman	0.2
NN	→	telescope	0.1
DT	→	the	1.0
IN	→	with	0.5
IN	→	in	0.5

图 9-6　概率分布的上下文无关语法

综上所述，当我们获得多棵语法树时，可以分别计算每棵语法树的概率 $p(t)$，出现概率最大的那棵语法树就是我们希望得到的结果。

9.4.4　语法分析示例

下面是一个四则运算的语法结构[13]：

```
expression : expression + term
           | expression - term
           | term
term       : term * factor
```

```
               | term / factor
               | factor
factor        : NUMBER
               | ( expression )
```

用 PLY 实现四则运算的语法分析：

```
# Yacc example
import ply.yacc as yacc
# Get the token map from the lexer.   This is required.
from calclex import tokens
def p_expression_plus(p):
    'expression : expression PLUS term'
    p[0] = p[1] + p[3]
def p_expression_minus(p):
    'expression : expression MINUS term'
    p[0] = p[1]-p[3]
def p_expression_term(p):
    'expression : term'
    p[0] = p[1]
def p_term_times(p):
    'term : term TIMES factor'
    p[0] = p[1] * p[3]
def p_term_div(p):
    'term : term DIVIDE factor'
    p[0] = p[1] / p[3]
def p_term_factor(p):
    'term : factor'
    p[0] = p[1]
def p_factor_num(p):
    'factor : NUMBER'
    p[0] = p[1]
def p_factor_expr(p):
    'factor : LPAREN expression RPAREN'
    p[0] = p[2]
# Error rule for syntax errors
def p_error(p):
    print("Syntax error in input!")
# Build the parser
parser = yacc.yacc()
while True:
   try:
```

```
            s = raw_input('calc > ')
        except EOFError:
            break
        if not s: continue
        result = parser.parse(s)
        print(result)
```

```
I:\tools\Python\Python36\python.exe
calc >
507.0
calc >
Illegal character '%'
Syntax error in input!
None
```

与词法分析一样，语法分析的命名方式也是固定的，即 p_成分名_动作。函数一开始必须是一个声明字符串，格式是“成分名：成分名成分名…”。其中，成分名可以是词法分析中的 ID，如 PLUS、NUMBER 等。冒号右边的是这个函数结果的成分名。语法分析通过组合各个 ID 得到结构化的结果。

成分相同的结构可以合并，如同时定义加法和减法：

```
def p_expression(p):
    '''expression : expression PLUS term
                  | expression MINUS term'''
    if p[2] == '+':
        p[0] = p[1] + p[3]
    elif p[2] == '-':
        p[0] = p[1]-p[3]
```

从上面例子可以看到，增加的一种结构用“|”换行分隔。注意这个字符串的格式是固定的，不过 PLUS 和 MINUS 的顺序没有规定，哪个在上面都可以。

9.5 实战：搜索引擎

搜索引擎是“对网络信息资源进行搜集整理并提供信息查询服务的系统，包括信息搜集、信息整理和用户查询三部分”。图 9-7 是搜索引擎的一般结构[14,15]，首先信息搜集模块将网络信息采集到网络信息库中（一般使用爬虫）；然后信息整理模块对采集的信息进行分词、去停用词、赋权重等操作后建立索引表（一般是倒排索引）构成索引库；最后用户查询模块就可以识别用户的检索需求并提供检索服务。

搜索引擎可以用 Nutch 等工具来配置，也可以自己写代码实现。本节作为一个 Python 学习案例，我们用 Python 代码来实现一个简单的中文搜索引擎，其搜索范围限定在某个新闻网站内部。另外，需要安装 jieba 和 BeautifulSoup 库。

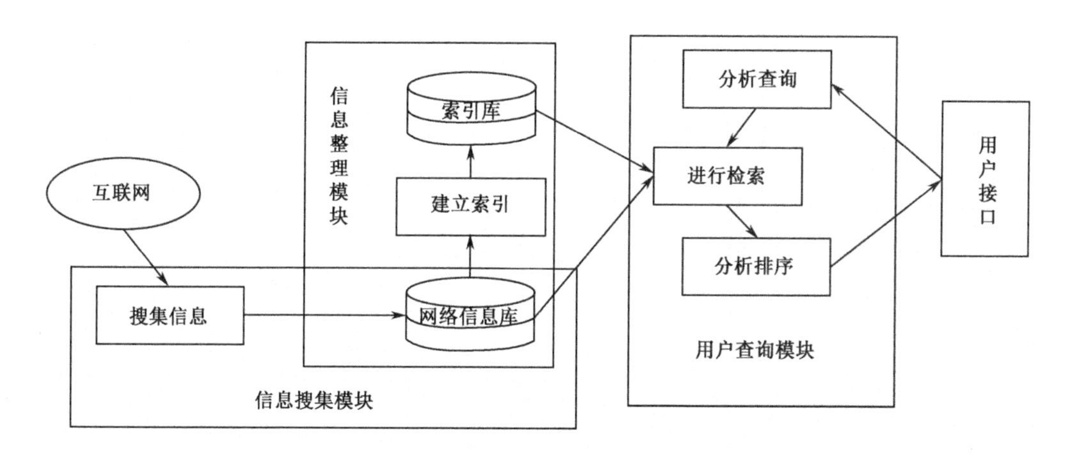

图 9-7　搜索引擎的一般结构

1. 问题分析

从图 9-7 可知，一个完整的搜索引擎结构从互联网搜集信息开始，要达成目标，主要有如下 4 个步骤：

（1）爬取网站，得到所有网页链接。

（2）得到网页的源代码，解析剥离出想要的内容。

（3）把内容做成词条索引，保存起来。

（4）搜索时，根据搜索词在词条索引里查询，按顺序返回相关的搜索结果。

2. 爬虫设计

我们主要搜集以下内容：目标网页的标题、目标网页的主要文字内容、目标网页指向其他页面的 URL 地址。爬虫使用 BFS 算法，用到的数据结构为队列（deque）和集合（set）。队列存储当前准备访问的 URL，集合存储所有走过的 URL。网页爬虫的 Python 代码如下。

```
#网页爬虫 Python 代码
from urllib import request
response=request.urlopen('http://www.baidu.com')
content=response.read().decode('gb18030')
#print(content)#将会输出整个网页的 HTML 源代码
#队列 Python 代码
from collections import deque
queue=deque(['队列元素 1','队列元素 2','队列元素 3'])
queue.append('队列元素 4')
queue.popleft()#队首出队
print(queue)
```

3. 正则表达式

正则表达式可以检测一个字符串是不是符合某个格式，或者把一个字符串里特定格式的部分提取出来[16]。正则表达式用于匹配 HTML 代码中的特定内容。正则表达式的 Python 代码如下。

```
#正则表达式 Python 代码
import re
#re.match 返回一个 Match 对象
if re.match(r'href=\".*view\.sdu\.edu\.cn.*\"','href="http://www.view.sdu.edu.cn/new/"'):
    print('ok')
else:
    print('failed')
```

4. sqlite

sqlite 是 Python 和数据库的基础知识，其 Python 代码如下。

```
import sqlite3
conn=sqlite3.connect('databasetest.db')
c=conn.cursor()
#创建一个表
c.execute('create table doc (id int primary key,link text)')
#往表格插入一行数据
num=1
link='www.baidu.com'
c.execute('insert into doc values (?,?)',(num,link))
#查询表格内容
c.execute('select * from doc')
#得到查询结果
result=c.fetchall()
print(type(result),result)
conn.commit()
conn.close()
```

5. 建立词表数据库

爬取的网站为 haut.edu.sdu.cn。前述 4 个步骤中的步骤 1～3 存储在 search_engine_build.py 中。建立两个 table，一个是 doc 表，用于存储网页链接；另一个是 word 表，即倒排表，用于存储词语和其对应的 doc 序号的列表。如果一个词在某个网页里出现多次，那么列表里这个网页的序号也出现多次。列表转换成一个字符串存进数据库。例如，某个词出现在 1 号、2 号、3 号 doc 中，它的列表应为[1,2,3]，转换成字符串“1 2 3”存储在数据库中。相关代码如下。

```
# search_engine_build.py
import sys
from collections import deque
import urllib
from urllib import request
```

```
import re
from bs4 import BeautifulSoup
import lxml
import sqlite3
import jieba

safelock=input('你确定要重新构建约 5000 篇文档的词库吗？(y/n)')
if safelock!='y':
    sys.exit('终止。')

#url='http://www.view.sdu.edu.cn'#入口
url='http://www.haut.edu.cn'#入口

queue=deque()#待爬取链接的集合，使用广度优先搜索
visited=set()#已访问的链接集合
queue.append(url)

conn=sqlite3.connect('I:\\tools\\sqllite3\\viewsdu.db')
c=conn.cursor()
c.execute('drop table doc')
c.execute('create table doc (id int primary key,link text)')
c.execute('drop table word')
c.execute('create table word (term varchar(25) primary key,list text)')
conn.commit()
conn.close()

print('***************开始！*********************************************')
cnt=0

while queue:
    url=queue.popleft()
    visited.add(url)
    cnt+=1
    print('开始抓取第',cnt,'个链接：',url)

    #爬取网页内容
    try:
        response=request.urlopen(url)
        content=response.read().decode('utf-8')
    except:
        continue

```

```
    #寻找下一个可爬的链接
    m=re.findall(r'<a href=\"([0-9a-zA-Z\_\/\.\%\?\=\-\&]+)\"target=\"_blank\">',content, re.I)
    for x in m:
        if re.match(r'http.+',x):
            if not re.match(r'http\:\/\/www\.haut\.edu\.cn\/.+',x):
                continue
        elif re.match(r'\/.+',x):
            x='http://www.haut.edu.cn/'+x
        else:
            x='http://www.haut.edu.cn/'+x
        if (x not in visited) and (x not in queue):
            queue.append(x)

    #解析网页内容，可能有几种情况
    soup=BeautifulSoup(content,'lxml')
    title=soup.title
    article=soup.find('div',class_='text_s',id='content')
    author=soup.find('div',class_='text_c')

    if title==None and article==None and author==None:
        print('无内容的页面。')
        continue

    elif article==None and author==None:
        print('只有标题。')
        title=title.text
        title=''.join(title.split())
        article=''
        author=''

    elif article==None:
        print('有标题有作者，缺失内容')#视频新闻
        title=soup.h1.text
        title=''.join(title.split())
        article=''
        author=author.get_text("",strip=True)
        author=''.join(author.split())

    elif author==None:
        print('有标题有内容，缺失作者')
        title=soup.h1.text
        title=''.join(title.split())
```

```
        article=article.get_text("",strip=True)
        article=''.join(article.split())
        author=''

    else:
        title=soup.h1.text
        title=''.join(title.split())
        article=article.get_text("",strip=True)
        article=''.join(article.split())
        author=author.find_next_sibling('div',class_='text_c').get_text("",strip=True)
        author=''.join(author.split())

    print('网页标题：',title)

    #对网页内容分词
    seggen=jieba.cut_for_search(title)
    seglist=list(seggen)
    seggen=jieba.cut_for_search(article)
    seglist+=list(seggen)
    seggen=jieba.cut_for_search(author)
    seglist+=list(seggen)

    #数据存储
    conn=sqlite3.connect("I:\\tools\\sqllite3\\viewsdu.db")
    c=conn.cursor()
    c.execute('insert into doc values(?,?)',(cnt,url))

    #对每个词语建立词表
    for word in seglist:
        print(word)
        #检验看看这个词语是否已存在于数据库中
        c.execute('select list from word where term=?',(word,))
        result=c.fetchall()
        #如果不存在
        if len(result)==0:
            docliststr=str(cnt)
            c.execute('insert into word values(?,?)',(word,docliststr))
        #如果已存在
        else:
            docliststr=result[0][0]#得到字符串
            docliststr+=' '+str(cnt)
            c.execute('update word set list=? where term=?',(docliststr,word))
```

```
    conn.commit()
    conn.close()
    print('词表建立完毕=======================================================')
```

以上代码运行一次后，搜索引擎所需的数据库就建好了。

运行结果如下：

```
I:\tools\Python\Python36\python.exe C:/Users/Arno/PycharmProjects/Chapter
你确定要重新构建约5000篇文档的词库吗？(y/n)
***************开始！*****************************************************
开始抓取第 1 个链接： http://www.haut.edu.cn
Building prefix dict from the default dictionary ...
只有标题。
网页标题： 河南工业大学
Loading model from cache C:\Users\Arno\AppData\Local\Temp\jieba.cache
Loading model cost 1.207 seconds.
Prefix dict has been built succesfully.
河南
工业
大学
词表建立完毕=============================================
开始抓取第 2 个链接： http://www.haut.edu.cn/ggfw/wzdt/xsjs.htm
只有标题。
网页标题： 学生角色-河南工业大学
学生
角色
-
河南
工业
大学
词表建立完毕=============================================
开始抓取第 3 个链接： http://www.haut.edu.cn/xywh/jghd.htm
只有标题。
```

数据库数据结果如下：

```
sqlite> .tables
doc    word
sqlite> select * from doc;
1|http://www.haut.edu.cn
2|http://www.haut.edu.cn/ggfw/wzdt/xsjs.htm
3|http://www.haut.edu.cn/xywh/jghd.htm
4|http://www.haut.edu.cn/ggfw/gfwx.htm
```

```
sqlite> select * from word;
河南|1 2 3 4
工业|1 2 3 4
大学|1 2 3 4
学生|2
角色|2
-|2 3 4
教工|3
活动|3
官方|4
微信|4
```

6. 执行搜索

需要搜索时，执行 search_engine_use.py 即可，相关代码如下。

```
#search_engine_use.py
import re
```

```
import urllib
from urllib import request
from collections import deque
from bs4 import BeautifulSoup
import lxml
import sqlite3
import jieba
import math
conn=sqlite3.connect("I:\\tools\\sqllite3\\viewsdu.db")
c=conn.cursor()
c.execute('select count(*) from doc')
N=1+c.fetchall()[0][0]#文档总数
target=input('请输入搜索词：')
seggen=jieba.cut_for_search(target)
score={}#文档号：文档得分
for word in seggen:
    print('得到查询词：',word)
    #计算 score
    tf={}#文档号：文档数
    c.execute('select list from word where term=?',(word,))
    result=c.fetchall()
    if len(result)>0:
        doclist=result[0][0]
        doclist=doclist.split(' ')
        doclist=[int(x) for x in doclist]#把字符串转换成元素为 int 的列表
        df=len(set(doclist))#当前 word 对应的 df 数
        idf=math.log(N/df)
        print('idf：',idf)
        for num in doclist:
            if num in tf:
                tf[num]=tf[num]+1
            else:
                tf[num]=1
        #tf 统计结束，现在开始计算 score
        for num in tf:
            if num in score:
                #如果该 num 文档已经有分数了，则累加
                score[num]=score[num]+tf[num]*idf
            else:
                score[num]=tf[num]*idf
sortedlist=sorted(score.items(),key=lambda d:d[1],reverse=True)
```

```
    #print('得分列表',sortedlist)
    cnt=0
    for num,docscore in sortedlist:
        cnt=cnt+1
        c.execute('select link from doc where id=?',(num,))
        url=c.fetchall()[0][0]
        print(url,'得分：',docscore)
        try:
            response=request.urlopen(url)
            content=response.read().decode('utf-8')
        except:
            print('oops...读取网页出错')
            continue

        soup=BeautifulSoup(content,'lxml')
        title=soup.title
        if title==None:
            print('No title.')
        else:
            title=title.text
            print(title)
        if cnt>20:
            break
    if cnt==0:
        print('无搜索结果')
```

运行结果如下：

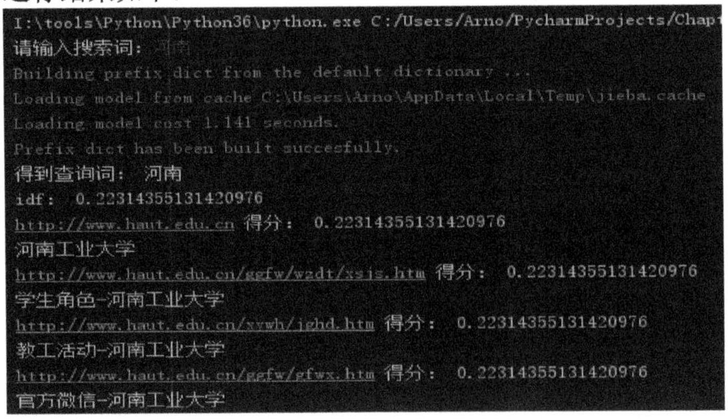

```
I:\tools\Python\Python36\python.exe C:/Users/Arno/PycharmProjects/Chap
请输入搜索词：河南
Building prefix dict from the default dictionary ...
Loading model from cache C:\Users\Arno\AppData\Local\Temp\jieba.cache
Loading model cost 1.141 seconds.
Prefix dict has been built succesfully.
得到查询词： 河南
idf： 0.22314355131420976
http://www.haut.edu.cn 得分： 0.22314355131420976
河南工业大学
http://www.haut.edu.cn/ggfw/wzdt/xsjs.htm 得分： 0.22314355131420976
学生角色-河南工业大学
http://www.haut.edu.cn/xywh/jghd.htm 得分： 0.22314355131420976
教工活动-河南工业大学
http://www.haut.edu.cn/ggfw/gfwx.htm 得分： 0.22314355131420976
官方微信-河南工业大学
```

习题

1．简述自然语言处理的定义及意义。

2．简述文本表示的 3 种模型并比较其优缺点。

3．简述文本的提取过程及文本特征词提取的方法。
4．简述分词的定义及分词的作用和意义。
5．简述词性标注的定义及意义。
6．简述命名实体识别的定义及作用。
7．什么叫停用词？为何要去停用词？
8．简述语法分析及其功能。
9．简述上下文无关语法和概率分布的上下文无关语法。

参考文献

[1] 宗成庆. 统计自然语言处理[M]. 北京：清华大学出版社，2008.

[2] 田军霞. 基于短文本处理算法优化的文本信息推荐系统的设计与实现[D]. 北京：北京交通大学，2017.

[3] Steven B, Ewan K, Edward L. Natural Language Processing with Python[M]. Sebastopol:O'REILLY,2009.

[4] https://www.cnblogs.com/AsuraDong/p/6957890.html.

[5] https://www.cnblogs.com/AsuraDong/p/6958046.html.

[6] 张俊伟. 基于语义分析的评论文本挖掘与商品推荐[D]. 哈尔滨：哈尔滨商业大学，2017.

[7] https://www.cnblogs.com/AsuraDong/p/7050859.html.

[8] https://blog.csdn.net/HuangZhang_123/article/details/80277793.

[9] https://blog.csdn.net/u012052268/article/details/77825981.

[10] https://www.cnblogs.com/AsuraDong/p/6995808.html.

[11] https://www.cnblogs.com/AsuraDong/p/6978430.html.

[12] https://blog.csdn.net/lanxu_yy/article/details/37700841.

[13] https://www.cnblogs.com/dplearning/p/5862538.html.

[14] 刘海涛. 基于自然语言理解的中文搜索引擎[D]. 石家庄：河北科技大学，2012.

[15] http://www.php.cn/python-tutorials-372617.html.

[16] http://www.liaoxuefeng.com/wiki/0014316089557264a6b348958f449949df42a6d3a2e542c000/001431933313870l4ccd1040c814dee8b2164bb4f064cff000.

第 10 章　数据可视化

数据处理的结果或者以报告、电子表格等方式呈现，或者以图形方式呈现。数据可视化是指将数据处理的结果以图形方式呈现，便于用户更加直观地阅读分析数据。其主要利用图像处理、计算机视觉等技术对数据进行可视化处理。有关研究表明，使用图表来总结复杂的数据，可以确保对关系的理解比用报告或电子表格更好。Python 系统环境下有大量的图形库，通过它们可以方便地进行绘图操作，实现数据的可视化。Python 图形库包括自带的标准图形库 Tkinter，以及第三方库，如 Pillow、Echarts、Matplotlib、seaborn、PyGtk、PyQt、wxPython 等。第三方库需要单独安装使用。本书主要介绍 Pillow、Echarts、Matplotlib 的使用。

10.1　用 Pillow 操作图像

图像处理是一门应用非常广的技术。PIL（Python Imaging Library）是 Python 常用的图像处理库，支持大量图像格式，并提供操作图像的强大功能，包括新建图像、裁剪图像、复制图像、粘贴图像、调整图像的大小、旋转和翻转图像、图像滤波、调色板、添加文字等，这些功能只需要简单的代码即可完成。PIL 仅支持 Python2.7 及以下的版本。Python3.x 可使用兼容 PIL 的 Pillow，它在 PIL 的基础上加入了许多新特性。详细了解 PIL 的强大功能，请至 https://pillow.readthedocs.org/参考 Pillow 官方文档。

安装使用 Pillow 的命令：pip install pillow。

10.1.1　图像的基本知识

数字图像是由按一定间隔排列的亮度不同的像点构成的，形成像点的单位称为“像素”，也就是说，图像是由像素组成的。描述图像中的一个像素点，需要知道像素点的颜色值及其在图像中的位置。

1. 图像的属性

size 属性：表示图像的分辨率，即图像的宽和高（单位为像素），是一个二元的元组，如（300,200），它表示图像的宽为 300 像素，高为 200 像素。

mode 属性：表示图像的模式，常用的图像模式有 L（Luminance）、RGB、CMYK。L 表示灰度图，RGB 表示真彩色图，CMYK 表示出版图像。

format 属性：表示图像格式或来源，如果图像不是从文件读取的，其值为 None。

palette 属性：表示调色板，返回一个 ImagePalette 类型。

2. 图像的空间坐标系统

图像中的默认坐标系为：左上角是坐标原点（0,0），水平向右是 *X* 轴，垂直向下是 *Y* 轴。

3. 图像的颜色表示

计算机通常将图像中像素点的值用 RGB 值表示，或者再加上 alpha 值（通透度、透明度），称为 RGBA 值。在 Pillow 中，RGBA 的值表示为由 4 个整数组成的元组，分别是 *R*、*G*、*B*、*A*，整数的取值范围为 0~255，如（255,0,0,255）代表红色。*A* 为 0 表示透明，*A* 为 255 表示不透明。当 *A* 为 0 时，无论是什么颜色，该颜色都不可见。

10.1.2　图像处理中常用的模块和函数

1. Image 模块

Image 模块中最重要的类是 Image，它代表一个图像，可以通过以下几种方式将其实例化：从文件中读取图像、通过处理其他图像得到、直接新建空白图像。

1）通过从文件中读取图像来创建 Image 对象

```
Image.open(filename)
```

例如：

```
im = Image.open("d:\图像 1.jpg")     # im 为 Image 对象
```

打开图像文件时，Pillow 不会直接解码或加载图像栅格数据。它只会读取文件头信息来确定图像的格式、颜色模式、大小等，而不会主动处理文件的剩余部分。这意味着打开一个图像文件的操作十分快速，跟图像大小和压缩方式无关。

2）通过处理其他图像得到 Image 对象

```
Im. crop(rect)
```

例如：

```
im = Image.open("d:\图像 1.jpg")
rect = (100, 100, 400, 400)
region = im.crop(rect)       # region 也为 Image 对象
```

第三条语句的作用：从 im 所指的图像中截取左上角（100,100）到右下角（399,399）之间的一块图像子图，保存在 region 中。

3）直接新建空白图像

```
Image.new(mode,size,color )
```

例如：

```
newim= Image.new('RGB', (200, 100), '#FF0000' )
```

语句作用：建立一个彩色的、大小为 200×100、背景为红色的空白图像。第一个参数指定图像的模式，第二个参数指定图像的分辨率（宽×高），第三个参数是背景颜色。

2. Image 类的常用函数

除了 open 函数，其他函数需要通过 Image 类的实例进行调用。

1）图像的读取和保存

读取图像的函数如下：

open(filename)：filename 为文件完整的路径，Pillow 支持相当多的图像格式。例如，Image.open("d:\图像 1.jpg")。

保存图像的函数如下：

save(filename)：Image 模块中的 save()函数可以保存图像。该函数还可以提供第二个参数，用于指定文件的保存格式。如果没有第二个参数，那么用文件名中的扩展名来指定文件格式。例如，save("d:\图图.jpg")。

2）显示图像

show()：不需要参数，直接显示图像对象。

3）从图像中截取子图

crop(rect)：提供一个 rect 参数，表示截取子图在原始图像中的矩形区域。例如，rect =(50,50,200,150)，crop(rect)表示新图像为源图像（50,50）到（199,149）这部分区域组成的子图。

4）粘贴图像

paste(Image,rect)：第一个参数为 Image 对象，第二个参数为矩形对象，表示把第一个参数的图像贴到源图像的矩形区域处。注意第一个参数 Image 对象的 size 必须和矩形区域尺寸一致。此外，矩形区域不能在图像外。

5）几何变换方法

resize(size)：缩放图像，提供一个元组参数，表示新图像的大小。例如，resize((640,640))，表示新生成一个图像，新图像是源图像变换得到的，尺寸为 640×640。

rotate(angle)：提供一个整型参数，表示逆时针旋转的角度，值可取 0～360。例如，rotate(45)表示新图像是源图像逆时针旋转 45°得来的。

transpose(sign)：提供一个符号常量。Pillow 通过此函数对一些常见的旋转做了专门的定义。例如，transpose(Image.ROTATE_90)表示逆时针旋转 90°。transpose(Image.FLIP_LEFT_RIGHT)表示左右对换。

6）色彩模式转换

convert(string)：提供一个字符串参数，表示图像的 mode 属性。该函数可以用来转换图像的色彩模式，如将真彩色图转换为灰度图等。例如，convert("L")。

7）图像滤波

图像滤波，即在尽量保留图像细节特征的条件下对目标图像的噪声进行抑制，这是图像预处理中不可缺少的操作。

在 ImageFilter 模块中，提供了图像滤波函数 filter()，用于图像的滤波增强。

filter(ImageFilter.function)：提供一个参数，表示滤波增强的方式。在 ImageFilter 模块中，预先定义了很多增强滤波器（见表 10-1）。例如，filter(ImageFilter.FIND_EDGES)表示边缘检测滤波方式。

表 10-1　ImageFilter 模块中预定义的过滤方法

方　法	作　用
ImageFilter.BLUR	图像的模糊效果
ImageFilter.CONTOUR	图像的轮廓效果
ImageFilter.DETAIL	图像的细节效果
ImageFilter.EDGE_ENHANCE	图像的边界加强效果
ImageFilter.EDGE_ENHANCE_MORE	图像的阈值边界加强效果
ImageFilter.EMBOSS	图像的浮雕效果
ImageFilter.FIND_EDGES	图像的边界效果
ImageFilter.SMOOTH	图像的平滑效果
ImageFilter.SMOOTH_MORE	图像的阈值平滑效果
ImageFilter.SHARPEN	图像的锐化效果

8）图像滤波增强

图像滤波增强实质上是运用滤波技术来增强图像的某些空间频率特征，以改善地物目标与领域或背景之间的灰度反差，如调节图像的颜色、对比度、饱和度和锐化，等等。

ImageEnhance.Contrast(Image)：提供一个图像对象，调整图像的对比度。

ImageEnhance.Color(Image)：提供一个图像对象，调整图像的颜色平衡。

ImageEnhance.enhance(factor)：将选择属性的数值增强 factor 倍。

ImageEnhance.Brightness(Image)：提供一个图像对象，调整图像的亮度。

ImageEnhance.Sharpness(Image)：提供一个图像对象，调整图像的锐度。

例如：下面这段代码实现将图像的对比度增强 30%（效果见图 10-1）。

```
out = Image.open("d:\图像 1.jpg")
out.show()
imgEH=ImageEnhance.Contrast(out)
#参数 1.3 表示对比度增强 30%
imgEH.enhance(1.3).show("30% more contrast")
```

图 10-1　图像对比度增强演示

3. ImageDraw 模块

ImageDraw 模块中包含了 ImageDraw 类，它支持各种几何图形绘制和文本绘制，如直线、椭圆、弧、弦、多边形及文字等。下面介绍 ImageDraw 类中的几个函数。

（1）Draw(image)：创建一个可以在给定图像上绘图的绘图对象。例如：

```
im= Image.open('d:\图像 1.jpg' )
draw =ImageDraw.Draw(im)
```

（2）draw.arc(xy,start,end,options)：在给定区域内的开始和结束角度之间绘制一条弧（圆的一部分）。例如，draw.arc((0,0,100,100),0,180,fill=(0,255,0))，表示在源图像的（0,0）到（100,100）这个矩形内画一个圆，顺时针取 0°～180°的半圆弧，半圆弧颜色为绿色。

（3）draw.text(position,string,options)：在给定的位置绘制一个字符。参数 position 给出了文本左上角的位置，参数 options 的 font 用于指定所用字体。例如，draw.text((0,0),"Hello", fill = (0,255,0))，表示在源图像的（0,0）位置绘制绿色的 Hello。

10.1.3 案例介绍

【例 10-1】 对图像进行灰度处理，并进行边缘检测。

```
from PIL import Image, ImageFilter
im = Image.open("d:\图像 1.jpg")
print(im.mode,"    ",im.size)
out = im.convert("L")
out=out.filter(ImageFilter.FIND_EDGES)
out.show()
out.save("d:\图图.jpg")
```

运行结果如下（效果见图 10-2）：

```
RGB(280, 200)
```

图 10-2 对图片进行灰度处理并进行边缘检测的演示

【例 10-2】 创建一个新的 200×100 的画布，并绘制两条对角线。

```
from PIL import Image, ImageDraw
im= Image.new('RGB', (200, 100), '#FF0000' )
draw =ImageDraw.Draw(im)
draw.line((0,0,im.size[0],im.size[1]), fill=128,width=10)
draw.line((0,im.size[1], im.size[0], 0), fill = 128,width=10)im.show()
del draw
```

运行结果如图 10-3 所示。

图 10-3　运行结果

【例 10-3】　用 Pillow 生成字母验证码图片。

生成字母验证码图片的算法：首先随机生成几个验证码字符和颜色，然后字符按随机颜色画（draw）到画布上，最后添加干扰并保存图片。

```
import random
import string
from PIL import Image, ImageFilter, ImageFont, ImageDraw

def getcolor1():
    red = random.randrange(64, 255)
    green = random.randrange(64, 255)
    blue = random.randrange(64, 255)
    return (red,green,blue)

def getcolor2():
    red = random.randrange(32, 127)
    green = random.randrange(32, 127)
    blue = random.randrange(32, 127)
    return (red,green,blue)

def getcode():
    source = '1234567890qwertyuiopasdfghjklzxcvbnmQWERTYUIOPASDFGHJKLZX CVBNM'
    resullt = ''
    for i in range(4):
        resullt += source[random.randrange(len(source))]
    return resullt

def Verification_code():
    size = (200,100)
#随机的颜色，只能稍微提高安全性
    color = getcolor1()
#获取验证码中的 4 个字符
    code = getcode()
#创建画布
    imge = Image.new('RGB',size,color)
```

```
    imagedraw = ImageDraw.Draw(imge,'RGB')
#选择字体
    #imagefont = ImageFont.truetype('Arial.ttf',40)
    imagefont=ImageFont.truetype("C:\\WINDOWS\\Fonts\\SIMLI.TTF", 80)
    for i in range(4):
        position = (20+40*i,10)
#写入验证码
        imagedraw.text(position,code[i],font=imagefont,fill=getcolor1())
        for j in range(500):
#加点进行干扰
            imagedraw.point((random.randrange(200),random.randrange(100)), fill=getcolor2())
#对图像进行模糊滤镜处理
    image = imge.filter(ImageFilter.BLUR)
    image.save("d:\动态图片.jpg",dpi=(300.0, 300.0))

Verification_code()
```

用 Pillow 生成字母验证码图片的演示结果如图 10-4 所示。

图 10-4　用 Pillow 生成字母验证码图片的演示结果

10.2　用 Matplotlib 绘图

Matplotlib 中提供的 matplotlib.pyplot 模块，能够以各种硬拷贝格式和跨平台的交互式环境快速地创建出版质量级别的多种类型的图形，如折线图、散点图、条形图、饼图、堆叠图、3D 图和地图图形，等等。在一个图形窗口中，可以绘制多个图例、多个子图，也可以放大局部区域等。程序员利用 Matplotlib 进行图形开发，仅需要几行代码，便可达到目的。但程序员应该根据数据的特点进行图表类型的选择，以便用户通过图形理解和分析数据。

安装 Matplotlib 的命令：

```
python –m pip install -U pip
python –m pip install -U matplotlib
```

注意：在 Python 中，使用 Matplotlib 进行绘图前，一定要先在计算机上安装 VS2010 或其以上版本。

10.2.1　Matplotlib 常用函数介绍

matplotlib.pyplot.figure()：创建新的图形窗口，如果不显式建立图形窗口，系统会自动建立图形窗口。

matplotlib.pyplot.close()：关闭图形窗口。

matplotlib.pyplot.show()：显示图形。

matplotlib.pyplot.axis(rect)：用来指定坐标轴的视窗。例如，matplotlib.pyplot.axis([0, 6, 0, 20])表示 x 轴的长度为 0～6，y 轴的长度为 0～20。如果画图时不指定 x 轴的长度和 y 轴的长度，系统会按要处理的数据特性，自动定义坐标轴的长度。

matplotlib.pyplot.subplot(numrows[,] numcols[,]fignum)：该函数相当于把原图形窗口分割成 numrows×numcols 个子窗口，目前的子窗口是第 fignum 个子窗口。子窗口的编号为从左向右、从上向下，顺序编号。例如，subplot(211)等同于 subplot(2, 1, 1)。

matplotlib.pyplot.xlabel(string)：设置 x 轴标签。

matplotlib.pyplot.ylabel(string)：设置 y 轴标签。

matplotlib.pyplot.title(string)：设置图形的标题。

matplotlib.pyplot.legend()：按默认样式生成默认图例。

matplotlib.pyplot.plot(*args, **kwargs)：绘制折线图。

matplotlib.pyplot.pie(*args, **kwargs)：绘制饼图。

matplotlib.pyplot. hist (*args, **kwargs)：绘制直方图。

matplotlib.pyplot.bar(*args, **kwargs)：绘制条形图。

10.2.2　折线图的函数定义及属性说明

下面以一个折线图（见图 10-5）为例，对图表中的部分属性进行说明。更多的说明请参考官网 https://matplotlib.org/api/_as_gen/matplotlib.pyplot.plot.html#matplotlib.pyplot. plot。

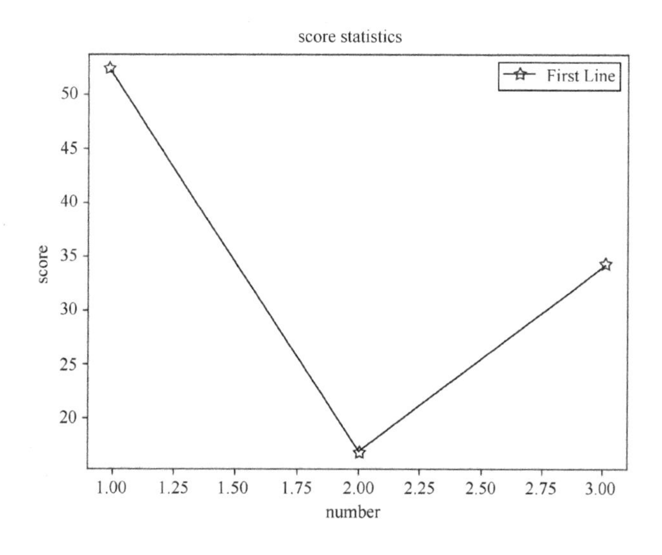

图 10-5　折线图

折线图就是将多个(*x*,*y*)点连接起来生成的图形。图 10-5 中有 3 个点：（1,52）、（2,17）、（3,34）。这 3 个坐标点用☆标志，点之间用直线连接，*x* 轴标签为“number”，*y* 轴标签为“score”，图形的标题为“score statistics”，图框中右上角的“First Line”为图例名。

pyplot 模块中的 plot 函数可用来实现折线图的绘制，语法格式如下：

```
matplotlib.pyplot.plot(*args, **kwargs)
```

其中，args 是可变参数，可以对应多个参数列表。下面给出该函数的常见调用形式：

plot([x], y, [fmt], data=None, **kwargs)

该函数用于绘制一条折线图，若省略 x，则 plot 函数自动创建从 0 开始的 *x* 坐标；fmt 是字符串类型，用于描述颜色标志线型属性的值，格式为'[color][marker][line]'；kwargs 用于设定线型、线宽、坐标点的标志等图形的其他属性。

下面给出绘制图 10-5 折线图的常见调用形式：

```
matplotlib.pyplot.plot(x,y,label='First Line',color='r',linewidth=2,linestyle='-',marker='*', markersize=12)
```

或者写成：

```
matplotlib.pyplot.plot(x, y, 'r*-', label='First Line',linewidth=2, markersize=12)
```

x 表示 *x* 轴的坐标点集合，y 表示 *y* 轴的坐标点集合，x、y 按 index 进行对应，构成点坐标。

折线图的常用属性如表 10-2 所示。

表 10-2 折线图的常用属性

属　性	描　述
color	图形颜色
linestyle	线型：'-'（实线）、'--'（虚线）、'-.'（点虚线）、 ':'（点线）、'None'或' '（空）
label	图形的图例名
Marker	坐标点的标志样式："."、","、"o"、"v"、"^"、"<"、"1"、"2"、"3"、"4"、"8"、"s"、"p"、"*"、"_"
linewidth	线宽
markeredgewidth	标志的边宽
markeredgecolor	标志的边颜色
markersize	标志的大小
fillstyle	标志填充的样式：'full'、'left'、'right'、'bottom'、'top'、'none'，用来表示填满、填一半颜色，或者不填

10.2.3 案例介绍

【例 10-5】 绘制两条折线图。

```
import matplotlib.pyplot as plt
x = [1,2,3]
y = [52,17,34]    #x 和 y 合成三个点：（1,52）、（2,17）、（3,34）
x2 = [1,3,5]
```

```
y2 = [100,74,82]         #x2 和 y2 合成三个点：（1,100）、（3,74）、（5,82）
plt.plot(x,y,label='First  Line',fillstyle='bottom',color='r',linewidth=2,linestyle='-',marker=
'*',markersize=12)
plt.plot(x2,y2,label='Second  Line',color='b',linewidth=4,linestyle=':',marker='o',markersize=
12,markeredgewidth=3,markeredgecolor='g')
plt.xlabel('number')             #设置 x 轴标签
plt.ylabel('score')              #设置 y 轴标签
plt.title('score statistics')    #设置图形的标题
plt.legend()                     #按默认样式生成默认图例
plt.show()
```

绘制两条折线图的程序运行结果如图 10-6 所示。

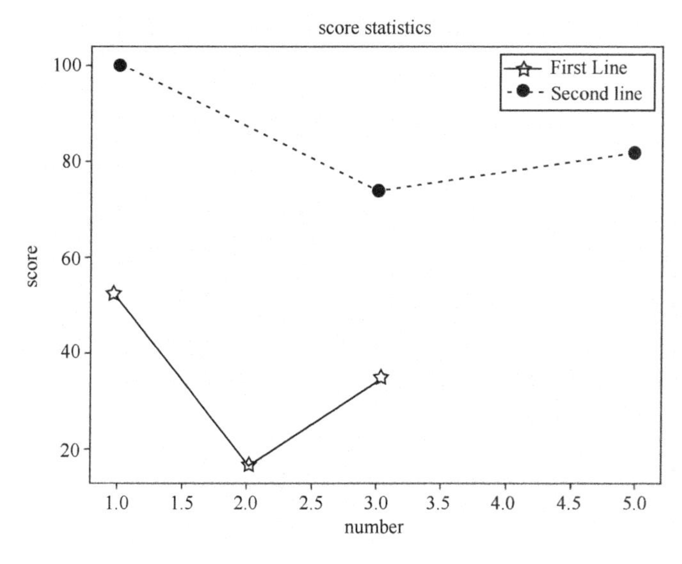

图 10-6　绘制两条折线图的程序运行结果

【例 10-6】　绘制条形图。

```
import matplotlib.pyplot as plt
plt.bar([1,3,5,7,9],[5,2,7,8,2], label="Example one")
plt.bar([2,4,6,8,10],[8,6,2,5,6], label="Example two", color='g')
plt.xlabel(' number')
plt.ylabel(' height')
plt.title('bar example')
plt.legend()
plt.show()
```

绘制条形图的程序运行结果如图 10-7 所示。

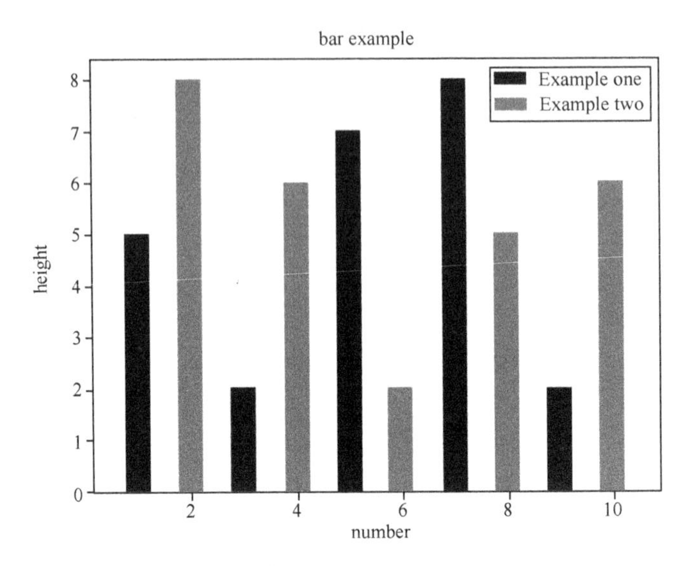

图 10-7　绘制条形图的程序运行结果

【例 10-7】　绘制饼图。

```
import matplotlib.pyplot as plt
slices = [7,2,2,13]
activities = ['sleeping','eating','working','playing']
cols = ['c','m','r','b']
plt.pie(slices, labels=activities, colors=cols, startangle=90, shadow=True, explode= (0,0.1,0,0), autopct='%1.1f%%')
plt.title('pie example')
plt.show()
```

绘制饼图的程序运行结果如图 10-8 所示。

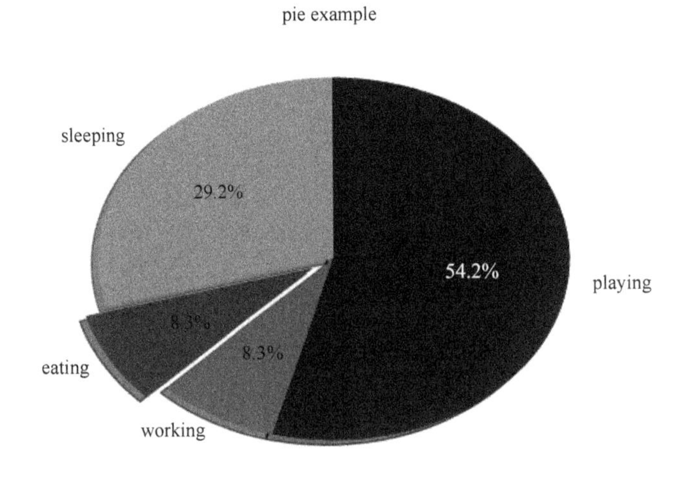

图 10-8　绘制饼图的程序运行结果

说明：饼图常用于显示部分对于整体的情况，通常以%为单位。

【例 10-8】　创建 2 个子图并绘制图形。

```
import matplotlib.pyplot as plt
import numpy as np
plt.figure()
plt.subplot(211)
x1 = np.arange(0.0, 5.0, 0.1)
y1=np.exp(-x1) * np.cos(2*np.pi*x1)
plt.plot(x1,y1,'b-*')
x2 = np.arange(0.0, 5.0, 0.02)
y2=np.cos(2*np.pi*x2)
plt.subplot(212)
plt.plot(x2,y2,'r--o')
plt.show()
plt.close()
```

创建 2 个子图并绘制图形的程序运行结果如图 10-9 所示。

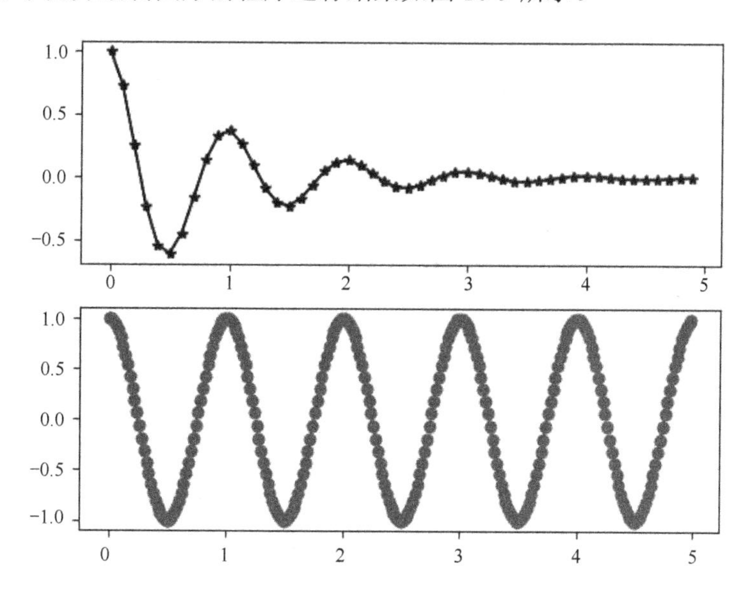

图 10-9　创建 2 个子图并绘制图形的程序运行结果

【例 10-9】　绘制散点图。

```
from sklearn.datasets.samples_generator import make_blobs
import matplotlib.pyplot as plt
X, y = make_blobs(n_samples=100, centers=3, n_features=2,random_state=0)
y=y+1;
plt.figure(1)
ax=plt.subplot(121)
plt.scatter(X[:,0],X[:,1])
ax.set_title('No lable')
```

```
ax=plt.subplot(122)
plt.scatter(X[:,0],X[:,1],y*30,y*30)
ax.set_title('Have lable')
plt.figure(2)
ax=plt.subplot(111)
id=(y==1)
plt.scatter(X[id,0],X[id,1],s=20,color='b')
id=(y==2)
plt.scatter(X[id,0],X[id,1],s=50,color='r')
id=(y==3)
plt.scatter(X[id,0],X[id,1],s=70,color='g')
plt.show()
```

绘制散点图的程序运行结果如图 10-10 所示。

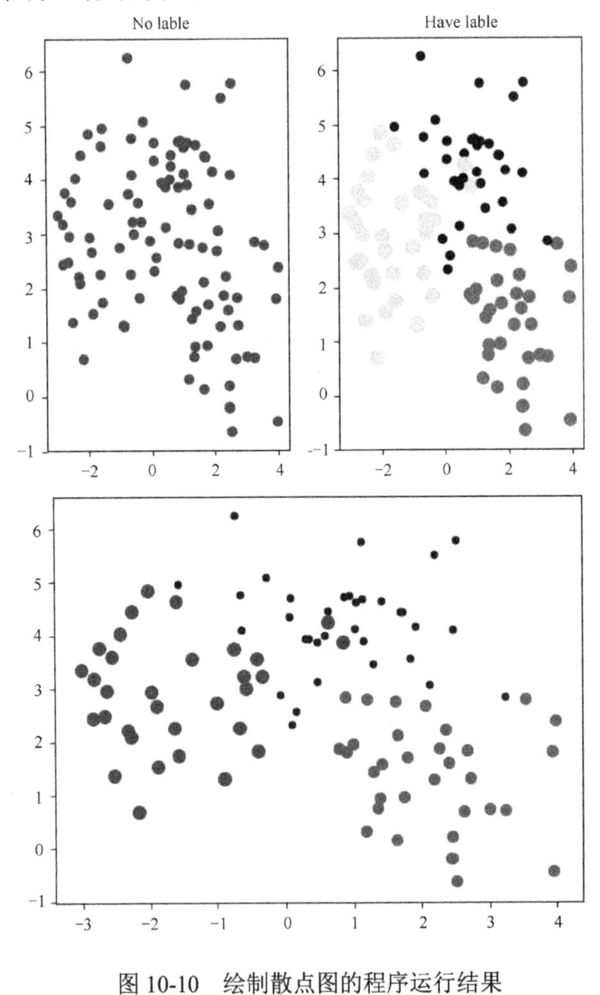

图 10-10 绘制散点图的程序运行结果

【例 10-10】 以 161702_depart.xls 文件数据为例，统计各个学院的评教总分的方差，并用折线图显示；统计各个学院的课程门数，并用饼图显示。两个图放在一个画布上显示。

161702_depart.xls 文件的部分数据如图 10-11 所示。

A	B	C	D	E	F	G	H
教师姓名	所属院（系、部）	职称	课程名称	有效问卷数	参评总人数	注重交流与互动，关心教学反馈，认真听取学生意见	总平均得分
廖华丽	机电工程学院	教授	机械原理	78	83	9.8333	**98.4444**
朱炳麒	机电工程学院	教授	材料力学	87	96	9.7975	**97.9497**
杨志明	企业管理学院	副教授	国际贸易	71	79	9.8154	**98.0617**
潘江波	企业管理学院	副教授	计算机网络	97	100	9.7528	**98.1124**
赵晓春	人文社科部	副教授	马克思主义基本原理概论	103	109	9.957	**99.398**
魏仕庆	人文社科部	讲师	马克思主义基本原理概论	65	69	9.661	**96.8134**
陆雪平	数理教学部	讲师	大学物理 I	68	73	9.7097	**97.1613**
张斌武	数理教学部	教授	高等数学B II	95	102	10	**99.931**
蔡春华	物联网工程学院	讲师	模拟集成电路分析与设计	55	60	9.6078	**96.196**
高明生	物联网工程学院	副教授	计算机通信网	39	40	9.9459	**99.189**

图 10-11　161702_depart.xls 文件部分数据

算法思路：首先遍历表格，为每一行生成一个字典，然后以学院为单位，把每门课程评价项和总得分分别生成列表，再利用 NumPy 的相关函数计算方差。

代码如下：

```
#程序运行要求：161702_depart.xls 文件数据，按学院排序
import xlrd
import numpy as np
import matplotlib.pyplot as plt

FILENAME = "d:\\161702_depart"
workbook = xlrd.open_workbook(FILENAME + ".xls")
#获取第 1 张 sheet 表
sheet = workbook.sheets()[0]
ScoreTitle = {}
ScoreTitle["sc1"] = "注重交流与互动，关心教学反馈，认真听取学生意见"
courseDataset = []
RowNum = sheet.nrows
ColNum = sheet.ncols
DepartmentFlag = []
for i in range(RowNum):
    if(i>0):
        para = {}   #将每一条评教形成一个字典
        rowData = sheet.row_values(i)
        para["ProfName"] = rowData[0].strip()
        para["Department"] = rowData[1].strip()
        para["Title"] = rowData[2].strip()
        para["CourseName"] = rowData[3].strip()
        para["ValidNum"] = int(rowData[4])
        para["TotalNum"] = int(rowData[5])
        para["sc1"] = float(rowData[6])
        para["AvgScore"] = float(rowData[7])
        #department 分割标志位
        if(len(courseDataset)==0):
            DepartmentFlag.append( [ 0 , para["Department"]])
```

```
        else:
            if(courseDataset[len(courseDataset)-1]["Department"]!= para["Department"]):
            DepartmentFlag.append([len(courseDataset),para["Department"]])
        #添加数据行
        courseDataset.append(para)
print(courseDataset[0])
print(DepartmentFlag)
#提取以 department 为第一维度的数据
DataDep = {}
#提取各个评分项
for k in range(len(DepartmentFlag)):
#获取部门名称
depName = DepartmentFlag[k][1]
DataDep[depName] = {}
#每一个评价项都单独用一个列表存放
DataDep[depName]["sc1"] = []
DataDep[depName]["Overall"] = []
for i in range(DepartmentFlag[k][0], DepartmentFlag[k+1][0] if (k!=(len(DepartmentFlag) -1)) else
(len(courseDataset))):
DataDep[depName]["sc1"].append(courseDataset[i]["sc1"])
DataDep[depName]["Overall"].append(courseDataset[i]["AvgScore"])
print(DataDep)
#计算数据参数
#计算方差
# varbufl 存储方差值，之后画图会用到
varbufl = {}
#遍历每一个 department
for i in range(len(DepartmentFlag)):
depName = DepartmentFlag[i][1]
varbufl[depName] = []
var = np.var(DataDep[depName]["sc1"])
varbufl[depName].append(var)
var = np.var(DataDep[depName]["Overall"])
varbufl[depName].append(var)

# 每个学院课程数量的饼状图    #子图方式显示
plt.subplot(211)
#计算出每个部门的课程个数，利用之前提取出的 DepartmentFlag
x = []
for i in range(len(DepartmentFlag)-1):
x.append(DepartmentFlag[i+1][0]-DepartmentFlag[i][0])
x.append(len(courseDataset)-DepartmentFlag[len(DepartmentFlag)-1][0])
```

```
label = ['Mechanic','Business','Social Science','Mathematics','FL','Internet of Things',' comprehensive2']
plt.pie(x, explode=None, labels=label,
    autopct='%1.2f%%', pctdistance=0.6, shadow=False,
    labeldistance=1.1, startangle=None, radius=None,
    counterclock=True, wedgeprops=None, textprops=None,
    center = (0, 0), frame = False)
plt.title("sample number")

#折线图
plt.subplot(212)  #子图方式显示
plt.title('variance analysis')
plt.plot([(i+1) for i in range(2)],  varbuf1["机电工程学院"], color='green', label= 'Mechanic')
plt.plot([(i+1) for i in range(2)],  varbuf1["物联网工程学院"], color='red', label= 'Internet of Things')
plt.plot([(i+1) for i in range(2)],  varbuf1["企业管理学院"],  color='skyblue', label= 'Business')
plt.plot([(i+1) for i in range(2)],  varbuf1["数理教学部"], color='blue', label= 'Mathematics')
plt.plot([(i+1) for i in range(2)],  varbuf1["人文社科部"], color='k', label='Social Science')
plt.plot([(i+1) for i in range(2)],  varbuf1["综合二"], color='m', label='comprehensive2')
plt.legend() # 显示图例
plt.xlabel('score1  overall')
plt.ylabel('variance value')
plt.show()
```

学院课程门数的统计和学院评教总分的方差分析的程序运行结果如图 10-12 所示。

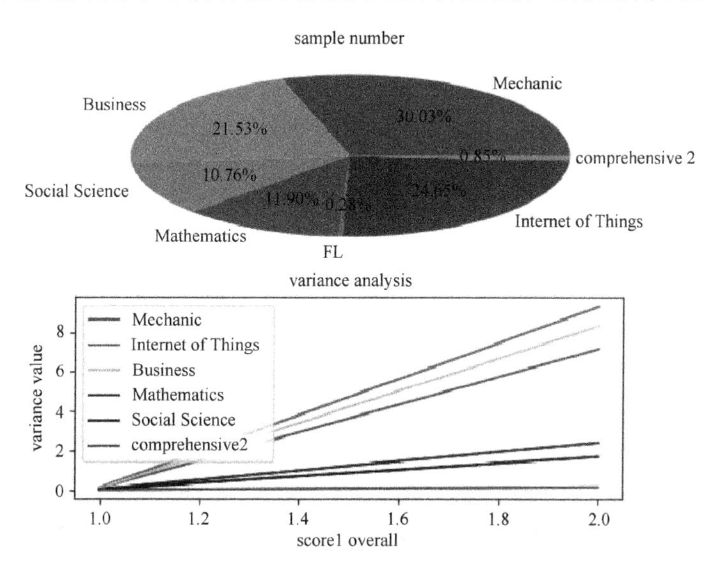

图 10-12　学院课程门数的统计和学院评教总分的方差分析的程序运行结果

分析：从图 10-12 的折线图可以看出，不同学院的评教总分的方差相差很大。物联网工程学院的方差最大，说明物联网工程学院的不同课程的评教总分相差很大；人文社科部和数理教学部的不同课程的评教总分差异较小。

10.3 调用 Echarts

Echarts 是百度提供的基于 JavaScript 实现的开源可视化库，可以流畅地运行在 PC 和移动设备上，兼容当前绝大部分浏览器（IE8/9/10/11、Chrome、Firefox、Safari 等）。其底层依赖轻量级的矢量图形库 ZRender，并提供了组件来实现多维度数据筛取、视图缩放平移、展示细节等交互功能，是可高度个性化定制的数据可视化图表。

Echarts 提供了常规的折线图、柱状图、散点图、饼图、K 线图，用于统计的盒形图，用于地理数据可视化的地图、热力图、线图，用于关系数据可视化的关系图等。Echarts 支持二维表、key-value 等多种格式的数据源，通过简单地设置 encode 属性就可以完成从数据到图形的映射。关于 Echarts 的详细介绍可参见官网：http://echarts.baidu.com/、https://github.com/pyecharts/pyecharts。

Python 中提供了第三方库 pyecharts，用于生成 Echarts 图表。

安装 pyecharts 库的命令：

```
pip install pyecharts
```

【例 10-11】 用柱状图显示每个单词的词频，单词存放在 datax 中，词频存放在 datay 中。

```
from pyecharts import Bar
bar = Bar("我的第一个图表", "word statistics")
datax=["hello", "welcome", "good", "great", "high", "follow"]
datay=[5, 20, 36, 10, 75, 90]
bar.add("word statistics",datax ,datay ,is_more_utils=True)
bar.show_config()
bar.render(r"d:myfirstchart.html")
```

用柱状图显示每个单词词频的程序运行结果如图 10-13 所示。

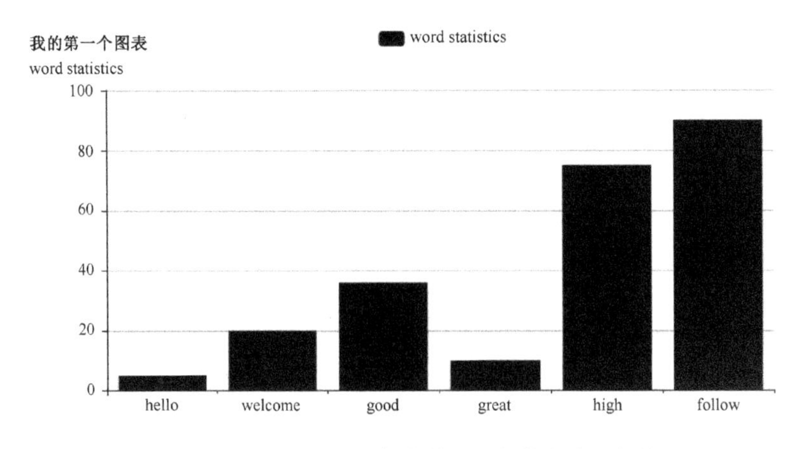

图 10-13　用柱状图显示每个单词词频的程序运行结果

说明：程序将生成的图表保存在 d:myfirstchart.html 文件中，需要用浏览器打开这个文件。

【例 10-12】　用折线图显示 2 个 section 的单词统计。

```
from pyecharts import Line
attr =["hello", "welcome", "good", "great", "high", "follow"]
v1 =[5, 20, 36, 10, 10, 100]
v2 =[55, 60, 16, 20, 15, 80]
line =Line("折线图示例")
line.add("first section", attr, v1, is_step=True,is_label_show=True)
line.add("second section", attr, v2)
line.show_config()
line.render(r"d:mysecondchart.html")
```

用折线图显示 2 个 section 的单词统计的程序运行结果如图 10-14 所示。

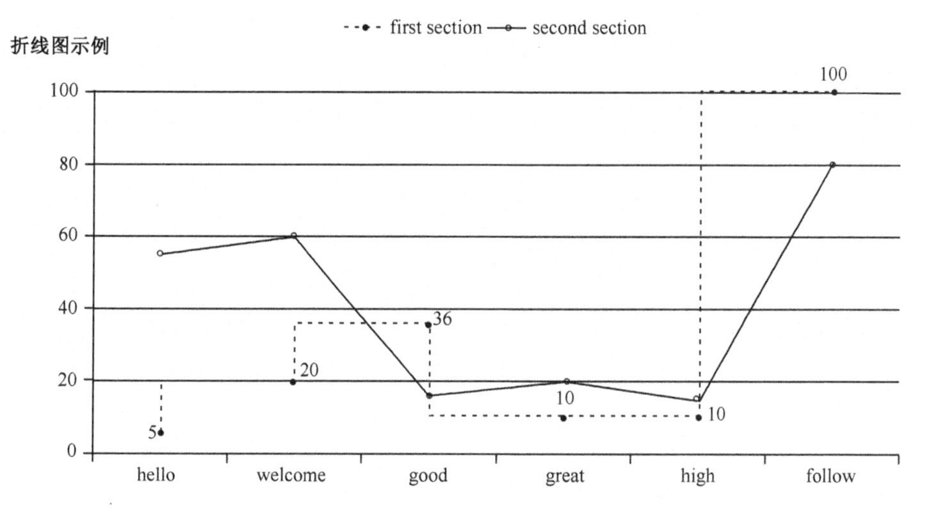

图 10-14　用折线图显示 2 个 section 的单词统计的程序运行结果

【例 10-13】　在地图上显示各省的学生人数。

```
import pandas as pd
from pyecharts import Map
data=[("广东",1000),("山东",3500),("河南",300),("四川",2100),("江苏",1500),("安徽",5000),("浙江",800)]
data=pd.DataFrame(data)
data.columns=['province','number']
map=Map("各省学生数", "单位：人", title_color="#fff", title_pos="center", width=1200, height=600, background_color='#404a59')
attr=data['province']
value=data['number']
map.add("", attr, value, visual_range=[0, 5000], visual_text_color="#fff", symbol_size=15, is_visualmap=True,is_label_show=True)
map.render(r"e:school.html")
```

说明：使用地图，首先需要安装地图包。

本例地图包的安装方式：

pip install echarts-countries-pypkg

pip install echarts-china-provinces-pypkg

习题

1．以 161702_depart.xls 文件数据为例，利用 pandas 统计各学院的评教总分最高分、最低分、平均分，并用 Echarts 和 Matplotlib 进行直方图图形显示。

2．请从网上下载鸢尾花数据文件，用 Echarts 和 Matplotlib 的散点图绘制萼片（sepal）和花瓣（petal）的大小关系。

3．用 Echarts 和 Matplotlib 的分类散点子图绘制不同种类（species）鸢尾花萼片和花瓣的大小关系。

4．用 Echarts 和 Matplotlib 的柱状图或箱式图绘制不同种类鸢尾花萼片和花瓣大小的分布情况。

5．用 Echarts 和 Matplotlib 绘制 sin(x)的图形。

6．用 Echarts 实现你所在位置的标注。

7．用 Echarts 实现某个指定区域的单独边界绘制，并填色和标注区域的平方数。

8．用 Python 的第三方库 opencv，将图 10-1 中的字母识别并存储。

参考文献

[1] 嵩天，等. Python 语言程序设计基础[M]. 2 版. 北京：高等教育出版社，2017.

[2] [美]麦金尼. 利用 Python 进行数据分析[M]. 徐敬一，译. 北京：机械工业出版社，2014.

[3] 黄红梅，张良均，等. Python 数据分析与应用[M]. 北京：人民邮电出版社，2018.

[4] 猎摘互联网软件测试业界技术文章专用博客. Python 之使用 PIL 库做图像处理（pillow+ImageDraw）[EB/OL]. https://blog.csdn.net/cyjs1988/article/details/75403385，2017.7.

[5] Sunhaiyu. Python 用 Pillow（PIL）进行简单的图像操作[EB/OL]. https://www.cnblogs.com/sun-haiyu/p/7127582.html,2017.7.

[6] 赖德发. python 数据可视化中 pyecharts 的使用[EB/OL]. https://blog.csdn.net/u013421629，2017.10.

[7] Chenjiandong. 数据可视化：基于 Python 的数据可视化工具——Pyecharts[EB/OL]. https://www.sohu.com/a/158701638_609198，2017.7.

[8] _飞奔的蜗牛_. 画图工具 matplotlib 简单实用——绘制散点图[EB/OL]. https://blog.csdn.net/dataningwei/article/details/53619534，2016.12.

第11章　Web和移动应用

Web 和移动应用开发是目前软件开发中最重要的部分。Web 开发经历了多个阶段：静态 Web 页面、CGI（Common Gateway Interface）、ASP/JSP/PHP、MVC。目前，Web 开发技术仍在快速发展中，异步开发、新的 MVVM 前端技术层出不穷。Python 的诞生比 Web 还要早。由于 Python 是一种解释型的脚本语言，所以它非常适用于 Web 和移动应用开发。Python 有上百种 Web 开发框架，有很多成熟的模板技术，其中，Django 是最有代表性的，许多成功的网站都是基于 Django 开发的。Kivy 是一套基于 Python 的跨平台快速应用开发框架，对于多点触控有良好的支持，并且可以同时生成安卓及 iOS 的移动应用。选择 Python 进行 Web 和移动应用开发，不但开发效率高，而且运行速度快。本章介绍如何基于 Python Django 进行 Web 开发，以及如何基于 Python Kivy 进行移动应用开发。

11.1　Web 框架 Django

11.1.1　Django 简介

Django 是用 Python 编写的开源 Web 开发框架，它鼓励快速开发，并遵循 MVC 设计。Django 遵守 BSD 版权，第一个正式版本于 2008 年 9 月发布。该套框架以比利时的爵士吉他手 Django Reinhardt 的名字命名。

Django 采用了 MTV［模型 M（Model）、模板 T（Temple）和视图 V（View）］的框架模式，其核心组件有[1]：

（1）用于创建模型的对象关系映射。

（2）为最终用户设计的完美管理界面。

（3）一流的 URL 设计。

（4）设计者友好的模板语言。

（5）缓存系统。

11.1.2　Web 框架

框架（framework）特指为解决一个开放性问题而设计的具有一定约束性的支撑结构，使用框架可以帮助用户快速开发特定的系统。对于所有的 Web 框架，其本质上是一个 socket 服务端，用户的浏览器其实是一个 socket 客户端[2,3]。

一个 Web 框架的本质是：

（1）浏览器发送一个 HTTP 请求。

（2）服务器收到请求，生成一个 HTML 文档。

（3）服务器把 HTML 文档作为 HTTP 响应的 Body 发送给浏览器。

（4）浏览器收到 HTTP 响应，从 HTTP Body 取出 HTML 文档并显示。

所以，最简单的 Web 框架就是先把 HTML 文档用文件保存好，然后用一个现成的 HTTP 服务器软件接收用户请求，再从文件中读取 HTML 文档并返回。Apache、Nginx、Lighttpd 等常见的静态服务器就是完成此工作的。

如果要动态生成 HTML 文档，就需要自己来实现上述步骤。不过，如果我们自己来编写接收 HTTP 请求、解析 HTTP 请求、发送 HTTP 响应这些底层代码，可能事倍功半。正确的做法是将底层代码交由专门的服务器软件实现，我们专注于用 Python 生成 HTML 文档。因为我们不希望接触到 TCP 连接、HTTP 原始请求和响应格式，所以，需要一个统一的接口，以使我们可专心用 Python 来编写 Web 业务，这个接口就是 Web 服务网关接口（Web Server Gateway Interface，WSGI）。WSGI 接口定义非常简单，它定义了 Web 服务器与 Web 框架（或 Web 应用）之间的标准接口，只要求 Web 开发者实现一个函数，就可以响应 HTTP 请求。Python 中的 wsgiref 就是 WSGI 接口的一个模块，其功能相当于 Apache、Nginx。

通过 Python 标准库提供的 wsgiref 模块可以开发一个 Web 框架，但在实际开发环境中，网页很多，不可能通过创建多个 def 函数来实现，需要分类管理，这样就产生了 MVC 和 MTV 两种模式。

11.1.3 MVC 和 MTV 模式

1）MVC 模式

所谓 MVC 模式就是把 Web 应用分为模型（Model）、控制器（Controller）、视图（View）三层，它们之间以一种插件似的、松耦合的方式连接在一起。MVC 模式如图 11-1 所示。

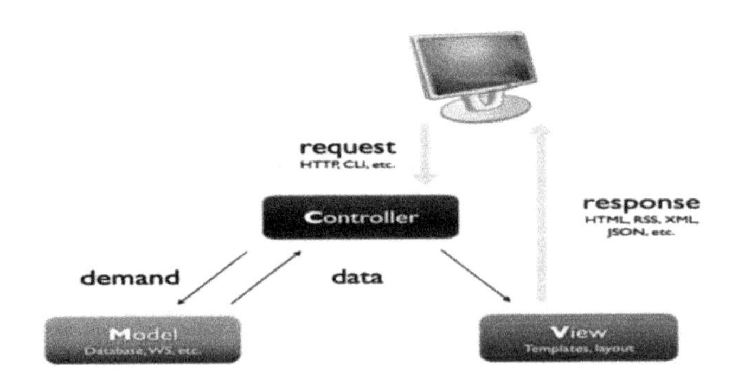

图 11-1 MVC 模式

Model 层实现系统中的业务逻辑，View 层用于与用户交互，Controller 层是 Model 层与 View 层沟通的桥梁，可接受用户的输入并调用 Model 层和 View 层来完成用户的请求。

2）MTV 模式

Django 的 MTV 模式本质上与 MVC 模式没有什么差别，也是各组件之间保持松耦合关系，只是定义上有些许不同。Django 的 MTV 模式如图 11-2 所示。

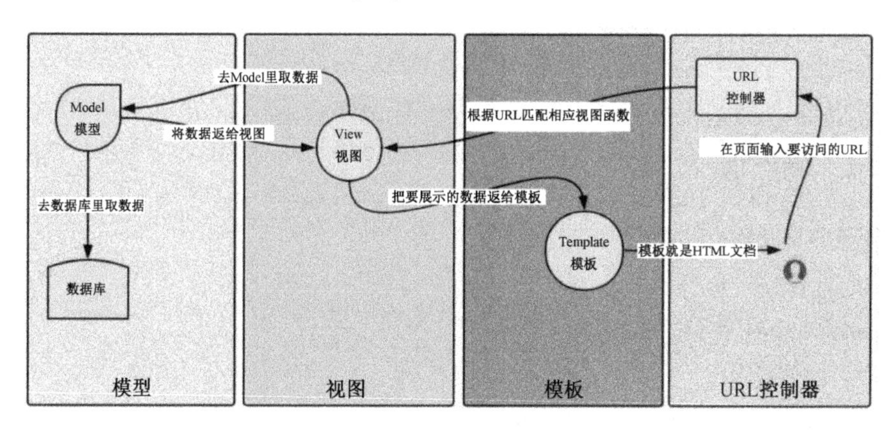

图 11-2 Django 的 MTV 模式

Model（模型）：负责业务对象与数据库的对象（ORM）。

Template（模板）：负责如何把页面展示给用户。

View（视图）：负责业务逻辑，并在适当的时候调用 Model 和 Template。

此外，Django 还有一个 URL 控制器，它的作用是将一个个 URL 的页面请求分发给不同的 View 处理，View 再调用相应的 Model 和 Template。

11.1.4 Django 的安装

在安装 Django 前，系统需要预先安装 Python 的开发环境。Django 的下载地址：https://www.djangoproject.com/download/。

注意：目前 Django1.6.x 以上版本已经完全兼容 Python3.x。

Window 操作系统下 Django 的安装如下。

方法一：打开 cmd 命令窗口，执行命令“pip3 install django”，返回信息提示“Successfully installed django-1.10.6”，则安装成功。

方法二：下载 Django 压缩包；将其解压并和 Python 安装目录放在同一个根目录下；进入 Django 目录，执行“python setup.py install”命令后开始安装。

以上两种方法会将 Django 安装到 Python 的 Lib 下的 site-packages 目录中。将 C:\Python35\Lib\site-packages\django、C:\Python35\ Scripts 添加到系统环境变量中，添加完成后就可以使用 Django 的 django-admin.py 命令新建工程了。

输入以下命令检查是否安装成功：

```
>>>import django
>>>print(django.get_version())
```

如果输出了 Django 的版本号，则说明安装正确。

11.2 Python Web 开发

本节将介绍如何基于 Python Django 框架进行 Web 开发。

11.2.1 创建项目

1. 创建 HelloWorld 项目

进入项目目录，执行以下命令：

```
>django-admin startproject HelloWorld
```

2. 项目目录结构

创建的 HelloWorld 项目目录结构如图 11-3 所示。

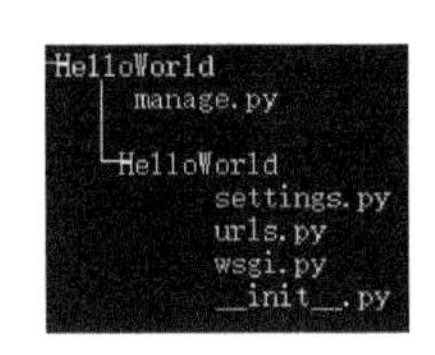

图 11-3 创建的 HelloWorld 项目目录结构

HelloWorld：项目的容器。

manage.py：一个实用命令行工具，以便各种方式与该 Django 项目进行交互。

HelloWorld/__init__.py：一个空文件，告诉 Python 该目录是一个 Python 包。

HelloWorld/settings.py：项目的设置/配置。

HelloWorld/urls.py：项目的 URL 声明，一份由 Django 驱动的网站“目录”。

HelloWorld/wsgi.py：一个 wsgi 兼容的 Web 服务器入口，以便运行项目。

3. 启动服务

（1）进入 HelloWorld 目录，输入以下命令启动服务器。

```
# python manage.py runserver 0.0.0.0:8000
```

0.0.0.0 是让其他客户端连接到服务器；8000 是端口号。如果不说明，那么端口号默认为 8000。

（2）测试。

在浏览器输入服务器的 IP 及端口号，如果服务器正常启动，则输出结果如图 11-4 所示。

图 11-4 服务器正常启动的输出结果

4. 创建 view.py 文件

在 HelloWorld 目录下新建一个 view.py 文件，并输入代码：

```
from django.http import HttpResponse
defhello(request):
returnHttpResponse('Hello world!')
```

5. 绑定 URL 与视图函数

打开 urls.py 文件，删除原来的代码，将以下代码复制粘贴到 urls.py 文件中：

```
from django.conf.urls import url
from django.contrib import admin
from .import view
urlpatterns = [
url(r'^admin/', admin.site.urls),
url(r'^hello/', view.hello),
]
```

6. 测试

启动 Django 服务器，在浏览器中访问项目，如图 11-5 所示。

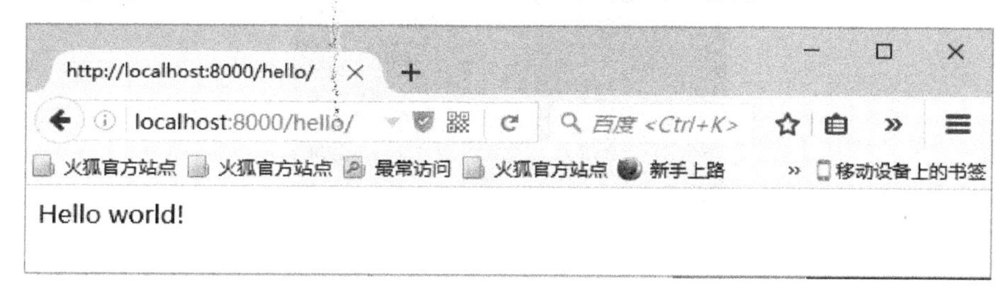

图 11-5　访问项目

访问日志如下：

```
Django version 2.0.7, using settings 'HelloWorld.settings'
Starting development server at http://0.0.0.0:8000/
Quit the server with CTRL-BREAK.
[04/Aug/2018 04:05:16] "GET /hello/ HTTP/1.1" 200 12
```

注意：如果在项目中代码有改动，服务器会自动监测代码的改动并自动重新载入，故如果已经启动了服务器，则不用手动重启。

7. url() 函数

Django url()可以接收 4 个参数：regex（必选）、view（必选）、kwargs（可选）、name（可选）。

regex：正则表达式，与之匹配的 URL 会执行对应的第 2 个参数 view。

view：用于执行与正则表达式匹配的 URL 请求。

kwargs：视图使用的字典类型的参数。

name：用来反向获取 URL。

11.2.2 Django 模板

在 11.2.1 节中，使用 django.http.HttpResponse()来输出“Hello World!”，该方式将数据与视图混合在一起，不符合 Django 的 MVC 思想。本节我们来介绍 Django 模板的应用[1~4]。模板是一个文本，用于分离文档的表现形式和内容。

1. 模板应用实例

1）创建 hello.html 文件

在 HelloWorld 目录下创建 templates 目录并建立 hello.html 文件，整个目录结构如图 11-6 所示。

```
HelloWorld
    db.sqlite3
    manage.py

    HelloWorld
        settings.py
        urls.py
        view.py
        wsgi.py
        __init__.py

        __pycache__
            settings.cpython-36.pyc
            urls.cpython-36.pyc
            view.cpython-36.pyc
            wsgi.cpython-36.pyc
            __init__.cpython-36.pyc

    templates
        hello.html
```

图 11-6　整个目录结构

hello.html 文件代码如下：

```
<h1>{{ hello }}</h1>
```

注意：变量在模板中使用双括号。

2）编辑 settings.py 文件

向 Django 说明模板文件的路径，编辑 HelloWorld/settings.py，修改 TEMPLATES 中的 DIRS 为[BASE_DIR+'/templates',]，如图 11-7 所示。

```
TEMPLATES = [
    {
        'BACKEND': 'django.template.backends.django.DjangoTemplates',
        'DIRS': [BASE_DIR + '/templates',],
        'APP_DIRS': True,
        'OPTIONS': {
            'context_processors': [
                'django.template.context_processors.debug',
                'django.template.context_processors.request',
                'django.contrib.auth.context_processors.auth',
                'django.contrib.messages.context_processors.messages',
            ],
        },
    },
]
```

图 11-7　模板文件的路径

3）编辑 view.py 文件

修改 view.py，增加一个新的对象，用于向模板提交数据：

```
from django.shortcuts import render
def hello(request):
context = {}
context['hello'] = 'Hello World!'
return render(request, 'hello.html', context)
```

这里使用 render 来替代之前使用的 HttpResponse。render 使用了一个字典 context 作为参数，字典 context 中元素的键值'hello'对应模板中的变量 '{{ hello }}'。

4）测试

访问地址 http://127.0.0.1:8000/hello，可以看到测试页面，如图 11-8 所示，其和图 11-5 类似。此时，已实现了使用模板来输出数据，从而将数据与视图分离。

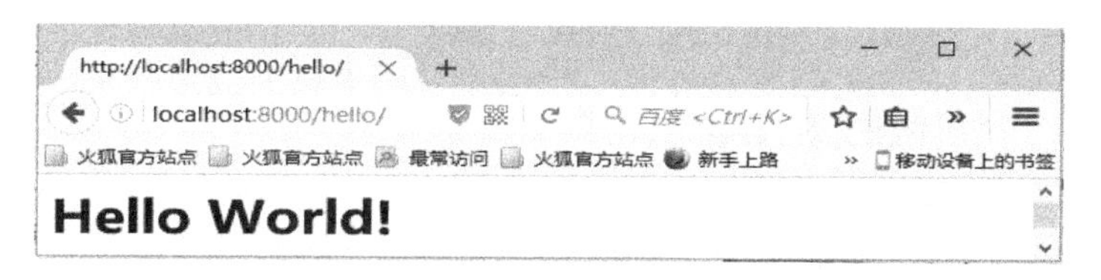

图 11-8　测试页面

2. 模板继承

模板可以用继承的方式来实现复用。

1）创建原始文件

在项目的 templates 目录中添加 base.html 文件，代码如下：

```
<!DOCTYPE html>
<html>
<head>
<meta charset="utf-8">
<title>测试</title>
</head>
<body>
<h1>Hello World!</h1>
<p>Django 测试</p>
        {% block mainbody %}
<p>original</p>
        {% endblock %}
</body>
</html>
```

在以上代码中，名为 mainbody 的 block 标签是可以被继承者们替换掉的部分。所有的{% block %}标签告诉模板引擎，子模板可以重载这些部分。

2）继承原始文件

在 hello.html 中继承 base.html，并替换特定 block。hello.html 修改后的代码如下：

```
{% extends "base.html" %}
{% block mainbody %}
<p>继承了 base.html 文件</p>
{% endblock %}
```

第一行代码说明 hello.html 继承了 base.html 文件。可以看出，代码中使用相同名字的 block 标签来替换 base.html 中相应的 block。

3）测试

访问地址 http://127.0.0.1:8000，输出结果如下：

11.2.3 Django 模型

Django 对各种数据库提供了很好的支持，包括 PostgreSQL、MySQL、SQLite、Oracle。Django 为这些数据库提供了统一的调用 API，可根据业务需求选择不同的数据库。MySQL 是 Web 应用中最常用的数据库，故本节我们以 MySQL 作为实例进行介绍。

1. 安装 MySQL 驱动

安装时执行以下命令：

```
>pip3 install mysqlclient
```

2. 数据库配置

在项目的 settings.py 文件中找到 DATABASES 配置项，将其信息修改为：

```
DATABASES = {
    'default': {
        'ENGINE': 'django.db.backends.mysql', # 或者使用 mysql.connector.django
        'NAME': 'testmodel',
        'USER': 'root',
        'PASSWORD': '123456',
        'HOST': '192.168.1.127',
        'PORT': '3306',
    }
}
```

上面包含数据库名称和用户的信息，它们与 MySQL 中对应的数据库和用户设置相同。Django 根据这一设置将其与 MySQL 中相应的数据库和用户连接起来。

3. 定义模型

1）创建 App

Django 规定，如果要使用模型，必须创建一个 App。使用以下命令创建一个名为 TestModel 的 App：

```
>python manage.py startapp TestModel
```

目录结构如下：

```
└TestModel
        admin.py
        models.py
        tests.py
        views.py
        __init__.py
```

2）编辑 models.py 文件

修改 TestModel/models.py 文件，代码如下：

```
from django.db import models
classTest(models.Model):
name = models.CharField(max_length=20)
```

以上的类名代表了数据库表名，且继承了 models.Model。类里面的字段代表数据表中的字段（name），数据类型则由 CharField（相当于 varchar）、DateField（相当于 datetime）确定。max_length 参数限定了长度。

3）修改 settings.py 文件

接下来在 settings.py 中找到 INSTALLED_APPS 项，修改如下：

```
INSTALLED_APPS = [
    'django.contrib.admin',
    'django.contrib.auth',
    'django.contrib.contenttypes',
    'django.contrib.sessions',
    'django.contrib.messages',
    'django.contrib.staticfiles',
    'TestModel',    #添加此项
]
```

4）创建表结构

创建表结构，在命令行中运行 python manage.py migrate 命令，结果如下：

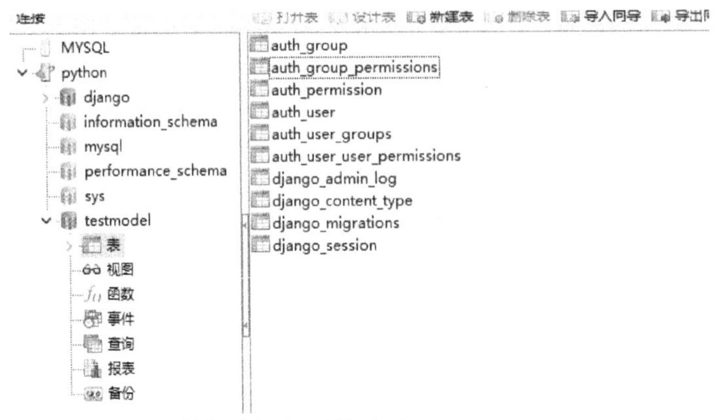

让 Django 知道模型有变更的命令：python manage.py makemigrations TestModel。
创建表结构的命令：python manage.py migrate TestModel。
表名组成结构：应用名_类名（如 TestModel_test）。
其结果如下：

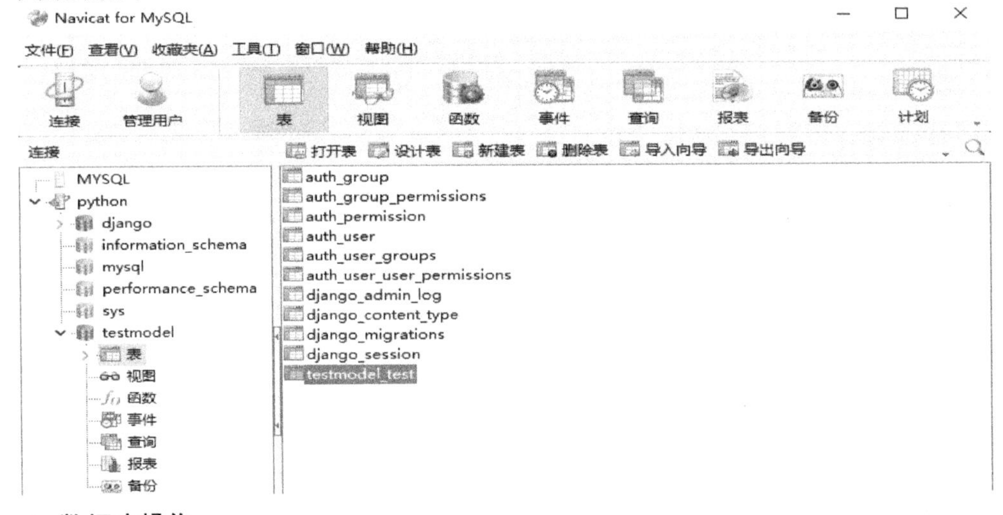

4. 数据库操作

1）新建 testdb.py 文件

在 HelloWorld 目录中添加 testdb.py 文件，与 views.py 同级，然后添加数据。

添加数据需要先创建对象，然后再执行 save 函数，相当于 MySQL 中的 INSERT。

```
# -*- conding:UTF-8 -*-
from django.http import HttpResponse
from TestModel.models import Test
# 数据库操作
def testdb(request):
    test1 = Test(name='runready')
test1.save()
return HttpResponse('<p>数据添加成功！</p>')
```

2）编辑 urls.py 文件

```
from django.conf.urls import url
from django.contrib import admin
from .import view, testdb
urlpatterns = [
url(r'^admin/', admin.site.urls),
url(r'^hello/', view.hello),
url(r'^testdb$, testdb.testdb'),
]
```

3）测试

访问 http://127.0.0.1:8000/testdb，页面显示结果如下：

数据库数据结果如下：

5. 获取数据

Django 提供了多种方式来获取数据库的内容。修改 testdb.py 文件，代码如下：

```
# -*- coding: utf-8 -*-
from django.http import HttpResponse
from TestModel.models import Test
# 数据库操作
def testdb(request):
    # 初始化
    response = ""
    response1 = ""
    # 通过 objects 这个模型管理器的 all()获得所有数据行，相当于 MySQL 中的 SELECT *
FROM
list = Test.objects.all()
    # filter 相当于 MySQL 中的 WHERE，可设置条件过滤结果
    response2 = Test.objects.filter(id=1)
    # 获取单个对象
    response3 = Test.objects.get(id=1)
```

```
    # 限制返回的数据，相当于 MySQL 中的 OFFSET 0 LIMIT 2
    Test.objects.order_by('name')[0:2]
    #数据排序
    Test.objects.order_by("id")
    # 上面的方法可以连锁使用
Test.objects.filter(name="ruready").order_by("id")
    # 输出所有数据
for var in list:
        response1 += var.name + " "
response = response1
return HttpResponse("<p>" + response + "</p>")
```

页面显示结果如下：

Arno

6. 更新数据

更新数据可以使用 save() 或 update()。修改 testdb.py 文件，代码如下：

```
# -*- coding: utf-8 -*-
from django.http import HttpResponse
from TestModel.models import Test
# 数据库操作
def testdb(request):
    # 修改其中 id=1 的 name 字段，再使用 save()，相当于 MySQL 中的 UPDATE
    test1 = Test.objects.get(id=1)
    test1.name = 'Google'
test1.save()
    # 另外一种方式
    # Test.objects.filter(id=1).update(name='Google')
    # 修改所有的列
    # Test.objects.all().update(name='Google')
return HttpResponse("<p>修改成功！</p>")
```

页面显示结果如下：

修改成功

数据库数据结果如下：

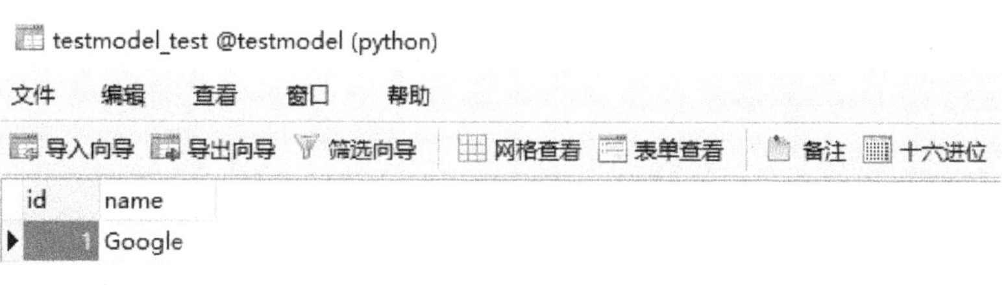

7. 删除数据

删除数据库中的对象只需要调用该对象的 delete()方法即可。修改 testdb.py 文件，代码如下：

```
# -*- coding: utf-8 -*-
from django.http import HttpResponse
from TestModel.models import Test
# 数据库操作
def testdb(request):
    # 删除 id=1 的数据
    test1 = Test.objects.get(id=1)
test1.delete()
    # 另外一种方式
    # Test.objects.filter(id=1).delete()
    # 删除所有数据
    # Test.objects.all().delete()
return HttpResponse("<p>删除成功！</p>")
```

页面显示结果如下：

http://127.0.0.1:8000/testdb
127.0.0.1:8000/testdb
火狐官方站点　火狐官方站点　最常访问　火狐官方站点　新手上路　常用网址
删除成功

数据库数据结果如下：

testmodel_test @testmodel (python)
文件　编辑　查看　窗口　帮助
导入向导　导出向导　筛选向导　网格查看　表单查看　备注　十六进位
id　name
(Null)　(Null)

11.2.4　Django Admin 管理工具

Django 提供了基于 Web 的管理工具。Django 自动管理工具是 django.contrib 的一部分，可以在项目 settings.py 的 INSTALLED_APPS 中看到它。

django.contrib 是一套庞大的功能集，是 Django 基本代码的组成部分。

1. 激活管理工具

管理工具一般在生成项目时会在 urls.py 中自动设置好，只要去掉注释即可，其配置项如下：

```
from django.conf.urls import url
from django.contrib import admin

urlpatterns = [
    url(r'^admin/', admin.site.urls),
]
```

2. 使用管理工具

启动开发服务器，然后在浏览器中访问 http://127.0.0.1:8000/admin/，可看到登录界面如下：

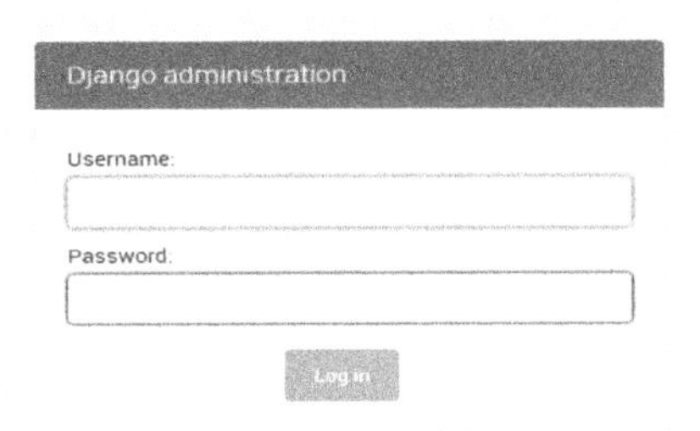

3. 创建超级用户

通过命令“python manage.py createsuperuser”来创建超级用户：

```
PS C:\Users\Arno\Desktop\pythonproject\HelloWorld> python manage.py createsuperuser
Username (leave blank to use 'arno'): arno
Email address: jfwang0901@163.com
Password:
Password (again):
This password is too short. It must contain at least 8 characters.
This password is too common.
This password is entirely numeric.
Password:
Password (again):
Superuser created successfully.
```

4. 登录

输入用户名、密码登录：

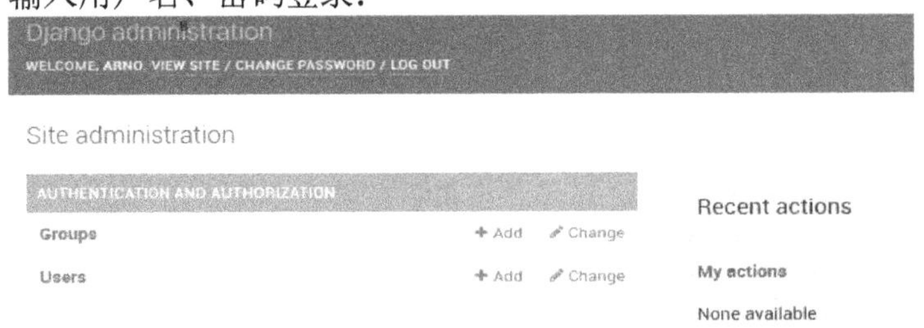

5. 注册数据模型

为了让管理页面管理某个数据模型，需要先在管理页面中注册该数据模型。修改 TestModel/admin.py：

```
from django.contrib import admin
from TestModel.models import Test
# Register your models here.
```

```
admin.site.register(Test)
```

刷新页面后显示结果如下：

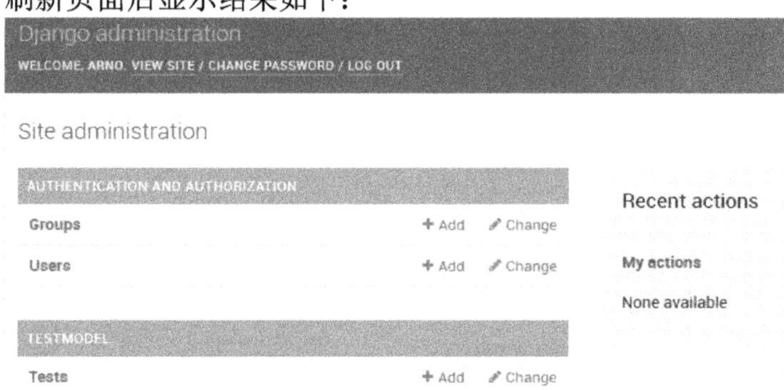

6. 复杂模型

（1）在 TestModel/models.py 中增加一个更复杂的数据模型：

```
from django.db import models
class Test(models.Model):
name = models.CharField(max_length=20)
class Contact(models.Model):
name = models.CharField(max_length=200)
age = models.IntegerField(default=0)
email = models.EmailField()
def __unicode__(self):
return self.name
class Tag(models.Model):
contact = models.ForeignKey(Contact,on_delete=models.CASCADE)( 在 Django2.0 及以上版本中，定义外部键和一对一关系时需要加 on_delete 选项，此参数是为了避免两个表里的数据不一致)
name = models.CharField(max_length=50)
def __unicode__(self):
return self.name
```

下面的两个表中，Tag 以 Contact 为外部键，一个 Contact 可以对应多个 Tag。

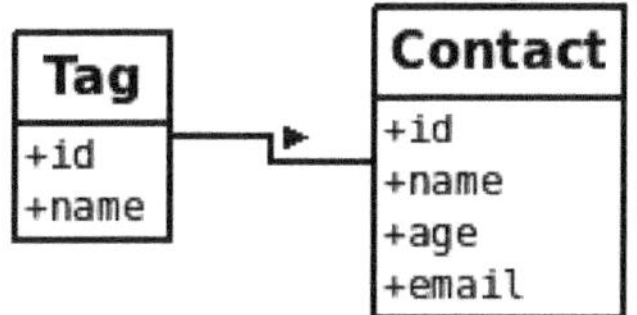

我们还可以看到许多之前没有见过的属性类型，如 IntegerField，它用于存储整数。

（2）在 TestModel/admin.py 注册多个模型：

```
from django.contrib import admin
from TestModel.models import Test,Contact,Tag
admin.site.register([Test, Contact, Tag])
```

如果之前未创建表结构，可使用以下命令创建：

```
$ python manage.py makemigrations TestModel   # 让 Django 知道在我们的模型中有一些变更
```

```
$ python manage.py migrate TestModel    # 创建表结构
```

页面显示结果如下：

Django administration
WELCOME, ARNO. VIEW SITE / CHANGE PASSWORD / LOG OUT
Site administration
AUTHENTICATION AND AUTHORIZATION
Groups + Add Change
Users + Add Change
TESTMODEL
Contacts + Add Change
Tags + Add Change
Tests + Add Change
Recent actions
My actions
None available

7. 自定义表单

1）用自定义管理页面取代默认的管理页面

比如上面的“Add contact”页面，假如我们想要只显示 Name 和 Email 部分，则修改 TestModel/admin.py 如下：

```
from django.contrib import admin
from TestModel.models import Test, Contact, Tag
class ContactAdmin(admin.ModelAdmin):
fields = ('name', 'email')
admin.site.register(Contact, ContactAdmin)
admin.site.register([Test, Tag])
```

结果如下：

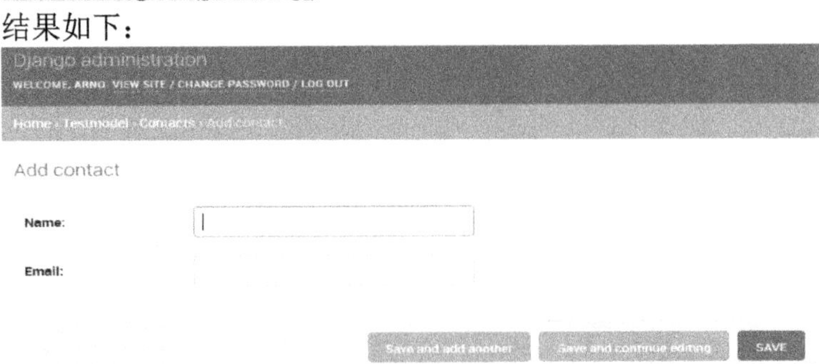

以上代码定义了一个 ContactAdmin 类，用以说明管理页面的显示格式，其中的 fields 属性定义了要显示的字段。由于该类对应的是 Contact 数据模型，在注册的时候，

需要将它们一起注册。

2）将输入栏分块

每个输入栏也可以定义自己的格式。

修改 TestModel/admin.py 为：

```
from django.contrib import admin
from TestModel.models import Test,Contact,Tag
 # Register your models here.
class ContactAdmin(admin.ModelAdmin):
fieldsets = (
            ['Main',{
                'fields':('name','email'),
            }],
            ['Advance',{
                'classes': ('collapse',), # CSS
                'fields': ('age',),
            }]
    )
admin.site.register(Contact, ContactAdmin)
admin.site.register([Test, Tag])
```

上面的代码将输入栏分为 Main 和 Advance 两部分。代码中的 classes 说明了它所在部分的 CSS 格式。Advance 部分内容被隐藏，它旁边有一个 Show 按钮，用于展开；展开后可单击 Hide 按钮再将其隐藏，结果如下：

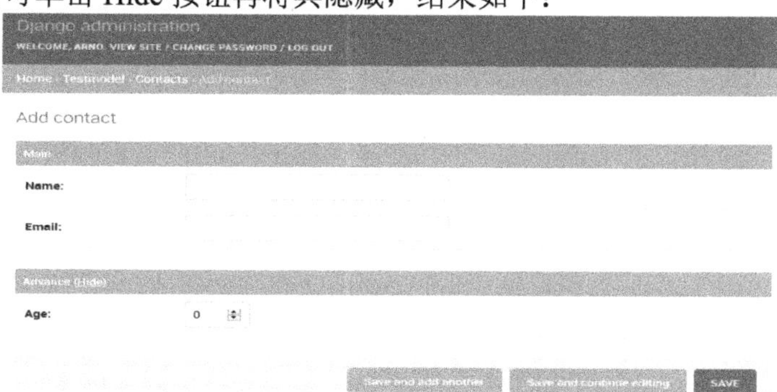

8. 内联（Inline）显示

Contact 是 Tag 的外部键，所以可隐含外部参考关系。而在默认的页面显示中，两者是分开的，无法体现两者的从属关系。我们可以使用内联显示来让 Tag 在 Contact 的编辑页面上显示。

修改 TestModel/admin.py：

```
from django.contrib import admin
from TestModel.models import Test,Contact,Tag
# Register your models here.
class TagInline(admin.TabularInline):
```

```
model = Tag
class ContactAdmin(admin.ModelAdmin):
inlines = [TagInline]   # Inline
fieldsets = (
            ['Main',{
                    'fields':('name','email'),
            }],
            ['Advance',{
                    'classes': ('collapse',),
                    'fields': ('age',),
            }]
    )
admin.site.register(Contact, ContactAdmin)
admin.site.register([Test])
```

页面显示结果如下：

Add contact

Main

Name:

Email:

Advance (Show)

TAGS

NAME	DELETE?

+ Add another Tag

Save and add another　Save and continue editing　SAVE

9. 列表页的显示

我们也可以自定义页面的显示，比如在列表中显示更多的栏目，这只需要在ContactAdmin 中增加 list_display 属性:

```
from django.contrib import admin
from TestModel.models import Test,Contact,Tag
# Register your models here.
class TagInline(admin.TabularInline):
model = Tag
class ContactAdmin(admin.ModelAdmin):
    list_display = ('name','age', 'email') # list
inlines = [TagInline]   # Inline
fieldsets = (
```

```
        ['Main',{
                'fields':('name','email'),
        }],
        ['Advance',{
                'classes': ('collapse',),
                'fields': ('age',),
        }]
    )
admin.site.register(Contact, ContactAdmin)
admin.site.register([Test])
```

列表页显示如下：

Home › Testmodel › Contacts

Select contact to change　　ADD CONTACT +

Action: ---------　Go　0 of 2 selected

☐ CONTACT

☐ Contact object (2)

☐ Contact object (1)

2 contacts

10. 搜索功能

在管理大量记录时常用搜索功能，可使用 search_fields 为列表页增加搜索栏：

```
from django.contrib import admin
from TestModel.models import Test,Contact,Tag
# Register your models here.
class TagInline(admin.TabularInline):
model = Tag
class ContactAdmin(admin.ModelAdmin):
    list_display = ('name','age', 'email') # list
    search_fields = ('name',)
inlines = [TagInline]    # Inline
fieldsets = (
        ['Main',{
                'fields':('name','email'),
        }],
        ['Advance',{
                'classes': ('collapse',),
                'fields': ('age',),
        }]
    )
admin.site.register(Contact, ContactAdmin)
admin.site.register([Test])
```

在本例中搜索了 name 为 haut 的记录，显示结果如下：

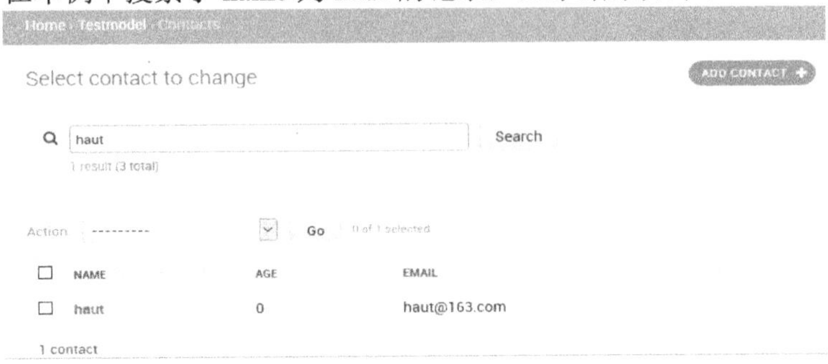

Home › Testmodel › Contacts

Select contact to change

ADD CONTACT

haut Search

1 result (3 total)

Action --------- Go 0 of 1 selected

NAME	AGE	EMAIL
haut	0	haut@163.com

1 contact

11.2.5 Django Nginx+uwsgi 安装配置

在前面几节中使用 python manage.py runserver 来运行服务器，这只在测试环境中适用。

正式发布的服务，需要一个可以稳定持续的服务器，比如 apache、Nginx、lighttpd 等，下面以 Nginx 为例介绍[5]。

1. 安装基础开发包

在 Centos 下其安装步骤如下：

```
# yum groupinstall "Development tools"
# yum install zlib-devel bzip2-devel pcre-devel openssl-devel ncurses-devel sqlite-devel readline-devel tk-devel
# yum install python-devel
```

2. 安装 Python 包

1）easy_install 包

下载地址：https://pypi.python.org/pypi/distribute。

安装步骤:

```
# tar zxvf distribute-0.6.49.tar.gz
# cd distribute-0.6.49
# python setup.py install
```

版本测试：

```
# easy_install --version
```

2）pip 包:

下载地址：https://pypi.python.org/pypi/pip。

安装步骤：

```
# tar zxvf pip-9.0.1.tar.gz
# cd pip-9.0.1
# python setup.py install
```

版本测试：

```
# pip --version
```

3. 安装 uwsgi

uwsgi 下载地址：https://pypi.python.org/pypi/uWSGI。

uwsgi 参数详解可参见：http://uwsgi-docs.readthedocs.org/en/latest/Options.html。

安装步骤：

```
# tar zxvf uwsgi-2.0.14.tar.gz
# cd uwsgi-2.0.14
# python setup.py install
```

测试版本：

```
# uwsgi --version
```

下面测试 uwsgi 是否正常（安装的主机 IP 为：192.168.1.127）。

新建 test.py 文件，内容如下：

```
def application(env, start_response):
    start_response('200 OK', [('Content-Type','text/html')])
return"Hello World"
```

在终端运行上面的代码：

```
# uwsgi --http :8001 --wsgi-file test.py
```

在浏览器内输入 http:// 192.168.1.127:8001，显示结果如下：

4. 安装 Django

参照前述 Django 的安装过程进行安装。测试 Django 是否正常：

```
# django-admin.py startproject demosite
# cd demosite
# python manage.py runserver 192.168.1.127:8000
```

修改创建项目中的 setting.py 文件：

```
ALLOWED_HOSTS = ['*']
```

在浏览器内输入 http://192.168.1.127:8000，结果如下：

5. 安装 Nginx

Nginx 安装包下载地址：http://nginx.org/download/。

解压：

tar zxvf nginx-1.10.2.tar.gz

编译：

#./configure--prefix=/usr/local/nginx--with-http_stub_status_module--with-http_ssl_ module-- with-pcre

安装：

make

make install

测试：

/usr/local/nginx/sbin/nginx -v

显示如下版本信息，证明已安装成功。

```
[root@bogon nginx]# /usr/local/nginx/sbin/nginx -v
nginx version: nginx/1.10.2
```

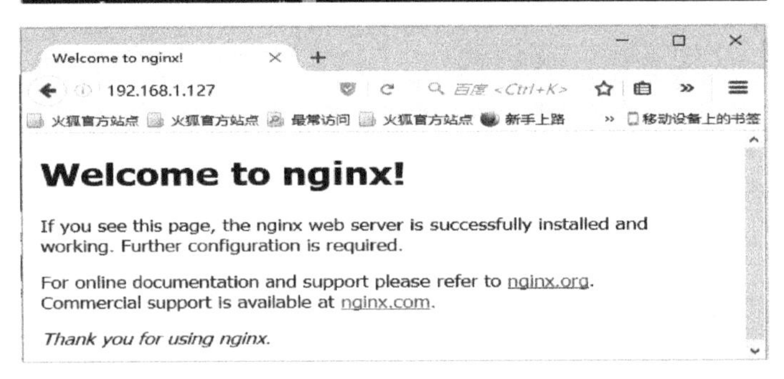

6. uwsgi 配置

uwsgi 支持 ini、xml 等多种配置方式，下面以 ini 为例，在/ect/目录下新建 uwsgi9090.ini，添加如下配置：

```
[uwsgi]
socket = 192.169.1.127:9090
master = true              #主进程
vhost = true               #多站模式
no-site = true             #多站模式时不设置入口模块和文件
workers = 2                #子进程数
reload-mercy = 10
vacuum = true              #退出、重启时清理文件
max-requests = 1000
limit-as = 512
buffer-size = 30000
pidfile = /var/run/uwsgi9090.pid      #pid 文件，用于下面的脚本启动、停止该进程
daemonize = /website/uwsgi9090.log
```

7. Nginx 配置

找到 Nginx 的安装目录（如/usr/local/nginx/），打开 conf/nginx.conf 文件，修改 server 配置：

```
server {
listen          8080;
        server_name    192.168.1.127;

location / {
include   uwsgi_params;
                uwsgi_pass    192.168.1.127:9090;       # 必须和 uwsgi 中的设置一致
                uwsgi_param UWSGI_SCRIPT demosite.wsgi;  # 入口文件，即 wsgi.py 相对于项目
根目录的位置，“.” 相当于一层目录
                uwsgi_param UWSGI_CHDIR /demosite;       # 项目根目录
index   index.html index.htm;
client_max_body_size 35m;
        }
}
```

8. 测试

设置完成后，在终端运行：

```
# uwsgi –ini /etc/uwsgi9090.ini & /usr/local/nginx/sbin/nginx
```

在浏览器输入 http://IP:PORT，就可以看到如下结果。

11.3 Python 移动应用开发

下面使用 Python Kivy 来开发一个安卓 App。

11.3.1 Python Kivy

Kivy 是一套基于 Python 的跨平台快速应用开发框架，对于多点触控有良好的支持。Kivy 依据 LGPLv3 协议发布，支持 Linux、Windows、MacOS、Android 和 iOS 平台，支持各个平台的输入设备协议。其图形核心围绕 OpenGL ES2 构建，可以充分利用目标平台的 GPU 加速。使用 Kivy 能让开发者快速完成简洁的交互原型设计。另外，Kivy 还支持代码重用和部署，是一款颇让人惊艳的 NUI 框架。因为 Kivy 是跨平台的，所以只写一遍代码，就可以同时生成安卓及 iOS 的 App。

Kivy 最新的稳定版本可以在 http://kivy.org/#download 上找到。在安装 Kivy 前，系统需要预先安装 Python 的开发环境。在 Window 操作系统下安装 Kivy 的过程如下。

1）pip 安装 Kivy 依赖

```
python -m pip install docutils pygments pypiwin32 kivy.deps.sdl2 kivy.deps.glew
python -m pip install kivy.deps.gstreamer
```

2）安装 Kivy

```
python -m pip install kivy
```

3）安装 Kivy 官方示例

```
python -m pip install kivy_examples
```

4）验证 Kivy 安装

在 Python IDLE 中，输入如下代码：

```
from kivy.app import App
from kivy.uix.button import Button
class TestApp(App):
    def build(self):
        return Button(text='HELLO')
TestApp().run()
```

执行上面的 Python 代码后如果看到了 test 窗口，说明安装成功了。

注意：系统环境变量应包含/usr/local/bin 路径，解释器为/Applications/Kivy.app/Contents/Resources/venv/bin/python。

11.3.2 Python 移动应用开发过程

1. 用 Kivy 开发一个 Python App[6]

1）创建 main.py 文件

创建一个 main.py 文件，写入如下代码：

```
#! -*- coding:utf-8 -*-
from kivy.app import App
class HelloApp(App):
    pass
if __name__ =='__main__':
    HelloApp().run()
```

2）创建 hello.kv 文件

创建一个 hello.kv 文件，写入如下代码：

```
Label:
    text: 'Hello, World! I am Arno '
```

说明：main.py 是入口函数，定义了一个 HelloApp 类，该类继承了 kivy.app；hello.kv 文件是 Kivy 程序，相当于定义界面风格等，该文件命名规则为类名小写且去除“App”。

2. 运行 Python App

```
python main.py
```

其结果如下：

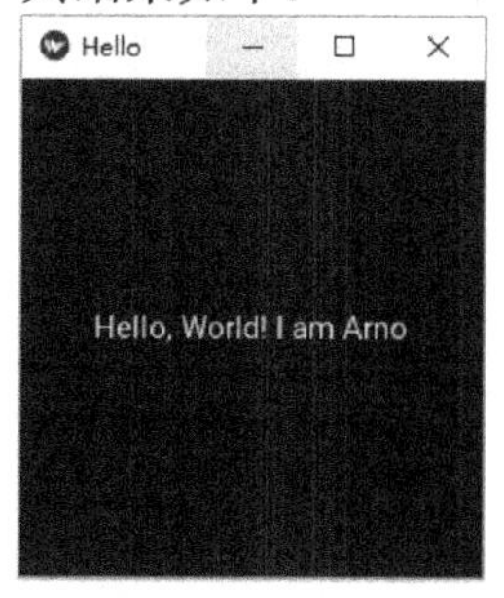

3．安装 buildozer 工具

以上编码创建了一个 Python App 程序，该程序可以直接在 MacOS、Linux、Windows 平台上运行，那么如何让它在 Android 或 iOS 系统上运行呢？我们知道程序要在 Android 或 iOS 系统上运行，需要将其打包成 apk 安装程序，因此需要用到 buildozer 工具。buildozer 工具可以打包 Kivy 程序，支持 Android、iOS 系统等。

在 Python2.x 下安装 buildozer 工具的过程比较简单：

```
pip install buildozer
```

Python3.x 不支持 pip 安装方式，在 Python3.x 下安装 buildozer 工具的代码如下：

```
git clone https://github.com/kivy/buildozer
cd buildozer
python setup.py build
sudo pip install -e .
```

在 https://www.crystax.net/en/download 上下载 Crystax NDK 并解压。

关于 buildozer 工具，详见官网：https://github.com/kivy/buildozer。

4．使用 buildozer 工具将 Kivy 程序打包成 apk[7]

（1）在 Python 项目目录下运行 buildozer 工具：

```
buildozer init
```

（2）运行成功将会创建一个配置文件 buildozer.spec，可以通过修改配置文件更改 App 的名称等。

注意：在 Python3.x 下要确保包含配置文件 buildozer.spec。

```
# Require python3crystax:
requirements = python3crystax,kivy
# Point to the directory where you extracted the crystax-ndk:
android.ndk_path = <Your install path here. Use ~ for home DIR>
```

（3）运行如下命令：

```
buildozer android debug deploy run
```

运行以上命令将会生成跨平台的安装包，可适用于 Android、iOS 等系统。

11.3.3　基于 Python 开发 2048 游戏

按照上面介绍的 Python 移动应用的开发步骤，我们用 Kivy 来开发 2048 游戏。其主要由三部分组成：一是素材，如图片、音频之类的文件；二是 Python 代码；三是 kv 文件。

基于 Python 开发 2048 游戏的主要代码如下：

```
from __future__ import division
import random
from kivy.animation import Animation
from kivy.app import App
from kivy.core.window import Window, Keyboard
from kivy.graphics import Color, BorderImage
from kivy.properties import ListProperty, NumericProperty
from kivy.uix.widget import Widget
from kivy.utils import get_color_from_hex
from kivy.vector import Vector
spacing = 15

colors = (
    'eee4da', 'ede0c8', 'f2b179', 'f59563',
    'f67c5f', 'f65e3b', 'edcf72', 'edcc61',
    'edc850', 'edc53f', 'edc22e')
tile_colors = {2 ** i: color for i, color in
                    enumerate(colors, start=1)}
key_vectors = {
    Keyboard.keycodes['up']: (0, 1),
    Keyboard.keycodes['right']: (1, 0),
    Keyboard.keycodes['down']: (0, -1),
    Keyboard.keycodes['left']: (-1, 0),
}
class Tile(Widget):
    font_size = NumericProperty(24)
    number = NumericProperty(2)
    color = ListProperty(get_color_from_hex(tile_colors[2]))
    number_color = ListProperty(get_color_from_hex('776e65'))
    def __init__(self, number=2, **kwargs):
        super(Tile, self).__init__(**kwargs)
        self.font_size = 0.5 * self.width
        self.number = number
        self.update_colors()
    def update_colors(self):
        self.color = get_color_from_hex(tile_colors[self.number])
        if self.number > 4:
            self.number_color = get_color_from_hex('f9f6f2')
    def resize(self, pos, size):
```

```
        self.pos = pos
        self.size = size
        self.font_size = 0.5 * self.width
def all_cells(flip_x=False, flip_y=False):
    for x in (reversed(range(4)) if flip_x else range(4)):
        for y in (reversed(range(4)) if flip_y else range(4)):
            yield (x, y)

class Board(Widget):
    b = None
    moving = False
    def __init__(self, **kwargs):
        super(Board, self).__init__(**kwargs)
        self.resize()
    def reset(self):
        self.b = [[None for i in range(4)] for j in range(4)]
        self.new_tile()
        self.new_tile()
    def new_tile(self, *args):
        empty_cells = [(x, y) for x, y in all_cells()
                       if self.b[x][y] is None]
        if not empty_cells:
            print('Game over (tentative: no cells)')
            return
        x, y = random.choice(empty_cells)
        tile = Tile(pos=self.cell_pos(x, y),
                    size=self.cell_size)
        self.b[x][y] = tile
        self.add_widget(tile)
        if len(empty_cells) == 1 and self.is_deadlocked():
            print('Game over (board is deadlocked)')
        self.moving = False
    def is_deadlocked(self):
        for x, y in all_cells():
            if self.b[x][y] is None:
                return False
            number = self.b[x][y].number
            if self.can_combine(x + 1, y, number) or \
                    self.can_combine(x, y + 1, number):
                return False
        return True
```

```
    def move(self, dir_x, dir_y):
        if self.moving:
            return
        dir_x = int(dir_x)
        dir_y = int(dir_y)
        for board_x, board_y in all_cells(dir_x > 0, dir_y > 0):
            tile = self.b[board_x][board_y]
            if not tile:
                continue
            x, y = board_x, board_y
            while self.can_move(x + dir_x, y + dir_y):
                self.b[x][y] = None
                x += dir_x
                y += dir_y
                self.b[x][y] = tile
            if self.can_combine(x + dir_x, y + dir_y, tile.number):
                self.b[x][y] = None
                x += dir_x
                y += dir_y
                self.remove_widget(self.b[x][y])
                self.b[x][y] = tile
                tile.number *= 2
                if (tile.number == 2048):
                    print('You win the game')
                tile.update_colors()
            if x == board_x and y == board_y:
                continue    # nothing has happened
            anim = Animation(pos=self.cell_pos(x, y),
                             duration=0.25, transition='linear')
            if not self.moving:
                anim.on_complete = self.new_tile
                self.moving = True
            anim.start(tile)
    def valid_cell(self, board_x, board_y):
        return (board_x >= 0 and board_y >= 0 and
                board_x <= 3 and board_y <= 3)

    def can_move(self, board_x, board_y):
        return (self.valid_cell(board_x, board_y) and
                self.b[board_x][board_y] is None)
    def can_combine(self, board_x, board_y, number):
```

```
        return (self.valid_cell(board_x, board_y) and
                self.b[board_x][board_y] is not None and
                self.b[board_x][board_y].number == number)
    def cell_pos(self, board_x, board_y):
        return (self.x + board_x * (self.cell_size[0] + spacing) + spacing,
                self.y + board_y * (self.cell_size[1] + spacing) + spacing)
    def resize(self, *args):
        self.cell_size = (0.25 * (self.width - 5 * spacing), ) * 2
        # redraw background
        self.canvas.before.clear()
        with self.canvas.before:
            BorderImage(pos=self.pos, size=self.size, source='board.png')
            Color(*get_color_from_hex('ccc0b4'))
            for board_x, board_y in all_cells():
                BorderImage(pos=self.cell_pos(board_x, board_y),
                            size=self.cell_size, source='cell.png')
        # resize tiles
        if not self.b:
            return
        for board_x, board_y in all_cells():
            tile = self.b[board_x][board_y]
            if tile:
                tile.resize(pos=self.cell_pos(board_x, board_y),
                            size=self.cell_size)
    on_pos = resize
    on_size = resize
    def on_key_down(self, window, key, *args):
        if key in key_vectors:
            self.move(*key_vectors[key])
    def on_touch_up(self, touch):
        v = Vector(touch.pos) - Vector(touch.opos)
        if v.length() < 20:
            return

        if abs(v.x) > abs(v.y):
            v.y = 0
        else:
            v.x = 0

        self.move(*v.normalize())
```

```
class GameApp(App):
    def on_start(self):
        board = self.root.ids.board
        board.reset()
        Window.bind(on_key_down=board.on_key_down)

if __name__ == '__main__':
    Window.clearcolor = get_color_from_hex('faf8ef')
    GameApp().run()
```

桌面安装效果如图 11-9 所示。

图 11-9　桌面安装效果

游戏界面如图 11-10 所示。

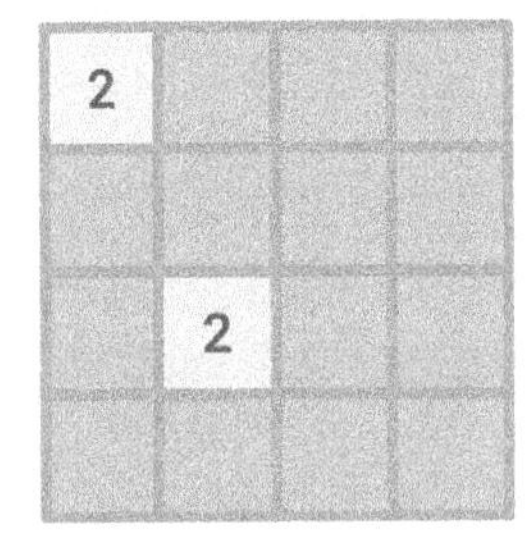

图 11-10　游戏界面

习题

基于 Django 和 Kivy 设计一个 Blog 网站并上线移动应用，其内容包含日志、用户和评论三部分。

参考文献

[1] https://www.liaoxuefeng.com/wiki/001374738125095c955c1e6d8bb493182103fac9270762a000/001386832689740b04430a98f614b6da89da2157ea3efe2000.

[2] http://www.cnblogs.com/python-nameless/p/5831983.html.

[3] https://www.cnblogs.com/heilongorz/articles/6476437.html.

[4] http://www.cnblogs.com/RUReady/p/6524951.html.

[5] https://www.liaoxuefeng.com/wiki/0014316089557264a6b348958f449949df42a6d3a2e542c000/0014320118765877e93ecea4e6449acb157e9efae8b40b6000.

[6] http://www.cnblogs.com/CoXieLearnPython/p/9231949.html.

[7] https://kivy.org/docs/guide/packaging-android.html.

第12章 与云结合

云计算是以分布式计算、虚拟化等技术为支撑的，将计算、存储、网络等资源池化，并将其以按需付费的形式提供给用户的服务模式。随着互联网的飞速发展及市场需求的推动，云计算被广泛应用于人们的生活中。根据服务类型的不同，云计算可以分为 3 类：基础设施即服务（Infrastructure as a Service，IaaS），平台即服务（Platform as a Service，PaaS），以及软件即服务（Software as a Service，SaaS）。近年来，随着云计算技术的飞速发展，亚马逊、谷歌、微软、雅虎及阿里巴巴、百度、腾讯等国内外 IT 企业纷纷将它们的服务转移到云端，云服务已日益渗透到人们生活的方方面面。目前几乎所有的云服务中都提供了 Python API、Python SDK 等，如何将它们与云结合是 Python 的应用研究热点。本章介绍国内的各种云，以及如何用 Python 访问它们。

12.1 阿里云

阿里云成立于 2009 年，在杭州、北京和硅谷均设有研发机构。阿里云专注于云计算及人工智能，致力于以在线公共服务的方式提供安全、可靠的计算和数据处理能力，让云计算和人工智能成为普惠科技。阿里云在全球 18 个地域开放了 45 个可用区，为全球数十亿用户提供可靠的计算支持。此外，阿里云为全球客户部署了 200 多个飞天数据中心，通过底层统一的飞天操作系统，为客户提供全球独有的混合云体验[1]。

目前阿里云的产品涵盖弹性计算、数据库、存储与 CDN、分析与搜索、云通信、网络、管理与监控、应用服务、互联网中间件、移动服务、视频服务等。

12.1.1 阿里云计算体系架构

阿里云的核心系统是底层的大规模分布式计算系统（飞天系统）、分布式文件系统、分布协同服务、安全管理、远程过程调用、资源管理和任务调度，在核心系统之上构建了弹性计算服务、开放存储服务、开放结构化数据服务、开放数据处理服务和关系型数据库服务等。阿里云计算体系架构如图 12-1 所示[2]。

1．弹性计算服务

弹性计算服务（Elastic Compute Service，ECS）[3]是以阿里云自主研发的大型分布式操作系统为基础，基于虚拟化等云计算技术，将普通基础资源整合在一起，以集群的方式给各行各业提供的计算能力服务。阿里云弹性计算服务系统架构主要包括虚拟化平台与分布式存储、控制系统、运维及监控系统。

图 12-1　阿里云计算体系架构

2. 开放存储服务

开放存储服务（Open Storage Service，OSS）是阿里云对外提供的海量、安全、低成本、高可靠的云存储服务。用户可以通过简单的 REST 接口，在任何时间、任何地点上传和下载数据，也可以使用 Web 页面对数据进行管理。OSS 提供 Java、Python、PHP SDK 来简化用户的编程。基于 OSS，用户可以搭建各种多媒体分享网站和网盘，以及进行个人和企业数据备份。

3. 开放结构化数据服务

开放结构化数据服务（Open Table Service，OTS）又称表格存储（Table Store），是构建在阿里云飞天系统之上的 NoSQL 数据存储服务，提供海量结构化数据的存储和实时访问。

4. 开放数据处理服务

开放数据处理服务（Open Data Processing Service，ODPS）[4,5]是基于阿里云完全自主知识产权的云计算平台构建的数据存储与分析平台。ODPS 提供了大规模数据存储与数据分析服务。用户可以使用 ODPS 平台上提供的数据模型工具与服务。ODPS 也支持用户自己发布数据分析工具。

5. 关系型数据库服务

关系型数据库服务（Relational Database Service，RDS）又称云数据库 RDS 版[6]，是一种安全可靠、伸缩灵活的按需云数据库服务。RDS 是一种高度可用的托管服务，具有自动监控、备份及容灾功能。其提供 3 种数据库引擎：MySQL、SQL Server 及

PostgreSQL。

12.1.2　CLI Python 版

阿里云命令行工具（Alibaba Cloud CLI）是基于阿里云开放 API 建立的管理工具。借助此工具，可以通过调用阿里云开放 API 来管理阿里云产品。该命令行工具与阿里云开放 API 一一对应，灵活性高且易于扩展。可基于该命令行工具对阿里云原生 API 进行封装，扩展出想要的功能。

1. 安装 CLI 及 SDK

CLI 需要在 Python 环境中运行。它要求系统为 Windows，并要求安装 Python 2.7.x。

安装 CLI 只需执行如下命令：

```
pip install aliyuncli
```

系统显示类似如下的信息，则表明安装成功。

```
Successfully installed aliyuncli-2.1.2 colorama-0.3.3 jmespath-0.7.1
```

安装 SDK 只需执行如下命令：

```
pip install aliyun-python-sdk-rds
```

系统显示类似如下的信息，则表明安装成功。

```
Successfully installed aliyun-python-sdk-rds-2.0.3
```

2. 配置 CLI

1）*公共云用户配置* CLI

安装好 CLI 后，需要先配置 Access Key ID 和 Access Key Ssecret，这是调用 Open API 的必要信息。所以，首先在可联网的设备上创建 Access Key。此外，还可以配置购买的阿里云产品的区域信息和 CLI 默认的输出格式，如 text、table 或 JSON。

（1）创建 Access Key。

登录阿里云管理控制台官网：https://home.console.aliyun.com/。单击 accesskeys，按操作提示输入短信校验码等，最后单击“确定”，则 Access Key 创建成功。

（2）配置 CLI。

在 Windows 环境下，执行如下命令，从而打开并填写所列参数。

```
cd C:\Python27\Scripts
aliyuncli configure
Aliyun Access Key ID [None]: <输入 Access Key ID>
Aliyun Access Key Secret [None]: <输入 Access Key Secret>
Default Region Id [None]: <输入实例的 Region Id>
Default output format [None]: <输入您需要的输出格式>
```

在 Linux/UNIX 或 MacOS 环境下，执行如下命令，从而打开并填写所列参数。

```
$ sudo aliyuncli configure
Aliyun Access Key ID [None]: <输入 Access Key ID>
Aliyun Access Key Secret [None]: <输入 Access Key Secret>
Default Region Id [None]: <输入您购买的阿里云产品的 Region Id>
```

```
Default output format [None]: <输入您需要的输出格式>
```

2）专有云、专有域用户配置 CLI

安装好 CLI 后，需要先配置安全证书。证书是工具和阿里云基础服务之间必需的凭证，所有命令的请求都必须包含这些信息。所以首先要在可联网的设备上创建 Access Key。除证书外，还可以配置专有云和专有域的 RegionId 及 CLI 默认的输出格式，如 text、table 或 JSON。

（1）创建 Access Key。

专有云和专有域用户需要申请两个账号：User ID（UID）和 Business ID（BID）。UID 和 BID 都有自己对应的 Access Key ID 和 Access Key Secret。UID 账号用于执行管理阿里云资产的操作。BID 账号用于执行与费用相关的操作，如创建、删除、变配阿里云资产等，但 BID 账号无法管理阿里云资产。因此，在进行不同的操作时，要使用相应账号的 Access Key ID 和 Access Key Secret 来配置命令行工具。

在 UID 账号下可执行命令的示例如下：

```
aliyuncli ecs StartInstance --InstanceId   i-3XXXXkts
aliyuncli ecs RebootInstance --InstanceId   i-37XXXXX
```

在 BID 账号下可执行命令的示例如下：

```
aliyuncli ecs DeleteInstance--InstanceId iXXXXXXk3--OwnerAccount zXXXXXXXXXer @aliyun. com
```

A. 创建 UID 及其 Access Key：

执行如下命令，从而下载并安装 AAS 的 SDK。

```
$ sudo pip install aliyun-python-sdk-aas
```

执行如下命令，从而创建 UID/AliyunId 和 PK 码。

```
aliyuncli aas CreateAliyunAccount
```

执行如下命令，从而创建 Access Key ID 和 Access Key Secret。

```
aliyuncli aas CreateAccessKeyForAccount --PK XXXXXXX
```

B. 创建 BID 及其 Access Key：

将创建的 UID 账号交给阿里云商务经理，商务经理将为客户创建 BID 账号。客户用 BID 账号登录阿里云官网的管理控制台。

单击 accesskeys，查看 BID 账号的 Access Key ID 和 Access Key Secret。

（2）添加专有云和专有域的 RegionId。

专有云和专有域的 RegionId 与公网默认的可能不同。在配置 CLI 之前，专有云和专有域用户需要把自己的 RegionId 添加到 CLI 的 endpoints.xml 文档中。另外，专有云用户同时还需要修改其接入点（endpoint）的信息。用户在购买专有云和专有域时，即会获得其专有云和专有域的 RegionId。可使用如下命令查询最新的 RegionId。

```
aliyuncli ecs DescribeRegions --output json
```

注意：在公网账号下，该查询结果显示公网所支持的 RegionId。在专有云和专有域账号下，该查询结果显示购买的专有云或专有域所支持的 RegionId。

A. 添加专有云的 RegionId 和修改接入点信息：

阿里云 CLI 默认不包含专有云用户的 RegionId 及接入点信息，RegionId 和接入点信息写在 SDK 里面。专有云用户可以通过以下两种方法添加 RegionId 和修改接入点信息。

方法一：通过直接修改文件来添加 RegionId 和修改接入点信息。

找到 aliyunsdkcore 这个 SDK 下面的 endpoints.xml 文件并找到 RegionIds：Windows 系统的参考路径为 C:\Python27\Lib\site-packages\aliyunsdkcore；Linux 系统的参考路径为 /usr/local/lib/python2.7/site-packages/aliyunsdkcore。

按照如下格式添加 RegionId:

```
<RegionIds>
            <RegionId>cn-beijing</RegionId>
            <RegionId>cn-qingdao</RegionId>
            <RegionId>cn-hangzhou</RegionId>
            <RegionId>cn-hongkong</RegionId>
            <RegionId>cn-shanghai-et2-b01</RegionId>
            <RegionId>cn-shanghai</RegionId>
            <RegionId>us-west-1</RegionId>
            <RegionId>cn-shanghai-et2-test01</RegionId>
            <RegionId>cn-shenzhen</RegionId>
            <RegionId>ap-southeast-1</RegionId>
    </RegionIds>
```

修改接入点信息时，只需要将 DomainName 修改为专有云用户的 DomainName 即可。可联系专有云用户的产品经理查询该信息。以修改 ECS 产品的接入点为例，按照以下方法进行修改：

```
<Product>
    <ProductName>Ecs</ProductName>
    <DomainName>ecs.aliyuncs.com</DomainName>
</Product>
```

方法二：通过 CLI 添加 RegionId 和修改接入点信息。

可通过 CLI 添加 RegionId 和修改接入点信息，但只有 v1.0.7 以上版本的 CLI 才支持此功能。专有云用户必须同时设置 RegionId 和接入点，这主要是为了防止用户遗漏其中某一部分而导致修改失败和工具无法使用。

在 Windows 环境下，执行如下命令，从而设置 RegionId 和接入点。

```
aliyuncli ecs ModifyEndPoint--RegionId my-region-id--EndPoint my.ecs.domainname.com
```

在 Linux/UNIX 和 MacOS 环境下，执行如下命令，从而设置 RegionId 和接入点。

```
sudo aliyuncli ecs ModifyEndPoint--RegionId my-region-id--EndPoint my.ecs.domainname. com
```

B. 添加专有域的 RegionId：

阿里云 CLI 默认不包含专有域用户的 RegionId，RegionId 的信息写在 SDK 中。专有域用户可以通过以下两种方法添加 RegionId。

方法一：通过直接修改文件来添加 RegionId。

找到 aliyunsdkcore 这个 SDK 下面的 endpoints.xml 文件并找到 RegionIds：Windows 系统的参考路径为 C:\Python27\Lib\site-packages\aliyunsdkcore；Linux 系统的参考路径为

/usr/local/lib/python2.7/site-packages/aliyunsdkcore。

按照如下格式添加 RegionId：

```
<RegionIds>
            <RegionId>cn-beijing</RegionId>
            <RegionId>cn-qingdao</RegionId>
            <RegionId>cn-hangzhou</RegionId>
            <RegionId>cn-hongkong</RegionId>
            <RegionId>cn-shanghai</RegionId>
            <RegionId>us-west-1</RegionId>
            <RegionId>cn-shanghai-et2-test01</RegionId>
            <RegionId>cn-shenzhen</RegionId>
            <RegionId>ap-southeast-1</RegionId>
    </RegionIds>
```

方法二：通过 CLI 添加 RegionId。

通过 CLI 添加时，只有 v1.0.7 以上版本的 CLI 才支持此功能。专有域用户不要对 EndPoint ecs.aliyuncs.com 做任何修改。

在 Windows 环境下，执行如下命令，从而添加专有域名称。

```
aliyuncli ecs ModifyEndPoint --RegionId my-region-id --EndPoint ecs.aliyuncs.com
```

在 Linux/UNIX 和 MacOS 环境下，执行如下命令，从而添加专有域名称。

```
sudo aliyuncli ecs ModifyEndPoint --RegionId my-region-id --EndPoint ecs.aliyuncs.com
```

（3）配置 CLI 的参数。

在 Windows 环境下，执行如下命令，从而打开并填写所列参数。

```
cd C:\Python27
aliyuncli configure
Aliyun Access Key ID [None]: <输入 Access Key ID>
Aliyun Access Key Secret [None]: <输入 Access Key Secret>
Default Region Id [None]: <输入实例的 Region Id>
Default output format [None]: <输入您需要的输出格式>
```

在 Linux/UNIX 和 MacOS 环境下，执行如下命令，从而打开并填写所列参数。

```
$ sudo aliyuncli configure
Aliyun Access Key ID [None]: <输入 Access Key ID>
Aliyun Access Key Secret [None]: <输入 Access Key Secret>
Default Region Id [None]: <输入您专有云或专有域的 Region Id>
Default output format [None]: <输入您需要的输出格式>
```

3. 阿里云 Python SDK 列表

阿里云各产品对应的 Python SDK 如表 12-1 所示。

表 12-1　阿里云各产品对应的 Python SDK

产　品	Python SDK
账号登录	aliyun-python-sdk-aas
云解析 DNS	aliyun-python-sdk-alidns
批量计算	aliyun-python-sdk-batchcompute
备案	aliyun-python-sdk-bsn
CDN	aliyun-python-sdk-cdn
数据风控	aliyun-python-sdk-cf
云监控	aliyun-python-sdk-cms
容器服务	aliyun-python-sdk-cs
域名	aliyun-python-sdk-domain
分布式关系型数据库服务	aliyun-python-sdk-drds
云服务器 ECS	aliyun-python-sdk-ecs
弹性伸缩	aliyun-python-sdk-ess
功能测试	aliyun-python-sdk-ft
阿里绿网	aliyun-python-sdk-green
高性能计算	aliyun-python-sdk-hpc
HTTPDNS	aliyun-python-sdk-httpdns
物联网套件	aliyun-python-sdk-iot
密钥管理服务	aliyun-python-sdk-kms
媒体转码	aliyun-python-sdk-mts
云数据库 Memcache 版	aliyun-python-sdk-ocs
云推送	aliyun-python-sdk-push
访问控制	aliyun-python-sdk-ram
云数据库 RDS 版	aliyun-python-sdk-rds
资源编排	aliyun-python-sdk-ros
负载均衡	aliyun-python-sdk-slb
专有网络 VPC	aliyun-python-sdk-vpc
阿里云 STS	aliyun-python-sdk-sts
云盾	aliyun-python-sdk-yundun

4. 脚本使用示例

1）使用 Shell 脚本

这里以 Linux 系统为例介绍在阿里云 CLI 中如何使用 Shell 脚本。该示例脚本集成了常见的几个操作方式，包括单个执行及批量执行。

示例脚本的使用方法如下。

（1）安装并配置命令行工具。

（2）下载 ECS 的 Shell 脚本 ecs.tar.gz（官网地址：http://aliyun-cli.oss-cn-hangzhou.aliyuncs. com）。

（3）执行如下命令，解压下载的文件：

```
tar zxvf ecs.tar.gz
sh ecs.sh
```

（4）选择要执行的操作：

在一级目录可以选择单个或批量执行启动、停止、重启、更换系统，重置、释放、重置密码等，如下所示：

```
bash-3.2# sh ecs.sh
Select the type of operation
    1  Start                  8  Batch Start
    2  Stop                   9  Batch Stop
    3  Restart                10 Batch Restart
    4  Replace System         11 Batch Replace System
    5  Reset System           12 Batch Reset System
    6  Release                13 Batch Release
    7  Reset PassWord         14 Batch Reset PassWord
    15 Other Select           16 Exit

Please Input Select ID:
```

在二级目录可以选择单个或批量查询磁盘 ID、镜像 ID，还可批量导出文件等，如下所示：

```
Select the type of operation
    17 Query Disk ID          21 Create Snapshot
    18 Query Image ID         22 Batch Create Snapshot
    19 Batch Query Disk ID    51 Return to top
    20 Query All Image ID     51 Exit
```

2）查询已订阅的镜像市场镜像信息

可以利用 CLI 通过如下脚本查询已订阅的镜像市场镜像信息（镜像 ID 和镜像名称）。可选择下载脚本或编辑脚本内容。

脚本内容如下：

```
`#!/bin/bash
tcount=`aliyuncli ecs DescribeImages --ImageOwnerAlias marketplace --output json --filter TotalCount`
pageNum=1
cat /dev/null >/tmp/imageids.txt
while ((tcount>0))
do
        aliyuncli ecs DescribeImages --ImageOwnerAlias marketplace --filter Images.Image[*].
ImageId--PageSize 100 --PageNumber $pageNum --output json--filter Images.Image[*].ImageId | sed '1d' | sed
'$d' | sed 's/，//g' | sed 's/"//g'| sed 's/ //g'>>/ tmp/imageids.txt
        let pageNum++
        let tcount-=100
done
cat /tmp/imageids.txt   | while read line
do
        isSubscribed=`aliyuncli ecs DescribeImages --ImageOwnerAlias marketplace --ImageId $line -
-filter ImageIds.Image[*] --filter Images.Image[*].IsSubscribed --output json | sed '1d' | sed '$d' | sed 's/ //g'`
        if [[ $isSubscribed = "true" ]];then
        echo $line `aliyuncli ecs DescribeImages --ImageOwnerAlias marketplace --ImageId $line --
filter ImageIds.Image[*] --filter Images.Image[*].ImageName --output json | sed '1d' | sed '$d' | sed 's/
//g'` >>imagesInfo.txt
```

```
        fi
done
native2ascii -encoding UTF-8 -reverse imagesInfo.txt imagesInfoCN.txt
rm -rf imagesInfo.txt
cat imagesInfoCN.txt`
```

编辑或下载脚本并赋权（chmod +x）后，可以通过如下格式直接执行脚本，从而在脚本所在目录下生成包含已订阅镜像的信息文件 imagesInfoCN.txt。

其用法示例如下：

```
./querySubscribedImageId.sh
```

输出示例如下：

```
# ./querySubscribedImageId.sh
m-23917oqoi "ASP/.NET 运行环境（Windows200864 位|IIS7.0）V1.0"
m-23n2589vc "Java 运行环境（Centos64 位|OpenJDK1.7）V1.0"
m-23u9mjjtk "PW 建站系统（Centos64 位）V1.0"
```

有关阿里云 CLI Python 版的详细资料请参见：https://help.aliyun.com/document_detail/29993.html?spm=a2c4g.11174283.6.541.3PAK02。

12.2 腾讯云

腾讯成立于 1998 年 11 月，是目前中国最大的互联网综合服务提供商之一，也是中国服务用户最多的互联网企业之一。腾讯云是腾讯倾力打造的面向广大企业和个人的公有云平台，提供云服务器、云数据库、CDN 和域名注册等基础云计算服务，以及提供游戏、视频、移动应用等行业解决方案。基于 QQ、微信、腾讯游戏等海量业务的技术锤炼，从基础架构到精细化运营，从平台实力到生态能力建设，腾讯云将之整合并面向市场，使之能够为企业和创业者提供集云计算、云数据、云运营于一体的云端服务体验[7]。

12.2.1 腾讯云总体架构

腾讯云总体架构如图 12-2 所示[8]。腾讯云提供云服务器、云数据库、云对象存储、Web 弹性引擎、内存持久化存储、CDN、域名注册等多种云服务。

1. 云服务器

云虚拟机（Cloud Virtual Machine，CVM）[8]即云服务器。它运行在腾讯数据中心，提供了可以弹性伸缩的计算服务，可以根据业务需要来构建和托管软件系统。云服务器向用户提供弹性的计算、存储和网络资源。用户可以使用云服务器 API 对云服务器进行相关操作，如创建、销毁、更改带宽、重启等。

2. 云数据库

云数据库（Cloud Data Base，CDB）[7]是腾讯云提供的关系型数据库云服务，基于 PCI-e SSD 存储介质，提供高达 37000 QPS 的强悍性能。CDB 支持 MySQL、SQL Server、TDSQL（兼容 mariaDB）引擎，主从实时热备，并提供数据库运维全套解决方案。

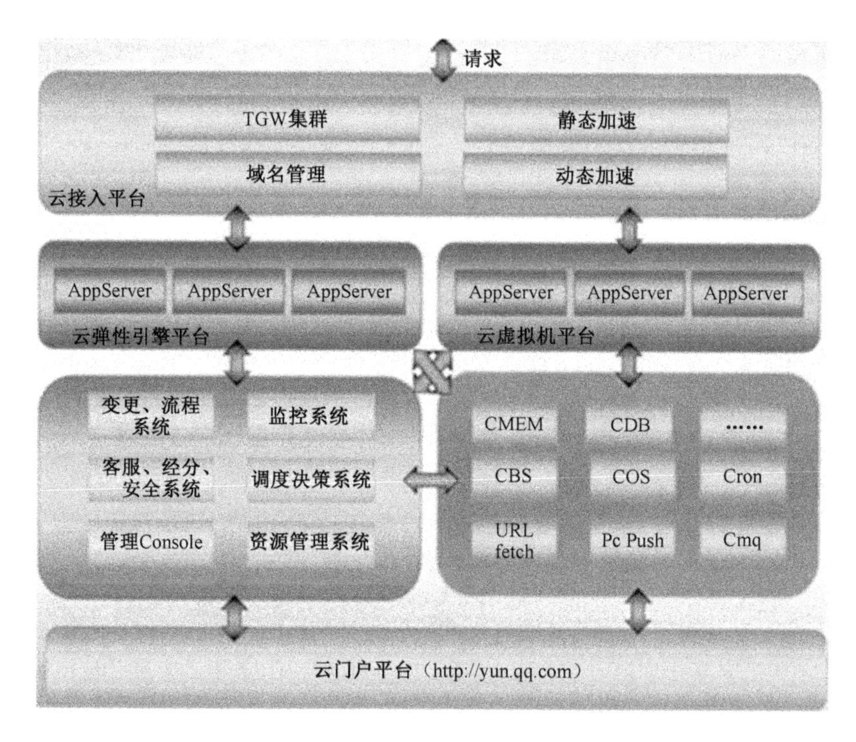

图 12-2　腾讯云总体架构

3. 云对象存储

云对象存储（Cloud Object Storage，COS）[8]是腾讯云为企业和个人开发者提供的一种能够存储海量数据的分布式存储服务，用户可随时通过互联网对大量数据进行批量存储和处理。腾讯 COS 具有高扩展性、低成本、可靠和安全等特点，能提供专业的数据存储服务。可以使用控制台、API、SDK 等多种方式连接到腾讯云对象存储，实时存储和管理业务数据。

4. 云弹性引擎

云弹性引擎（Cloud Elastic Engine，CEE）[7]是一种 Web 引擎服务，它提供已部署好 PHP、Nginx 等的基础 Web 环境，用户仅需要上传自己的代码，即可轻松地完成 Web 服务的搭建。

5. 云内存持久化存储

云内存持久化存储（Cloud Memcache，CMEM）[7]是腾讯云平台提供的极高性能、内存级、持久化、分布式的 key-value 存储服务。CMEM 支持 memcached 协议，能力比 memcached 强，适用 memcached、ttserver 的地方都适用 CMEM。CMEM 解决了内存数据可靠性、分布式及一致性问题，让海量访问业务的开发变得简单快捷。

12.2.2　腾讯云 Python 访问

可以使用控制台、API、SDK 等多种方式访问腾讯云，下面以 COS Python SDK 为例说明。COS 的 XML Python SDK 目前可以支持 Python2.6、Python2.7 及 Python3.x。可以 pip 安装 SDK：pip install-U cos-python-sdk-v5；也可以从 https://github.com/tencentyun/cos-python-sdk-v5 下载源代码，通过 setup 手动安装 SDK：python setup.py install。

示例代码如下：

```
# -*- coding=utf-8
from qcloud_cos import CosConfig
from qcloud_cos import CosS3Client
from qcloud_cos import CosServiceError
from qcloud_cos import CosClientError
import sys
import logging
# COS 最新可用地域,参照 https://www.qcloud.com/document/product/436/6224
logging.basicConfig(level=logging.INFO, stream=sys.stdout)
# 设置用户属性, 包括 secret_id, secret_key, region
# appid 已在配置中移除，请在参数 Bucket 中带上 appid。Bucket 由 bucketname-appid 组成
secret_id = 'AKID15IsskiBQACGbAo6WhgcQbVls7HmuG00'      # 替换为用户的 secret_id
secret_key = 'csivKvxxrMvSvQpMWHuIz12pThQQlWRW'      # 替换为用户的 secret_key
region = 'ap-beijing-1'      # 替换为用户的 region
token = ''      # 使用临时密钥需要传入 token，默认为空，可不填
config = CosConfig(Region=region, SecretId=secret_id, SecretKey=secret_key, Token=token)
client = CosS3Client(config)
# 文件流 简单上传
file_name = 'test.txt'
with open('test.txt', 'rb') as fp:
    response = client.put_object(
        Bucket='test04-123456789',  # Bucket 由 bucketname-appid 组成
        Body=fp,
        Key=file_name,
        StorageClass='STANDARD',
        ContentType='text/html; charset=utf-8'
    )
    print(response['ETag'])
# 字节流 简单上传
response = client.put_object(
    Bucket='test04-123456789',
    Body=b'abcdefg',
    Key=file_name
)
print(response['ETag'])
# 本地路径 简单上传
response = client.put_object_from_local_file(
```

```
    Bucket='test04-123456789',
    LocalFilePath='local.txt',
    Key=file_name,
)
print(response['ETag'])
# 设置 HTTP 头部 简单上传
response = client.put_object(
    Bucket='test04-123456789',
    Body=b'test',
    Key=file_name,
    ContentType='text/html; charset=utf-8'
)
print(response['ETag'])
# 设置自定义头部 简单上传
response = client.put_object(
    Bucket='test04-123456789',
    Body=b'test',
    Key=file_name,
    Metadata={
        'x-cos-meta-key1': 'value1',
        'x-cos-meta-key2': 'value2'
    }
)
print(response['ETag'])
# 高级上传接口(推荐)
response = client.upload_file(
    Bucket='test04-123456789',
    LocalFilePath='local.txt',
    Key=file_name,
    PartSize=10,
    MAXThread=10
)
print(response['ETag'])
# 文件下载 获取文件到本地
response = client.get_object(
    Bucket='test04-123456789',
    Key=file_name,
)
response['Body'].get_stream_to_file('output.txt')
# 文件下载 获取文件流
response = client.get_object(
    Bucket='test04-123456789',
```

```
    Key=file_name,
)
fp = response['Body'].get_raw_stream()
print(fp.read(2))
# 文件下载 设置 Response HTTP 头部
response = client.get_object(
    Bucket='test04-123456789',
    Key=file_name,
    ResponseContentType='text/html; charset=utf-8'
)
print(response['Content-Type'])
fp = response['Body'].get_raw_stream()
print(fp.read(2))
# 文件下载 指定下载范围
response = client.get_object(
    Bucket='test04-123456789',
    Key=file_name,
    Range='bytes=0-10'
)
fp = response['Body'].get_raw_stream()
print(fp.read())
# 文件下载 捕获异常
try:
    response = client.get_object(
        Bucket='test04-123456789',
        Key='not_exist.txt',
    )
    fp = response['Body'].get_raw_stream()
    print(fp.read(2))
except CosServiceError as e:
    print(e.get_origin_msg())
    print(e.get_digest_msg())
    print(e.get_status_code())
    print(e.get_error_code())
    print(e.get_error_msg())
    print(e.get_resource_location())
    print(e.get_trace_id())
    print(e.get_request_id())
```

12.3 百度云

百度云是百度基于十多年技术积累，为公有云需求者提供的稳定、高可用、可扩展的云计算服务。百度云可提供云服务器、内容分发网络、关系型数据库、对象存储等服务，同时提供智能大数据——天算、智能多媒体——天像、智能物联网——天工、人工智能——天智四大智能平台解决方案[9]。

12.3.1 百度云架构

百度云系统架构如图 12-3 所示[10]。百度云基于百度数据中心，使用集群操作系统对服务器进行统一运维管理。百度云通过虚拟机和软件定义网络，实现了多租户隔离及跨机房组网。百度云拥有多种存储技术，可针对客户不同应用场景提供量身定制的解决方案。

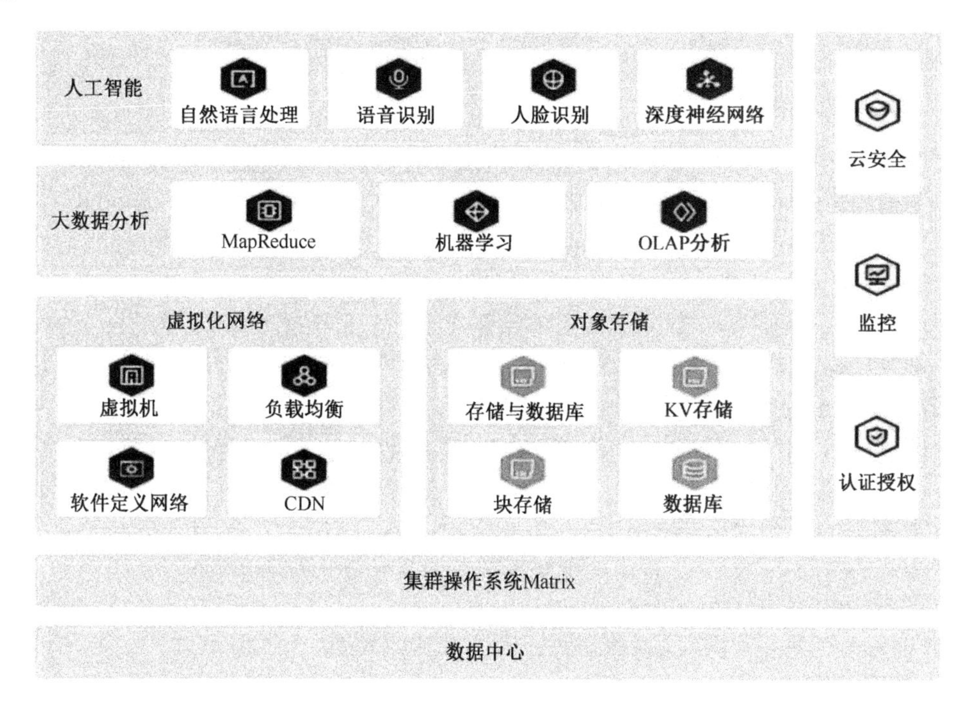

图 12-3 百度云系统架构

大数据技术是百度的强项。百度云拥有 MapReduce、机器学习、OLAP 分析等不同的大数据分析技术。客户可以对原始日志批量抽取信息，然后利用机器学习平台做模型训练；还可以对结构化后的信息进行实时多维分析，根据关注点的不同产生不同的报表，从而有助于决策。

百度云还拥有许多人工智能技术。上百位顶尖科学家的研究成果通过百度云向客户开放。在当前业界最热门的深度学习领域，从文本到语音再到图像，客户可以通过百度云享受世界一流的人工智能技术所带来的技术飞跃，使自己的业务变得更加智能。

1. 百度云服务器

百度云服务器[9]是基于百度多年积累的虚拟化、分布式集群等技术构建的云端计算服务。它支持弹性伸缩，具有分钟级丰富灵活的计费模式，搭配镜像、快照、云安全等增值服务，可提供超高效费比的高性能云服务。

2. 百度机器学习

百度机器学习（Baidu Machine Learning，BML）[10]是百度自主研发的新一代机器学习平台，基于百度内部应用多年的机器学习算法库，提供实用的行业大数据解决方案。BML 打通机器学习全流程，只需要简单的界面操作即可完成复杂的机器学习任务。同时，BML 也提供 API 供用户使用。

3. 百度应用引擎

百度应用引擎（Baidu App Engine，BAE）[10]是国内商业运营时间最久的 PaaS 平台，提供弹性、分布式的应用托管服务，支持 Python、PHP、Java 等各种应用，帮助开发者一站式轻松开发并部署应用程序（Web 应用及移动应用）。

4. 百度对象存储

百度对象存储（Baidu Object Storage，BOS）支持单文件最大 5TB 的文本、多媒体、二进制等任何类型的数据存储。BOS Python SDK 开发包目前支持 Python2.7。可从官网地址 https://cloud.baidu. com/doc/Developer/index.html 上下载开发包源代码，通过 setup 手动安装（python setup.py install）。

在 BOS 中，用户操作的基本数据单元是 Object。每个 Object 包含 Key、Meta 和 Data。其中，Key 是 Object 的名字；Meta 是用户对该 Object 的描述，由一系列 Name-Value 对组成；Data 是 Object 的数据。

可以通过如下代码进行 Object 上传：

```
data = open(file_name, 'rb')
#以数据流形式上传 Object
bos_client.put_object(bucket_name,object_key,data,content_length,content_md5)
#从字符串中上传 Object
bos_client.put_object_from_string(bucket_name,object_key,string)
#从文件中上传 Object
bos_client.put_object_from_file(bucket_name,object_key,file_name)
```

在上述代码中，data 为流对象，对不同类型的 Object 采用不同的处理方法：从字符串中上传的使用 StringIO 返回，从文件中的上传的使用 open()返回。因此，BOS 提供了封装好的接口，方便用户进行快速上传。

关于 BOS Python SDK 的详细资料请参见：https://cloud.baidu.com/doc/BOS/Python-SDK.html#.E7.AE.80.E5.8D.95.E4.B8.8A.E4.BC.A0。

5. 百度云数据库

百度云数据库是百度 DBA 内部多年数据库技术的积累和最佳实践方案逐步对外开放的云数据库产品。百度云数据库具有高可用、高性能、在线扩容等特点。百度云数据库 RDS 支持 3 种数据库引擎：MySQL、SQL Server、PostgreSQL。目前 SQL Server 单机版已正式发布，与双机版 RDS 性能保持一致，提供完整的数据备份方案，并且提供和双机版一致的数据库管理监控功能，以减轻用户的运维负担。

6.　百度大数据计算系统

目前，百度的大数据计算系统可以分为批量计算、实时计算和迭代计算 3 个平台，已成功应用于百度搜索、广告、大数据、LBS、移动、O2O 等几乎全部的核心业务。百度大数据计算系统架构如图 12-4 所示[10]，其中，批量计算平台和迭代计算平台已经在百度云中以 BMR 产品的形式对外提供大数据计算能力。

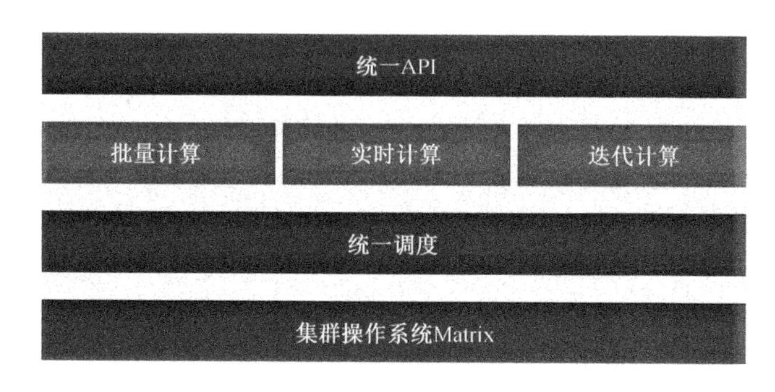

图 12-4　百度大数据计算系统架构

12.3.2　BAE Python 部署

BAE 应用部署支持 Python、PHP、Java、Node.js 及 Nginx 静态环境等多种语言，并支持一键部署 DuerOS bot SDK。

BAE 提供的 python-web 和 python-worker 部署类型支持所有的 Python 框架。其中，python-web 用于传统 Web 类型的 HTTP 应用，而 python-worker 用于后台任务，具体版本如下：

python2.7-web: python-2.7.3 + lighttpd-1.5；

python2.7-worker: python-2.7.3。

每个部署运行在一个独立的容器中，未修改或封禁任何函数和模块，开发者面对的是原生的 Python 环境。

注意：Python 执行单元环境支持本地存储，但对于以下情况，临时文件将被全部清空。

（1）部署发布新版后，临时文件将被全部清空。

（2）部署暂停后再重新启动，临时文件将被清空。

通过“空应用”创建的部署，重启后临时文件将被清空。因此我们要使用 MySQL、MongoDB 或 Redis 保存需要长久保存的数据。对于大文件存储场景，可通过 API 调用 BOS 资源进行存储。通过“应用模板”创建的部署支持本地文件永久存储，重启后文件不清空。

以下为 Python 连接 MySQL 的代码示例。

1．python-web 部署类型

```
#-*- coding:utf-8 -*-
def test_sql():
    ### 开发者直接在 requirements.txt 中指定依赖 MySQL-python
```

```
    import MySQLdb
    dbname = "<DB_Name>" # 数据库名称
    api_key = "<User_AK>" # 用户 AK
    secret_key = "<User_SK>" # 用户 SK
    ### 连接 MySQL 服务
    mydb = MySQLdb.connect(
            host = "sqld.duapp.com",
            port = 4050,
            user = api_key,
            passwd = secret_key,
            db = dbname)
    ### 执行 MySQL 命令，创建 table test
    cursor = mydb.cursor()
    cmd = '''CREATE TABLE IF NOT EXISTS test (
            id int(4) auto_increment,
            name char(20) not null,
            age int(2),
            sex char(8) default 'man',
            primary key (id))'''
    cursor.execute(cmd)
    mydb.close()
    return 'create table test success!'
def app(environ, start_response):
    status = '200 OK'
    headers = [('Content-type', 'text/html')]
    start_response(status, headers)
    try:
        return test_sql()
    except:
    return 'handle exceptions'
from bae.core.wsgi import WSGIApplication
application = WSGIApplication(app)
```

2．python-worker 部署类型

注意：python-worker 部署类型主要用于长期运行的后台任务，建议的程序执行结构为一个无限循环。因故程序退出时，系统会自动尝试重启 3 次。

```
#-*- coding:utf-8 -*-
import time
import sys
def test_sql():
    ### 开发者直接在 requirements.txt 中指定依赖 MySQL-python
```

```
        import MySQLdb
        dbname = "<DB_Name>" # 数据库名称
        api_key = "<User_AK>" # 用户 AK
        secret_key = "<User_SK>" # 用户 SK
        ### 连接 MySQL 服务
        mydb = MySQLdb.connect(
            host = "sqld.duapp.com",
            port = 4050,
            user = api_key,
            passwd = secret_key,
            db = dbname)
        ### 执行 MySQL 命令，创建 table test
        cursor = mydb.cursor()
        cmd = '''CREATE TABLE IF NOT EXISTS test (
             id int(4) auto_increment,
             name char(20) not null,
             age int(2),
             sex char(8) default 'man',
             primary key (id))'''
        cursor.execute(cmd)

        mydb.close()
        sys.stdout.write("create table test success!\\n")
        sys.stdout.flush()
    while True:
        time.sleep(3)
        try:
            test_sql()
        except Exception, e:
            sys.stdout.write("sql connection error!\\n")
            sys.stdout.flush()
```

12.4　万物云

万物云是南京云创大数据公司开发的一个免费物联网设备和应用的数据托管平台[11]。智能设备可使用多种协议轻松安全地向万物云提交所产生的设备数据，在服务平台上进行数据存储和处理。万物云通过数据应用编程接口向各种物联网应用提供可靠的、跨平台的数据查询和调用服务。通过使用万物云所提供的各项服务，用户可以收集、处理和分析互联智能设备生成的数据，在物联网应用中方便地调用这些设备数据，而无需投资、安装和管理任何基础设施。这样不仅大大降低了项目开发的技术门槛，缩短了开发周期，而且研发和运营成本也大大降低。

12.4.1 功能及应用

万物云向用户提供一个简单易用的集智能硬件数据接入、存储、处理及应用于一体的数据托管服务平台，旨在降低物联网数据应用的技术门槛及运营成本，满足物联网产品原型开发、商业运营和规模发展各阶段的需求，特别是物联网项目初创团队和中小规模运营物联网项目公司的需求。万物云提供快捷方便的硬件接入方式，支持主流物联网设备通信协议 TCP/IP、HTTP 及轻量级通信协议 MQTT，支持 JSON 数据格式协议。其数据上报使用了间断式连接，可大大减少设备上的代码足迹，降低数据带宽和流量。

目前，已有近 900 个用户登录万物云。其入库数据已达八位数，并成功用于燃气报警云平台、路灯伴侣、环境猫、PM2.5 云监测平台、“我的 PM2.5”室内空气监测仪、环境云等多个应用[11]。

12.4.2 数据服务及访问

万物云访问采用 RESTful 接口，请求和响应均采用 JSON 格式。

1. 万物云数据服务

1）添加并注册设备（Add Device）

一次性完成设备添加和设备注册并获取设备安全码。每台设备只需添加注册一次，正常则返回结果代码 0 及设备安全码；重复请求则返回结果代码 4（设备已注册）及设备安全码。

（1）服务地址及端口号。

TCP 服务为 61.147.166.206: 8913。

MQTT 服务为 MQTT_SERVER: 61.147.166.206: 8905。

HTTP 服务为 http://61.147.166.206:8911/HardWareApi/addDevice/v 1.0。

（2）数据格式协议。

提交参数程序：

```
Request Body (JSON 数据格式):
[{
"user":"system",          //用户名
 "accessid":" C3LZDGVTMTQYMJQZMZGWMDEXOA==", //用户验证信息
 "aid":"5958295805",    //应用 ID
 "did":"q0001"       //设备 ID
"x":"12.123"      //设备经度
"y":"45.362"      //设备纬度
 "sc":"A"        //服务代码

}]
```

返回结果程序：

```
Response Body JSON 格式：
{  "code":"0",              //返回代码
 "seckey":"E37CFC74C0BF9274"                //设备注册码
}
```

结果代码如下：

0——成功；

1——用户信息错误；

2——应用信息错误；

3——设备不存在；

4——设备已存在；

5——I/O 错误；

6——版本不正确。

2）上报设备数据（Put Data）

调用服务的前提：

（1）该设备在万物云平台上已被导入。

（2）在万物云平台用户中心应用管理页面下与设备关联的应用数据表已被创建。

（3）已获得设备安全码。

TCP 服务地址及端口号：

短连接为 61.147.166.206:8913。

长连接为 61.147.166.206:5588。

MQTT 服务地址及端口号为 MQTT_SERVER: 61.147.166.206:8905。

HTTP 服务地址及端口号为 http://61.147.166.206:8911/HardWareApi/putData/v0.1。

提交参数程序：

```
 Request Body JSON 数据格式：
[{ "seckey":"E37CFC74C0BF9274", //设备注册码
 "row":{     "dev_id":"q0001",      //设备 ID  主键索引
  "pm1":"55", //PM2.5 值
  "pm2":"65", //PM2.5 值
  "x":"118.020202", //经度
  "y":"32.020202", //纬度
  "version":"q1.0"     // 设备版本号
 }
}]
```

返回结果程序：

```
 Response Body JSON 数据格式：
{   "code":"0"        //返回编码
}
```

3）上报设备数据——单次连接上报多条数据

调用服务的前提同 2）。

TCP 服务地址及端口号为 61.147.166.206:8950。

提交参数程序：

```
Request Body JSON 数据格式：
[{ "seckey":"E37CFC74C0BF9274", //设备注册码  "rowlist":[{   "dev_id":"q0001",    //设备 ID 主键索引
  "pm1":"55", //PM2.5 值
  "pm2":"65", //PM2.5 值
  "x":"118.020202", //经度
  "y":"32.020202", //纬度
  "version":"q1.0"   // 设备版本号
 },
{   "dev_id":"q0001",    //设备 ID 主键索引
  "pm1":"55", //pm25 值
  "pm2":"65", //pm25 值
  "x":"118.020202", //经度
  "y":"32.020202", //纬度
  "version":"q1.0"   // 设备版本号
 } //这里可以无限拼接数据
]}]\n  //这条数据只有结尾处需要加一个换行符，其他地方严禁加换行符
```

返回结果程序：

```
Response Body JSON 数据格式：
{
"code":"0"    //返回编码
}
```

4）获取设备安全码（Get SecKey）

查询已注册（或在万物云平台导入）设备的设备安全码。

TCP 服务地址及端口号为 61.147.166.206:8913。

MQTT 服务地址及端口号为 MQTT_SERVER: 61.147.166.206:8905。

HTTP 服务地址及端口号为 http://61.147.166.206:8911/HardWareApi/getSecKey/v 1.0。

提交参数程序：

```
Request Body (JSON 数据格式)：
[{  "user":"system",          //用户名
 "accessid":"C3LZDGVTMTQYMJQZMZGWMDEXOA==", // 用户验证信息
 "aid":"5958295805",   //应用 ID
 "did":"q0001"     //设备 ID
 "sc":"S"       //服务代码
}]
```

返回结果程序：

```
Response Body JSON 格式：
{  "code":"0",       //返回编码
```

```
"seckey":"E37CFC74C0BF9274"          //设备注册码
}
```

2. Python 直接调用 RESTful 接口访问万物云平台设备数据

下面以环境猫为例说明 Python 如何通过直接调用 RESTful 接口访问万物云设备数据。

对环境猫 HTTP 设备的数据查询接口说明如下。

1）实时数据查询接口

接口：http://service.wanwuyun.com:8920/devicedata/{seckey}?count={返回条数}。

接口说明：通过设备 seckey 和指定返回数据条数，查询设备最新上报数据。

参数说明：seckey——设备的 seckey；设备安全验证码。
　　　　　count——返回数据条数；返回设备条数。

返回结果格式：设备最新上报数据。

返回说明：返回设备当前指定条数的最新上报数据。

2）统计数据查询接口

接口：http://service.wanwuyun.com:8920/deviceavg/{seckey}?type={统计类型}&time={开始时间}&num={统计时段个数}。

接口说明：查询指定设备在指定时段内的分段数值统计。

参数说明：seckey——设备 seckey；设备安全验证码。
　　　　　type——指定返回数据的统计时段类型。
　　　　　time——统计时段起始点，格式为 YYYYMMDDHHmmss。
　　　　　num——指定返回统计时段的个数，整型。

返回结果格式：设备数据数值型字段的分时段统计数值，包括最大值、最小值、平均值和总和。

返回说明：返回 n 组设备数据表中所有数值型字段的分时段统计数值，包括最大值、最小值、平均值和总和。

3）历史数据查询接口

接口：http://service.wanwuyun.com:8920/devicedata/{设备 seckey}?num= {时间间隔}&time={开始时间}&type={查询方向}。

接口说明：以 time 为时间起点，以 type 为方向，以 num 为时间跨度，查询这个时间段内的数据。如果这个时间段内的数据超过 1000 条，则仅返回 1000 条。

参数说明：num——必传参数，表示获取数据的时间间隔，整型，单位为毫秒。
　　　　　time——非必传参数，表示起始时间，默认为当前时间，格式为 yyyyMMddHHmmss。
　　　　　type——非必传参数，可取 0 或 1，默认为 0。1 表示向后查询，0 表示向前查询。

返回结果格式：设备最新上报数据。

返回说明：以 time 为时间起点，以 type 为方向，以 num 为时间跨度，查询这个时间段内的数据。

Python 通过直接调用 RESTful 接口访问环境猫数据的代码如下：

```
#python-restful.py
#!/usr/bin/python
# -*- coding: utf-8 -*-
import json
import requests
from urllib.parse import urljoin
#server url
BASE_URL = 'http://service.wanwuyun.com:8920'
#seckey
seckey = '5kEauQsZ6LbQgruyic8x8mO_OZQ_1gGOPuiSobcA3GU'
devicedata_real_data={'count': '1'}
#num——必传参数，整型，单位为毫秒，表示获取数据的时间间隔，示例：2000 表示 2 秒
#time——非必传参数，表示起始时间，默认为当前时间，格式为 yyyMMddHHmmss
#type——非必传参数，可取 0 或 1，1 表示向后查询，0 表示向前查询，默认为 0
devicedata_count_data={'type':1,'time':'2018080614020600','num':10000}
#type——返回数据的统计时段类型，格式为 day|hour
#time——统计时段起始点，格式为 YYYYMMDDHHmmss
#num——返回统计时段的个数
deviceavg_count_data={'type':'hour','time':'2018080614020600','num':2}
class RestfulApi:
    def package_url(self,path):
        return urljoin(urljoin(BASE_URL, path), seckey)
    def query_real_data(self):
        request_url = urljoin(urljoin(BASE_URL, '/devicedata/'), seckey)
        rsp = requests.get(request_url, params=devicedata_real_data)
        return rsp;
    def query_devicedata_count_data(self):
        request_url = urljoin(urljoin(BASE_URL, '/devicedata/'), seckey)
        rsp = requests.get(request_url, params=devicedata_count_data)
        return rsp;
    def query_deviceavg_count_data(self):
        request_url = urljoin(urljoin(BASE_URL, '/deviceavg/'), seckey)
        rsp = requests.get(request_url, params=deviceavg_count_data)
        return rsp;

if __name__ == '__main__':
    api = RestfulApi()
    result = api.query_real_data();
    print(result.text)
    print('**********************************************************************')
    result_one = api.query_devicedata_count_data();
```

```
print(result_one.text)
print('*************************************************************************')
result_two = api.query_deviceavg_count_data()
print(result_two.text)
```

运行结果如下:

（1）查询接口为 http://service.wanwuyun.com:8920/devicedata/5kEauQsZ6LbQgruyic8x8mO_OZQ_1gGOPui SobcA3GU? count=1：


```
pyhton-restful
I:\tools\Python\Python36\python.exe C:/Users/Arno/PycharmProjects/chapter11/com/arnoy/chapter11
/pyhton-restful.py
{"data":[{"DEV_ID":"C8:93:46:80:17:4B","G":".039","GX":"0.004","GY":"0.034","GZ":"0.018",
"H":"50","HCHO":"0.050","LIGHT":"0","PM25":"70","REMOTEIP":"180.109.228.242","T":"25",
"TIME":"2018-08-06 18:41:17","VERSION":"V3.0"}],"success":"true"}
*************************************************************************
```


（2）查询接口为 http://service.wanwuyun.com:8920/devicedata/5kEauQsZ6LbQgruyic8x8mO_OZQ_1gGOPuiSobcA3GU?type=1&time=2018080614020600&num=10000：


```
pyhton-restful
{"DEV_ID":"C8:93:46:80:17:4B","G":"0.053","GX":"-0.021","GY":"-0.048","GZ":"0.008","H":"54","HCHO":"0.049","LIGHT":"0","PM25":"111",
"T":"27","TIME":"2018-08-06 14:02:06","VERSION":"V3.0"},{"DEV_ID":"C8:93:46:80:17:4B","G":"0.086","GX":"0.018","GY":"-0.048",
"GZ":"-0.069","H":"54","HCHO":"0.049","LIGHT":"0","PM25":"111","T":"27","TIME":"2018-08-06 14:02:06","VERSION":"V3.0"},
{"DEV_ID":"C8:93:46:80:17:4B","G":"0.104","GX":"0.056","GY":"-0.087","GZ":"0.008","H":"54","HCHO":"0.049","LIGHT":"0","PM25":"111",
"T":"27","TIME":"2018-08-06 14:02:06","VERSION":"V3.0"},{"DEV_ID":"C8:93:46:80:17:4B","G":"0.077","GX":"0.018","GY":"0.028","GZ":"-0
.069","H":"54","HCHO":"0.049","LIGHT":"0","PM25":"111","T":"27","TIME":"2018-08-06 14:02:06","VERSION":"V3.0"},
{"DEV_ID":"C8:93:46:80:17:4B","G":"0.077","GX":"0.018","GY":"0.028","GZ":"-0.069","H":"54","HCHO":"0.049","LIGHT":"0","PM25":"111",
"T":"27","TIME":"2018-08-06 14:02:06","VERSION":"V3.0"},{"DEV_ID":"C8:93:46:80:17:4B","G":"0.098","GX":"-0.021","GY":"0.067",
"GZ":"-0.069","H":"54","HCHO":"0.049","LIGHT":"0","PM25":"111","T":"27","TIME":"2018-08-06 14:02:06","VERSION":"V3.0"},
{"DEV_ID":"C8:93:46:80:17:4B","G":"0.045","GX":"0.018","GY":"0.028","GZ":"-0.031","H":"54","HCHO":"0.049","LIGHT":"0","PM25":"111",
"T":"27","TIME":"2018-08-06 14:02:06","VERSION":"V3.0"},{"DEV_ID":"C8:93:46:80:17:4B","G":"0.08","GX":"0.056","GY":"-0.048","GZ":"-0
.031","H":"54","HCHO":"0.049","LIGHT":"0","PM25":"111","T":"27","TIME":"2018-08-06 14:02:06","VERSION":"V3.0"},
{"DEV_ID":"C8:93:46:80:17:4B","G":"0.099","GX":"0.056","GY":"0.067","GZ":"0.046","H":"54","HCHO":"0.049","LIGHT":"0","PM25":"111",
"T":"27","TIME":"2018-08-06 14:02:06","VERSION":"V3.0"},{"DEV_ID":"C8:93:46:80:17:4B","G":"0.052","GX":"-0.021","GY":"-0.01","GZ":"0
.046","H":"54","HCHO":"0.049","LIGHT":"0","PM25":"111","T":"27","TIME":"2018-08-06 14:02:06","VERSION":"V3.0"},
{"DEV_ID":"C8:93:46:80:17:4B","G":"0.052","GX":"-0.021","GY":"-0.01","GZ":"0.046","H":"54","HCHO":"0.049","LIGHT":"0","PM25":"111",
"T":"27","TIME":"2018-08-06 14:02:06","VERSION":"V3.0"}],"success":"true"}
```


（3）查询接口为 http://service.wanwuyun.com:8920/deviceavg/5kEauQsZ6LbQgruyic8x8mO_OZQ_1gGOPuiSobcA3GU?type=hour&time=2018080614020600&num=2：


```
pyhton-restful
I:\tools\Python\Python36\python.exe C:/Users/Arno/PycharmProjects/chapter11/com/arnoy/chapter11/pyhton-restful.py
{"data":[{"GX_avg":"0.0010096235813691135","GX_count":"97365.0","GX_max":"3.021","GX_min":"-1.19","GX_sum":"98.3020000000374",
"GY_avg":"-6.29938889744233E-4","GY_count":"97365.0","GY_max":"1.176","GY_min":"-0.933","GY_sum":"-61.33399999947245","GZ_avg":"6
.083294818440044E-5","GZ_count":"97365.0","GZ_max":"1.228","GZ_min":"-0.954","GZ_sum":"5.922999999974149","G_avg":"0
.06863105838853606","G_count":"97365.0","G_max":"3.078","G_min":"0.017","G_sum":"6682.2629999998135","HCHO_avg":"0
.04481257125250882","HCHO_count":"97365.0","HCHO_max":"0.091","HCHO_min":"0.034","HCHO_sum":"4363.1760000005215","H_avg":"51
.18349509577364","H_count":"97365.0","H_max":"58.0","H_min":"48.0","H_sum":"4983481.0","LIGHT_avg":"0.0","LIGHT_count":"97365.0",
"LIGHT_max":"0.0","LIGHT_min":"0.0","LIGHT_sum":"0.0","PM25_avg":"84.83904893955733","PM25_count":"97365.0","PM25_max":"95.0",
"PM25_min":"75.0","PM25_sum":"8260354.0","T_avg":"26.17165305808042","T_count":"97365.0","T_max":"27.0","T_min":"26.0",
"T_sum":"2548203.0","time":"2018-08-06 15:12:00"},{"GX_avg":"7.216857565624507E-4","GX_count":"91235.0","GX_max":"2.083",
"GX_min":"-0.859","GX_sum":"65.84299999997519","GY_avg":"0.0013170384172747093","GY_count":"91235.0","GY_max":"1.446","GY_min":"-3
.798","GY_sum":"120.1600000000581","GZ_avg":"1.8877623718973526E-4","GZ_count":"91235.0","GZ_max":"0.398","GZ_min":"-0.712",
"GZ_sum":"17.223000000005495","G_avg":"0.06706773716226085","G_count":"91235.0","G_max":"3.864","G_min":"0.014","G_sum":"6118
.924999998869","HCHO_avg":"0.04666582999943236","HCHO_count":"91235.0","HCHO_max":"0.056","HCHO_min":"0.033","HCHO_sum":"4257
.556999998212","H_avg":"52.08216145119746","H_count":"91235.0","H_max":"58.0","H_min":"49.0","H_sum":"4751716.0","LIGHT_avg":"0.0",
"LIGHT_count":"91235.0","LIGHT_max":"0.0","LIGHT_min":"0.0","LIGHT_sum":"0.0","PM25_avg":"96.42626185126322","PM25_count":"91235.0",
"PM25_max":"109.0","PM25_min":"86.0","PM25_sum":"8797450.0","T_avg":"26.462530826985258","T_count":"91235.0","T_max":"27.0",
"T_min":"26.0","T_sum":"2414309.0","time":"2018-08-06 14:12:00"}],"success":"true"}
```

12.5 环境云

环境云是一个专注于提供稳定、便捷的综合环境数据服务的平台[12]，由南京云创大数据公司开发并提供支持，可为环境应用开发者提供丰富可靠的气象、环境、灾害及地理数据服务。此外，环境云还为环境研究人员提供历史数据报表下载服务，并向公众展示环境实况。

12.5.1 功能服务

环境云主要提供以下功能：

（1）气象数据服务：提供天气预报和历史天气查询，支持查询全国 2565 个县级以上地市的天气情况，帮助开发者快速开发天气应用。

（2）环境数据服务：提供水资源、大气和污染排放环境数据。

（3）灾害数据服务：提供历史上全国各地发生的地质和气象灾害信息。

（4）地理数据服务：提供所在城市的经纬度和海拔数据，查询指定范围内涵盖的城市。

12.5.2 应用开发数据接口

环境云接口包含气象、环境、灾害和地理 4 个板块[12]，采用基于 RESTful 的轻量级接口，请求和响应均采用 JSON 格式。

在进行接口调用时，程序需要携带用户 AccessID，并且每个接口都需要传递如城市编号、查询时间等参数。

Python 代码示例：

```
Python http.client(Python 3)
GET
import http.client
conn = http.client.HTTPConnection("service.envicloud.cn:8082")
payload = ""
headers = {
    'cache-control': "no-cache"
    }
conn.request("GET", 接口 URL 地址(从/V2 开始), payload, headers)
res = conn.getresponse()
data = res.read()
print(data.decode("utf-8"))
POST
import http.client
conn = http.client.HTTPConnection("service.envicloud.cn:8082")
payload = Json 格式请求 Body 体
```

```
headers = {
    'cache-control': "no-cache",
    }
conn.request("POST", 接口 URL 地址(从/V2 开始), payload, headers)
res = conn.getresponse()
data = res.read()
print(data.decode("utf-8"))
#城市天气预报
#接口说明：根据城市编码查询指定城市 7 天的天气预报和生活指数
#数据更新：每天 9 点
GET
/v2/weatherforecast/{accesskey}/{citycode}
```

请求参数说明：

accesskey 为必填参数，表示用户私钥；

citycode 为必填参数，表示请求的城市编码。

响应示例：

```
{
  "citycode":"101190101",
  "rdesc":"Success",
  "forecast":
  [{
    "wind":{
        "dir":"东风",
        "deg":"74",
        "mr":"19:57",
        "sr":"06:35",
        "ms":"09:07",
        "ss":"17:04"
    },
    "pcpn":"11.0",
    "uv":"2",
    "tmp":{
        "min":"14",
        "max":"16"
    },
    "pop":"100",
    "pres":"1020",
    "date":"2016-11-17",
    "cond":{
        "cond_n":"小雨",
        "cond_d":"阴"
```

```
    },
    "vis":"2"
  },{
    "wind":{
      "dir":"西南风",
      "deg":"272",
      "sc":"3-4",
      "spd":"12"
    },
......
```

POST

/v2/weatherforecast

响应参数说明：

rdesc 为字符串，表示结果描述；

citycode 为字符串，表示城市编码；

forecast 为列表，表示天气预报。

请求示例：

```
{
  "accesskey":"您的 Accesskey",
  "citycodes":[
    "101190101"
  ]
}
```

请求参数说明：

accesskey 为必填参数，表示用户私钥；

citycodes 为必填参数，表示请求的城市编号列表，最多支持 50 个城市。

响应示例：

```
{
  "rdesc":"Success",
  "rcode":200,
  "info":
  [{
    "citycode":"101190101",
    "forecast":
    [{
      "wind":{
        "dir":"东风",
        "deg":"74",
        "sc":"3-4",
        "spd":"11"
      },
      "hum":"94",
```

```
        "astro":{
            "mr":"19:57",
            "sr":"06:35",
            "ms":"09:07",
            "ss":"17:04"
        },
        "pcpn":"11.0",
        "uv":"2",
        "tmp":{
            "min":"14",
            "max":"16"
        },
        "pop":"100",
        "pres":"1020",
        "date":"2016-11-17",
        "cond":{
            "cond_n":"小雨",
            "cond_d":"阴"
        },
        "vis":"2"
    },
......
```


响应参数说明：

rcode 为整型，表示结果码；

rdesc 为字符串，表示结果描述；

info 为列表，表示结果信息；

citycode 为字符串，表示城市编码。

习题

1．查询资料，总结常见的国内云计算平台的特性。

2．查询资料，列举常见的国内云计算平台的应用场景。

3．查询资料，学习各云计算平台的 Python API、Python SDK 等。

4．简述云计算技术发展概况。

参考文献

[1] https://www.aliyun.com/about?spm=5176.7920199.765261.481.607a7d4caobhGl.

[2] https://wenku.baidu.com/browse/downloadrec?doc_id=d36072056edb6f1aff001f6c.

[3] https://wenku.baidu.com/view/8ec0f15f814d2b160b4e767f5acfa1c7aa0082b8.html.

[4] https://blog.csdn.net/ghevinn/article/details/8098625.

[5] https://blog.csdn.net/Nicholas_Liu2017/article/details/72872322.
[6] https://help.aliyun.com/product/26090.html.
[7] https://cloud.tencent.com/?fromSource=gwzcw.234976.234976.234976.
[8] https://mccdn.qcloud.com/COS.pdf?_ga=1.22912827.1876994851.1530673477.
[9] https://cloud.baidu.com/index.html?track=cp:nsem|pf:pc|pp:baiducloud|pu:baiducloud.
[10] https://cloud.baidu.com/doc/Whitepapers/TechnicalWhitepaper.html#.32.F3.86.3F.61.
[11] http://www.wanwuyun.com/.
[12] http://www.envicloud.cn/.

附录 A　人工智能和大数据实验环境

目前，人工智能和大数据技术的进步和应用呈现突飞猛进的态势，但人才储备出现了全球性短缺，人才的争夺处于“白热化”状态。相关课程教学与实验研究受条件所限，仍然面临未建立起实验教学体系、无法让学生并行开展实验、缺乏支撑实验的大数据、缺乏能够指导学生开展实验的师资力量等问题，制约了人工智能和大数据教学科研的开展。如今这些问题已经得到了较好地解决：AIRack 人工智能实验平台支持众多师生同时在线进行人工智能实验；DeepRack 深度学习一体机能够给高校和科研机构构建一个开箱即用的人工智能科研环境；dServer 人工智能服务器可直接用于小规模 AI 研究，或搭建 AI 科研集群；大数据实验平台 1.0 用于个人自学大数据远程实验；大数据实验一体机更是受到各大高校青睐，用于构建各个大学自己的大数据实验教学平台，使得大量学生可同时进行大数据实验。

1. AIRack 人工智能实验平台

人工智能人才紧缺，供需比仅为 1:10，但面向众多学生的人工智能实验却难以展开。对此，AIRack 人工智能实验平台提供了基于 Docker 容器集群技术开发的多人在线实验环境。该平台基于深度学习计算集群，支持了主流深度学习框架，方便快速部署实验环境，同时支持多人在线实验，并配套实验手册，同步解决人工智能实验配置难度大、实验入门难、缺乏实验数据等难题，可用于深度学习模型训练等教学、实践应用。其界面如图 A-1 所示。

图 A-1　AIRack 人工智能实验平台界面

1）实验体系

AIRack 人工智能实验平台从实验环境、教材 PPT、实验手册、实验数据、技术支持等多方面为人工智能课程提供一站式服务，大幅度降低了人工智能课程学习门槛，满足课程设计、课程上机实验、实习实训、科研训练等多方面需求。其实验体系架构如图 A-2 所示。

图 A-2　AIRack 人工智能实验平台实验体系架构

配套的实验手册包括 20 个人工智能相关实验，实验基于 VGGNet、FCN、ResNet 等图像分类模型，应用 Faster R-CNN、YOLO 等优秀检测框架，实现分类、识别、检测、语义分割、序列预测等人工智能任务。具体的实验手册大纲如表 A-1 所示。

表 A-1　实验手册大纲

序号	课程名称	课程内容说明	课时	培训对象
1	基于 LeNet 模型和 MNIST 数据集的手写数字识别	理论+上机训练	1.5	教师、学生
2	基于 AlexNet 模型和 CIFAR-10 数据集的图像分类	理论+上机训练	1.5	教师、学生
3	基于 GoogleNet 模型和 ImageNet 数据集的图像分类	理论+上机训练	1.5	教师、学生
4	基于 VGGNet 模型和 CASIA WebFace 数据集的人脸识别	理论+上机训练	1.5	教师、学生
5	基于 ResNet 模型和 ImageNet 数据集的图像分类	理论+上机训练	1.5	教师、学生
6	基于 MobileNet 模型和 ImageNet 数据集的图像分类	理论+上机训练	1.5	教师、学生
7	基于 DeepID 模型和 CASIA WebFace 数据集的人脸验证	理论+上机训练	1.5	教师、学生
8	基于 Faster R-CNN 模型和 Pascal VOC 数据集的目标检测	理论+上机训练	1.5	教师、学生
9	基于 FCN 模型和 Sift Flow 数据集的图像语义分割	理论+上机训练	1.5	教师、学生
10	基于 R-FCN 模型的行人检测	理论+上机训练	1.5	教师、学生
11	基于 YOLO 模型和 COCO 数据集的目标检测	理论+上机训练	1.5	教师、学生
12	基于 SSD 模型和 ImageNet 数据集的目标检测	理论+上机训练	1.5	教师、学生
13	基于 YOLO2 模型和 Pascal VOC 数据集的目标检测	理论+上机训练	1.5	教师、学生
14	基于 linear regression 的房价预测	理论+上机训练	1.5	教师、学生
15	基于 CNN 模型的鸢尾花品种识别	理论+上机训练	1.5	教师、学生
16	基于 RNN 模型的时序预测	理论+上机训练	1.5	教师、学生
17	基于 LSTM 模型的文字生成	理论+上机训练	1.5	教师、学生
18	基于 LSTM 模型的语法翻译	理论+上机训练	1.5	教师、学生
19	基于 CNN Neural Style 模型的绘画风格迁移	理论+上机训练	1.5	教师、学生
20	基于 CNN 模型的灰色图片着色	理论+上机训练	1.5	教师、学生

同时，该平台同步提供实验代码及 MNIST、CIFAR-10、ImageNet、CASIA WebFace、Pascal VOC、Sift Flow、COCO 等训练数据集，实验数据做打包处理，以便

开展便捷、可靠的人工智能和深度学习应用。

2）平台架构

AIRack 人工智能实验平台整体设计基于 Docker 容器集群技术，在硬件上采用 GPU+CPU 混合架构，可一键创建实验环境。该平台采用 Google 开源的容器集群管理系统 Kubernetes，能够方便地管理跨机器运行容器化的应用，提供应用部署、维护、扩展机制等功能。

实验时，系统预先针对人工智能实验内容构建好基于 CentOS7 的特定容器镜像，通过 Docker 在集群主机内构建容器，开辟完全隔离的实验环境，实现使用几台机器即可虚拟出大量实验集群，以满足学校实验室的使用需求。其平台架构如图 A-3 所示。

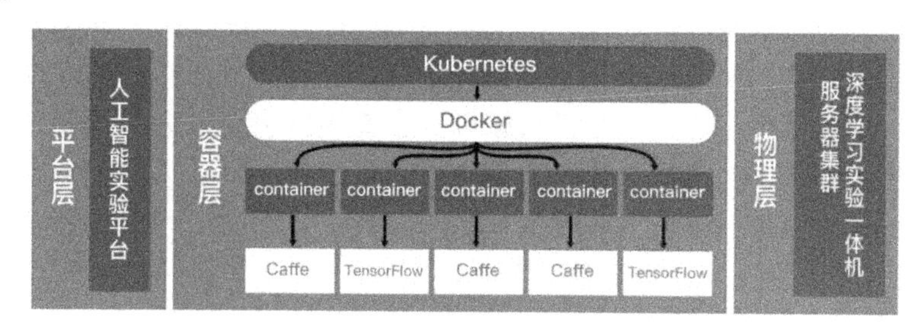

图 A-3　AIRack 人工智能实验平台架构

3）规格参数

AIRack 人工智能实验平台硬件配置如表 A-2 所示。

表 A-2　AIRack 人工智能实验平台硬件配置

名　称	详细配置	单　位	数　量
CPU	E5-2650V4	颗	2
内存	32GB DDR4 RECC	根	8
SSD	480GB SSD	块	1
硬盘	4TB SATA	块	4
GPU	1080P（型号可选）	块	8

AIRack 人工智能实验平台集群配置如表 A-3 所示。

表 A-3　AIRack 人工智能实验平台集群配置

对比项	极简型	经济型	标准型	增强型
上机人数	8 人	24 人	48 人	72 人
服务器	1 台	3 台	6 台	9 台
交换机	无	S5720-30C-SI	S5720-30C-SI	S5720-30C-SI
CPU	E5-2650V4	E5-2650V4	E5-2650V4	E5-2650V4
GPU	1080P（型号可选）	1080P（型号可选）	1080P（型号可选）	1080P（型号可选）
内存	8×32GB DDR4 RECC	24×32GB DDR4 RECC	48×32GB DDR4 RECC	72×32GB DDR4 RECC
SSD	1×480GB SSD	3×480GB SSD	6×480GB SSD	9×480GB SSD
硬盘	4×4TB SATA	12×4TB SATA	24×4TB SATA	36×4TB SATA

2．DeepRack 深度学习一体机

近年来，深度学习在语音识别、计算机视觉、图像分类和自然语言处理等方面成绩斐然，越来越多的人开始关注深度学习，全国各大高校也相继开启深度学习相关课程，但是深度学习实验环境的搭建较为复杂，训练所需要的硬件环境也不是普通的台式机和服务器可以满足的。因此，云创大数据推出了 DeepRack 深度学习一体机，解决了深度学习研究环境搭建耗时、硬件条件要求高的问题。

凭借过硬的硬件配置，深度学习一体机能够提供最大 144 万亿次/秒的单精度计算能力，满配时相当于 160 台服务器的计算能力。考虑到实际使用中长时间大规模的运算需要，一体机内部采用了专业的散热、能耗设计，解决了用户对于机器负荷方面的忧虑。

一体机中部署有 TensorFlow、Caffe 等主流的深度学习开源框架，并提供了大量免费图片数据，可帮助学生学习诸如图像识别、语音识别和语言翻译等任务。利用一体机中的基础训练数据，包括 MNIST、CIFAR-10、ImageNet 等图像数据集，也可以满足实验与模型塑造过程中的训练数据需求。

1）硬件配置

DeepRack 深度学习一体机包含 24U 半高机柜，最多可配置 4 台 4U 高性能计算节点；每台节点 CPU 选用最新的英特尔 E5-2600 系列至强处理器；每台节点最多可插入 4 块英伟达 GPU 卡，可选配 Titan X、Tesla P100 等 GPU 卡。深度学习一体机外观如图 A-4 所示，服务器内部如图 A-5 所示。

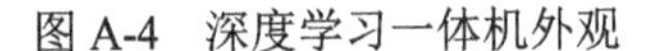
图 A-4　深度学习一体机外观

图 A-5　深度学习一体机服务器内部

根据表 A-4 所示的服务器配置参数，可以根据需要灵活配置深度学习一体机的各个部件。

表 A-4　服务器配置参数

名　称	经济型	标准型	增强型
CPU	Dual E5-2620 V4	Dual E5-2650 V4	Dual E5-2697 V4
GPU	Nvidia Titan×4	Nvidia Tesla P100×4	Nvidia Tesla P100×4
硬盘	240GB SSD+4T 企业盘	480GB SSD+4T 企业盘	800GB SSD+4T×7 企业盘

续表

名 称	经济型	标准型	增强型
内存	64GB	128GB	256GB
计算节点数	2	3	4
单精度浮点计算性能	88 万亿次/秒	108 万亿次/秒	144 万亿次/秒
系统软件	Caffe、TensorFlow 深度学习软件、样例程序，大量免费的图片数据		
是否支持分布式深度学习系统	是		

2）软件配置

DeepRack 深度学习一体机软件配置包括操作系统及 GPU 驱动及开发包。

操作系统：CentoOS 7.1。

GPU 驱动及开发包：包括 NVIDIA GPU 驱动、CUDA 7.5 Toolkit、cuDNN v4 等，配套的使用手册中详细介绍了各个驱动的安装过程，以及环境变量的配置方法。

深度学习框架：深度学习实验一体机中部署了主流的深度学习开源工具软件，解决了因缺乏经验造成实验环境部署难的问题；除此之外，深度学习实验一体机还提供大量免费的图片数据，让学生不需要为收集大量实验数据而苦恼。利用现成的框架和数据，学生可根据使用手册快速搭建属于自己的深度学习应用。

深度学习一体机中安装了 Caffe 框架。Caffe 是一个清晰、高效的深度学习计算 CNN 相关算法的框架，学生可以利用一体机中提供的数据进行实验，使用手册上也详细地介绍了 Caffe 的两个使用案例——MNIST 和 CIFAR-10，初识深度学习的学生可以按照步骤，熟悉 Caffe 下训练模型的流程。

深度学习一体机中搭建了 TensorFlow 的环境，TensorFlow 可被用于语音识别或图像识别等多项机器深度学习领域，学生可通过使用手册了解具体的安装过程及单机单卡、单机多卡的使用案例。

3. dServer 人工智能服务器

人工智能研究方兴未艾，但构建高性价比的硬件平台是一大难题，亟需高性能、点菜式的解决方案。dServer 人工智能服务器针对个性化的 AI 应用需求，采用英特尔 CPU+英伟达 GPU 的混合架构，提供多类型的软硬件备选方案，方便自由选配及定制安全可靠的个性化应用，可广泛用于图像识别、语音识别和语言翻译等 AI 领域。dServer 人工智能服务器如图 A-6 所示。

1）主流软件和丰富的数据

dSever 人工智能服务器预装 CentOS 操作系统，集成两套行业主流开源工具软件——TensorFlow 和 Caffe，同时提供丰富的应用数据。

TensorFlow 支持 CNN、RNN 和 LSTM 算法，这是目前在 Image、Speech 和 NLP 流行的深度神经网络模型，灵活的架构使其可以在多种平台上展开计算。

Caffe 是纯粹的 C++/CUDA 架构，支持命令行、Python 和 MATLAB 接口，可以在 CPU 和 GPU64 之间直接无缝切换。

图 A-6　dServer 人工智能服务器

同时，dSever 人工智能服务器配套提供了 MNIST、CIFAR-10 等训练测试数据集，包括大量的人脸数据、车牌数据等。

2）服务器配置

dServer 人工智能服务器配置参数如表 A-5 所示。

表 A-5　dServer 人工智能服务器配置参数

项　目	参　数
GPU（NVIDIA）	Tesla P100，Tesla P4，Tesla P40，Tesla K80，Tesla M40，Tesla M10，Tesla M60，TITAN X，GeForce　GTX 1080
CPU	Dual E5-2620 V4，Dual E5-2650 V4，Dual E5-2697 V4
内存	64GB/128GB/256GB
系统盘	120GB SSD/180GB SSD /240GB SSD
数据盘	2TB/3TB/4TB
准系统	7048GR-TR
软件	TensorFlow，Caffe
数据（张）	车牌图片（100 万/200 万/500 万），ImageNet（100 万），人脸图片数据（50 万），环保数据

3）成功案例

目前，dServer 人工智能服务器已经在清华大学车联网数据云平台、西安科技大学大数据深度学习平台、湖北文理学院大数据处理与分析平台等项目中成功应用，之后将陆续部署使用。其中，清华大学车联网数据云平台项目配置如图 A-7 所示。

清华大学 Tsinghua University

名称	深度学习服务器
生产厂家	南京云创大数据科技股份有限公司
主要规格	cServer C1408G
配置说明	CPU：2*E5-2630v4　GPU：4*NVIDIA TITAN X　内存：4*16G (64G) DDR4,2133MHz，RECC
	硬盘：5* 2.5"300GB 10K SAS（企业级）　网口：4个10/100/1000Mb自适应以太网口
	电源：2000W 1+1冗余电源　计算性能：单个节点单精度浮点计算性能为44万亿次/秒
	预装Caffe、TensorFlow深度学习软件、样例程序；提供MNIST、CIFAR-10等训练测试数据，提供交通卡口图片数据不少于400万张，环境在线数据不少于6亿条

图 A-7　清华大学车联网数据云平台项目配置

4. 大数据实验平台 1.0

大数据实验平台（http://bd.cstor.cn）可为用户提供在线实验服务。在大数据实验平台上，用户可以根据学习基础及时间条件，灵活安排 3～90 天的学习计划，进行自主学习。大数据实验平台 1.0 界面如图 A-8 所示。

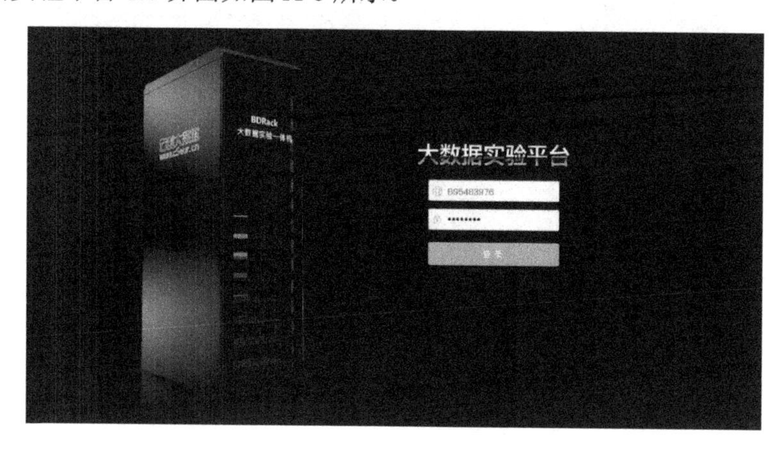

图 A-8　大数据实验平台 1.0 界面

作为一站式的大数据综合实训平台，大数据实验平台同步提供实验环境、实验课程、教学视频等，方便轻松开展大数据教学与实验。

1）实验体系

大数据实验平台涵盖 Hadoop 生态、大数据实战原理验证、综合应用、自主设计及创新的多层次实验内容等，每个实验呈现详细的实验目的、实验内容、实验原理和实验流程指导。实验课程包括 36 个 Hadoop 生态大数据实验和 6 个真实大数据实战项目。

2）实验环境

（1）基于 Docker 容器技术，用户可以瞬间创建随时运行的实验环境。

（2）平台能够虚拟出大量实验集群，方便上百用户同时使用。

（3）采用 Kubernates 容器编排架构管理集群，用户实验集群隔离、互不干扰。

（4）用户可按需自己配置包含 Hadoop、HBase、Hive、Spark、Storm 等组件的集群，或利用平台提供的一键搭建集群功能快速搭建。

（5）平台内置数据挖掘等教学实验数据，也可导入高校各学科数据进行教学、科研，校外培训机构同样适用。

3）成功案例

2016 年年末至今，在南京多次举办的大数据师资培训班上，《大数据》《大数据实验手册》及云创大数据提供的大数据实验平台，帮助到场老师们完成了 Hadoop、Spark 等多个大数据实验，使他们跨过了“从理论到实践，从知道到用过”的门槛。大数据师资培训班现场如图 A-9 所示。

图 A-9　大数据师资培训班现场

目前，大数据实验平台 1.0 版本（http://bd.cstor.cn）已经在郑州大学、成都理工大学、金陵科技学院、天津农学院、郑州升达经贸管理学院、信阳师范学院、西京学院、镇江高等职业技术学校、新疆电信、软通动力等典型用户单位落地实施，助其完成了大数据教学科研实验室的建设工作。

5．大数据实验一体机

继 35 所院校获批 “数据科学与大数据技术” 专业之后，2017 年申请该专业的院校高达 263 所。各大高校竞相打造大数据人才高地，但实用型大数据人才培养却面临实验集群不足、实验内容不成体系、课程教材缺失、考试系统不客观、缺少实训项目及专业师资不足等问题。针对以上问题，BDRack 大数据实验一体机能够帮助高校建设私有的实验环境。其部署规划如图 A-10 所示。

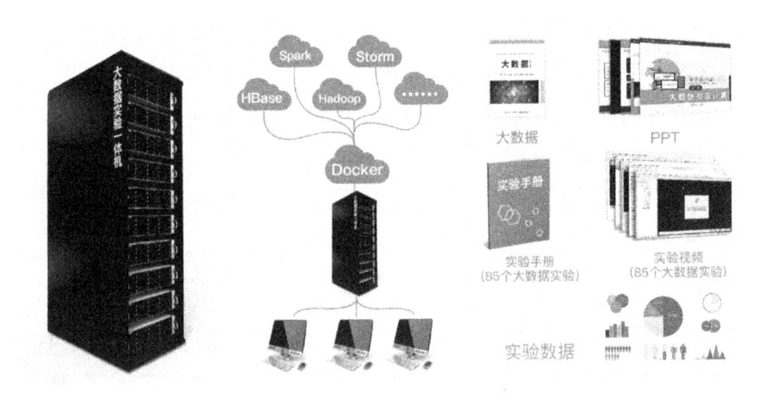

图 A-10　BDRack 大数据实验一体机部署规划

在搭建好实验环境后，可一方面通过大数据教材、讲义 PPT、视频课程等理论学习，帮助学生建立从大数据监测与收集、存储与处理、分析与挖掘直至大数据创新的完整知识体系；另一方面搭配教学组件安装包及实验数据、实验手册、专业网站等一系列资源，大幅度降低高校大数据课程的学习门槛。

1）最新的 2.0 版本实验体系

在大数据实验一体机 1.0 版本的基础上 2017 年 12 月推出了 2.0 版本，进一步丰富了实验内容，实验数量新增到 85 个，同时实验平台优化了创建环境—实验操作—提交报告—教师打分的实验流程，新增了具有海量题库、试卷生成、在线考试、辅助评分等应用的考试系统，集成了上传数据—指定列表—选择算法—数据展示的数据挖掘及可视化工具。

平台集实验机器、实验手册、实验数据及实验培训于一体，解决了怎么开设大数据实验课程、需要做什么实验、怎么完成实验等一系列根本问题，提供了完整的大数据实验体系及配套资源，包含大数据教材、教学 PPT、实验手册、课程视频、实验环境、师资培训等内容，涵盖面较为广泛。

- 实验手册

针对各项实验所需，大数据实验一体机配套了一系列包括实验目的、实验内容、实验步骤的实验手册及配套高清视频课程，内容涵盖大数据集群环境与大数据核心组件等技术前沿，详尽细致的实验操作流程可帮助用户解决大数据实验门槛所限。实验课程包括 36 个 Hadoop 生态大数据实验、6 个真实大数据实战项目、21 个基于 Python 的大数据实验、18 个基于 R 语言的大数据实验、4 个 Linux 基本操作辅助实验。

- 实验数据

基于大数据实验需求，大数据实验一体机配套提供了各种实验数据，其中不仅包含共用的公有数据，每一套大数据组件也有自己的实验数据，种类丰富，应用性强。实验数据将做打包处理，不同的实验将搭配不同的数据与实验工具，解决实验数据短缺的困扰，在实验环境与实验手册的基础上，做到有设备就能实验，有数据就会实验。

- 配套资料与培训服务

作为一套完整的大数据实验平台，BDRack 大数据实验一体机还将提供以下材料与配套培训，构建高效的一站式教学服务体系。

（1）配套的专业书籍：《大数据》及其配套 PPT。

（2）网站资源：中国大数据（thebigdata.cn）、中国云计算（chinacloud.cn）、中国存储（chinastor.org）、中国物联网（netofthings.cn）、中国智慧城市（smartcitychina.cn）等提供全线支持。

（3）BDRack 大数据实验一体机使用培训和现场服务。

2）实验环境

- 系统架构

BDRack 大数据实验一体机主要采用容器集群技术搭建实验平台，并针对大数据实验的需求提供了完善的使用环境。图 A-11 为 BDRack 大数据实验一体机系统架构。

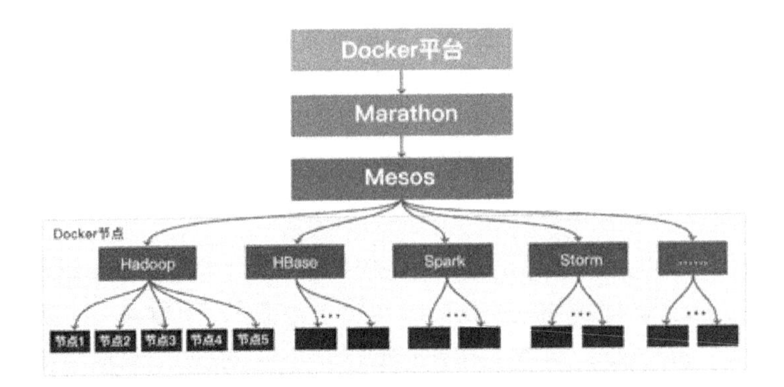

图 A-11　BDRack 大数据实验一体机系统架构

BDRack 大数据实验一体机基于容器 Docker 技术，采用 Mesos+ZooKeeper+Mrathon 架构管理 Docker 集群。其中，Mesos 是 Apache 下的开源分布式资源管理框架，它被称为分布式系统的内核；ZooKeeper 用来做主节点的容错和数据同步；Marathon 则是一个 Mesos 框架，为部署提供 REST API 服务，实现服务发现等功能。

实验时，系统预先针对大数据实验内容构建好一系列基于 CentOS7 的特定容器镜像，通过 Docker 在集群主机内构建容器，充分利用容器资源高效的特点，为每个使用平台的用户开辟属于自己完全隔离的实验环境。容器内部，用户完全可以像使用 Linux 操作系统一样地使用容器，并且不会对其他用户的集群造成任何影响，只需几台机器，就可能虚拟出能够支持上百个用户同时使用的隔离集群环境。

- 规格参数

BDRack 大数据实验一体机具有经济型、标准型与增强型三种规格，通过发挥实验设备、理论教材、实验手册等资源的合力，可满足数据存储、挖掘、管理、计算等多样化的教学科研需求。具体的规格参数如表 A-6 所示。

表 A-6　规格参数

配套/型号	经济型	标准型	增强型
管理节点	1 台	3 台	3 台
处理节点	6 台	8 台	15 台
上机人数	30 人	60 人	150 人
理论教材	《大数据》50 本	《大数据》80 本	《大数据》180 本
实验教材	《实战手册》PDF 版	《实战手册》PDF 版	《实战手册》PDF 版
配套 PPT	有	有	有
配套视频	有	有	有
免费培训	提供现场实施及 3 天技术培训服务	提供现场实施及 5 天技术培训服务	提供现场实施及 7 天技术培训服务

- 软件方面

搭载 Docker 容器云可实现 Hadoop、HBase、Ambari、HDFS、YARN、MapReduce、ZooKeeper、Spark、Storm、Hive、Pig、Oozie、Mahout、Python、R 语言

等绝大部分大数据实验应用。

- 硬件方面

采用 cServer 机架式服务器，其英特尔®至强®处理器 E5 产品家族的性能比上一代提升 80%，并具备更出色的能源效率。通过英特尔 E5 家族系列 CPU 及英特尔服务器组件，可满足扩展 I/O 灵活度、最大化内存容量、大容量存储和冗余计算等需求。

3）成功案例

BDRack 大数据实验一体机已经成功应用于各类院校，国家“211 工程”重点建设高校代表有郑州大学等，民办院校有西京学院等，如图 A-12 所示。

图 A-12　BDRack 大数据实验一体机实际部署

同时，整套大数据教材的全部实验都可在大数据实验平台（http://bd.cstor.cn）上远程开展，也可在高校部署的 BDRack 大数据实验一体机上本地开展。